21世纪高等学校规划教材

JIANZHU XIAOFANG JISHU YU SHEBEI

建筑消防技术与设备

主　编　谢　东
副主编　刘爱华　戚玉丽　李小华
编　写　顾小松　刘　栋　付峥嵘
　　　　李石林　李文菁
主　审　王汉青

中国电力出版社
CHINA ELECTRIC POWER PRESS

内 容 提 要

本书为21世纪高等学校规划教材，书中介绍了建筑火灾的发生、发展、蔓延规律和灭火技术，系统地讲述了烟气流动规律及防排烟技术，火灾自动探测、自动报警，消防设备的电气控制技术，智能化消防联动控制系统，建筑消防系统设计计算和消防设备的安装调试及维护。本书以建筑消防技术为主线，全面系统地讲述了各消防设备系统的类型、组成、工作原理、使用条件、设计计算，在内容上充分吸收了近年来建筑消防系统的新技术、新设备和先进经验，有鲜明的时代特色，同时紧密结合最新的标准和规范，针对具体工程来介绍设计方法，具有较强的实用性。

本书可作为高等院校建筑环境与设备工程、给水排水工程、环境工程、安全工程、电气工程等相关专业的教材，也可供建筑消防系统相关设计师及施工技术人员参考。

图书在版编目（CIP）数据

建筑消防技术与设备/谢东主编. —北京：中国电力出版社，2011.8（2022.5重印）

21世纪高等学校规划教材

ISBN 978-7-5123-1193-0

Ⅰ.①建… Ⅱ.①谢… Ⅲ.①建筑物-消防设备-高等学校-教材 Ⅳ.①TU998.1

中国版本图书馆CIP数据核字（2011）第006377号

中国电力出版社出版、发行

（北京市东城区北京站西街19号 100005 http：//www.cepp.sgcc.com.cn）

北京天泽润科贸有限公司印刷

各地新华书店经售

*

2011年8月第一版 2022年5月北京第八次印刷

787毫米×1092毫米 16开本 18.25印张 445千字 1插页

定价 **60.00** 元

前　言

建筑消防技术与设备是一门工程性和综合性都很强的课程，它涉及建筑学、结构、给排水、暖通、安全、电气等不同的专业。长期以来，由于各普通高等学校各专业之间教学安排不同，导致该课程的教学无法形成一个有机的整体，不利于学生系统全面地理解和掌握，从而不利于普通高校工程技术性人才的培养。本书从筹划、编写到最后定稿，力求满足普通高校工程应用性人才培养的需求。

本书介绍了建筑火灾的发生、发展、蔓延规律和灭火技术，系统地讲述了烟气流动规律及防排烟技术，火灾自动探测、自动报警，消防设备的电气控制技术，智能化消防联动控制系统，建筑消防系统设计计算和消防设备的安装调试及维护。本书在编写过程中以建筑消防技术为主线，全面系统地讲述了各消防设备系统的类型、组成、工作原理、使用条件、设计计算，在内容上充分吸收了近年来建筑消防系统的新技术、新设备和先进经验，有鲜明的时代特色；同时紧密结合最新的标准和规范，针对具体工程来介绍设计方法，具有较强的实用性。

本书由南华大学谢东任主编，北京理工大学珠海学院刘爱华、嘉兴学院戚玉丽、湖南工程学院李小华任副主编，参加编写的还有长沙理工大学顾小松、南华大学刘栋、湖南工业大学付峥嵘、湖南科技大学李石林、湖南工程学院李文菁。湖南工业大学王汉青教授担任本书主审，广东海外建筑设计院有限公司资昊工程师校核了本书并提出了宝贵的意见，编者在此表示由衷的感谢。

全书共分八章，由南华大学谢东拟订全书编写提纲并编写第一章、第二章第四节、第七章第四节，戚玉丽编写第二章（除第二章第四节）、第七章第一节，李小华和李文菁共同编写第三章、第七章第二节，刘栋编写第四章，刘爱华编写第五章、第七章第三节，李石林编写第六章，顾小松编写第八章。

本书可作为高等院校建筑环境与设备工程、给水排水工程、环境工程、安全工程、电气工程等相关专业的教材，也可供建筑消防系统相关设计师及施工技术人员参考。

鉴于编者水平有限，书中不妥之处，敬请广大读者批评指正。

编　者

2010 年 9 月

目　录

第一章 建筑消防概论

第一节 燃烧特性

一、燃烧本质

燃烧是可燃物与氧化剂作用而发生的放热反应，通常伴有火焰、发光或发烟的现象。燃烧的温度较高，使其中白炽的固体粒子和某些不稳定（或易受激发）的中间物质分子内的电子发生能级跃迁，从而发出各种波长的光；发光的气相燃烧区就是火焰，它的存在是燃烧过程中最明显的标志；由于燃烧不完全等原因，燃烧产物中会混有一些微小颗粒，这便产生了烟。

从本质上讲，燃烧是燃料与氧化剂发生强烈化学反应，并伴有发光发热的现象。燃烧不单纯是化学反应，而是反应、流动、传热和传质并存、相互作用的综合现象。化学反应由于反应速率不同，或成为燃烧，或成为一般氧化反应。一般氧化反应，由于反应速率低，产生的热量又随时散失，因而没有发光现象；而剧烈的氧化反应，瞬时放出大量的热和光，故燃烧的基本特征为：放热、发光、发烟、伴有火焰等。

近代链式反应理论认为，燃烧是一种游离基的链式反应。链式反应也称连锁反应，即化合物或单分子中的共价键在外界因素（如光、热）的影响下，裂解而成化学活性非常强的原子或原子团——游离基（也称自由基），在一般条件下这些原子或原子团容易自行结合成分子或与其他物质分子反应生产新的游离基。反应物产生少量新的游离基时，即可发生链式反应。反应一经开始，许多链式步骤就自行发展下去，直至反应物裂解完全为止。链式反应机理大致可以分为以下三个阶段。

(1) 链引发，即生成游离基，使链式反应开始。生成方法有热分解、光化、放射线照射、氧化还原、加入催化剂等。

(2) 链传递，游离基作用于其他参加反应的物质分子，产生新的游离基。

(3) 链终止，即游离基消失，使链的反应终止。

现以氢在空气中的燃烧为例：

$$H_2 + 能量 \longrightarrow 2H^+ \quad (1-1)$$

$$H^+ + O_2 \longrightarrow O^{2-} + OH^- \quad (1-2)$$

$$OH^- + H_2 \longrightarrow H_2O + H^+ \quad (1-3)$$

$$O^{2-} + H_2 \longrightarrow OH^- + H^+ \quad (1-4)$$

从上述反应式可以看出，游离基有氧原子、氢原子及羟基，反应过程中每一步都取决于前一步生成的物质，故称这种反应为链式反应。

二、燃烧条件

任何物质发生燃烧都必须具备以下三个条件：可燃物、氧化剂和温度（引火源）。以上仅能代表无焰燃烧，我们平时所指的绝大部分燃烧均是有焰燃烧。有焰燃烧必须具备四个必要条件：可燃物、氧化剂、温度和未受抑制的链式反应。具备了燃烧的必要条件，并不意味着燃烧必然会发生，燃烧还必须具备以下四个充分条件：一定的可燃物浓度、一定的氧含量、一定的点火热量、未受抑制的链式反应。以上就是燃烧的充分必要条件，灭火剂的灭火机理即为去掉其中的一个或几个条件，使燃烧中止。

（1）可燃物。凡是能与空气中的氧或其他氧化剂起化学反应的固体、液体、气体物质都称为可燃物。常见的可燃物质有木材、纸张、汽油、酒精、氢气、乙炔气、钾等。

（2）氧化剂。能帮助和支持可燃物燃烧的物质，即能与可燃物发生氧化反应的物质称为氧化剂。发生火灾时，主要的氧化剂是空气中的氧气。

（3）温度。温度即为引火源，是指供给可燃物和氧化剂发生燃烧反应的能量来源。常见的是热能，其他还有由化学能、电能、机械能等转变而来的热能。燃烧反应可以通过用明火点燃处于空气（或氧气）中的可燃物或通过加热处于空气（或氧气）中的可燃物来实现。在外界无火源时，只有将可燃物加热到起着火点以上温度才能使燃烧反应进行。因此，物质的燃烧除了可燃性和氧化剂之外，还需要相应的温度。由于各种可燃物的化学组成和化学性质各不相同，其发生燃烧的温度也不同。

（4）链式反应。大多数的有焰燃烧都存在着链式反应。当某种可燃物受热时，它不会汽化，而且该可燃物的分子还会发生热裂解作用，即它们在燃烧前会裂解为简单分子，这些分子中的原子间的共价键常常会发生断裂，生成活性很强的游离基。由于游离基是一种高度活泼的化学形态，能与其他的游离基及分子反应，而使燃烧持续下去，这就产生了燃烧的链式反应。

具备了燃烧的必要条件，并不等于燃烧必然发生。在各种必要条件中，还有一个“量”的概念，这就是发生燃烧或持续燃烧的充分条件。

（1）一定的可燃物浓度。可燃气体或蒸气只有达到一定浓度才会发生燃烧。如车用汽油在−38℃以下，灯用煤油在4℃以下，甲醇在7℃以下时均不能达到燃烧所需的浓度，在这种条件下，虽有足够的氧气和明火，仍不能发生燃烧。

（2）一定的氧气含量。各种不同的可燃物发生燃烧，均有本身固定的最低含氧量要求，低于这一浓度，虽然燃烧的其他条件已具备，燃烧仍不会发生，如汽油的最低氧含量要求为14.4%，煤油为15%。

（3）一定的点火能量。各种不同的可燃物发生燃烧，均有本身固定的最小点火能量要求，达到这一强度要求时才会引起燃烧反应，否则燃烧便不会发生，如汽油的最低点火能量为0.2mJ。

（4）不受抑制的链式反应。对于无焰燃烧，以上三个条件同时存在，相互作用，燃烧即会发生。对于有焰燃烧，除以上三个条件外，燃烧过程中存在未受抑制的游离基，形成链式反应，使燃烧能够持续下去，也是燃烧的充分条件之一。

三、燃烧类型

燃烧的类型有许多种，按其形成的条件和瞬间发生的特点，一般分为闪燃、着火、自燃和爆炸。

1. 闪燃

在一定温度下，易燃与可燃液体（固体）表面上产生足够的可燃蒸气，遇火能产生一闪即灭的短促燃烧现象，即为闪燃。也就是说，液态可燃物表面会产生可燃蒸气，固态可燃物也会因蒸发、升华或分解而产生可燃气体或蒸气，这些可燃气体或蒸气与空气混合而形成可燃性气体，当遇明火时就会发生一闪即灭的火苗或闪光现象。

发生闪燃的最低温度称为闪点，液体的闪点越低，火险可能性就越大。闪点是评定液体火灾危险性的主要依据。表 1-1 给出了部分易燃物和可燃液体的闪点。

表 1-1　部分易燃物和可燃液体的闪点

名称	闪点/℃	名称	闪点/℃	名称	闪点/℃
汽油	50	乙苯	23.5	丙烯腈	−5
煤油	37.8～73.9	丁苯	30.5	戊烯	−17.8
柴油	60～110	甲酸丙酯	−3	丁二烯	41
原油	−6.7～32.2	乙酸丙酯	13.5	氢氰酸	−17.5
乙醇	12.8	乙酸乙酯	−5	二硫化碳	−45
正丙醇	23.5	乙酸丁酯	17	苯乙烯	38
戊烷	<−40	乙酸戊酯	42	乙二醇	85
己烷	−20	乙醚	−45	丙酮	−10
辛烷	16.5	丙醛	15	环己烷	6.3
苯	−14	乙酸	42.9	松节油	32
甲苯	5.5	丁酸	77	环氧丙烷	−37

注　1. 闪点低于或等于 45℃的液体为易燃液体，闪点大于 45℃的称为可燃液体；
2. 易燃和可燃液体的闪点高于储存温度时，火焰的传播速度低。

在消防工作中，以闪点的高低作为评价液体火灾危险性的依据。闪点越低的液体，其火灾危险性就越大。根据闪点可对液体生产、加工、储存的火灾危险性进行分类，进而采取相应的防火安全措施。

2. 着火

着火是可燃物质在空气中与火源接触，达到某一温度时，开始产生有火焰的燃烧，并在火源移去后仍能继续燃烧的现象，如油类、酮类的燃烧。可燃物开始持续燃烧所需要的最低温度，叫燃点（又称为着火点），燃点越低，越容易起火。根据可燃物质的燃点高低，可以鉴别其火灾危险程度，表 1-2 给出了部分可燃物质的燃点。

表 1-2　部分常见可燃物质的燃点

物质名称	燃点/℃	物质名称	燃点/℃
石蜡	158～195	赛璐珞	100
蜡烛	190	醋酸纤维	320
樟脑	70	涤纶纤维	390
萘	86	黏胶纤维	235
纸张	130	尼龙 6	395
棉花	210～255	腈纶	355
麻绒	150	聚乙烯	341
麻	150～200	有机玻璃	260
蚕丝	250～300	聚丙烯	270
木材	250～300	聚苯乙烯	345～360
松木	250	聚氯乙烯	391

一切可燃液体的燃点都高于其闪点。一般规律是，易燃液体的燃点比其闪点高出1～5℃，而且液体的闪点越低，这一差别越小，因此在评定这类液体的火灾危险性时，燃点没有实际意义。燃点对可燃固体和闪点比较高的可燃液体，具有实际意义。控制这些物质的温度在燃点以下，也是预防火灾发生的措施之一。

3. 自燃

自燃是可燃物质在没有外部火花、火焰等火源的作用下，因受热或自身发热、积热不散引起的燃烧。根据热的来源不同，自燃可分为本身自燃和受热自燃。使可燃物发生自燃的最低温度叫自燃点。物质的自燃点越低，发生火灾的危险性越大。自燃有固体自燃、气体自燃及液体自燃。表1-3给出了部分物质的自燃点。

表1-3 部分可燃物质在空气中的自燃点

物质名称	自燃点/℃	物质名称	自燃点/℃
汽油	415～530	二硫化碳	112
煤油	210	木材	250～350
石油	约350	褐煤	250～450
氢	572	木炭	350～400
己烷	248	棉纤维	530
丁烯	443	聚乙烯	520
乙炔	305	聚苯乙烯	560
苯	580	有机玻璃	440
甲醇	498	镁	520

可燃物质的自燃点不是固定不变的，它主要取决于氧化时所放出的热量和向外导出的热量。液体与气体可燃物（包括受热时能熔融的固体）的自燃点还受压力、浓度、含氧量、催化剂等因素的影响；固体可燃物自燃点与固体粉碎颗粒的大小、分解产生的可燃气体数量及受热时间长短等因素有关。

物质的本身自燃和受热自燃现象的本质是一样的，只是热的来源不同，前者是物质本身的热效应，后者是外部加热的作用，因此，两者可以统称为自燃。

4. 爆炸

爆炸是由于物质急剧氧化或分解反应产生温度、压力增加或两者同时增加的现象。爆炸时势能（化学能或者机械能）突然转变为动能，有高压气体生成或释放出高压气体，且这些高压气体随即做机械功，如移动、改变形状或抛射周围物体。爆炸可分为：物理爆炸、化学爆炸和核爆炸。

物理爆炸是由于液体变成蒸气或者气体迅速膨胀，压力急速增加，并大大超过容器的极限压力而发生的爆炸，如蒸汽锅炉、液化气钢瓶等的爆炸。化学爆炸是因物质本身起化学反应，产生大量气体和高温而发生的爆炸，如炸药的爆炸，可燃气体、液体蒸气和粉尘与空气混合物的爆炸等。化学爆炸是消防工作中防止爆炸的重点。

爆炸性物质又分为爆炸性化合物和爆炸性混合物，其中爆炸性化合物按组分分为单分解爆炸物质（如过氧化物、氯酸和过氯酸化合物、氮的卤化物等）和复分解爆炸物质，如梯恩梯、消化棉等；爆炸性混合物通常由两种或两种以上的爆炸组分和非爆炸组分经机械混合而成，如黑色火药、硝化甘油炸药等。在此要注意“二次爆炸”。如果容器中装有可燃气体或液体，在发生物理爆炸的同时往往伴随着化学爆炸，这种爆炸称为“二次爆炸”。

在消防工作中经常遇到的是可燃性气体、蒸气、粉尘与空气或其他氧化介质形成爆炸性混合物而发生的化学爆炸。对生产、生活中存在可燃气体、蒸气、粉尘环境的火灾爆炸危险性，可通过其相应的爆炸极限来判定，进而采取相应的防范措施。

所谓爆炸极限（又称爆炸浓度极限、燃烧极限或火焰传播极限）是可燃气体、蒸气或粉尘与空气混合后，遇火源产生爆炸的浓度范围，通常以体积百分比表示。空气中含有的可燃气体、蒸气或粉尘所形成的混合物，遇火源能发生爆炸的最低浓度称爆炸下限，遇火源能发生爆炸的最高浓度称爆炸上限。部分可燃气体和液体蒸气的爆炸极限见表1-4。

表1-4　可燃气体和液体蒸气的爆炸极限

物质名称	在空气中/%		在氧气中/%	
	下限	上限	下限	上限
氢气	4.0	75.0	4.7	94.0
乙炔	2.5	82.0	2.8	93.0
甲烷	5.0	15.0	5.4	60.0
乙烷	3.0	12.45	3.0	66.0
丙烷	2.1	9.5	2.3	55.0
乙烯	2.75	34.0	3.0	80.0
丙烯	2.0	11.0	2.1	53.0
氨	15.0	28.0	13.5	79.0
环丙烷	2.4	10.4	2.5	63.0
一氧化碳	12.5	74.0	15.5	94.0
乙醚	1.9	40.0	2.1	82.0
丁烷	1.5	8.5	1.8	49.0
二乙烯醚	1.7	27.0	1.85	85.5

爆炸极限是个测量参数，也就是说，日常生产、生活中某种可燃性气体、蒸气、粉尘的爆炸极限受到各种因素如初始温度、初始压力、惰性介质及杂质、混合物中氧含量、点火源等变化的影响。一般而言，初始温度越高，其分子内能增大，爆炸极限范围越大；初始压力升高，其分子距离缩短，爆炸极限范围变大；混合物中加入惰性气体，爆炸极限范围缩小，特别是爆炸上限受影响更大；混合物中氧含量增大，爆炸下限降低，爆炸上限上升；点火源的温度越高，热表面面积越大，与混合物接触时间越长，点火源给混合物的能量越大，爆炸极限范围也越大。

四、可燃物的燃烧特点及燃烧产物

1. 可燃物的燃烧特点

（1）可燃气体的燃烧特点。

可燃气体的燃烧不需像固体、液体那样经过熔化、蒸发过程，其所需热量仅用于氧化或分解，或将气体加热到燃点，因此可燃气体容易燃烧，速度也快。通常根据燃烧前可燃气体与氧的混合状况不同，可燃气体的燃烧可分为两大类：预混燃烧与扩散燃烧。

扩散燃烧——可燃气体从喷口（管口或容器泄漏口）喷出，在喷口处与空气中的氧边扩散混合边燃烧的现象。其燃烧速度取决于可燃气体的喷出速度，一般为稳定燃烧，如容器、管路泄漏发生的燃烧，天然气井的井喷燃烧都属于此类。2003 年 12 月 23 日，中石油集团下属企业在重庆开县进行天然气开采时发生井喷事故，240 多名无辜村民在事故中丧生，由此“12・23”事故亦被外界称为人类开采天然气史上最大的悲剧性事件之一。

预混燃烧——可燃气体与氧在燃烧之前混合，并形成一定浓度的可燃混合气体，被火源点燃所引起的燃烧。这类燃烧往往造成爆炸。影响预混燃烧速度的因素有气体的组成、可燃气体浓度、可燃混合气体的初始温度、压力、管路直径、管道材质等，如处于标准状态下的甲烷与空气混合气体在管道内的燃烧就属于此类。

（2）可燃液体的燃烧特点。

可燃液体的燃烧实际上是液体蒸气进行燃烧，因此燃烧与否、燃烧速率等与液体的蒸气压、闪点、沸点和蒸发速率等性质有关。某些液体在贮存温度下，液面上蒸气压在易燃范围内遇到火源时，其火焰传播速率较快。易燃液体和可燃液体的闪点高于储存温度时，其火焰传播速率较低，因为火焰的热量必须足以加热液体表面，并在火焰扩散之前形成易燃蒸气—空气混合物。影响这一过程的因素有环境、风速、温度、燃烧热、蒸发潜热、大气压等。

液态烃类燃烧时，通常有橘色火焰并散发浓密的黑色烟云；醇类燃烧时，通常具有透明的蓝色火焰，几乎不产生烟雾；某些醚类燃烧时，液体表面伴有明显的沸腾状，这类物质的火灾难以扑灭。在不同类型油类的敞口贮罐的火灾中应特别注意三种特殊现象——沸溢、溅出、冒泡。这类液体在燃烧过程中，向液层面不断传热，会使含有水分、黏度大、沸点在100℃以上的重油、原油产生沸溢和喷溅现象，造成大面积火灾，这种现象称为突沸，往往会造成很大的危害；这类油品也称为沸溢性油品。因此对油罐进油和储油时，温度必须严格控制在 90℃以内。进油管流速较高时，由高到低的进入易产生雾状喷出落下的油撞击油罐和液面，致使静电荷急剧增加，极易引起油罐爆炸起火，因此油罐的进油管不能从油罐上部接入。

液体火灾危险性分类是根据其闪点来划分等级的，可燃液体的火灾危险性分类见表 1－5。

表 1－5　可燃液体的火灾危险性分类

火灾危险性分类	分　级	闪点/℃	可燃液体举例
甲	一级易燃液体	＜28	汽油、苯、甲醇
乙	二级易燃液体	28～60	煤油、丁醚
丙	可燃液体	＞60	柴油、润滑油

（3）可燃固体的燃烧特点。

凡遇火、受热、撞击、摩擦或与氧化剂接触能着火的固体物质，统称为燃烧固体。固体物质燃烧特点是必须经过受热、蒸发、热分解，使固体上方可燃气体的浓度达到燃烧的极限，才能持续不断地发生燃烧。

易燃固体按照燃烧难易程度分一、二两级。一级易燃固体：燃点低，易于燃烧或爆炸，燃烧速度快，并能释放出剧毒气体。它们有磷及磷的化合物如红磷、三硫化四磷、五硫化四磷，硝基化合物如二硝基苯及一些含氮量在 12.5%的硝化棉闪光粉等。二级易燃固体：燃烧性能比一级固体差，燃烧速度慢，燃烧毒性小。它们大致包括各种金属粉末、碱金属氨基化合物，如氨基化锂、氨基化钙等；硝基化合物，如硝基芳烃；硝化棉制品，如硝化纤维漆布、赛璐珞等；萘及其化合物等。

固体可燃物由于分子结构的复杂性、物理性质的不同，其燃烧方式也不同，通常有蒸发燃烧、分解燃烧、表面燃烧和阴燃四种。

蒸发燃烧：指熔点较低的可燃固体受热后融熔，然后像可燃液体一样蒸发成蒸气而燃烧，如硫、沥青的燃烧等。分解燃烧：分子结构复杂的固体可燃物，在受热分解出其组成成分及与加热温度相应的热分解产物后，这些分解产物再氧化燃烧，称为分解燃烧，如木材、合成橡胶等的燃烧。表面燃烧：蒸气压非常小或者难于热分解的可燃固体不能发生蒸发燃烧或分解燃烧，当氧气包围物质的表层时，呈炽热状态并发生无焰燃烧。表面燃烧属于非均相燃烧，现象为表面发红而无火焰，如木炭、焦炭等的燃烧。阴燃：没有火焰的缓慢燃烧现象称为阴燃。一些固体可燃物，如成捆堆放的棉，大堆垛的煤、草、木材等在空气不流通、加热温度较低或含水分较高时会阴燃。随着阴燃的进行，热量聚集、温度升高，此时如有空气导入可能会转变为明火燃烧。

2. 燃烧产物

由燃烧或热解作用而产生的全部物质称为燃烧产物。通常指燃烧生成的气体、热量、可见烟等。燃烧生成的气体一般指一氧化碳、氰化氢、二氧化碳、丙烯醛、氯化氢、二氧化硫、二氧化氮等；热量是由于大多数物质的燃烧是一种放热的化学氧化过程，在这种过程中放出的能量以热量的形式表现，并形成热气的对流、辐射；可见烟是由燃烧或热解作用所生成的悬浮在大气中可见的固体和（或）液体颗粒的总称，其粒径一般在 0.01～10μm。燃烧产物的数量、组成等随物质的化学组成及温度、空气的供给情况等的变化而不同。

第二节　建筑火灾的特点及危害

一、建筑火灾的特点

1. 火灾的定义及分类

由火灾分类（GB/T 4968—2008）可知，根据可燃物的类型和燃烧特性，火灾可定义为六个不同的类别。

A 类火灾：固体物质火灾。这种物质往往具有有机物性质，一般在燃烧时能产生灼热的余烬，如木材、棉、毛、麻、纸张等引起的火灾。

B 类火灾：液体或可熔化的固体物质火灾，如汽油、原油、甲醇、乙醇、沥青、石蜡等引起的火灾。

C 类火灾：气体火灾，如煤气、天然气、甲烷、氢等引起的火灾。

D 类火灾：金属火灾，如钾、钠、铝镁合金等引起的火灾等。

E 类火灾：带电火灾，如物体带电燃烧的火灾。

F 类火灾：烹饪器具内的烹饪物（如动植物油脂）火灾。

2. 建筑火灾的发展和蔓延

（1）建筑火灾的发展过程。

火灾发生、发展的整个过程是非常复杂的，影响因素也很多，根据室内火灾温度随时间的变化特点，可将火灾发展过程分为三个阶段，即火灾初期增长阶段、火灾充分发展阶段、火灾减弱阶段，也可表述为火灾初起阶段（*AB* 段）、火灾全面发展阶段（*BC* 段）、火灾熄灭阶段（*C* 点以后）。室内火灾的发展过程可以用室内烟气的平均温度随时间的变化来描述，如图 1-1 所示。

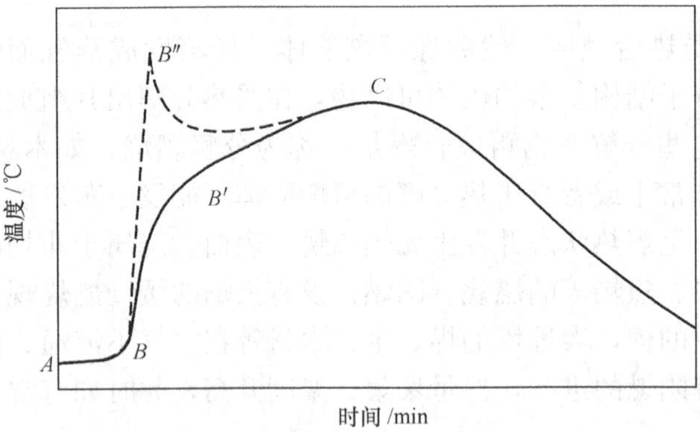

图 1-1 室内火灾温度—时间变化曲线

固体可燃物燃烧的温升速度比较缓慢，所以火灾温度曲线比较弯曲；可燃气体和易燃可燃液体蒸气的燃烧速度快，起火后室内温度迅速达到最高峰，因此在火灾温度曲线上几乎看不到初起的升温阶段；对于密闭建筑物内固体物质的燃烧来说，一旦空气供给充足，高温热解可燃气体会发生爆燃，因此在火灾曲线上会有一个陡升的阶段，火灾温度曲线中的 B—B' 段便由 B—B''直线来代替。

1）火灾初起阶段。

室内发生火灾后，最初只是起火部位及其周围可燃物着火燃烧。初期增长阶段的特点是：在火灾初起阶段，起火点的局部温度较高，但室内各点的温度极不平衡。由于可燃物燃烧性能、分布、通风、散热等条件的影响，燃烧发展比较缓慢，且燃烧发展不稳定，有可能形成火灾，也有可能中途自行熄灭。火灾初起阶段的燃烧面积不大，初起阶段持续时间长短与燃烧条件有很大关系。该阶段的火灾持续时间受点火源、可燃物质性质和分布、通风条件等因素的影响很大，火灾发展一般会出现以下情况。

① 初始可燃物全部烧完而未能延及其他可燃物，致使火灾自行熄灭。这种情况通常发生在初始可燃物不多且距离其他可燃物较远的条件下。

② 火灾增大到一定规模，但是由于通风不足使燃烧强度受到限制，于是火灾以较小的规模持续燃烧。若通风条件相当差，则在燃烧一段时间后火灾也会自行熄灭。

③ 如果可燃物充足且通风良好，火势将迅速扩展，乃至将其周围的可燃物引燃，起火房间内的温度也随之迅速上升。

根据初期增长阶段的特点可见，该阶段是灭火的最有利时机，也是人员安全疏散的最有利时段，应设法争取尽早发现火灾，把火灾及时控制消灭在起火点。为此，在建筑物内安装和配备火灾自动报警装置和自动灭火装置是很有必要的。

2）全面发展阶段。

在火灾初起阶段后期，火灾范围迅速扩大，当火灾房间温度达到一定值时，聚积在房间内的可燃气体突然起火，整个房间都充满了火焰，房间内所有可燃物表面部分都卷入火灾之中，燃烧很猛烈，温度升高很快。房间内局部燃烧向全室性燃烧过渡的这种现象通常称为轰燃。轰燃是室内火灾最显著的特征之一，它标志着火灾全面发展阶段的开始。对于安全疏散而言，人们若在轰燃之前还没有从室内逃出，则很难幸存。

轰燃发生后，房间内所有可燃物都在猛烈燃烧，放热速度很快，因而房间内温度升高很快，并出现持续性高温，最高温度可达 1100℃左右。火焰、高温烟气从房间的开口部位大量喷出，把火灾蔓延到建筑物的其他部分。室内高温还对建筑构件产生热作用，使建筑物构件的承载能力下降，甚至造成建筑物局部或整体倒塌破坏。

室内火灾进入发展阶段后可燃物燃烧猛烈，燃烧处于稳定期，可燃物的燃烧速度接近于定值，火灾温度上升到最高点。火灾发展阶段时间主要取决于可燃物燃烧性能、可燃物数量和通风条件，而与起火原因无关。实验发现，火灾发展阶段燃烧的可燃物约为整个火灾过程中烧掉可燃物总量的 80%。

在火灾发展阶段，室内可燃物被全面点燃，进行稳定燃烧，建筑物构件处于浓烟烈火包围之下，因此建筑结构的耐火性能显得格外重要，要求人们在建筑设计中，注意选用耐火性能好、耐火时间长的结构，以便加强防火安全。为了减少火灾损失，阻止热对流，限制燃烧面积扩大，建筑物应有必要的防火分隔措施。

3）熄灭阶段。

在火灾全面发展阶段后期，随着室内可燃物的挥发物质不断减少，以及可燃物数量的减少，火灾燃烧速度递减，温度逐渐下降。当室内平均温度降到温度最高值的 80%时，则一般认为火灾进入熄灭阶段。随后，房间温度明显下降，直到把房间内的全部可燃物烧尽，室内外温度趋于一致，火灾宣告结束。

火灾进入熄灭阶段后，室内可供燃烧的物质减少，温度开始下降。实验发现，室内温度衰减的速度与火灾持续时间有如下关系：火灾持续时间越长，其衰减速度越慢。火灾持续时间在 1h 以下时，室内火灾温度衰减速度约为 12℃/min；火灾持续时间大于 1h，其衰减速度约为 8℃/min。

从火灾的整个过程来看，火灾中期的后半段和末期前的半段温度最高，火势发展最猛，热辐射也最强，使建筑物遭受破坏的可能性最大，是火灾向周围建筑物蔓延最为危险的时刻。因此，在火灾熄灭阶段的前期，室内温度仍为最高温度，火势较猛烈，热辐射较强，对周围建筑物仍有很大威胁。

实际灭火战斗中应注意堵截包围，防止火势蔓延，切不可疏忽大意，但因可燃物数量已经不多，也不必投入过多的战斗力量。此外，还应防止建筑构件因经受火焰的高温作用和灭火射水的冷却作用出现裂缝、下沉、倾斜或倒塌，要充分保障灭火人员的生命安全。

（2）建筑火灾蔓延。

1）火灾蔓延方式。

① 火焰蔓延。初始燃烧的表面火焰，在使可燃材料燃烧的同时，将火灾蔓延开来。火焰蔓延速度主要取决于火焰传热的速度。

② 热传导。火灾区域燃烧产生的热量，经导热性好的建筑构件或建筑设备传导，能够使火灾蔓延到相邻或上下层房间。例如，薄壁隔墙、楼板、金属管壁，都可以把火灾区域的燃烧热传导至另一侧的表面，使地板上或靠着隔墙堆积的可燃、易燃物质燃烧，导致火灾扩大。应该指出的是，火灾通过传导的方式进行蔓延扩大有两个比较明显的特点，其一是必须具有导热性好的媒介，如金属构件、薄壁构件或金属设备等；其二是蔓延的距离较近，一般只能是相邻的建筑空间。

③ 热对流。热对流作用可以使火灾区域的高温燃烧产物与火灾区域外的冷空气发生强烈流动，将高温燃烧产物传播到较远处，造成火势扩大。建筑房间起火时，在建筑内燃烧产物则往往经过房门流向走道，窜到其他房间，并通过楼梯间向上层扩散。在火场上，浓烟流窜的方向往往就是火势蔓延的方向。

④ 热辐射。热辐射是物体在一定温度下以电磁波方式向外传送热能的过程。一般物体在通常所遇到的温度下向空间发射的能量，绝大多数都属于热辐射。建筑物发生火灾时，火场的温度高达上千度，通过外墙开口部位向外发射大量的辐射热，对邻近建筑构成火灾威胁，同时也会加速火灾在室内的蔓延。

2）火灾蔓延途径。

如建筑物内某一房间发生火灾，当发展到轰燃之后，火势猛烈，就会突破该房间的限制，向其他空间蔓延。其途径主要有：未设适当的防火分隔，使火灾在未受到限制的条件下蔓延扩大；防火隔墙和房间隔墙未砌至顶板底，导致火灾在吊顶空间内部蔓延；由可燃的户门及可燃隔墙向其他空间蔓延；电梯竖向蔓延；非防火、防烟楼梯间及其他竖井未做有效防火分隔而形成竖向蔓延；外窗形成的竖向和水平蔓延；通风管道及其周围缝隙造成火灾蔓延等。

① 未设防火分区。对于主体为耐火结构的建筑来说，造成水平蔓延的主要原因之一是建筑物内未设水平防火分区，没有防火墙及相应的防火门、防火窗等形成控制火灾的区域空间。

② 洞口分隔不完善。对于耐火建筑来说，火灾水平蔓延的另一途径是洞口处的分隔处理不完善。如户门为可燃的木质门，火灾时被烧穿；普通防火卷帘无水幕保护，导致卷帘被熔化；管道穿孔处未用不可燃材料封堵等等。

在穿越防火分区的洞口上，一般都装设防火卷帘或防火门，而且多数采用自动关闭装置；然而，发生火灾时能够自动关闭的比较少。这是因为卷帘箱一般设在顶棚内部，在自动关闭之前，卷帘箱的开口、导轨以及卷帘下部等因受热发生变形，无法靠自重落下，而且，如在卷帘的下面堆放了物品，火灾时不仅卷帘放不下，还会导致火灾蔓延。此外，防火卷帘和防火门受热后变形很大，一般凸向加热一侧。普通防火卷帘在火焰的作用下，其背火面的温度很高，如果无水幕保护，其背火面将会产生强烈热辐射，在背火面堆放的可燃物或卷帘与可燃构件、可燃装修材料接触时，就会导致火灾蔓延。

③ 火灾在吊顶内部空间蔓延。目前，有些框架结构的高层建筑竣工时是个大的通间，在出售或出租给用户后，由用户自行分隔、装修。有不少装设吊顶的高层建筑，其房间与房间、房间与走廊之间的分隔墙只做到吊顶底部，吊顶的上部仍为连通空间，一旦起火就极易在吊顶内部蔓延，且难以及时发现，导致灾情扩大。

④ 火灾通过楼梯间蔓延。高层建筑的楼梯间，若在设计阶段未按防火、防烟要求设计，则在火灾时犹如烟囱一般，烟火很快会由此向上蔓延。有些高层建筑虽设有封闭楼梯间，但起封闭作用的门未采用防火门，发生火灾后，不能有效地阻止烟火进入楼梯间，以致形成火灾蔓延通道，甚至造成重大人员伤亡。

⑤ 火灾通过电梯井蔓延。电梯间未设防烟前室及防火门分隔，将会形成一座座竖向烟囱。在现代商业大厦及交通枢纽、航空港等人流集散量大的建筑物内，一般以自动扶梯代替了电梯。自动扶梯所形成的竖向连通空间也是火灾蔓延的主要途径，设计时必须予以高度重视。

⑥ 火灾通过其他竖井蔓延。建筑中的通风竖井、管道井、电缆井、垃圾井也是高层建筑火灾蔓延的主要途径。如香港大生工业楼发生火灾，火势通过未采取防火措施的管道井、电缆井、垃圾井等扩大蔓延。

⑦ 火灾通过空调系统管道蔓延。高层建筑空调系统未按规定设防火阀、采用不可燃的风管、采用不可燃或难燃烧材料做保温层，发生火灾时会造成严重损失。通风管道使火灾蔓延一般有两种方式，第一种方式为通风管道本身起火并向连通的水平和竖向空间（房间、吊

顶内部、机房等）蔓延，第二种方式为通风管道吸进火灾房间的烟气，并在远离火场的其他空间再喷冒出来，后一种方式更加危险。因此，在通风管道穿越防火分区之处，一定要设置具有自动关闭功能的防火阀门。

⑧ 火灾由窗口蔓延。在现代建筑中，从起火房间窗口喷出的烟气和火焰，往往会沿窗槛墙及上层窗口向上窜越，烧毁上层窗户，引燃房间内的可燃物，使火灾蔓延到上部楼层。若建筑物采用带形窗，着火房间喷出的火焰被吸附在建筑物表面，被吸入上层窗户内部的可能性更大。另外，火灾也有通过窗间墙向水平相邻房间蔓延的可能性。

3. 高层建筑火灾的特点

（1）高层建筑功能复杂，着火点多。高层建筑功能复杂，使用单位多，人员集中，建筑装饰材料种类繁多，火灾安全隐患大。由于智能化程度高，电气线路复杂，起火几率很高。因此这类建筑标准较高，装修量大，装饰物多，可燃物多，着火的可能性较大。

（2）火势凶猛且蔓延迅速。高层建筑内由于功能的需要设置了各种管井，如电梯井、楼梯井、通风井等，发生火灾时，这些竖井就像一座座“烟囱”，在强大热压力作用下使火焰及烟雾在其中迅速地向上扩散，形成“烟囱效应”。烟气在竖井中的上升速度随烟气温度和建筑高度的增加而增大，资料表明，烟气垂直流动速度能达到2～4m/s，这给高层建筑人员的疏散和火灾扑救工作带来极大的困难。

（3）人员和物质的疏散十分困难。高层建筑楼层多，人员密集，一旦发生火灾，人员和物质往往出现集中拥堵现象，疏散速度很慢，加上火势蔓延迅速，慌乱中容易发生人员伤亡，安全疏散十分困难。

（4）火灾扑救工作难度极大。高层建筑由于以上三个火灾特点，致使其发生火灾后扑救工作难度极大，且有些高层建筑的层高超过了消防云梯的最大工作高度，所以高层建筑消防设施必须完善、可靠，力求将火灾扑灭在初期。

二、火灾烟气及其危害

现代建筑物内可燃装饰、化纤地毯和泡沫塑料填充的家具陈设较多，这些可燃物在燃烧过程中会产生大量的有毒烟气和热量，同时要消耗大量的氧气。在建筑火灾中，烟雾是阻碍人们逃生、导致被困人员死亡的主要原因。国外多次建筑火灾的统计表明，火灾中85%以上的死亡者是由于烟气的影响，其中大部分是吸入了烟尘及有毒气体昏迷后致死的。可燃物质燃烧中所产生或游离出的物质和燃烧时所散发的热混合在一起就是烟气，其中含有燃烧后的气体、蒸汽、未燃烧尽的分解物和凝固物。凡可燃物，不论何种状态，燃烧时都会散发大量炽热的烟雾，其烟气量为火灾荷载的发烟系数乘以烧毁的火灾荷载，即火灾荷载的性能与燃烧的重量决定火灾中的烟气量，并且烟气量随火灾荷载的增加而成倍增加。烟气可使人中毒或窒息，因此火灾中的烟气会给人类生命安全带来极大危害。

烟气的危害性主要体现在以下三个方面。

1. 对人体的危害

在火灾中，人员除了直接被烧或者跳楼死亡之外，其他的死亡大都和烟气有关。烟气对人体的危害主要有如下几类。

（1）对生理的危害。

1）一氧化碳中毒。一氧化碳被人体吸入后，便和人体血液中的血红蛋白结合成为一氧化碳血红蛋白，从而阻碍血液把氧输送到人体各部分。当一氧化碳和人体血液50%以上的血红蛋白结合时，便造成脑和中枢神经严重缺氧，继而失去知觉，甚至死亡。即使一氧化碳的吸入在致死量以下，人体也会因缺氧而发生头痛、无力及呕吐等症状，最终因不能及时逃离火场而导致死亡。

医学分析证明，一氧化碳是烟气中对人体最具威胁的成分。空气中一氧化碳的浓度对人体的影响程度见表1－6。

表1－6　空气中一氧化碳的浓度对人体的影响程度

φ（CO）/%	对人体的影响程度	φ（CO）/%	对人体的影响程度
0.01	数小时内对人体影响不大	0.5	引起剧烈头晕，经20～30min有死亡危险
0.05	1h内对人体影响不大	1.0	呼吸数次失去知觉，经1～2min即可能死亡
0.1	1h后头痛，不舒服，呕吐		

2）二氧化碳对人体的危害。正常情况下，空气中φ（CO_2）为0.03%，而在燃烧旺盛阶段火场中心φ（CO_2）为15%～23%。当φ（CO_2）＝10%时，就会引起头晕，以致昏迷、呼吸困难，甚至失去知觉。当φ（CO_2）＝20%时，人会因控制生命的神经中枢完全麻痹而死亡。

3）烟气中毒。木材制品燃烧产生的醛类，聚氯乙烯燃烧产生的氢氯化合物都是刺激性很强的气体，甚至是致命的。例如，烟中含有质量分数为5.5×10^{-6}的丙烯醛时，便会对上呼吸道产生刺激症状；如在1.0×10^{-5}以上时，就能引起肺部的变化，数分钟内即可死亡。火灾疏散时丙烯醛的允许质量分数为1.0×10^{-6}，而木材燃烧的烟中丙烯醛的质量分数已达5.0×10^{-5}左右，同时烟气中还有甲醛、乙醛、氢氧化物、氢化氰等毒气，对人都是极为有害的。随着新建筑材料及塑料的广泛使用，烟气的毒性会越来越大，火灾疏散时的有毒气体允许体积分数见表1－7。

表1－7　疏散时有毒气体允许体积分数

种　类	一氧化碳（CO）	二氧化碳（CO_2）	氯化氢（HCl）	光气（$COCl_2$）	氨（NH_3）	氢化氰（HCN）
φ/%	0.2	3.0	0.1	0.0025	0.3	0.02

4）缺氧。在着火区域的空气中充满了一氧化碳、二氧化碳及其他有毒气体，而且燃烧需要大量的氧气，这就造成空气的含氧量大大降低。发生爆炸时，含氧量甚至可能降到5%以下，人会因此受到强烈的影响而死亡，其危险性不亚于一氧化碳。空气中缺氧时对人体的影响情况见表1－8。必须注意，高层建筑中大多数房间的气密性较好，有时少量可燃物的燃烧也会造成含氧量的迅速降低。

表1－8　缺氧对人体的影响程度

φ（O_2）/%	症　状	φ（O_2）/%	症　状
21	空气中含氧的正常值	12～10	视觉错乱，呼吸紊乱，肌肉不舒畅，很快即疲劳
20	无影响	10～6	呕吐，神志不清
16～12	呼吸、脉搏加快，肌肉有规律的运动受到影响	6	呼吸停止，数分钟后死亡

5）窒息。火灾时人员可能因头部烧伤或吸入高温烟气而使呼吸系统烫伤，导致口腔及喉头肿胀，器官受损，呼吸困难，以致引起呼吸道阻塞窒息。若不能得到及时抢救，就有被烧死或毒死的可能性。在烟气对人体的危害中，以一氧化碳的增加和氧气的减少影响最为严重。但实际上，起火后各种因素往往是相互混合地共同作用于人体的。一般来说，这种混合作用比某一因素的单独作用更具危险性。

（2）对视觉的危害。在着火区域的房间及疏散通道内充满了大量的烟气，烟气中的某些成分会对眼睛产生强烈的刺激，使辨别疏散通道的视觉能力下降。

（3）对心理的危害。浓烟会造成极为紧张的恐怖心理状态，使人们失去正常的行动能力和判断能力，导致无法疏散或采取异常行动。

2. 对疏散的危害

在着火区域的房间及疏散通道内，充满了含有大量一氧化碳及各种有害物质的热烟，甚至远离火区的一些地方也可能烟雾弥漫，这给人员的疏散带来了极大的困难。除此之外，由于烟气集中在疏散通道的上部空间，人们通常掩面弯腰地摸索行走，速度慢，又不易找到安全出口，甚至还可能走回头路。火场的经验表明，人们在烟中停留 1～2min 就可能昏倒，4～5min 即有死亡的危险。由此可见，烟气对安全疏散具有非常不利的影响，这也说明对疏散通道进行防、排烟设计具有极为重要的意义。

3. 对扑救的危害

消防队员在进行灭火与救援时，同样要受到烟气的威胁。烟气不仅有引起消防员中毒、窒息的可能性，还会严重妨碍他们的行动：弥漫的烟雾影响视线，使消防队员很难找到起火点，也不易辨别火势发展的方向，灭火行动难以有效地开展；同时，烟气中某些燃烧产物还有造成新的火源和促使火势发展的危险；不完全燃烧产物可能继续燃烧，有的还能与空气形成爆炸性混合物；高温的烟气会因气体的热对流和热辐射而引燃其他可燃物。上述情况将会导致火场的扩大，加大扑救工作的难度。

第二节 灭火的基本原理及灭火介质

灭火剂是能够有效地破坏燃烧条件，终止燃烧的物质。可作灭火剂用的物质主要有：水、泡沫、干粉、卤代烷、二氧化碳、氮气等。不同的灭火剂，灭火作用不同。应根据不同的燃烧物质，有针对性地使用灭火剂，才能使灭火获得成功。

一、灭火的基本原理

物质燃烧必须同时具备三个必要条件，即可燃物、助燃物和着火源。根据这些基本条件，一切灭火措施，都是为了破坏已经形成的燃烧条件，或终止燃烧的连锁反应而使火熄灭以及把火势控制在一定范围内，最大限度地减少火灾损失。这就是灭火的基本原理。

（1）冷却法。灭火剂施放到火场后，因升温、蒸发等过程大量吸收热量，使燃烧物的温度迅速降低，最后使燃烧终止。具有冷却作用灭火的灭火剂有水、泡沫等。

每千克水的温度每升高 1℃，可吸收热量 4.184kJ；每千克水蒸发汽化，可吸收热量 2259kJ。喷洒在火场的水将被加热或汽化，吸收大量热量，使火场温度降低，致使燃烧终止。

（2）窒息法。灭火剂释放到火场后，使燃烧区中氧体积分数降低，使燃烧不能持续。正常情况下，空气中氧体积分数为21%，当空气中氧体积分数降到15%以下时，碳氢化合物就不会燃烧。具有窒息作用灭火的灭火剂有水蒸气、CO_2 等。

（3）隔离法。灭火剂释放到火场后，覆盖于燃烧体表面，在冷却作用的同时，把可燃物同火焰和空气隔离开来，达到灭火的目的。具有隔离作用灭火的灭火剂有泡沫等。

（4）化学抑制法。灭火剂释放到火场后，因化学作用破坏燃烧的链式反应，使燃烧终止。具有化学抑制作用灭火的灭火剂有卤代烷、干粉等。

二、灭火介质

由于在诸多灭火剂中，目前水仍然是用得最多而且最重要的灭火介质。所以本节着重介绍水的灭火原理及适用场合。

（一）水

1. 水的灭火原理

（1）冷却原理。水具有较好的导热性，1kg的水温度每升高1℃，可吸收热量4.184kJ；每蒸发1kg的水，可吸收热量2259kJ。因而，当水与燃烧物接触或流经燃烧区时，将被加热或汽化，吸收燃烧产生的热量，从而使燃烧区温度大大降低，致使燃烧终止。

（2）窒息原理。水的汽化将在燃烧区产生大量水蒸气占据燃烧区，可阻止新鲜空气进入燃烧区，降低了燃烧区氧气的体积分数，使可燃物得不到充足的氧气，导致燃烧强度减弱直至燃烧终止。

（3）稀释原理。水本身是一种良好的溶剂，可以溶解亲水性可燃液体，如醇、醛、醚、酮、酯等。因此，当此类物质起火后，如果容器的容量允许或可燃物料流散，可用水予以稀释。由于可燃物浓度降低而导致可燃蒸气量的减少，燃烧即会减弱。当可燃液体的质量降到可燃质量以下时，燃烧即行终止。

（4）分离原理。经射水器具（尤其是直流水枪）喷射形成的水流有很大的冲击力，这样的水流遇到燃烧物时，将使火焰产生分离。这种分离作用一方面使火焰"端部"得不到可燃蒸气的补充，另一方面使火焰"根部"失去维持燃烧所需的热量，使燃烧终止。

（5）乳化原理。非水溶性可燃液体的初起阶段火灾，在未形成热波之前，以较强的水雾射流（或滴状射流）灭火，可在液体表面形成"油包水"型乳液，乳液的稳定程度随可燃液体黏度的增加而增加，重质油品甚至可以形成含水油泡沫。水的乳化作用可使液体表面受到冷却，使可燃蒸气产生的速率降低，致使燃烧终止。

2. 水的应用范围及注意事项

水是最常用的灭火剂，它可以单独用于灭火，也可以与其他不同的化学添加剂组成混合液使用。消防用水可以取之于人工水源，如消火栓、人工消防水池，也可以取之于天然水源，如地表水或地下水。

（1）灭火应用中的水流形态。利用不同的射水器具，可产生不同的水流形态。

1）密集射流（直流水）：利用直流水枪可产生呈"柱状"连续流动的密集射流（即直流水）。密集射流是几种水流形态中最具冲击力的射流。

2）滴状射流（开花水）：利用开花水枪或大水滴喷头可产生呈滴状流动的水流（即开花水）。滴状射流的水滴直径通常为500～1500μm，其冲击力低于密集射流，可保证一定的射水距离，并获得较大的喷洒面积。

3）雾状射流（喷雾水）：利用喷雾水枪或雾流喷头可产生水滴直径小于100μm的雾状

射流。由于产生雾状射流需要较高的压力，因此这种射流具有很大的比表面积，可大大增加水与燃烧物料的接触面，有良好的冷却效果。

在实际火场上，水流形态可能是不规则的。例如，由于空气阻力和地心引力的作用，或水柱交叉及障碍物撞击，柱状的密集射流会变成初步分散的水流，其水滴直径的分布很广；呈分散流动的滴状水，水滴直径最大可达 6mm（甚至更大），尤其是扩张角可调的开花水枪，水滴直径的变化范围也是很大的。

4）水蒸气：利用加热设备，如蒸汽锅炉等，使水汽化产生水蒸气。水蒸气是一种惰性气体，它能冲淡火场燃烧区内可燃气体，降低空气中氧的浓度，产生窒息作用。

（2）适用火灾范围。用水灭火的适用火灾范围受水流形态、燃烧物料的类别和状态、水添加剂的成分等条件制约。

用直流水或开花水可扑救一般固体物质的表面火灾，如木材及其制品、棉麻及其制品、粮草、纸张、建筑物等；可以扑救闪点在 120℃以上的重油火灾；在遵守安全措施的前提下，可以扑救带电设备的火灾，如变压器、电容器等。

用雾状水可扑救阴燃物质的火灾，也可以扑救可燃粉尘（如面粉、煤粉、糖粉等）的火灾，对于上述火灾，如果使用润湿剂，灭火效果会更好；可以扑救汽油、煤油、乙醇等低闪点液体可燃物的火灾；可以扑救浓硫酸、浓硝酸场所的火灾，或稀释质量浓度高的强酸；可以扑救带电设备的火灾。

用水蒸气可以扑救封闭空间内的火灾；在常年供蒸汽的场所，可以利用水蒸气来灭火。水蒸气主要适用于扑救容积小于 $500m^3$ 的容器、封闭用房及空气不流通的场所或燃烧面积不大的火灾，特别适用于扑救高温设备和燃气管道火灾。

（3）水灭火的注意事项。

1）防止结冰。严寒冬天，当水泵暂停供水时，输水管道易冻塞；气温很低的情况下，长时间供水，水带内可能产生冻结，由于结晶体积逐渐膨大，水带易破裂；自动喷水系统湿式管网，如无保温措施，应考虑加防冻液。

2）防止物理性爆炸。漏包的钢水或铁水，水不可以直接溅入，因为高温会使水急剧汽化，同时有部分分解，易造成人身伤亡。

3）防止水渍。精密仪器、仪表、工艺品、重要档案资料或图书，有重要价值的房间，溅水或水渍损失，甚至大于火灾损失（应考虑使用气体灭火剂）。

4）直流水的冲击会引起粉尘物料的飞扬，易在空气中形成爆炸性混合物，有引起爆炸的危险。对于粉尘物料、阴燃物质或水难浸透的物质，建议使用雾状水（含润湿剂效果更好）。

5）向密闭房间内的阴燃物质射水时，可能产生大量热水蒸气，有灼伤危险。

6）用直流水或开花水扑救密度比水小且不溶于水的可燃液体火灾时，因为这些液体会漂浮在水面上随水流动，可使火势蔓延。使用水-泡沫联动装置扑救为好。

7）用直流水或开花水直接喷射氧化钾、浓硫酸或浓硝酸时，由于酸液局部过热，有发生喷溅的危险，可使用雾状水流。

8）对于带电设备的火灾，在保持一定安全距离的条件下，可以用自来水扑救。使用直流水扑救电压在 35kV 以下的带电设备火灾时，应使用 13mm 或 16mm 口径的水枪，水枪口与火点距离在 10m 以上；如果不能远距离射水，可采用尽量小的水枪口径，并增大射流的仰角；使用达到正常雾化状态的喷雾水枪，安全距离可以缩至 5m。如果水枪射流严重受空间限制而达不到安全距离要求，可以考虑水枪接地或水枪手穿着均压服等。

（4）水灭火的禁用范围。

1）能使水分解，放出氢气和大量热量，可引起爆炸的轻金属，如钾（K）、钠（Na）、钙（Ca）等，不能用水扑救火灾。

2）遇水会生成可燃、可爆、有毒气体，进而引起燃烧、爆炸或造成灭火人员中毒的物质，如碳化轻金属（Na_2C_2，K_2C_2，CaC_2，Al_4C_3）、氢化碱金属（KH，NaH）、金属硅化物（Mg_2Si，Fe_2Si）、金属磷化物（Ca_3P_2）、硼氢类（$NaBH_4$，KBH_4）、氯化磷（PCI_5，PCI_3）及某些金属粉（Zn，A1，Mg）等，不能用水扑救火灾。

3）处于熔化状态的钢、铁，喷射水可引起爆炸。

4）炽热状态的含碳物不可以用水扑救，否则会引起爆炸或一氧化碳气体中毒。

（5）水添加剂对水灭火的影响。为了改善水的性能，增强水灭火效果，可根据不同需要在水中添加所需要的药剂。常用的添加剂有防冻剂、防腐剂、润湿剂、减阻剂、强化剂等。

1）防冻剂。这类物质有碳酸钾（K_2CO_3）、氯化镁（$MgCl_2$）、氯化钙（$CaCl_2$）、氯化钠（NaCl）和酒精、乙二醇等。这类物质的加入使水溶液浓度增加而凝固点下降。酒精或乙二醇的水溶液，多用作汽车发动机的冷却水。灭火器中所使用的防冻剂多为碳酸钾，不仅没有腐蚀性，而且具有很好的抗腐蚀作用。氯酸盐溶液的腐蚀性很大，应慎重使用。

2）防腐剂。除在盛水容器（尤其是金属容器）内壁涂上保护材料层防腐外，可使用以下3种防腐蚀的抑制剂。

① 无机阳性抑制剂：可形成氧化保护层的固体盐类，如碱金属的磷酸盐、碳酸盐和硅酸盐，或者铬酸钠、铬酸钾及亚硝酸钠等。

② 无机阴性抑制剂：主要有碳酸氢钾。

③ 有机抑制剂：如吸收氧的单宁酸的混合物、苯酸钠和带长链的脂肪酸胺。

3）润湿剂。润湿剂可使水的表面张力降低，渗透能力增加。这对于扑救纤维类物质的火灾尤其是深部阴燃的火灾，可提高灭火效率。用作润湿剂的物质有如下几种。

① 阴离子表面活性剂：主要有洗涤剂（有机硫酸硅、有机磺酸盐）。

② 阳离子表面活性剂：主要有多氧化物、普通的聚酯和聚酰胺等。

③ 两性表面活性剂：主要有三甲基胺内酯和硫酸三甲基胺内酯。

4）减阻剂。减阻剂是用来减少水在水带中流动时的压力损失的添加剂。

聚氯乙烯是一种常用的减阻剂，为白色的固体物质，易溶于水，保存温度为－17.8～48.8℃。聚氯乙烯适用于各种以水作为流动介质的灭火设备，其在水中的添加量为0.1％。

当水通过较长的水带（或管道）流动时会产生压力损失。造成压力损失的原因一是由于水的黏度所引起的水与水带（或管道）内壁的摩擦作用，二是由流动中水沿垂直于主流方向的横向和涡流所引起的紊流作用。其中，紊流作用所造成的损失约占整个损失的90％。当减阻剂溶解于水后，能适当增加水的黏度，降低水的紊流作用，因而降低了水流动时的压力损失。由于紊流作用与水带直径（或管径）有关，所以聚氯乙烯减阻剂对小口径的水带（或管道）效果显著。随着口径的增加，灭火效果将有所下降。

（二）泡沫灭火剂

泡沫灭火剂是与水混溶，通过化学反应或机械方法产生泡沫进行灭火的药剂。

1. 泡沫灭火剂的类别及性能

(1) 泡沫灭火剂的类别。

泡沫灭火剂一般由发泡剂、泡沫稳定剂、降黏剂、抗冻剂、防蚀剂、防腐剂、无机盐和水等组成。泡沫灭火剂按其基料分为以下三类。

1) 化学泡沫灭火剂。化学泡沫灭火剂在国内原来以灭火器的形式应用，现在已经被淘汰。

2) 蛋白质为基料的泡沫灭火剂。这是以天然蛋白质（骨胶朊、毛角朊——动物的角或蹄、豆饼等）的水解产物为基料制成的泡沫液。

3) 合成型泡沫灭火剂。合成型泡沫灭火剂是由石油产品为基料制成的泡沫灭火剂。

(2) 泡沫灭火剂及泡沫的性能。

泡沫灭火剂的基料和添加剂及产生泡沫的方法决定了泡沫灭火剂质量，以及所产生泡沫的流动性、自封闭性、稳定性、耐液性、抗燃性等性能。

2. 泡沫灭火原理

泡沫的密度为 $0.001\sim0.5g/cm^3$，且具有流动性、黏附性、持久性和抗烧性，可以漂浮或黏附在易燃或可燃液体（或可燃固体，如设备）表面，或充满某一空间形成一个致密的覆盖层，产生如下的灭火作用。

(1) 隔离作用。泡沫层将燃烧物的液相与气相分隔，即阻止可燃物料的蒸发，同时将可燃物与火焰区相分隔，即将燃烧物料与空气隔开。

(2) 冷却作用。泡沫本身及从泡沫中析出的混合液，主要是水起冷却作用，低倍数泡沫的冷却作用略为明显。

3. 泡沫灭火剂的应用范围及注意事项

(1) 泡沫灭火剂的应用范围。

1) 普通蛋白泡沫主要应用于沸点较高的非水溶性易燃和可燃液体的火灾，以及一般固体物质的火灾。例如，原油、重油、燃料油、木材、纸张、棉麻等，应用场所通常是油罐、油池、汽车修理场、仓库、码头等。

2) 氟蛋白泡沫除上述火灾及场所外，主要用于扑救低沸点易燃液体，特别是大型储油罐可采用液下喷射泡沫灭火。飞机火灾的扑救，首选“轻水”泡沫，其次是氟蛋白泡沫。以蛋白泡沫覆盖于飞机跑道，可防止因飞机迫降时与跑道摩擦而产生火灾。

3) 抗溶性泡沫主要用于扑救水溶性可燃液体的火灾，如醇、醛、酮、酯、醚、有机酸、有机胺的火灾以使用聚合型抗溶泡沫为好。以蛋白质为基料的抗溶泡沫，稳定性差，适用小范围火灾（尤其不适于低沸点水溶性可燃液体的火灾）。

4) 中、高倍泡沫的主要应用：扑救电器和电子设备火灾（应断电）；扑救船舱、巷道、矿井、地下室、汽车库、图书档案库等的火灾；以二氧化碳代替空气发泡时，可以扑救二硫化碳的火灾；液化石油气等气体泄漏时，可以用高倍泡沫覆盖，以防挥发起火爆炸。

(2) 泡沫的应用注意事项。

1) 储存注意事项：

① 化学泡沫灭火剂的酸性粉与碱性粉应分开存放，并避免受潮和曝晒。

② 液态泡沫灭火剂的金属容器内应涂防腐层，轻水泡沫剂甚至不能用金属容器；不得混入酸、碱或油类，储存温度宜在 0～45℃；泡沫灭火剂的储存容器应尽量盛满，储存期一

般为5d。合成泡沫剂的储存期可延长。

③ 储存期间，不可将不同基料的灭火剂或不同工艺制成的泡沫灭火剂相混合；泡沫灭火剂与水一般不作预先混合长期存放。

2）应用注意事项：

① 带电设备和遇水发生化学反应而生成可燃气体或有毒气体的物质的火灾不能用泡沫扑救。

② 水溶性液体火灾不可使用普通蛋白泡沫扑救，应使用抗溶泡沫扑救。

③ 高倍数泡沫不可用于开阔空间，因其易被风或燃烧热气流吹散；在密闭空间内使用时，应事先在泡沫供应源对面较高位置开设放气孔，利于泡沫流动。

④ 任何情况下，泡沫的供应速度都要高于泡沫的衰变速度，泡沫应不直接溅入可燃液体。

（三）干粉灭火剂

干粉灭火剂是干燥的、易于流动的细微粉末，一般以粉雾的形式灭火。干粉灭火剂一般由某些盐类作基料，添加少量的添加剂，经粉碎、混合加工而制成。干粉灭火剂多用于物料表面火灾的扑救。

1. 干粉灭火剂的分类和性能

（1）干粉灭火剂的分类。

干粉灭火剂按应用范围分为：BC类干粉，即普通型干粉；ABC类干粉，又称多用型干粉；D类火灾专用干粉。

1）普通型干粉灭火剂（BC类）。此类干粉适于扑救易燃和可燃液体、可燃气体和带电设备的火灾。

2）多用途干粉（ABC类）。此类干粉除应用于易燃可燃液体、可燃气体、带电设备火灾之外，还可应用于一般固体物质的火灾。

3）金属火灾专用灭火剂。由于金属火灾的燃烧特性，要求灭火时干粉与金属燃烧物的表层发生反应或形成熔层，使炽热的金属与周围的空气隔绝。

（2）干粉灭火剂的性能。

普通干粉（BC）的性能，应符合GB 4066—2004《干粉灭火剂　第二部分：ABC干粉灭火剂》；多用途干粉（ABC）的专业标准尚未公布，仅依据暂行标准。

2. 干粉的灭火原理

（1）化学抑制作用。干粉的抑制灭火作用一是多相抑制机理，认为灭火过程是在干粉粒子表面发生化学抑制反应；二是均相抑制机理，认为灭火过程是干粉先在火焰区汽化后，再在气相粒子表面发生化学抑制反应。

1）多相抑制机理。烃类物料燃烧发生如下链锁反应

$$\underset{(燃料)}{(R—H)} + O_2 \longrightarrow \underset{(游离基)}{R^+ + H^+ + 2O^{2-}} \text{（链引发）} \tag{1-5}$$

$$H^+ + O^{2-} \longrightarrow OH^- \quad \text{（链传递）} \tag{1-6}$$

$$OH^- + OH^- \longrightarrow H_2O + O^{2-} + Q\text{（能量）}\text{（链终结）} \tag{1-7}$$

当两个OH^-游离基结合时，释放能量使燃烧反应过程得以继续。

当干粉射向燃烧区，干粉粒子与火焰中产生的活性基团接触时，活性基团瞬间被吸附在

粉粒表面，发生如下反应

$$M(粉粒)+OH^- \longrightarrow MOH \tag{1-8}$$

$$MOH+H^+ \longrightarrow M+H_2O \tag{1-9}$$

在该反应中，活泼的 H^+ 和 OH^- 在粉粒表面结合，形成了不活泼的 H_20，从而中断燃烧的链锁反应，使燃烧中止。

2）均相抑制机理。干粉的灭火过程是，首先干粉在火焰中汽化，再在气相中发生化学抑制反应，其主要抑制形式（可能）是气态氢氧化物。若使用钠盐干粉，其反应主要过程如下

$$NaOH+H^+ \longrightarrow H_2O+Na \tag{1-10}$$

$$NaOH+OH^- \longrightarrow H_2O+NaO^- \tag{1-11}$$

$$Na+OH^- \longrightarrow NaOH \tag{1-12}$$

$$NaO^-+H^+ \longrightarrow NaOH \tag{1-13}$$

$$NaOH+H^+ \longrightarrow NaO\cdot+H_2 \tag{1-14}$$

通过反应式（1-10）～式（1-14）实现抑制作用的催化循环，其中 NaOH 通过反应式（1-12）和式（1-13）再生。

实验表明，干粉细度大有利于粉粒在火焰中的蒸发，可提高灭火效率。

（2）烧爆作用。某些化合物（如尿素与碳酸氢钠的反应产物）与火焰接触时，由于高温作用，可以使干粉颗粒爆裂成为多个更小颗粒，使干粉的比表面积剧增，增加了干粉与火焰的接触面积，吸附作用增强，从而提高灭火效能。

（3）其他作用。灭火时干粉的“粉雾”可以减弱火焰对燃烧物料的热辐射；干粉颗粒的高温分解，释放出结晶水或不活泼气体，可以吸收部分热量或降低氧气的浓度，降低燃烧强度。事实上，这些“其他作用”是很小的。

3. 干粉的应用范围及注意事项

（1）干粉的应用范围

1）普通干粉可用于扑救下列火灾：普通干粉可用于扑救易燃及可燃液体（如汽油、煤油、润滑油、原油等）火灾、可燃气体（液化气、乙炔等）火灾、电气设备火火，与上述类别相应场所的火灾均可使用。

2）多用途干粉可用于扑救下列火灾：除可与普通干粉作相同应用外，还可应用于一般固体物质的火灾（如木材、棉、麻、竹等）扑救。

（2）干粉的应用注意事项

1）干粉的储存。干粉储存期间应以塑料袋包装并热合封严、外套有较大强度的保护性封袋；储存地点应干燥通风，温度在 40℃ 以下；干粉堆垛不宜太高，以免压实结块。干粉受潮而结块后，若再行烘干粉碎后使用，灭火效率将大大降低。

正常储存的干粉，有效期为 5 年。超过有效期的干粉，应送交有权威的灭火剂检测部门检测，认为合格方可继续使用。

2）应用注意事项。干粉在使用时会形成粉粒沉积，因此禁止用干粉扑救电子计算机、电话通信站、高精度机械设备和仪器仪表的火灾。

干粉的冷却作用极小，因而应注意防止复燃。尤其是在扑救易燃和可燃液体火灾时，“联用”效果更好。“联用”时，先用干粉，后用泡沫。表 1-9 列举了各类干粉与泡沫联用的配伍。

表 1-9 干粉与泡沫联用配伍表

泡沫	干粉			
	多用途	氨基	钾盐	普通
无氟蛋白	○	○	△	×
含氟蛋白	○	○	○	○
合成型	○	○	○	○

注 “○”可以联用；“×”不可联用；“△”少用。

（四）卤代烷灭火剂

1. 卤代烷灭火剂的分类及性质

卤代烷灭火剂系碳氢化合物中的氢原子被卤素原子取代后生成的化合物。卤代烷化合物较多，其中 1301 和 1211 有很好的化学稳定性，长期储存物理和化学性质变化极小，且对金属的腐蚀也极小，在无湿气的条件下与大多数金属接触无腐蚀作用。因此，盛装 1301，1211 的容器在充装之前必须烘干，同时用于充装的动力气体（氮气）不应含水分。

卤代烷灭火剂有一定毒性，在常温下毒性很小。1211 属化学物质分类标准中 5 类毒性级，低毒。1301 是卤代烷灭火剂中毒性最低的一种，属化学物质分类标准中的 6 级最小毒性级，微毒。1301、1211 分解物具有特殊的辛辣味，可给人们发出危险警告，促使人员迅速离开现场和提醒现场人员采取防毒措施。

1211 的分解程度取决于火灾大小、灭火剂的蒸气浓度以及灭火剂与火焰（或高温热表面）接触时间的长短。如果浓度很快达到灭火浓度值，火灾就会很快扑灭，则分解产物也较少，分解产物的实际浓度取决于发生火灾的房间的体积、气体混合状态和通风的程度。

为了减少分解产物，采用较大供给强度和较短灭火时间的灭火剂是一种较好的方法。因此，灭火时间不应超过 10s，若房间内有人，在灭火剂喷射之前，应发出报警信号，以便使室内人员离开。喷射灭火剂后，在房间出入口应发出警告标志，防止人员进入房间。

2. 卤代烷 1301 和 1211 的灭火原理

1301 和 1211 是一种液化气体灭火剂，灭火剂在压缩气体的推动下，喷出的液体很快就汽化。它们与大多数普通灭火剂不同，不是依赖冷却和稀释等物理性质灭火，而是抑制燃烧反应的化学作用。由于 1301 和 1211 在火焰高温中分解产生的灭火活性游离基 Br^-、Cl^- 等，参与物理燃烧过程中的化学反应，不断消除维持燃烧的活性游离 H^+ 基和 OH^- 基，生成稳定的分子，如 H_2O、CO_2 及活泼性较低的游离基 R^- 等，从而使燃烧过程中的化学链锁反应中断而扑灭火灾。因此，1301 和 1211 灭火作用是使游离 H^+ 基和 OH^- 基结合成不燃烧的水蒸气。所以，1301 和 1211 在物质燃烧过程中实际上起着灭火的催化剂作用。其在灭火中的作用如下。

可燃物（R—H）在燃烧过程中产生活性游离基

$$(R—H) + O_2 \longrightarrow H^+ + 2O^{2-} + R^- \quad (1-15)$$

$$H^+ + O^{2-} \longrightarrow OH^- \quad (1-16)$$

$$2OH^- \longrightarrow H_2O + O^{2-} \quad (1-17)$$

在燃烧过程中不断产生游离基 OH^- 和 O^{2-} 使燃烧不断地进行。当 1301 或 1211 施放到燃烧区，遇火受热会分解出 Br^- 和 Cl^-：

$$CF_2ClBr \longrightarrow CF_2^{+} + Br^{-} + Cl^{-} \tag{1-18}$$

$$CF_3Br \longrightarrow CF_3 + Br^{-} \tag{1-19}$$

游离基 Br^{-} 与燃烧物质的氢反应生成 HBr：

$$(R—H) + Br^{-} \longrightarrow HBr + R^{-} \tag{1-20}$$

HBr 继续与游离基 OH^{-} 反应，生成不燃的水蒸气，并释放出 Br^{-} 游离基：

$$OH^{-} + HBr \longrightarrow H_2O + Br^{-} \tag{1-21}$$

而 Br^{-} 再与燃烧物质产生的 O^{2-}、H^{+}、OH^{-} 反应，使燃烧链锁反应中断，火焰熄灭。P、C1、Br 等元素均起灭火作用，其中以 Br 的灭火效能最大。由于 Br 与可燃物产生游离基反应极快，而 1301 和 1211 在与火焰接触中又不断增加，因而 1301 和 1211 灭火极为迅速。

对于卤代烷的灭火原理，还有一种解释为：向燃烧的物质投加卤代烷灭火剂，会产生溴原子，因为溴原子比氧原子具有更大的俘获减速电子的横切面，溴原子会通过除去氧原子的活化所需电子而抑制燃烧反应，使燃烧受到窒息。

（五）二氧化碳灭火剂

二氧化碳灭火剂属液化气体型灭火剂，它有如下两种灭火作用。

（1）窒息作用。在常温常压下，1kg 二氧化碳可以形成 500L 左右的二氧化碳蒸气，这个数量足以使 $1m^3$ 体积的火焰熄灭。一般情况下，当空气中 φ（CO：空气）＝30％～35％时，绝大多数的燃烧物料的燃烧都将被窒息。为安全起见，二氧化碳实际应用剂量都大于理论计算剂量。

（2）冷却作用。二氧化碳的升华过程对燃烧具有冷却作用。在实际灭火过程中，液态二氧化碳（在临界温度以上为气态）释放时由于膨胀作用而吸热，在喷射口（或喷筒）迅速降温，可达－78.5℃，在该温度和常压下，二氧化碳可形成雪片状固体（干冰），具有很好的局部冷却作用。

二氧化碳可应用于以下火灾：

1）灭火前可切断气源的气体火灾；

2）液体火灾或石蜡、沥青等可熔化的固体火灾；

3）固体表面火灾及棉毛、织物、纸张等部分固体深位火灾；

4）电气火灾；

5）贵重生产设备、仪器仪表、图书档案等火灾。

二氧化碳灭火剂不得用于下列火灾：

1）硝化纤维、火药等含氧化剂的化学制品火灾；

2）钾、钠、镁、钛、锆等活泼金属火灾；

3）氢化钾、氢化钠等金属氢化物火灾。

（六）其他灭火剂

1. 几种卤代烷灭火剂的替代物

随着卤代烷灭火剂受到限制使用，卤代烷替代物的开发研究进入了快车道，在短短几年中，相继开发了十几种洁净气体灭火剂。所谓洁净气体灭火剂，就是既包含了卤代烷灭火剂所具有的不污染被保护对象的含意，又包含了不破坏大气臭氧层的含意。表 1-10 是经《气体灭火系统——物理性能及系统设计》（ISO/CD/14520）认可的洁净气体灭火剂及参数。

表 1－10　　ISO 认可的洁净气体灭火剂及参数

ISO/CD 标准编号		14520－2	14520－3	14520－4	14520－5	14520－6	14520－7	14520－8
灭火剂		CF31	PC－2－1－8	FC－3－1－10	PC－5－1－14	HCPC 混合物 A	HCPC－124	HFC－125
分子式		Cr_3I	$CF_3CF_2CF_3$	$C4F_{10}$	CF_2（CF_2）$_4$ CF_3	$CHClF_2$ 82％ $CHCl_2CF_3$ 4.75％ $ClFCF_3$ 9.5％ $C_{10}H_{16}$ 3.75％	$CHClFCF_3$	CF_3CHF_2
化学名称		三氟一碘甲烷	全氟丙烷	全氟丁烷	全氟己烷	一氯二氯甲烷 二氧三氟乙烷 一氯四氟乙烷	一氯四氟乙烷	五氟乙烷
商品名称		Triodide	FC308	FC410	PC614	NAFS－Ⅲ	FE－241	FE－25
沸点/℃		－22.5	－36.7	－2.0	56	－38.3	－10.95	－48.14
蒸气压力 $p_{20℃}$/MPa		0.465	0.792	0.284	0.031	0.825	0.327	1.209
比容系数	K1	0.1138	0.117 12	0.094 104	0.061 432 5	1.683	0.1575	0.1826
	K2	0.0005	0.004 674	0.000 344 55	0.000 256 6	0.0044	0.0006	0.0007
最大充装密度 ρ_0/(kg·m^{-3})		1680	1124	1280	1520	900	1140	831
容器最大工作压力 $p_{g50℃}$/MPa		3.55	3.0	3.0	3.0	4.0/10.0	1.9	4.0

2. 水蒸气

这里所说的水蒸气指的是由工业锅炉制备的饱和蒸汽或过热蒸汽。饱和蒸汽的灭火效果优于过热蒸汽。凡有工业锅炉的单位，均可设置固定式或半固定式（蒸汽胶管加喷头）蒸汽灭火设备。

水蒸气是惰性气体，一般用于易燃和可燃液体、可燃气体火灾的扑救，可用于房间、舱室内，也可应用于开敞空间。水蒸气的灭火原理是：在燃烧区内充满水蒸气可阻止空气进入燃烧区，使燃烧窒息。由实验得知：对汽油、煤油、柴油和原油火灾，当空气中的水蒸气体积分数达到35％时，燃烧即停止。水蒸气在使用时应注意防止热气灼伤。水蒸气遇冷凝结成水，应保持一定的灭火延续时间和供应强度。一般情况下，在无损失条件下为 0.002kg/(m^3·s)，有损失条件下为 0.005kg/(m^3·s)。

3. 发烟剂

发烟剂是一种深灰色粉末状混合物，由硝酸钾、三聚氰胺、木炭、碳酸氢钾、硫磺等物质混合而成。发烟剂通常利用烟雾的自动灭火装置（发烟器和浮子组成），置于 2000m^3 以下原油、渣油或柴油罐内、1000m^3 以下航空煤油储罐内的油面。在火灾温度作用下，发烟剂燃烧产生二氧化碳、氮气等惰性气体（占发烟量的 85％），在缸内油面以上的空间内形成均匀而浓厚的惰性气体层，阻止空气向燃烧区流动，并使燃烧区可燃蒸气的体积分数降低，使燃烧窒息。发烟剂不适合开敞空间使用。

4. 原位膨胀石墨

原位膨胀石墨灭火剂是石墨经处理后的变体，外观为灰黑色鳞片状粉末，稍有金属光泽，是一种新型金属火灾灭火剂。

(1) 基本性质。石墨是碳的同素异构件，无毒、没有腐蚀性。当温度低于150℃时，密度基本稳定；当温度达到150℃时，密度变小，开始膨胀；当温度达到800℃时，体积膨胀可达膨胀前的54倍。

(2) 灭火原理。碱金属或轻金属起火后，将原位膨胀石墨灭火剂喷洒在燃烧物质表面上，在高温作用下，灭火剂中的添加剂逸出气体，使石墨体积迅速膨胀，可在燃烧物表面形成海绵状的泡沫；同时与燃烧的金属接触的部分被液态金属润湿，生成金属碳化物或部分石墨层间化合物，形成隔绝空气的隔膜，使燃烧终止。

(3) 应用注意事项。原位膨胀石墨的应用对象为钠、钾、镁、铝及其合金的火灾。其使用方法是：可以盛于小包装塑料袋内，投入燃烧金属的表面；或灌装于灭火器内，以低压喷射。储存应密封，且温度应低于150℃。

5. 砂子和灰铸铁末（屑）

砂子和灰铸铁末（屑）是两种非专门制造的灭火剂，它们单独应用于规模很小的磷、镁、钠等火灾，起隔绝空气或从火焰中吸热（冷却）的作用，可以灭火或控制火灾的发展。

第四节 建筑消防系统

建筑消防系统由建筑防火、火灾自动报警系统、灭火及消防联动系统组成。随着建筑功能越来越复杂，使用的材料类型日益增多，建筑结构方式千变万化，建筑高度不断增加，这些因素使得消防安全面临更多的困难。因此需要采用多种形式的消防系统一起联合工作，才能达到一定的消防安全水平。建筑消防系统包含以下几个部分。

1. 建筑防火

建筑防火是在假想失火条件下，尽量抑制火情的发展，控制火势的传播和蔓延，主要由建筑总平面防火设计、建筑防火分区设计、安全疏散设计和建筑耐火设计组成。

(1) 建筑总平面防火设计。建筑总平面防火是防止火灾对相邻建、构筑物造成危害，使消防车辆及相关救助设施在火灾中能顺利地完成好救助工作的外部条件。它要求在总平面设计中，根据建筑物的使用性质、火灾危险性、地形、地势和风向等因素，进行合理布局，尽量避免建筑物相互之间构成火灾威胁和发生爆炸后可能造成的严重后果。

(2) 建筑防火分区设计。防火分区是指采用具有一定耐火能力的分隔设施（如楼板、墙体等），在一定时间内将火灾控制在一定范围内的单元空间。当建筑物某空间发生火灾时，火焰及热气流会从门、窗洞口或从楼板、墙体的烧损处以及楼梯间等竖井向其他空间蔓延扩大，最终将整幢建筑卷入火海。因此在建筑设计中合理地进行防火分区，不仅能有效地控制火灾发生的范围，减少火灾造成的经济损失，同时也便于人员的安全疏散，为控制、扑救火灾提供有利的条件。

(3) 安全疏散设计。安全疏散设计的主要任务就是设定作为疏散和避难所使用的空间，争取疏散行动与避难的时间，确保人员和财物的伤亡与损失最小。

(4) 建筑耐火设计。建筑耐火设计目的在于防止建筑物在火灾时倒塌和火灾蔓延，保障人员的避难安全并尽量减少财产的损失。

2. 火灾自动报警系统

火灾自动报警系统主要由探测器、报警显示和火灾自动报警控制器等构成，主要功能是在发现火情后，发出声光报警信号并指示出发生火警的部位，便于扑灭。

(1) 火灾探测器。

火灾探测器安装在现场，监视现场有无火警发生；火灾报警器安装在消防控制中心，管理所有的火灾探测器。当发现有火警时，火灾报警器发出声光报警信号通知值班人员。有的火灾报警器还可启动联动设备灭火，有的火灾探测器具有声光报警装置，可以脱离火灾报警器使用，一般用于家庭。

火灾探测器探测火灾发生的原理如下。

检测火灾发生前后某个物理参数的变化。例如检测温度。当温度升高时，可以断定有火灾发生。一般通过检测三种物理参数的变化，判断是否有火灾发生，这三种物理参数是：烟浓度、温度和光。由此可以把火灾探测器分为感烟探测器、感温探测器和火焰探测器。而实际使用中以前两种最多。感烟探测器检测现场烟浓度的变化，判断是否有火灾发生；感温探测器检测现场温度的变化，判断是否有火灾发生；火焰探测器检测红外光或紫外光光谱强度的变化，判断是否有火灾发生。感烟探测器有离子感烟探测器、光电感烟探测器和红外光束探测器。感温探测器有定温探测器、差温探测器、差定温探测器和缆式定温探测器。火焰探测器有红外火焰探测器、紫外火焰探测器和复合火焰探测器。现在，有的火灾探测器为复合探测器，它不只可以测试一个物理参数，而且能够测试多个参数来判断是否有火灾发生。

(2) 火灾报警器。

火灾自动报警系统按火灾探测器与火灾报警器的连线可划分 N+I 线制、4 线制、3 线制和二总线制。由于受施工的限制，前几种火灾报警系统都已被淘汰。目前生产的火灾报警系统大部分为二总线制。

按火灾报警系统判断火灾的方式，火灾报警系统可分为开关量火灾报警系统和模拟量火灾报警系统。

开关量火灾报警系统：火灾探测器为开关量探测器，其报警原理是在火灾探测器内有一比较器，当火灾探测器探测的烟浓度、温度或其他物理参数达到一定阈值时，火灾探测器变为火警状态，当火灾报警器巡检到该探测器时，探测器把火警状态报告给火灾报警控制器。

模拟量火灾报警系统：使用模拟量火灾探测器，模拟量火灾探测器不断把采集到的现场数据报告给火灾报警控制器，由火灾报警控制器通过一定的算法，判断是否为火警。如果确定有火警发生，遂发出火警命令，点亮火灾探测器上的确认灯。火灾报警器的算法很重要，好的算法可以大幅度降低火灾报警系统的误报，而有些算法，如在火灾报警控制器设置一报警阈值，实际与开关量火灾报警系统区别不大，只是把原来火灾探测器上的报警阈值改在了火灾报警控制器上。模拟量火灾报警系统能够根据环境的变化改变系统的探测零点并且选用最佳的探测算法，减少火灾报警系统的误报。还有的火灾报警控制器使用智能型火灾探测器，这种探测器可以根据环境的变化而改变自身的探测零点，对自身进行补偿，使用合适的算法判断是否有火警发生。这种火灾报警控制器也可以降低误报，但由于受成本和体积限制，火灾探测器不可能设计得太复杂，其算法也不可能像模拟量火灾报警控制器那样复杂。在一个火灾报警系统中，火灾报警控制器的人机界面是非常重要的，如果人机界面设计得好，操作人员可以很方便地监视火灾报警系统的运行情况。火灾报警控制器的状态显示主要有指示灯显示、数码管显示和液晶显示。由于液晶耗电少，可以显示汉字和图形，所以很多火灾报警控制器都使用液晶显示器显示火警信息和火灾报警控制器的各种状态。有的火灾报警控制器显示和操作都为中文提示，学习和使用都很方便。由于探测器地址一般为二进制编码，所以，显示火灾探测器所处部位有火警时，都显示为一个数字，然后由这个数字再查找火警部位，比较麻烦。现在，有的火灾报警控制器已能够在发生火警后，用汉字直接显示出发生火警的部位，这就很容易确定火警部位（并及时采取有效措施）。

3. 灭火及消防联动系统

灭火及消防联动系统主要功能是在火灾自动报警系统发现火情后，自动启动各种设备，避免火灾蔓延直至扑灭火灾。实际上有很多火灾自动报警系统同时具有自动联动系统的功能，这两者经常是密不可分的。

火灾自动联动系统用于控制各种联动设备，有多线制联动控制系统和总线制联动控制系统。多线制联动控制系统中，从联动控制器到每一台联动设备都要连接 2～4 条线，一般适用于联动设备少的建筑。对于联动设备比较多的建筑，如果使用多线制联动控制系统，工程施工比较困难，最好使用总线制联动控制系统。在总线制联动控制系统中，火灾自动联动系统由联动控制器和控制模块组成。在联动控制器和控制模块之间为二总线或四总线，每一组总线可以连接多个控制模块，在需要启动联动设备时，联动控制器发出启动命令，控制模块动作，控制模块再启动联动设备。一般一台联动设备为一个动作，但有的设备如卷帘门为两个动作。有的模块输出一个动作，有的输出多个动作。在设计时就要确定联动设备需要几个模块控制。

(1) 灭火装置。灭火装置可分为水灭火装置和其他常用灭火装置。其中水灭火装置又分消防栓灭火系统和自动喷水灭火系统。其他常用灭火装置分为气体灭火系统、干粉灭火系统、泡沫灭火系统、蒸汽灭火系统和移动式灭火器等。

(2) 减灾装置。常用的减灾装置有防火门、防火卷帘、防排烟装置等。

(3) 避难应急装置。专用的应急避难装置有应急照明、火灾事故广播、消防专用电话通信、消防电梯及高层建筑的避难层等。

(4) 广播通信装置。火灾广播及消防专用通信系统包括火灾事故广播、消防专用电话及对讲机等。

第二章　建筑消防灭火系统

第一节　消防灭火设备概述

建筑内部消防系统一般是用水来灭火的，但有的地方如配电室，电话总机房，建筑自备的发电机房，设置有电视、电脑等电器的房间，以及保存文物、珍宝、古玩、重要档案的房间等，不适宜用水灭火。因此室内消防系统可以分为两大类：用水来灭火的系统和其他非水灭火剂的系统。

一、用水来灭火的系统

水是一种既经济又有效，而且使用方便的灭火剂。水以其适用性强、可靠性高、灭火效果好、对环境污染小，并且价格低廉、容易获得等优点，成为首选的灭火介质。其灭火机理是以冷却为主，利用自身吸收显热和潜热的能力冷却燃烧，同时水在被加热和汽化的过程中所产生的大量水蒸气，能够阻止空气进入燃烧区，并能够稀释燃烧区内氧的含量，从而减弱燃烧强度。另外，经水枪喷射出来的压力水流具有很大的动能和冲击力，可以冲散燃烧物，使燃烧强度显著减弱。特别是对付大火，水必不可少。目前用水来灭火的系统主要有：消火栓灭火系统、自动喷水灭火系统，其中使用最为广泛、使用历史最长的，首先是消火栓灭火系统，其次是自动喷水灭火系统。

二、使用其他非水灭火剂的固定式灭火系统

目前正在使用的非水灭火剂有很多种，其中卤代烷灭火系统是多年来使用比较多的一种，但由于卤代烷碳氢化合物在臭氧耗损物中具有最高的DP值（耗损臭氧潜能值），对大气臭氧层的破坏作用比较大，本着对环境、对人体无危害，对设备没影响，毒性低、灭火后现场清洁、无渣滓，灭火效果好等要求，全世界的科学家们都在寻找新的灭火剂替代卤代烷。

目前已经有一些新型灭火剂及相应的灭火系统投入使用，如：轻水泡沫灭火系统、二氧化碳灭火系统、干粉灭火系统、蒸汽灭火系统、烟烙尽（INKRGEN）灭火系统、EBM气溶胶灭火系统、七氟丙烷灭火系统等。各种非水灭火剂的灭火机理、灭火效果、特点、适用范围、使用条件等各不相同，设计时应慎重考虑各种灭火剂性能的适用条件以及优缺点，进行充分论证，然后加以选择。

第二节　消火栓灭火系统

一、设置室内消火栓灭火系统的原则

（一）高、低层建筑室内消火栓灭火系统的区别

室内消火栓系统：将室外消防给水系统提供的水量通过管网系统，加压后输送到建筑内部各个固定灭火设备——消火栓。消火栓灭火系统由于其系统简单，使用方便，价格便宜，是目前在各类建筑中，尤其是民用建筑中使用最广泛的灭火系统，使用历史最长。

按照GB 50045—2005《高层民用建筑设计防火规范》规定：建筑层数不超过10层的住

宅和建筑高度小于 24m 的其他民用建筑为低层建筑，超过 24m 者为高层建筑。对于高层建筑和低层建筑，消防上也划分为高、低层建筑消火栓灭火系统。

建筑内部消防灭火系统的设计原则有所不同：对于低层建筑，消火栓灭火系统的任务是扑灭建筑物初期火灾。所以给水系统的水量、水压都是按照扑灭建筑物初期火灾的要求进行设计的，较大的火灾、初期没有扑灭的火灾，要依靠室外的消防车来灭火。

高层建筑消火栓给水系统的设计原则是立足自救。因高层建筑的高度超过了消防车能够直接有效扑灭火灾的高度，高层建筑一旦发生火灾，完全依靠建筑内部的消防给水系统本身的工作来灭火。消防队员到达现场后，一般是首先使用室内消火栓给水系统来控制火灾，而不是首先使用消防车的消防设备。因此高层建筑消防给水在设计标准和设计原则上与低层建筑的消防给水是不完全相同的，在火灾起始 10min 内能保证供给足够的消防水量和水压，这一点与低层建筑的要求是相同的。不同之处是：除此之外，还应该满足火灾起始 10min 加 3h 以内的消防用水的水量、水压的要求。高层建筑消防给水系统的可靠性要求很高，以保证迅速扑灭初期火灾，不酿成大火。

（二）应设置室内消火栓灭火系统的建筑物

按照我国 GB 50016—2006《建筑设计防火规范》和 GB 50045—2005《高层民用建筑设计防火规范》的规定，下列建筑物应设置室内消火栓灭火系统：

（1）厂房、库房（但耐火等级为 1、2 级且可燃物比较少的丁、戊类厂房、库房，耐火等级为 3、4 级且建筑体积不超过 3000m^3 丁类厂房和建筑体积不超过 5000m^3 戊类厂房除外）和科研楼（储存有与水接触能引起燃烧、爆炸的房间除外）。

（2）剧院、电影院、俱乐部（座位超过 800 个）和超过 1200 个座位的礼堂、体育馆。

（3）车站、码头、机场建筑物以及展览馆、商店、病房楼、门诊楼、教学楼、图书馆等体积超过 5000m^3 的公共建筑。

（4）超过 6 层的塔式住宅、通廊式住宅、底层设有商业网点的单元式住宅和超过 7 层以上的单元式住宅。

（5）超过 5 层或体积超过 10 000m^3 的其他民用建筑。

（6）国家级文物保护单位的重点砖木或木结构的古建筑。

（7）作为下列功能使用的人防建筑工程：

1）作为商店、医院、旅馆、展览厅、旱冰场、体育馆且面积超过 300m^2 时；

2）作为餐厅、丙类和丁类生产车间、丙类和丁类物品库房使用且面积超过 450m^2 时；

3）作为电影院、礼堂使用时；

4）消防电梯前室。

（8）停车场、修车库。

（三）设置消防水喉的建筑物

有些建筑除设有消火栓系统外还增设了消防水喉，消防水喉是设在消火栓旁的小消火栓，即小口径自救式消火栓，又名消防软管卷盘。因大的消火栓冲力比较大，一般人拿不动，所以设小消火栓，以便服务员及时扑灭小规模的初期火灾。如低层和多层建筑中设有空气调节系统的旅馆、办公楼和超过 1500 个座位的剧院、礼堂，其闷顶内安装优面灯部位的马道处，宜增设消防水喉；高层民用建筑中的高级旅馆、重要的办公楼，一类建筑中的商业楼、展览馆、综合楼，建筑高度超过 100m 的高层建筑应增设消防水喉。

（四）可不设置室内消防灭火系统的建筑物

（1）耐火等级为 1、2 级且可燃物比较少的丁、戊类厂房或库房；耐火等级为 3、4 级且建筑体积不超过 3000m^3 丁类厂房和建筑体积不超过 5000m^3 戊类厂房。

（2）室内没有生产、生活给水管道，室外消火栓用水取自储水池且建筑体积不超过 5000m^3 的建筑物。

（3）居住区人口不超过 500 人，且建筑物不超过二层的居住小区。

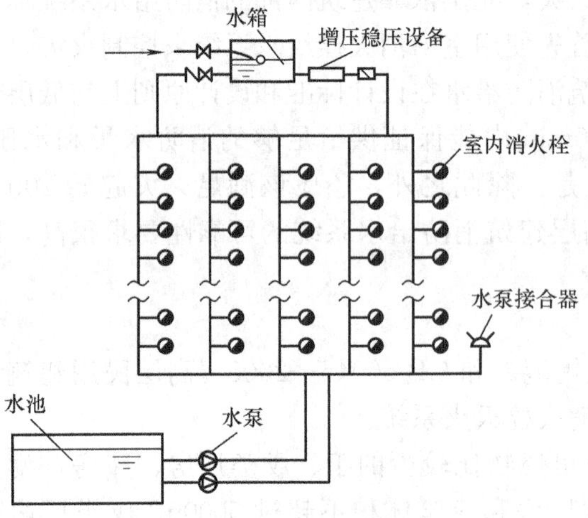

图 2-1　室内消火栓灭火系统

二、室内消火栓灭火系统的组成

室内消火栓灭火系统一般由水枪、水带、消火栓（消防水喉）、消防管道（横管、立管）、消防水池、高位水箱、水泵接合器、增压设备和水源等组成，见图 2-1。当室外给水管网的水压不能满足室内消防要求时，应当设置消防水泵和水箱等增压设备。

室内消火栓灭火系统的主要设备如下。

1. 室内消火栓设备

（1）消火栓设备。消火栓设备是由消火栓、水带、水枪和有玻璃门的消火栓箱（见图 2-2）组成。设置消防水泵的系统，其消火栓箱应设启动水泵的消防按钮。

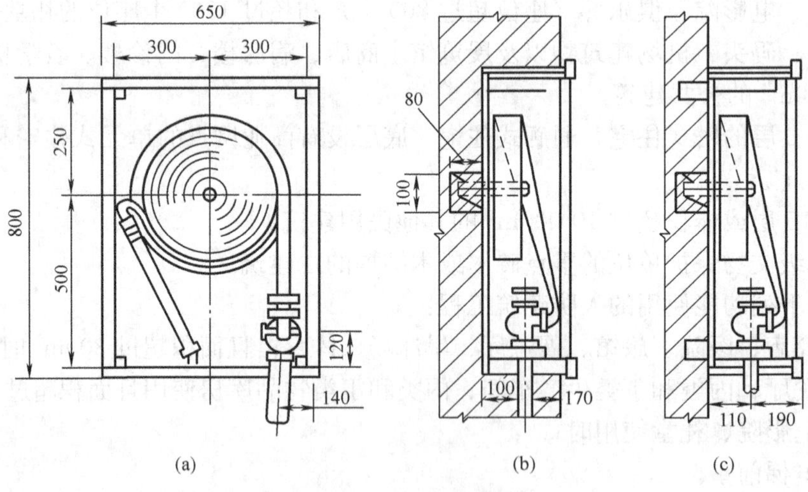

图 2-2　消火栓安装图
(a) 立面图；(b)、(c) 剖面图

水枪一般采用直流式，喷嘴口径有 13、16、19mm。喷嘴口径 13mm 水枪配 50mm 水带，16mm 水枪可配 50mm 或 65mm 水带，19mm 水枪配 65mm 水带。一般低层建筑室内消火栓给水系统可选用 13mm 或 16mm 喷嘴口径水枪，但必须根据消防流量和充实水柱长度经计算后确定。高层建筑室内消火栓给水系统，水枪喷嘴口径不应小于 19mm。

水带有麻质、化纤之分，口径一般为直径 50mm 和 65mm。水带长度有 15、20、25m 和 30m 四种，长度确定根据水力计算后选定。高层建筑水带长度不应大于 25m。

消火栓有单出口和双出口之分，均为内扣式接口的球形阀式龙头。单出口消火栓直径有50mm和65mm两种，双出口消火栓直径为65mm。每支水枪最小流量小于2.5L/s时可选直径50mm的消火栓；最小流量小于5L/s宜选用直径65mm的消火栓。高层建筑室内消火栓口径应选65mm。

(2) 消防水喉设备。旅馆服务人员、旅客和工作人员为扑灭初期火灾并减少灭火过程造成水渍损失可使用消防水喉设备。按其设置条件有自救式小口径消火栓和消防软管卷盘两类（见图2-3）。前者适用于有空调系统的旅馆和办公楼，后者适用于大型剧院（超过1500座位）、会堂闷顶内装设。

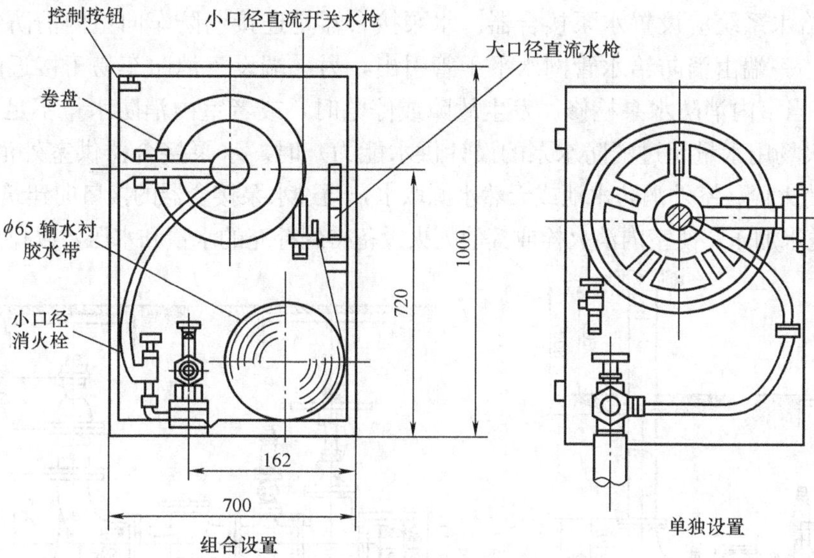

图2-3 消防水喉设备（单位：mm）

消火栓灭火系统技术性能见表2-1、表2-2。

表2-1 自救式小口径消火栓设备技术规格

室内消火栓		输水管和水带				水枪	
栓口直径/mm	数量/个	名称	工称压力/Pa	公称直径/mm	长度/m	型号	数量/个
25	1	胶管	1×10^6	19	25	特制小口径直流开关水枪	1
65	0	衬胶水带	0.8×10^6	65	20	ϕ19mm直流水枪	1

表2-2 消防软管卷盘技术性能

消火栓栓口直径/mm	水枪喷嘴口径/mm	输入压力/MPa	有效射程/m	流量/(L·s⁻¹)	软管			
					口径/mm	长度/m	工作压力/Pa	爆破压力/Pa
25	6	0.1～1	6.75～15.30	0.2～0.86	19	20、25、30	1×10^6	3×10^6
25	7	0.1～1	6.75～16.20	0.22～1.06	19	20、25、30	1×10^6	3×10^6
25	8	0.1～1	6.75～17.10	0.30～1.26	19	20、25、30	1×10^6	3×10^6

2. 给水管网

室内消火栓给水管网系统由引入管、消防干管、消防立管以及相应阀门等的管道配件组成。引入管与室外给水管连接，将水引入室内消防系统。高层建筑应设置独立的消火栓给水管道系统，低层或多层建筑的室内消防管道可以独立设置，也可与生活或生产用水系统合用。应根据建筑物性质、使用功能、建筑标准等经过技术经济比较后确定。

3. 屋顶消火栓

屋顶消火栓即试验用消火栓，供消火栓灭火系统检查和试验之用，以确保室内消火栓系统随时能正常运行。设有室内消火栓的建筑，当为平屋顶时，宜在平屋顶上或屋顶楼梯出屋顶平台附近，设置试验和检验用消火栓，并应设置有压力显示装置。

4. 水泵接合器

室内消防给水系统应设置水泵接合器。水泵接合器是连接消防车向室内消防给水系统加压供水的装置，一端由消防给水管网水平干管引出，另一端设于消防车易于接近的地方，如图 2-4 所示。当室内消防水泵检修、发生故障或停电时，或者室内消防水量不足（如：大面积恶性火灾、火场用水量超过消防水泵的设计供水能力）时。水泵接合器供室外消防车使用。消防车从室外消火栓、室外消防水池或天然水源取水，通过水泵接合器的接口向建筑物内的消防给水管道系统送水加压，使室内消火栓或其他灭火设备得到补充的水量和水压，以扑灭火灾。

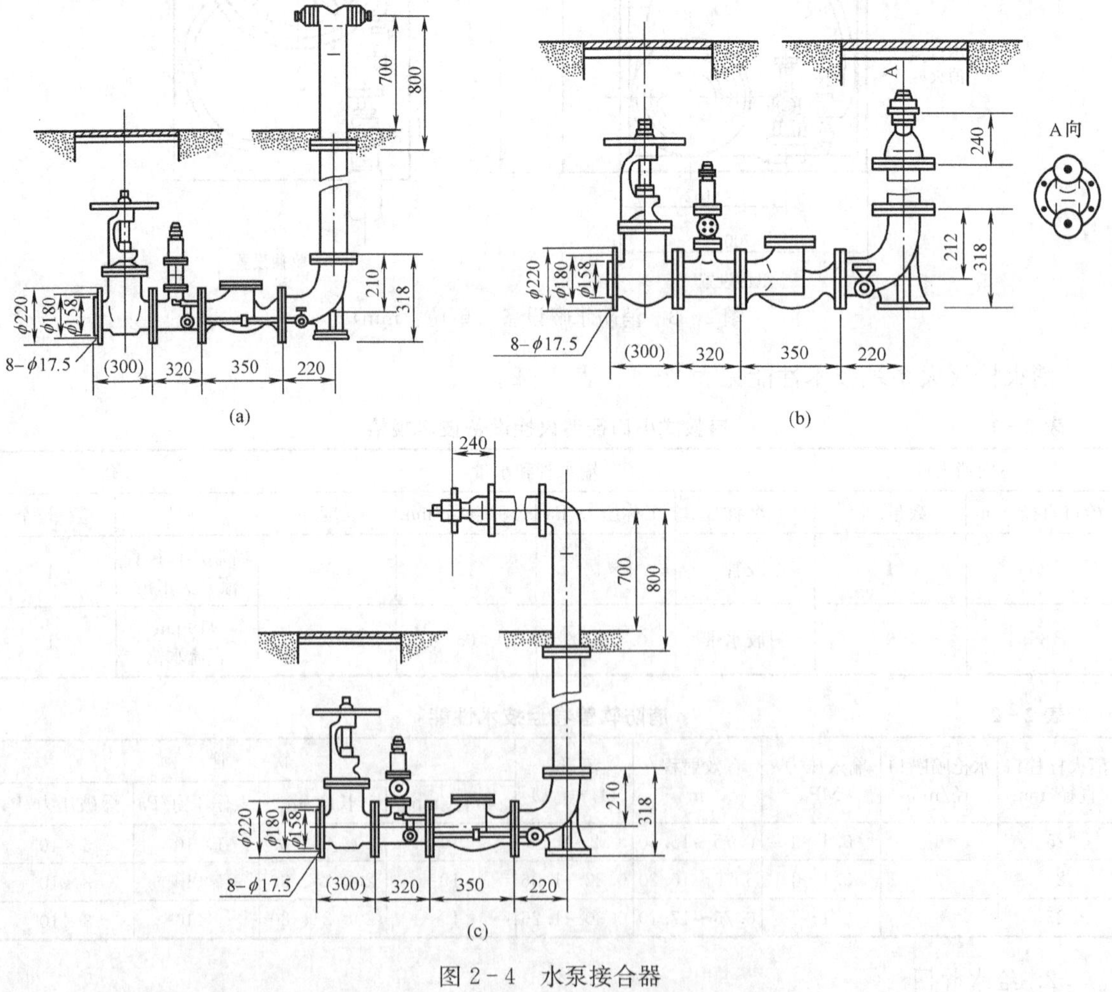

图 2-4 水泵接合器

（a）地上式消防水泵接合器；（b）地下式消防水泵接合器；（c）墙壁式消防水泵接合器

水泵接合器有地上式、地下式和墙壁式三种，其型号、规格和比较见表2-3、表2-4。水泵接合器宜采用地上式或墙壁式；当采用地下式水泵接合器时，应有明显标志。

表2-3 水泵接合器的型号、规格

型号	形式	公称直径/mm	公称压力/MPa	进水口	
				形式	口径/mm
SQ100	地上式	100	1.6	内扣式	65×65
SQX100	地下式				
SQB100	墙壁式				
SQ150	地上式	150	1.6	内扣式	80×80
SQX150	地下式				
SQB150	墙壁式				

表2-4 水泵接合器的比较

类型	优点	缺点	适用条件
地上式水泵接合器	目标明显，使用方便	不利于防冻，不美观	一般情况下采用
地下式水泵接合器	利于防冻，隐蔽	不便使用，目标不明显	寒冷地区（可能结冰的场所）
墙壁式水泵接合器	有装饰作用，易于寻找使用	难以保证与建筑物外墙的距离	一般情况下采用

5. 消防水池

消防水池用于贮存火灾持续时间内的室内消防用水量。当市政给水管网或室外天然水源不能满足室内消防用水量要求时，需设置消防水池。消防水池可设置在室外地下或地面上，也可以设置在室内地下室。消防水池可以单独设置，也可以与生活或生产用贮水池合用，如室内设有游泳池或水景水池时，可以兼做消防水池使用。

6. 消防水箱

消防水箱的作用，在于满足扑救初期火灾的用水量和水压的要求，一般贮存10min的消防用水量。不能经常性保持设计消防水量和水压要求的建筑物，应设置消防水箱或气压水罐。为确保消防水箱在任何情况下自动供水的可靠性，消防水箱一般设置在建筑物顶部，采用重力自流的供水方式。

7. 消防增压设施

当消防水箱设置高度不能满足消防要求时，设置相应的增压供水设施。消防增压设施一般有增压泵、稳压泵及气压给水设备。

(1) 增压泵。当消防水箱设置高度不能满足一、二类高层民用建筑顶层消火栓0.07MPa静水压要求，或不能满足超过100m的高层民用建筑顶层消火栓0.15MPa静水压要求时，应设置增压泵或气压给水设备。

增压泵的作用：当火灾初期，消防水箱供水，其水压不能满足建筑物顶部几层的消火栓水枪充实水柱要求时，用以加压。增压泵由于流量和扬程值不高，且为了节省面积，方便安装，往往采用管道泵。管道泵一般设于建筑物顶层，水泵进出水管直接与管道连接，一般用于临时高压的消火栓给水系统。增压泵作用和消防主泵相仿，出水速度较快，但供水量和持续时间远不如消防主泵。

(2) 稳压泵。稳压泵使消防给水管网的压力保持稳定数值，始终处于临战状态，消防用水设备一经使用，即能满足水压、水量要求。当消防水箱的设置高度不能满足喷头水压要求时，可设置稳压泵增压设施，一般用于临时高压的自动喷水灭火系统。

(3) 气压给水设备。气压给水设备利用密闭压力水罐内的压缩空气，将罐中的水送到消防给水系统的灭火设备处。其作用相当于消防水箱，即储存扑救初期所需的水量和保证扑救初期火灾所需的水压。

气压给水设备是消防给水系统中一种全自动式的局部增压供水设备，罐体的安装高度不受限制，凡应设置消防增压设施的消防给水系统，均可采用气压给水设备。

8. 消防水泵

消防水泵在临时高压消防给水系统中设置，发生火灾时启动，用以保证消防所需的压力和水量。设计时应保证在火警5min内开始工作，并在火场断电时仍能正常运转。消防泵房宜设有与消防控制室直接联络的通信设备。

消防水泵宜与其他用途的水泵一起布置在同一水泵房内，水泵房一般设置在建筑底层，其出口宜直通室外；如设在其他的楼层或地下室内，出口宜直通安全出口，以保证在火灾延续时间内人员的进出安全。

消防水泵应设备用泵，其工作能力不应小于一台主泵的能力。符合下列条件之一时，可不设备用泵：①室外消防用水量不超过25L/s的工厂、仓库；②七层至九层的单元住宅；③高度不超过24m且体积不超过5000m^3的库房，耐火等级不低于二级的丁、戊类厂房和库房。

消防泵机组吸水管不应少于两条，当其中一条检修时，其余吸水管的管径按能通过全部用水量确定，采用自灌式引水。高压（或临时高压）消防给水系统的每台消防泵有独立的吸水管。允许从市政管网直接吸水时，应考虑市政管网的最低水压。

消防泵机组应有不少于两条出水主干管直接与环状管网连接，当其中一条损坏时，其余出水管的管径能通过全部用水量。出水管上设检查用的压力表和试水放水阀。

9. 减压节流设备

低层室内消火栓给水系统中，消火栓口处静水压不超过1.0MPa，否则，应采用分区给水系统。消火栓栓口处出水水压超过0.5MPa时应考虑减压，管网内超压部分可采用减压水箱或减压阀等减压设施进行减压，以保证供水安全可靠。

(1) 减压阀。减压阀是将水压减低并达到所需值的自动调节阀，其阀后压力可在一定范围内进行调节。按结构形式可分为薄膜式、活塞式和波纹管式三类。一般情况下，阀后压力应小于阀前压力的50%，且进出口压差应大于0.1～0.2MPa。

(2) 减压孔板。减压孔板用于减少消火栓前的剩余水头，以保证消防给水系统均衡供水，达到节水和消防水量合理分配的目的。减压孔板只能减掉消火栓给水系统的动压，对于消火栓给水系统的静压不起作用。

(3) 减压稳压消火栓。减压稳压式消火栓是一种能自动调节、使栓后压力保持基本稳定的消火栓。减压稳压消火栓的技术参数见表2-5。

表 2-5　减压稳压消火栓的技术参数

固定接口	DN65 内扣式消防接口	固定接口	DN65 内扣式消防接口
试验压力/MPa	2.4	出水口压力/MPa	0.3
公称压力/MPa	1.6	稳压精度/MPa	±0.05
进水口压力/MPa	0.4～0.8	流量/($L \cdot s^{-1}$)	>5

三、室内消火栓给水系统的给水方式

消防给水系统管网的服务范围可以是一幢独立的建筑物，也可以是某一区域或小区的多幢建筑。独立系统指某一独立的建筑物内设置有完整的室内消防给水系统，包括：消火栓、管网、水泵、水箱、水池、控制系统等等，这种系统投资比较大，管理分散，安全可靠性比较好，适用于分散的建筑。区域集中系统，指某一区域或小区有多幢建筑，每一幢建筑中只设有消防管网，而消防泵和控制系统为多幢建筑共用，小区中各建筑同时发生火灾的可能性很小，共用消防泵来保持消防管网所需的水压，或火灾报警后临时加压保证供应消防用水量。这种方式便于集中管理，可以提高设备利用率，适用于建筑密集区域。

进行室内消火栓给水系统工程设计时，首先必须确定一个合理的给水方式，然后进行管道布置、水力计算等。给水系统供水方式的确定主要根据：建筑物类型（高层或低层）、建筑物使用功能、室外管网能够提供的水量和水压、室内消火栓系统所需的水量和水压等条件。

室内消火栓给水系统的给水方式可以有以下几种类型。

1. 由室外给水管网直接供水的消防给水方式

室外给水管网提供的水量和水压，在任何时候都能够满足室内消火栓给水系统所需要的水量和水压时，则不必设水箱、水泵，直接利用外网水压，系统简单，而且节约能源，降低投资。但应注意：如采用直接从市政给水管网引入室内消防用水的方式，应征得当地自来水公司及市政管理部门的同意。

无加压水泵和水箱的消火栓给水系统如图 2-5 所示。该方式中消防管道有两种布置形式，如消防用水和生活用水合用管网系统，此时在水表处应设置旁通管。选水表时，要考虑到大流量时水表的过流能力，即能够承受短时间通过较大的消防水量。另一种是消防给水管道也可以单独设置，单独设置可以避免消防管道中的水长期不用，水质恶化，对生活用水产生污染。

2. 设水箱的室内消火栓给水方式

当室外管网压力变化较大，但水量满足要求，一天之内有一定时间能够满足室内消防、生活和生产用水水量和水压要求时，可采用只设水箱的给水方式，见图 2-6。这种方式管网和水箱应独立设置，消防水箱存储消防 10min 的备用水量。

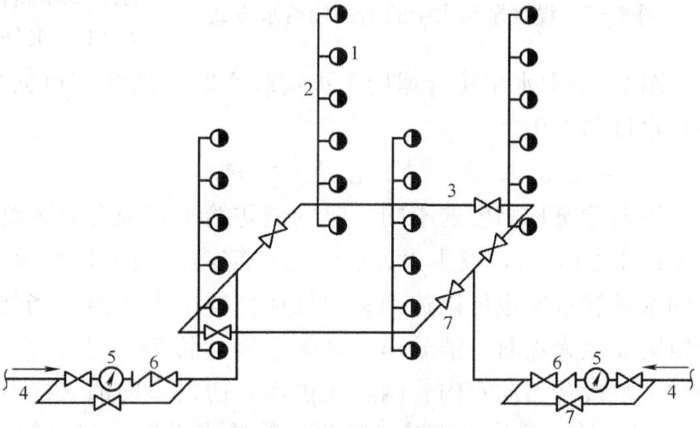

图 2-5　无加压水泵和水箱的消火栓给水方式

1—消火栓；2—消防立管；3—消防干管；4—旁通管；5—水表；6—止回阀；7—闸阀

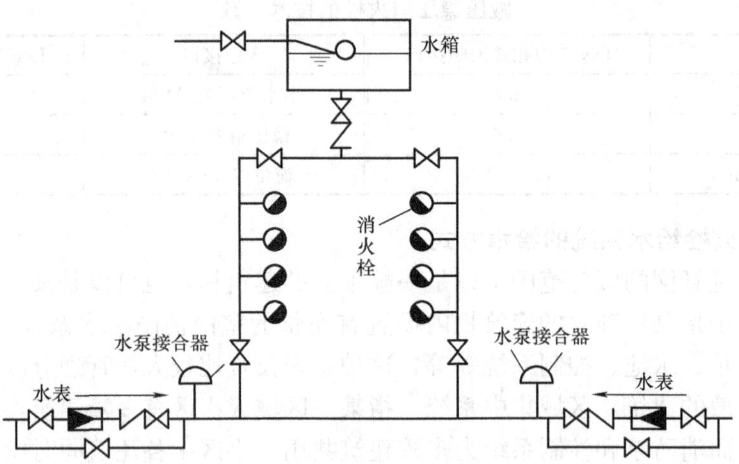

图 2-6 设水箱的室内消火栓给水方式

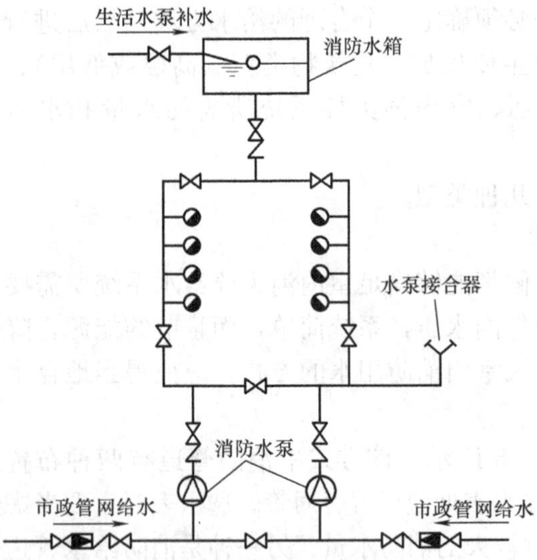

图 2-7 设水泵和水箱的消火栓给水方式

3. 设水泵和水箱的消火栓给水方式

图 2-7 所示方法适用于室外给水管网的水压不能满足室内消火栓给水系统所需水压和水量，火灾发生时先由水箱供水灭火。为保证一旦使用消火栓灭火时有足够的消防水量，应设置水箱储备 10min 室内消防用水量。水箱补水采用生活用水泵，严禁用消防泵给消防水箱补水，以防止消防泵工作时，消防泵出水进入水箱，而不能保证足够的消防用水量，在水箱进入消防管网的出水管上应设单向阀（止回阀）。

消防泵应能保证消防时用水的最大秒流量，而且应保证管网中最不利点消火栓的水压，即确保一旦发生火灾时，各消火栓处的水量、水压能保证灭火需要。

图 2-7 中水泵接合器用于火灾较大时，消防车可通过水泵接合器向室内消防给水系统补充水量和水压。

4. 分区供水的室内消火栓给水方式

根据建筑物高度的不同，室内消防给水系统有分区给水和不分区给水的区别。当建筑物高度低于 24m 时，发生火灾后除启动室内的消火栓系统扑救以外，市政消防车上的水泵出水的水量和水压也可以达到室内任何位置的着火点。当建筑高度高于 24m 但不超过 50m 的建筑物发生火灾时，消防车（如解放牌消防车）仍可以从室外消火栓（或消防水池）取水，通过水泵接合器向室内管网加压供水，协助室内消火栓给水系统扑灭火灾。因此建筑高度不超过 50m 的，可采用不分区的消火栓给水系统。如配备有大型消防车（黄河牌或交通牌等）的城市，建筑高度超过 50m 但不超过 80m 时，也可以采用不分区的给水系统。高层建筑竖向分区高度一般宜在 45～55m 范围内。

当建筑高度超过 50m 或消火栓处的静水压力超过 1.0MPa 时，应采用分区给水系统。就消火栓给水系统本身而言，消防分区以消火栓处静水压力不大于 1.0MPa 为标准划分，是根据消火栓水压和普压钢管的工作压力允许值确定的。分区供水可以采用不同的分区方式。

(1) 串联分区供水系统。图 2-8 为串联分区供水方式。各区分设水泵、水箱间，低区的消防水泵向低区的消防管网和低区上部的水箱供水，高区的消防水泵从低区的水箱中取水，向高区的消防管网和高区的水箱供水。如果有几个区，则依此类推。

串联分区的优点是不需要高压水泵和耐高压管道，水泵接合器能发挥作用，可通过水泵接合器并经各转输层向高压送水灭火。串联分区的缺点是消防水泵分别设置在各楼层，不便于管理；楼层间设置水泵，对建筑结构的要求，对防震、防噪声的要求比较高。另外一旦高区发生火灾，下面各区的水泵必须联动，逐层向上供水，因此安全可靠性比较高，高层建筑中采用串联分区供水方式的比较多。

(2) 并联分区供水系统。图 2-9 中，整个给水管网系统分为竖向两个区，有的高层建筑可能会分更多的区，分别用各自专用水泵供水。水泵一般都集中设置在地下一层或地下二层，在建筑物底部，方便运行管理，安全可靠性高；每区单设水泵，各区独立，低区设置低扬程水泵，高区设置高扬程水泵，各区消防水箱的位置根据该区最高处的消火栓所需压力来确定，应能保证最高处的消火栓消防射流充实水柱达到 $13mH_2O$ 的要求；水箱由生活给水管道补水，严禁由消防水泵补水，水箱的出水管上设置有止回阀，防止消防水泵启动时，部分水进入水箱分散消火栓处的水量和水压。图中各区的消防泵均为一用一备；图中右下位置设有水泵接合器，各区单独设置。并联分区的优点是方便运行管理。并联分区的缺点是高区所需的扬程比较高，需要采用耐高压的消防立管和高扬程的水泵；而且高区的压力比较高，如果消防车没有高压水泵或者消防车的压力不够，高区的水泵接合器就失去作用。并联分区的给水方式一般适用于分区较少的高层建筑，如建筑高度不超过 100m 的高层建筑。

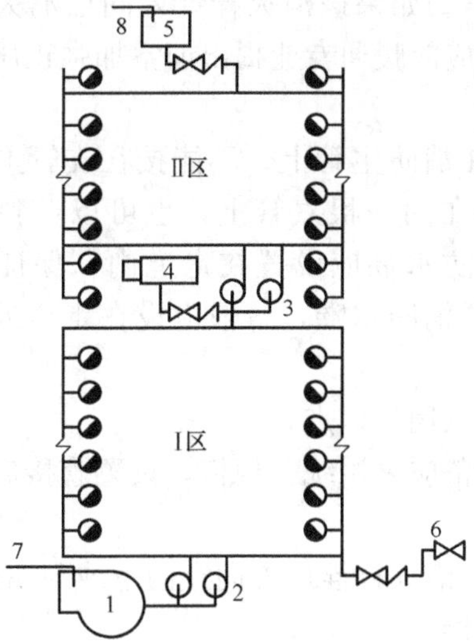

图 2-8　串联分区供水方式

1—水池；2—低区消防泵；
3—高区消防泵；4—低区水箱；
5—高区水箱；6—水泵接合器；
7—市政管网进水；8—生活水泵补水

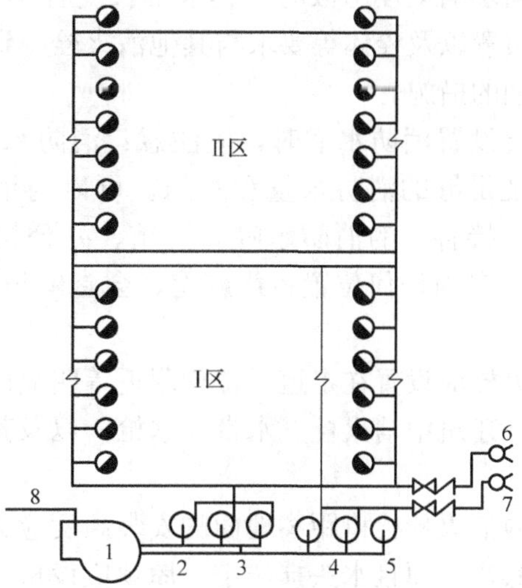

图 2-9　并联分区供水方式

1—水池；2—低区水泵；
3—低区备用泵；4—高区消防泵；
5—高区备用泵；6—低区水泵接台器；
7—高区水泵接合器；8—市政给水管道

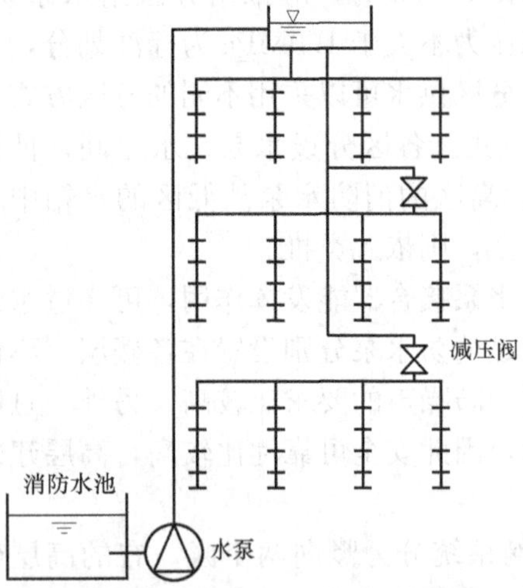

图 2-10 减压阀分区给水系统

(3) 减压阀分区给水方式。减压阀分区的一般做法如图 2-10 所示，低区和高区管路之间设置有减压阀，水泵将水池中的水送入高区水箱，通过减压阀减压后进入低区。应注意的是：采用减压阀分区给水系统一般不宜超过 2 个分区，每个分区的减压阀一般不少于两组。两组减压阀并联安装，两个减压阀交换使用，互为备用。

消防给水系统宜采用比例式减压阀，比例式减压阀的减压比不宜大于 3∶1，生活给水系统宜采用可调式减压阀。可调式减压阀宜水平安装，比例式减压阀宜垂直安装。

四、室内消火栓给水系统的布置

1. 室内消火栓布置

(1) 消火栓的设置。无论是高层建筑还是低层建筑，凡采用消火栓灭火的建筑物，除无可燃物的设备层以外，其他各层均应设置消火栓，并且应保证同层相邻的两支水枪的充实水柱，能够同时到达室内任何部位；但有些情况可以例外，对于建筑高度不超过 24m，而且建筑物体积不大于 5000m^3 的库房，可按一支水枪的充实水柱到达室内任何部位进行设置。

高层建筑物屋顶应设置检查用消火栓，同时可以用于保护本建筑物不受到邻近建筑物的火灾的波及，屋顶消火栓应有防冻措施。

设有专用的消防电梯的建筑物，在消防电梯的前室应设置消火栓。消防电梯前室设置消火栓一般有两种情况：①当该消火栓仅供消防队员打开消防通道和保证前室安全专用时，即不计入同层消火栓总数时，其水带长度宜小于 20m。②如果该消火栓计入同层消火栓总数时，其布置以及栓体等要求与其他消火栓一致，而且应向暖通专业提出前室加强正压送风和防、排烟的措施。

需要设置消防水喉时，应注意：消防水喉应设在消防主管上。不能接在支管上，支管无法保证足够的消防水量和水压。可以与消火栓接在同一根立管上，也可以单独设置一根立管，接各层的消防水喉。宾馆、办公楼设置消防水喉应设置在走道内，保证有一股水柱到达室内任何位置；影剧院、会堂闷顶内如设置消防水喉，一般应设在走道处，方便使用。

消火栓应设置在走道、楼梯附近等明显的、易于取用的地点。

同一建筑中消火栓、水带、水枪，以及其他的设备应采用统一规格，设置直接启动水泵的按钮。

室内消火栓栓口距离地面的安装高度应为 1.1m，消火栓栓口方向宜向下或与墙面垂直，以便于操作，而且水头损失小。屋顶应设检查用消火栓。

(2) 消火栓布置间距。消火栓的布置间距应通过计算来确定，根据所要求的同时到达室内任何部位的水枪射流的股数以及消火栓保护半径而确定。而消火栓的保护半径为消火栓水枪射流所能够到达的保护范围，实际上应按照消防队员手握水带实际行走路线以及水枪射流的充实水柱长度计算。

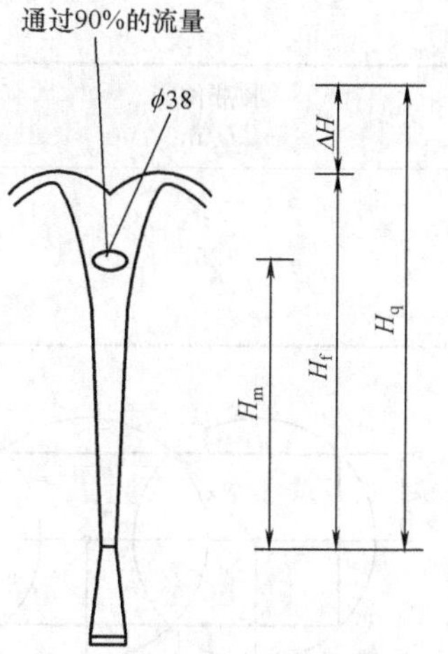

图 2-11 水枪的充实水柱

水枪的充实水柱长度是指水从水枪喷射出来的消防射流中一段最有效的射流长度。图 2-11中，射流顶部已经成为散射状，已经没有灭火能力了，具有一定强度的密实的水柱部分才有灭火能力。充实水柱长度的定义为：水枪射流在26～38mm 直径圆断面内，包含全部水量 75%～90%的密实水柱长度。

根据实验数据统计，当水枪的充实水柱长度小于 7m 时，火焰热辐射使消防人员无法接近着火点，达不到有效灭火的目的；当充实水柱长度大于 15m，由于射流的反作用力比较大，消防人员无法把握住水枪有效地实施灭火。

各类建筑要求的水枪充实水柱长度，设计时可以参照表 2-6 选用。

表 2-6 各类建筑要求水枪充实水柱长度

建筑物类别		充实水柱长度/m
低层建筑	一般建筑	≥7
	甲、乙类厂房，高于 6 层的民用建筑，4 层厂、库房	≥10
	高架库房	≥13
高层建筑	民用建筑高度≥100m	≥13
	民用建筑高度≤100m	≥10
	高层工业建筑	≥10
人防工程内		≥10
停车库、修车库		≥10

消火栓的作用半径一般可按下式计算

$$R = L_d + L_s \quad [2-1\ (a)]$$

$$L_d = (0.8 \sim 0.9)L \quad [2-1\ (b)]$$

$$L_s = \cos45^\circ H_m = 0.71H_m \quad [2-1\ (c)]$$

式中 R——消火栓作用半径，m；

L_d——水带的敷设长度（m），由于水带在实际使用中会出现弯转曲折，应考虑一定的折减系数，一般为 0.8～0.9，m；

L——水带的长度，m；

L_s——水枪射流的充实水柱（H_m）在水平面上的投影长度（m），一般水枪充实水柱的上倾角按 45°计算，m；

H_m——水枪充实水柱长度，m。

设计时可以参照表 2-7 选取 R 值。

表 2-7 水带长度与消火栓作用半径

水带长度 L/m	水枪充实水柱长度 H_m/m	消火栓作用半径 R/m
20	7	25
	10	27
	13	29

续表

水带长度 L/m	水枪充实水柱长度 H_m/m	消火栓作用半径 R/m
25	7	30
	10	32
	13	34

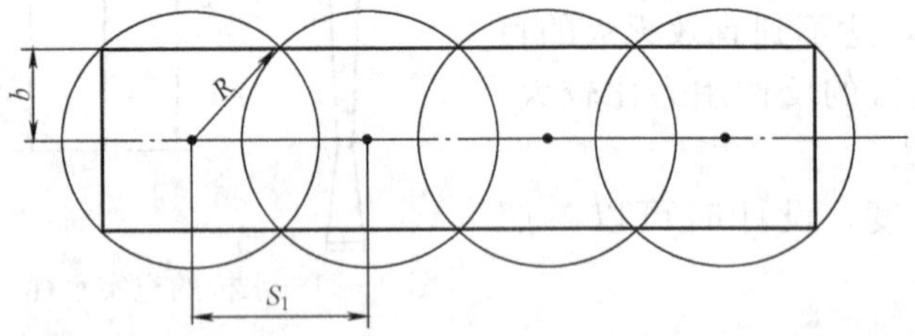

图 2-12 单排 1 股水柱消火栓布置

布置消火栓时，其作用半径应按消防队员手握水龙带实际行走路线来计算。

消火栓的布置间距应按不同的情况考虑，应当保证 1 股水柱到达室内同层任何部位。图 2-12 中，消火栓单排布置且为 1 股水柱时的消火栓布置间距计算式为

$$S_1=2\sqrt{R^2-b^2} \qquad (2-2)$$

式中 S_1——单排消火栓 1 股水柱时的消火栓间距，m；

R——消火栓保护半径，m；

b——消火栓最大保护宽度，m。

当要求保证 2 股水柱同时到达室内任何部位时，如消火栓单排布置，其间距如图 2-13 所示单排 2 股水柱时的消火栓布置，计算式为

$$S_2=\sqrt{R^2-b^2} \qquad (2-3)$$

式中 S_2——单排消火栓 2 股水柱时的消火栓间距，m；

R——消火栓保护半径，m；

b——消火栓最大保护宽度，m。

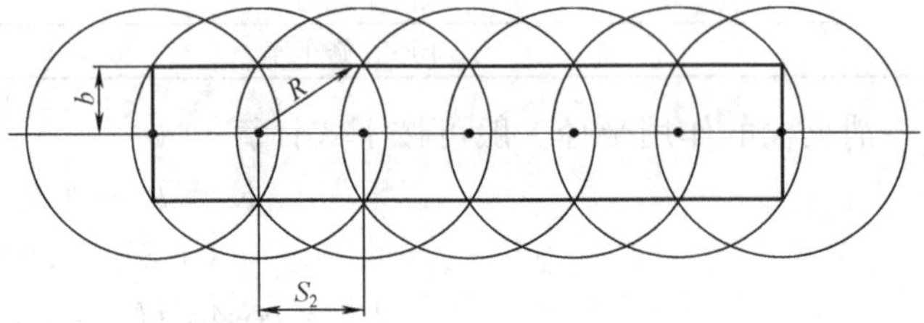

图 2-13 单排 2 股水柱消火栓布置

当消火栓多排布置，并保证 1 股水柱同时到达室内任何部位时，其间距如图 2-14 所示多排 1 股水柱时的消火栓布置，计算式为

$$S_3=\sqrt{2}R \qquad (2-4)$$

式中 S_3——多排消火栓 1 股水柱时的消火栓间距，m；

R——消火栓保护半径，m。

当消火栓多排布置，并要求保证 2 股水柱同时到达室内任何部位时，消火栓间距可综合以上各种情况进行布置，如图 2-14 和图 2-15 所示。

为保证消火栓有效灭火，相邻两个消火栓之间的最大间距应符合以下规定：高层民用建筑、高层工业建筑、高架库房、甲或乙类厂房的消火栓间距不应大于 30m，高层建筑的裙房及多层建筑的消火栓间距不应大于 50m。

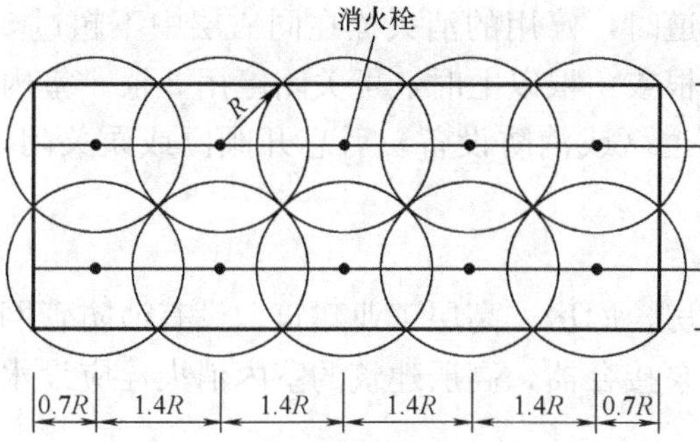

图 2-14　多排消火栓 1 股水柱时的消火栓布置间距

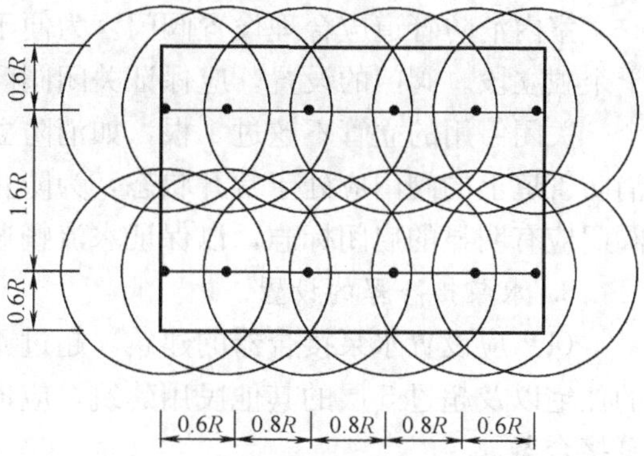

图 2-15　多排消火栓 2 股水柱时消火栓布置间距

2. 室内消火栓给水管道的布置

室内消防给水管道是保证消防用水的主要设施之一，必须保证供水安全可靠。

室内消防给水管道至少应设置两条引入管与室外环状给水管网连接，以保证安全供水，即当其中一条发生故障时，另一条引入管仍然能够保证全部的消防水量。对于高层建筑，引入管数量不得少于两条；对于 7～9 层的单元住宅，引入管可以采用一条；对于多层或低层建筑，室内消火栓超过 10 个，而且室外消防水量大于 15L/s 时，引入管至少应设置两条。如在引入管上设置计量设备，不应降低引入管的通水能力；引入管的水流速度一般不应大于 2.5m/s。

高层建筑室内消防管道应布置成独立的环状管网，不仅水平管道成环状，立管也应布置成环状，以保证一根管道发生事故时，仍然能够保证消防用水量和水压的要求。7～9 层的单元住宅，布置成环状有困难时，允许布置成枝状管网，或者可以利用室外的管网和引入管共同组成环状。

超过 6 层的塔楼（采用双阀双出口消火栓的除外）和通廊式住宅，超过 5 层或体积超过 10 000m^3 的其他民用建筑，超过 4 层的厂房和库房且室内消防立管为两根或两根以上时，应布置成环状管网，至少每两条立管连成环状；对于 18 层及 18 层以下，每层不超过 8 户，建筑面积小于 650m^2 的塔式住宅，当设置两根消防立管有困难时，允许设置一根立管，但必须采用双阀双出口型消火栓。

消防立管的布置应保证同层相邻两个消火栓的水枪充实水柱同时到达被保护范围内的任何位置。每根消防立管的直径应按通过的消防流量计算确定，但不应小于 100mm，对于带有两个及两个以上双阀双栓口的消防立管，其直径应为 150mm。

室内消火栓灭火系统与自动喷水灭火系统应分开设置，当分开设置有困难时，或在某些建筑中，只有局部位置设置自动喷水系统时，可以合用消防水泵和部分消防管道，但在自动喷水灭火系统的报警阀之前（沿水流方向）必须分开，以避免因为消火栓漏水而引起报警阀误报，或者因消火栓使用引起报警阀报警，从而引起自动喷水灭火系统喷水，造成不必要的水渍损失，如图 2-16 所示。

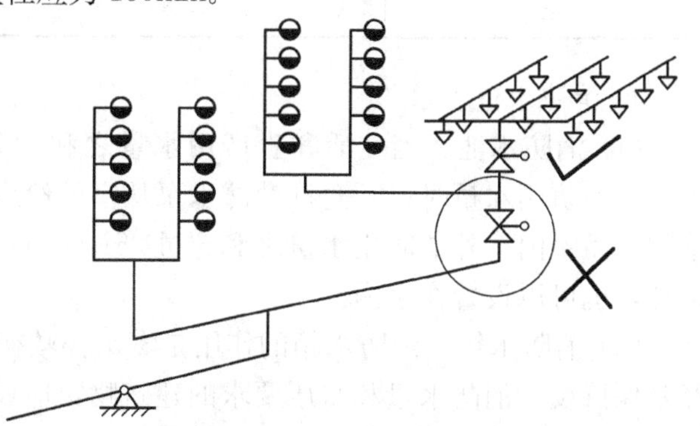

图 2-16　消火栓系统与自动喷水灭火系统分开设置示意

室内消防管道应合理设置阀门。为便于管道检修，应该采用阀门将消防给水管道分成若干个独立段。阀门的设置，应保证关闭阀门检修管道时，停用的消火栓在同一层中不超过5个，关闭停用的立管不超过1根，如消防立管在4根或4根以上时，可关闭停用2根。室内消防管道上的阀门应处于常开状态，为防止检修管道（或消防设备）后忘开阀门或误关闭，阀门应有明显的启闭标志，以保证水流畅通。

3. 水泵接合器的设置

（1）应设置水泵接合器的建筑。超过4层的厂房、库房、高层工业建筑、设有消防管网的住宅以及超过5层的其他民用建筑，应该设置水泵接合器，高层建筑的室内消火栓应设水泵接合器。

（2）数量。水泵接合器的数量，应按室内消防用水量来计算。单个水泵接合器的流量为10～15L/s，通常可以按表2-8水泵接合器选用表选用，一般不少于2个；当计算出来的水泵接合器数量少于2个时，仍应采用2个，以利安全。高层建筑室内消防给水系统采取竖向分区供水时，在消防车供水压力范围内的每个分区均需分别设置水泵接合器。只有采用串联消防给水方式时，可仅在下区设水泵接合器供全楼使用。

（3）位置。水泵接合器应设置在便于消防车接管道的位置，距建筑物外墙的距离不宜小于5m，而且周围15～40m范围内有可靠的天然水源或有室外消火栓、消防水池可供消防车取水。水泵接合器的间距不宜小于20m。不同消防分区的水泵接合器集中布置时，或者消火栓系统与自动喷洒系统的水泵接合器集中布置时，应该有明显的标志加以区分，以便于消防队员选择使用。水泵接合器设置数量见表2-8。

表2-8　　水泵接合器设置数量

室内消防流量 $Q/(L\cdot s^{-1})$	水泵接合器		
	单个流量 $q/(L\cdot s^{-1})$	直径DN/mm	个数/个
10	10	100	1
15	10	100	2
20	10	100	2
25	15	150	2
30	15	150	2
40	15	150	3

4. 消防水池和水箱

（1）消防水池。当生活和生产用水量之和达到最大，市政给水管网的水量不能满足室内、外消防用水量时；不允许消防水泵从室外给水管网直接抽水时；或室外给水管网为枝状管网，而室内、外消防用水量之和超过25L/s时，必须设置消防水池。水池的位置可以设在室外，也可以设置在室内。

（2）消防水箱。消防水箱的作用是满足扑救初期火灾的用水量和水压的要求，对于不能经常保持设计消防水量和水压要求的建筑物，应设置消防水箱。常高压给水系统可不设置消防水箱，设置临时高压给水系统的建筑物，应设置消防水箱或气压给水设备，并应保证消防水箱在任何情况下能够供水。高层建筑消防系统的安全性、可靠性要求比较高，消防给水系统必须独立设置，不得与生产、生活给水系统合用，其目的是保证消防系统随时可以投入使用，迅速扑灭初期火灾。

消防用水箱的大小和设置高度，对于消防系统的安全性、可靠性至关重要。水箱的大小和设置高度应根据计算确定，原则上应保证室内最不利点消火栓或灭火喷头所需的水量、水压，一般要求顶层消火栓处的静水压不应低于 $7mH_2O$。但是有些情况下不容易做到，若屋顶水箱的液面与最高的屋顶消火栓之间的高差很小，则不足以保证屋顶消火栓所需的水压和水量。当顶层消火栓压力不能保证时，可以采用气压给水装置增压或采用顶层增设小水泵局部增压。

五、室内消火栓给水系统的水力计算

（一）消火栓消防水量

消火栓给水系统室外消防用水由消防车取用，主要用于：水带、水枪消防设备直接扑灭或控制多层、高层建筑低层部分的火灾，保护多层、高层建筑低层部分或邻近建筑物；消防云梯车、消防曲臂车的带架水枪控制或扑灭多层、高层建筑火灾；通过水泵接合器向室内消防给水管网供水。

1. 城镇、居住区室外消防水量

城镇、居住区室外消防水量包括居住区、工厂、仓库、堆场、储罐或罐区、民用建筑的室外消防水量，其用量见表 2-9。其中，工厂、仓库、堆场、储罐或罐区、民用建筑的室外消防水量，可按表 2-10、表 2-11 详细计算，如果与表 2-9 计算结果不一致，则取较大值。

表 2-9　城镇、居住区室外消防水量表

人数/万人	≤1.0	≤2.5	≤5.0	≤10.0	≤20.0	≤30.0
同一时间内火灾次数/次	1	1	2	2	2	2
一次灭火用水量/($L\cdot s^{-1}$)	10	15	25	35	45	55
人数/万人	≤40.0	≤50.0	≤60.0	≤70.0	≤80.0	≤100.0
同一时间内火灾次数/次	2	3	3	3	3	3
一次灭火用水量/($L\cdot s^{-1}$)	65	75	85	90	95	100

表 2-10　工厂、仓库、堆场、储罐或罐区、民用建筑同一时间内的火灾次数表

名称	基地面积/ha	附居住人数/万人	同一时间内的火灾次数/次	备注
工厂	≤100	≤1.5	1	按需水量最大的一座建筑物计算
		>1.5	2	工厂、居住区各一次
	>100	不限	2	按需水量最大的二座建筑物计算
仓库、堆场、贮罐或罐区、民用建筑	不限	不限	1	按需水量最大的一座建筑物计算

表 2-11 工厂、仓库、堆场、储罐或罐区、民用建筑室外消火栓一次灭火用水量

耐火等级	名称及类别		建筑物体积/m³					
			≤1500	1500~3000	3000~5000	5000~20 000	20 000~50 000	>50 000
一、二级	厂房	甲、乙	10	15	20	25	30	35
		丙	10	15	20	25	30	40
		丁、戊	10	10	10	15	15	20
	库房	甲、乙	15	15	25	25		
		丙	15	15	25	25	35	45
		丁、戊	10	10	10	15	15	20
	民用建筑		10	15	15	20	25	30
三级	厂房或库房	乙、丙	15	20	30	40	45	
		丁、戊	10	10	15	20	25	35
	民用建筑	10	15	20	25	30		
四级	丁、戊类厂房或库房		10	15	20	25		
	民用建筑		10	15	20	25		

室外消火栓用水量按消防用水量最大的一座建筑物或一个防火分区考虑，成组布置时应按消防用水量最大的相邻两座建筑物考虑。

国家级文物保护单位的重点砖木、木结构的建筑物室外消防用水量按照三级耐火等级民用建筑物消防用水量确定。

火车站、码头、机场的中转库房等的室外消火栓用水量应按相应耐火等级的丙类物品库房确定。

堆场、储罐区室外消火栓灭火系统用水量见表 2-12。

表 2-12 堆场、储罐区室外消火栓灭火系统用水量

名称		总储量或总容量	消防用水量/(L·s⁻¹)
粮食/t	圆筒仓土圆囤	30<储量≤500	20
		500<储量≤5000	35
		5000<储量≤20 000	50
		20 000<储量≤40 000	20
	席囤	30<储量≤500	35
		500<储量≤5000	50
		5000<储量≤20 000	60
可燃气体贮罐或贮罐区/m³	干式	500<容量≤10 000	20
		10 000<容量≤50 000	30
		50 000<容量	45
	湿式	容量≤10 000	55
		10 000<容量≤50 000	15
		50 000<容量	20

续表

名　称	总储量或总容量	消防用水量/(L·s^{-1})
棉、麻、毛、化纤百货/t	10＜储量≤500	20
	500＜储量≤1000	35
	1000＜储量≤5000	50
稻草、麦秸、芦苇等易燃材料/t	50＜储量≤500	20
	500＜储量≤5000	35
	5000＜储量≤10 000	50
	10 000＜储量≤20 000	60
木材等可燃材料/m^3	50＜容量≤1000	20
	1000＜容量≤5000	30
	5000＜容量≤10 000	45
	10 000＜容量≤25 000	55
煤和焦炭	100＜储量≤5000	15
	5000＜储量	20

贮罐区的冷却用水量，应按一次灭火最大需水量计算。距着火罐罐壁 1.50 倍直径范围内的相邻贮罐应进行冷却，详见 GB 50016—2006《建筑设计防火规范》规定。

2. 多层民用建筑和工业建筑物室内消火栓给水系统用水量

多层民用建筑和工业建筑物室内消火栓灭火系统用水量见表 2-13。

表 2-13　多层民用建筑和工业建筑物室内消火栓灭火系统用水量

建筑物名称	建筑物征	消火栓用水量/(L·s^{-1})	同时使用水枪数量/支	每支水枪最小流量/(L·s^{-1})	每根竖管最小流量/(L·s^{-1})
厂房	高度≤24m，体积≤10 000m^3	5	2	2.5	5
	高度≤24m，体积＞10 000m^3	10	2	5	10
	24m＜高度≤50m	25	5	5	15
	50m＜高度	30	6	5	15
科研楼、试验楼	高度≤24m，体积≤10 000m^3	10	2	5	10
	高度≤24m，体积＞10 000m^3	15	3	5	10
库房	高度≤24m，体积≤5000m^3	5	1	5	5
	高度≤24m，体积＞5000m^3	10	2	5	10
	24m＜高度≤50m	30	6	5	15
	50m＜高度	40	8	5	10
车站、码头、机场建筑物和展览馆等	5000m^3＜体积≤25 000m^3	10	2	5	10
	25 000m^3＜体积≤50 000m^3	15	3	5	10
	50 000m^3＜体积	20	4	5	15
商店、病房楼	5000m^3＜体积≤10 000m^3	5	2	2.5	5
	10 000m^3＜体积≤25 000m^3	10	2	5	10

续表

建筑物名称	建筑物征	消火栓用水量/(L·s⁻¹)	同时使用水枪数量/支	每支水枪最小流量/(L·s⁻¹)	每根竖管最小流量/(L·s⁻¹)
剧院、电影院、俱乐部、礼堂、体育馆等	800 个<座位数≤1200 个	10	2	5	10
	1200 个<座位数≤5000 个	15	3	5	10
	5000 个<座位数≤10 000 个	20	4	5	15
	10 000<座位数	30	6	5	15
住宅	7～9 层	5	2	2.5	5
其他建筑	≥6 层或体积≥10 000m^3	15	3	5	10
国家级文物保护单位的重点砖木结构的古建筑	体积≤10 000m^3	20	4	5	10
	体积>10 000m^3	25	5	5	15

丁、戊类高层工业建筑室内消火栓的用水量可按此表减少 10L/s，同时使用水枪数量可按此表减少 2 支。增设的消防软管卷盘的用水量可不计入消防用水量。

3. 高层民用建筑室内、外消火栓灭火系统用水量

高层民用建筑室内、外消火栓灭火系统用水量见表 2-14。

表 2-14　　高层民用建筑室内、外消火栓灭火系统用水量

建筑物名称		建筑高度/m	室外消防用水量/(L·s⁻¹)	室内消防用水量/(L·s⁻¹)		
				室内消防总用水量	每根竖管最小流量	每支水枪最小流量
普通住宅		≤50	15	10	10	5
		>50	15	20	10	5
高级住宅，医院，教学楼，普通旅馆，办公楼，科研楼，图书馆，档案楼，省级以下的邮政楼，每层建筑面积不超过 1000m^2 的商业楼，展览楼，综合楼，每层建筑面积超过 800m^2 的电信楼，财贸金融楼，中央和省级的广播楼、电视楼		≤50	20	20	10	5
		>50	20	30	15	5
高级旅馆，重要的办公楼，科研楼，图书楼，档案楼，每层建筑面积超过 1000m^2 的商业楼，展览楼，综合楼，每层建筑面积超过 800m^2 的电信楼，财贸金融楼，中央和省级的广播楼、电视楼		≤50	30	30	15	5
		>50	30	40	15	5
厂房	纺织工业楼、服装加工楼、特种工艺美术制作楼、制革工业楼、卷烟工业楼、电视机和录音机装配楼、电子工业楼综合加工楼、其他丙类生产工业楼	20<H≤50	35	25	15	5
		>50	40	30	15	5
	精密仪器仪表生产楼，手表生产楼，其他丁、戊类生产工业楼	24<H≤50	15	15	10	5
		20	20	10	5	
库房	棉、毛、丝、化纤织物及制品楼库，电子产品，家用电器楼库，日用百货楼库，其他丙类物品库	24<H≤50	40	30	15	5
		>50	45	35	15	5
		24<H≤50	20	20	10	5
		>50	25	25	10	5

表中每支水枪的最小流量是根据灭火实际用水资料统计出来的，每根竖管最小流量值是指当发生火灾时，每根竖管能保证相邻的上下两层（10L/s）或上、中、下三层的水枪（15L/s）同时使用消耗的水量。

4. 汽车库建筑内、外消火栓灭火系统用水量

汽车库建筑内、外消火栓灭火系统用水量按消防用水量最大的一座汽车库、修车库、停车场计算，见表 2-15。

表 2-15　　汽车库建筑内、外消火栓灭火系统用水量

名称	车库类别	车位/辆	室外消火栓用水量/($L \cdot s^{-1}$)	室内消火栓用水量/($L \cdot s^{-1}$)
汽车库	Ⅰ	300<车位	20	10
	Ⅱ	150<车位≤300	20	10
	Ⅲ	50<车位≤150	15	10
	Ⅳ	车位≤50	10	5
修车库	Ⅰ	15<车位	20	10
	Ⅱ	6<车位≤15	20	10
	Ⅲ	3<车位≤5	15	5
	Ⅳ	车位≤2	10	5
停车场	Ⅰ	400<车位	20	
	Ⅱ	250<车位≤400	20	
	Ⅲ	100<车位≤250	15	
	Ⅳ	车位≤100	10	

5. 人防工程建筑内消火栓灭火系统用水量

人防工程建筑内消火栓灭火系统用水量见表 2-16。

表 2-16　　人防工程建筑内消火栓灭火系统用水量

类　别	规　格	同时使用水枪数量/支	每支水枪最小流量/($L \cdot s^{-1}$)	消火栓用水量/($L \cdot s^{-1}$)
商场、展览厅、医院、旅馆、公共娱乐场所（电影院、礼堂除外）、小型体育场所	体积<1500m^3	1	5	5
	1500m^3≤体积	2	5	10
丙、丁、戊类生产车间，自行车库	体积≤2500m^3	1	5	5
	2500m^3<体积	2	5	10
丙、丁、戊类物品库房，图书资料档案库	体积≤3000m^3	1	5	5
	3000m^3<体积	2	5	10
餐厅	不限	1	5	5
电影院、礼堂	≥800 座	2	5	10

增设的消防软管卷盘的用水量可不计入消防用水量。

6. 火灾延续时间

火灾延续时间的确定见表2-17。

表2-17 火灾延续时间

名称	建筑类型	火灾延续时间/h
低层建筑	居住区、工厂、戊类仓库	≥2
	甲、乙、丙类物品仓库，可燃气体贮罐和煤、焦炭露天堆场	≥3
	易燃、可燃材料露天、半露天堆场（不包括煤、焦炭露天堆场）	≥6
	甲、乙、丙类液体贮罐： (1) 浮顶罐、地下和半地下固定顶立式罐、覆土贮罐和直径不超过20m的地上固定顶立式罐； (2) 直径不小于20m的地上固定顶立式罐	≥4 ≥6
	液化石油气贮罐	≥6
村镇建筑	甲、乙、丙类液体贮罐和易燃、可燃材料堆场	≥4
	其他建筑	≥2
汽车库		≥2
人防工程	室内消防水池（容量大于$36m^3$）	≥1

(二) 消火栓口所需的压力

消火栓出口所需水压（见图2-11）。

$$H_{Xh} = H_q + h_d + h_k \tag{2-5}$$

式中 H_{Xh}——消火栓口所需水压，mH_2O；

H_q——水枪喷嘴造成某充实水柱所需之水压，mH_2O；

h_d——水流通过水龙带的水头损失，mH_2O；

h_k——消火栓栓口水头损失，mH_2O。

(1) 消火栓给水系统的设计充实水柱H_m。

设计要求的充实水柱H_m按下式计算

$$H_m = (H_1 - H_2)/\sin\alpha \tag{2-6}$$

式中 H_m——消防水枪充实水柱高度，m；

H_1——室内最高着火点离地面的高度，m；

H_2——消防水枪喷嘴离地面的高度（m），一般取1m；

α——消防水枪的上倾角，一般采用45°，最大不应超过60°。

(2) 消防水枪充实水柱高度H_m与垂直射流高度H_f的关系为

$$H_f = \alpha_f H_m \tag{2-7}$$

$$\alpha_f = 1.19 + 80(0.01H_m)^4 \tag{2-8}$$

式中 H_f——消防水枪垂直射流高度，m；

α_f——实验系数。

(3) 消防水枪喷嘴水压H_q与垂直射流高度H_f的关系为

$$H_q = H_f/(1 - \phi H_f) \tag{2-9}$$

$$\phi = 0.25/[d + (0.1d)^3] \tag{2-10}$$

式中　H_q——消防水枪喷嘴造成充实水柱所需的水压，mH_2O；

ϕ——与消防水枪喷嘴直径 d 有关的系数；

d——消防水枪喷嘴直径，mm。

(4) 消防水枪喷嘴水压 H_q与充实水柱高度 H_m的关系为

$$H_q = \alpha_f H_m/(1-\phi\alpha_f H_m) \tag{2-11}$$

(5) 水枪射流量 q_{Xh}与水枪喷嘴压力 H_q之间的关系为

$$q_{Xh} = \sqrt{BH_q} \tag{2-12}$$

式中　q_{Xh}——水枪射流量，L/s；

B——水枪水流特性系数，与水枪喷嘴口径有关，其值可查表 2-18。

表 2-18　水枪水流特性系数

水枪喷口直径/mm	13	16	19	22
B	0.346	0.793	1.577	2.836

(6) 消防水枪充实水柱高度 H_m、水枪射流量 q_{Xh}、消防水枪喷嘴水压 H_q的关系。为方便起见，三者之间的关系制成表格，可直接查出，见表 2-19。

表 2-19　H_m、q_{Xh}、H_q 的关系

充实水柱	水枪喷口直径					
	13		16		19	
	H_q/mH_2O	$q_{Xh}/(L\cdot s^{-1})$	H_q/mH_2O	$q_{Xh}/(L\cdot s^{-1})$	H_q/mH_2O	$q_{Xh}/(L\cdot s^{-1})$
6	8.1	1.7	7.8	2.5	7.7	3.5
8	11.2	2.0	10.7	2.9	10.4	4.1
10	14.9	2.3	14.1	3.3	13.6	4.5
12	19.1	2.6	17.7	3.8	16.9	5.2
14	23.9	2.9	21.8	4.2	20.6	5.7
16	29.7	3.2	26.5	1.6	24.7	6.2

(7) 消火栓水龙带水头损失。水带水头损失按下式计算

$$h_d = A_z L_d q_{Xh}^2 \tag{2-13}$$

式中　h_d——水带的水头损失，mH_2O；

L_d——水带的长度，m；

A_z——水带阻力系数，见表 2-20。

表 2-20　水带阻力系数

水带材料	水带直径/mm		
	50	65	80
麻织	0.015 01	0.004 30	0.001 50
衬胶	0.006 77	0.001 72	0.000 75

其他符号的意义同前。

（三）消火栓给水管网水力计算

1. 给水管网管径和水头损失计算

（1）管径的确定。根据给水管道中涉及的流量，按下列公式即可确定管径

$$Q=\frac{\pi D^2}{4}v \tag{2-14}$$

$$D=\sqrt{\frac{4Q}{\pi v}} \tag{2-15}$$

式中 Q——管道设计流量，m^3/s；

D——管道的管径，m；

v——管道中的流速，m/s。

已知管段的流量后，只要确定了流速，即可求得管径。消火栓给水管道中的流速宜采用1.4～1.8m/s，不宜大于2.5m/s。

（2）沿程水头损失。

$$h_y=\sum il \tag{2-16}$$

式中 h_y——管段的沿程水头损失，kPa（mH_2O）；

i——管道单位长度水头损失，kPa（mH_2O）/m；

l——计算管段的长度，m。

一般情况下，管网中的流速大于1.2m/s，故对给水钢管按下列公式计算

$$i=0.001\,07\frac{v^2}{d^{1.3}} \tag{2-17}$$

式中 v——计算管段内的平均水流速度，m/s；

d——计算管段的管径，m。

（3）局部水头损失。

$$h_j=\sum\xi\frac{v^2}{2g} \tag{2-18}$$

式中 h_j——计算管段局部水头损失总和，kPa（mH_2O）；

ξ——各管件的局部阻力系数；

v——沿水流方向局部零件下游的流速，m/s；

g——重力加速度，m/s^2。

一般情况下，室内给水管道中局部阻力损失不进行详细计算，为方便起见，管道的局部损失可采用沿程水头损失的百分数：

1）生活、消防共用给水管网，生活、生产、消防共用给水管网为20%；

2）消火栓系统消防给水管网为10%；

3）生产、消防共用给水管网为15%；

4）自动喷水灭火系统管网为20%。

也可将各种管件折算成当量长度，按沿程水头损失的公式计算。

2. 减压设施

(1) 室内消火栓剩余压力的计算。室内消火栓栓口压力过大使出水压力增大，水枪的反作用力使消防员难以操作，同时消火栓出水量增加，因而必须消除消火栓栓口过大的剩余压力。消火栓栓口压力在不同的工况下也不相同。

1) 当消防水泵自下而上向消防管网供水时，有

$$H_o = H_b - H_{Xh} - Z - \sum h \tag{2-19}$$

式中 H_o——计算层消火栓栓口剩余压力，kPa (mH_2O)；

H_b——水泵在设计流量时的扬程，kPa (mH_2O)；

H_{Xh}——消火栓栓口所需最小灭火压力，kPa (mH_2O)；

Z——计算层消火栓与水泵最低吸水面之间的高差造成的静水压力，kPa (mH_2O)；

$\sum h$——消防水泵吸水口从最低吸水面吸水到最不利消火栓之间管道内总的水头损失，kPa (mH_2O)。

2) 当由消防水箱自上而下向消防管网供水时，有

$$H_o = Z - H_{Xh} - \sum h \tag{2-20}$$

式中 Z——消防水箱最低水位与计算层消火栓栓口之间高差造成的静水压力，kPa (mH_2O)；

$\sum h$——消防水箱到计算层消火栓之间管道内总的水头损失，kPa (mH_2O)。

(2) 减压孔板的计算与选择。

1) 当可以查到减压孔板的比阻时，其局部水头损失按下式计算：

$$H_K = S q_K^2 \tag{2-21}$$

式中 H_K——减压孔板的局部水头损失，mH_2O；

q_K——通过孔板的流量，L/s；

S——减压孔板的比阻值，$mH_2O \cdot S/L$。

2) 当没有减压孔板的比阻时，其局部水头损失按下式计算

$$H_K = \xi \frac{v^2}{2g} \tag{2-22}$$

$$\xi = \left[1.75 \frac{D^2(1.1 - d^2/D^2)}{d^2(1.175 - d^2/D^2)} - 1\right]^2 \tag{2-23}$$

式中 H_K——水流通过减压孔板时的水头损失，mH_2O；

v——水流通过减压孔板后的流速，m/s；

ξ——减压孔板的局部阻力系数；

D——消防给水管管径，mm；

d——减压孔板的孔径，mm。

计算出的减压孔板的水头损失应等于消火栓剩余压力 H_O，即 $H_K = H_O$。

为简化计算，将各种不同管径及孔板孔径代入式 (2-21) 及式 (2-22)，求得相应的 H_K 值，所得计算结果列于表 2-21。使用时，只要已知剩余压力 H_O 及给水管管径 D，就可从表中查得所需孔板孔径 d。

表 2-21 调压孔板的水头损失 mH_2O

D/mm	d/mm										
	3	4	5	6	7	8	9	10	11	12	13
15	81.03	24.54	9.49	4.25	2.09	1.10	0.59	0.33	0.18	0.09	0.04
20	262.30	81.03	32.16	14.91	7.68	4.25	2.48	1.51	0.94	0.59	0.38
25		201.77	81.03	38.13	19.98	11.31	6.79	4.25	2.75	1.83	1.24
32			222.21	105.59	56.00	32.16	19.61	12.53	8.30	5.67	3.96
40				262.30	140.02	81.03	49.84	32.16	21.56	14.91	10.58
50						201.77	124.80	81.03	54.70	38.13	27.30

D/mm	d/mm										
	14	15	16	17	18	19	20	21	22	23	24
20	0.24	0.15	0.09	0.05	0.03	0.01					
25	0.86	0.59	0.42	0.29	0.20	0.14	0.09	0.06	0.04	0.02	0.01
32	2.83	2.05	1.51	1.12	0.84	0.63	0.47	0.36	0.27	0.20	0.15
40	7.68	0.67	4.25	3.23	2.48	1.92	1.51	1.18	0.94	0.75	0.59
50	19.98	14.91	11.31	8.71	6.79	5.34	4.25	3.41	2.75	2.24	1.83
70	81.03	60.98	46.69	36.30	28.59	22.78	18.35	14.91	12.22	10.10	8.40
80	140.82	105.59	81.03	63.13	49.84	39.83	32.16	26.22	21.56	17.87	14.91
100			201.77	157.61	124.80	100.02	81.03	66.28	54.70	45.50	38.13

D/mm	d/mm								
	25	26	27	28	29	30	31	32	33
32	0.11	0.08	0.06	0.04	0.02	0.01			
40	0.47	0.38	0.30	0.24	0.19	0.15	0.12	0.09	0.07
50	1.51	1.24	1.03	0.85	0.71	0.59	0.50	0.42	0.35
70	7.03	5.91	5.00	4.25	3.63	3.11	2.67	2.31	1.99
80	12.53	10.58	8.99	7.60	6.58	5.67	4.90	4.25	3.70
100	32.16	27.30	23.29	19.98	17.23	14.91	12.97	11.31	9.91
125	81.04	68.90	59.07	50.74	43.89	38.14	33.28	29.10	25.59
150	170.85	145.60	124.80	107.54	93.13	81.03	70.80	62.11	54.70

D/mm	d/mm								
	34	35	36	37	38	39	40	41	42
40	0.05	0.04	0.03	0.02	0.01				
50	0.29	0.24	0.20	0.17	0.14	0.11	0.09	0.08	0.06
70	1.73	1.51	1.31	1.15	1.00	0.88	0.77	0.68	0.59
80	3.23	2.83	2.48	2.18	1.92	1.70	1.51	1.33	1.18
100	8.71	7.68	6.79	6.01	5.34	4.76	4.25	3.80	3.41
125	22.59	20.00	17.72	15.79	14.10	12.60	11.31	10.18	9.16
150	48.34	42.87	38.13	34.02	30.43	27.30	24.54	22.12	19.90

D/mm	d/mm								
	43	44	45	46	47	48	49	50	51
50	0.05	0.04	0.03	0.02	0.01	0.01			
70	0.52	0.46	0.40	0.36	0.31	0.28	0.24	0.21	0.19
80	1.05	0.94	0.84	0.75	0.67	0.58	0.53	0.47	0.42
100	3.06	2.75	2.48	2.24	2.02	1.83	1.66	1.51	1.37
125	8.28	7.49	6.78	6.15	5.59	5.10	4.66	4.25	3.90
150	18.09	16.41	14.91	13.58	12.38	11.31	10.35	9.49	8.71

续表

D/mm	d/mm								
	52	53	54	55	56	57	58	59	60
70	0.16	0.14	0.12	0.11	0.09	0.08	0.07	0.06	0.05
80	0.38	0.34	0.30	0.27	0.24	0.22	0.19	0.17	0.15
100	1.24	1.13	1.03	0.94	0.86	0.78	0.71	0.65	0.59
125	3.56	3.27	3.00	2.76	2.53	2.34	2.15	1.98	1.83
150	8.00	7.36	6.79	6.26	5.78	5.34	4.95	4.58	4.25

D/mm	d/mm								
	61	62	63	64	65	66	67	68	69
70	0.04	0.03	0.03	0.02	0.02	0.01	0.01		
80	0.14	0.12	0.11	0.09	0.08	0.07	0.06	0.05	0.05
100	0.54	0.50	0.45	0.42	0.38	0.35	0.32	0.29	0.27
125	1.69	1.56	1.45	1.34	1.24	1.15	1.07	0.99	0.92
150	3.95	3.67	3.41	3.17	2.95	2.75	2.57	2.40	2.24

D/mm	d/mm								
	70	71	72	73	74	75	76	77	78
80	0.04	0.03	0.03	0.02	0.02	0.01	0.01	0.01	
100	0.24	0.22	0.20	0.18	0.17	0.15	0.14	0.13	0.11
125	0.85	0.79	0.74	0.69	0.64	0.59	0.55	0.51	0.48
150	2.09	1.96	1.83	1.71	1.61	1.51	1.41	1.32	1.24

D/mm	d/mm								
	79	80	81	82	83	84	85	86	87
100	0.10	0.09	0.08	0.08	0.07	0.06	0.05	0.05	0.24
125	0.45	0.41	0.39	0.36	0.33	0.31	0.29	0.27	0.25
150	1.17	1.10	1.03	0.97	0.91	0.86	0.80	0.76	0.71

D/mm	d/mm								
	88	89	90	91	92	93	94	95	96
100	0.04	0.03	0.03	0.02	0.02	0.01	0.01	0.01	0.01
125	0.23	0.22	0.20	0.19	0.17	0.16	0.15	0.14	0.13
150	0.67	0.63	0.59	0.56	0.53	0.50	0.47	0.44	0.42

D/mm	d/mm								
	97	98	99	100	101	102	103	104	105
125	0.12	0.11	0.10	0.09	0.09	0.08	0.07	0.07	0.06
150	0.39	0.37	0.35	0.33	0.31	0.29	0.27	0.26	0.24

D/mm	d/mm								
	106	107	108	109	110	111	112	113	114
125	0.05	0.05	0.04	0.04	0.04	0.03	0.03	0.02	0.02
150	0.23	0.21	0.20	0.19	0.18	0.17	0.16	0.15	0.14

D/mm	d/mm								
	115	116	117	118	119	120	121	122	123
125	0.02	0.01	0.01	0.01	0.01	0.01			
150	0.13	0.12	0.11	0.11	0.10	0.09	0.09	0.08	0.08

注 表中给水管计算管径均采用公称直径。

表2-21数据是假定水流通过孔板后的流速为1m/s时计算得出的。如实际流速与此不符，则应按下式进行修正，并按修正后的剩余压力查表

$$H'_{O}=\frac{H_{O}}{v^{2}}\times 1 \quad (2-24)$$

式中 H'_{O}——修正后的剩余压力，mH_2O；

v——水流通过孔板后的实际流速，m/s（如孔板前后管径无变化，则 v 值等于管内流速）；

H_{O}——设计剩余压力，mH_2O。

3. 消防给水系统水池、水箱容积

(1) 消防水池的消防用水容积。

$$v_{c}=3.6(Q_{x}-Q_{p})t \quad (2-25)$$

式中 v_c——消防水池有效容积，m^3；

Q_x——室内、外消防用水流量之和，L/s，当室外管网能够满足室外消防用水量时，可以只计室内消防用水量；

Q_p——火灾延续时间内可连续补充的水量，L/s；

t——火灾延续时间（h），商业楼、展览楼、档案楼、图书楼、综合楼、高级旅馆、财贸金融楼和乙丙类厂房、库房按3h计，丁、戊类厂房、仓库和其他民用建筑按2h计，自动喷水灭火设备按1h计。

生产、生活和消防用水合用的消防水池的有效容积为生活用水调节容积、消防水池的有效容积、生产用水调节容积及生产事故储备水容积之和。

(2) 消防水箱的容积和设置高度。

屋顶水箱的储水量为

$$v_{x}=0.6Q_{x} \quad (2-26)$$

式中 v_x——消防水箱内贮存的消防用水量，m^3；

Q_x——室内消防用水总量，L/s；

0.6——单位换算系数。

对低层建筑，规范中规定，室内消防水箱应储存10min的消防用水量（气压水罐、水塔也相同）。当室内消防用水量不超过25L/s，经计算水箱消防储水量超过$12m^3$时，仍可采用$12m^3$；当室内消防用水量超过25L/s，经计算水箱消防储水量超过$18m^3$时，仍可采用$18m^3$。高层民用建筑消防水箱容积：一类公共建筑不应小于$18m^3$，二类公共建筑不应小于$12m^3$；一类居住建筑不应小于$12m^3$，二类居住建筑不应小于$6m^3$。采用消火栓灭火系统和自动喷水灭火系统分开设置水箱时，水箱容量应按各系统分别保证消防贮水量的最小容积。并联给水方式的分区消防水箱容积应与高位消防水箱容积相同。

(3) 屋顶消防水箱的设置高度。

$$H_{xs}=H_{xh}+\sum\Delta h \quad (2-27)$$

式中 H_{xs}——消防水箱与最不利点消火栓之间的垂直高度，m；

H_{xh}——最不利点消火栓口所需水压，mH_2O，对于中间减压水箱，为消防时所在分区的最不利点消火栓栓口所需的水压；

$\sum\Delta h$——消防给水管网的总水头损失，为消防给水管网的沿程水头损失、局部水头损失之和，mH_2O。

4. 气压给水设备

气压罐容积

$$V_{qy}=\frac{\beta V_{xc}}{1-\alpha_b} \tag{2-28}$$

式中 V_{qy}——消防气压罐总容积，m^3；

V_{xc}——消防水总容积，m^3，它是消防储水容积、缓冲水容积和稳压水容积之和；

β——气压罐的容积系数，立式水罐取1.1，卧式水罐取1.25，隔膜式水罐取1.05；

α_b——气压罐的工作压力比，取$\alpha_b=0.5\sim0.9$。

气压罐的工作压力

$$p_1=H_{zx}+\sum\Delta h\pm0.01H_S \tag{2-29}$$

式中 p_1——最低工作压力，亦即消防贮水容积的下限水位压力，MPa；

H_{zx}——最不利点消火栓口所需水压，MPa；

$\sum\Delta h$——消防用水时气压罐出水口至最不利点消火栓的管网水头损失，MPa；

H_S——消防水箱与最不利点消火栓之间的垂直高度，m，当最不利点消火栓低于消防水箱最低水位时取负值，高于时取正值。

最高工作压力p_2（消防水泵的启动压力）为

$$p_2=\frac{(p_1+0.098)V_{qy}}{V_{qy}-\beta V_{xc}}-0.098 \tag{2-30}$$

式中 p_2——最高工作压力，MPa。

V_{qy}、V_{xc}符号的意义同公式（2-28）。

5. 消防水泵

消火栓给水系统消防水泵的流量应不小于消火栓给水系统的消防用水量。如果为联合消防给水系统时，其额定流量应为消防时同时作用于各系统组合流量的最大者；如果消防给水管网与生产、生活给水管网合用时，其流量应不小于生产、生活最大小时用水量和消防用水量的和。其扬程应满足各系统最不利点

$$H_{xf}=(1.05\sim1.10)(\sum h+9.8Z+p_0) \tag{2-31}$$

式中 H_{xf}——消防水泵扬程或系统入口的供水压力，kPa；

1.05～1.10——安全系数，系统管网小时取小值，系统管网大时取大值；

$\sum h$——管道沿程和局部水头损失的累计值，kPa；

Z——最不利点处消防用水设备与消防水池的最低水位或系统入口管水平中心线的垂直高差，如果最不利点的位置在下方，则取负值，m；

p_0——最不利点灭火设备的工作压力，kPa。

第三节 自动喷水灭火系统

一、自动喷水灭火系统的类型及组成

自动喷水灭火系统是一种在发生火灾时，能自动喷水灭火并同时发出火警信号的灭火系

统。据资料统计表明，这种灭火系统具有很高的灵敏度和灭火成功率，是扑灭建筑初期火灾非常有效的一种灭火设备。在发达国家的消防规范中，几乎要求所有应该设置灭火设备的建筑都采用自动喷水灭火系统，以保证生命财产安全。鉴于我国经济发展的现状，自动喷水灭火系统仅在人员密集、不易疏散、外部增援灭火与救生较困难的或火灾危险性较大的场所中设置。

自动喷水灭火系统按喷头开闭形式，分为闭式自动喷水灭火系统和开式自动喷水灭火系统。闭式自动喷水灭火系统可分为湿式自动喷水灭火系统、干式自动喷水灭火系统、干湿式自动喷水灭火系统、预作用自动喷水灭火系统、重复启闭预作用灭火系统、闭式自动喷水-泡沫联用系统等；开式自动喷水灭火系统可分为雨淋灭火系统、水幕系统、水喷雾灭火系统、雨淋自动喷水-泡沫联用系统等。

1. 湿式自动喷水灭火系统

湿式自动喷水灭火系统为喷头常闭的系统，管网内平时充满了压力水。该系统是世界上使用时间最长、应用最广泛的，而且也是控火率最高的一种闭式自动喷水灭火系统，目前在世界上所安装的自动喷水灭火系统中，有70%以上是湿式自动喷水灭火系统。

湿式自动喷水灭火系统工作原理：管网中平时充满有压水，火灾发生时火源周围环境温度上升，温度升高，导致火源上方的喷头开启，喷水灭火，水从管道里流出，管网内压力下降，报警阀阀后的压力也下降，致使报警阀的阀板开启，接通管网和水源，供水灭火，报警阀报警的同时，部分水从阀座上的凹槽经过报警阀的信号管，带动水力警铃发出报警信号，系统中的水流指示器感应到水流的流动，也发出电信号，如图2-17所示。

湿式自动喷水灭火系统示意图见图2-18。

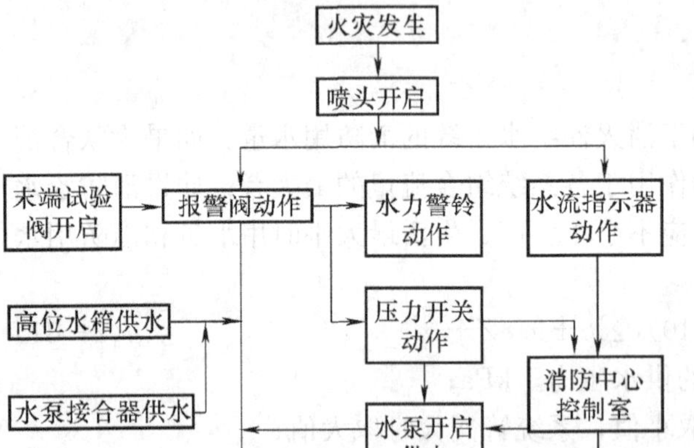

图2-17 湿式自动喷水灭火系统工作原理

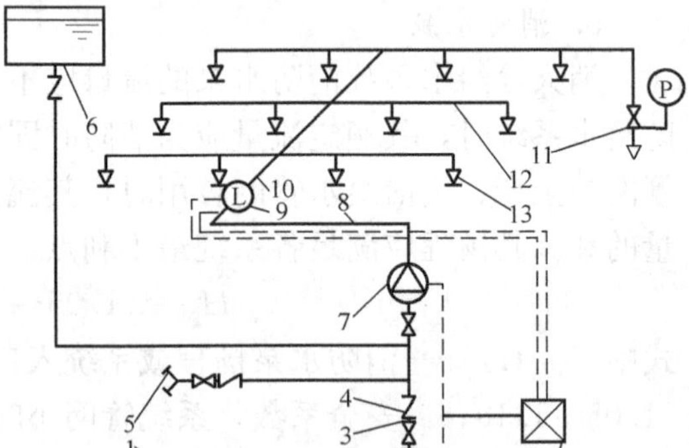

图2-18 湿式自动喷水灭火系统示意图

1—水池；2—水泵；3—闸阀；4—止回阀；5—水泵接合器；6—消防水箱；7—湿式报警阀组；8—配水干管；9—水流指示器；10—配水管；11—末端试水装置；12—配水支管；13—闭式洒水喷头；14—报警控制器；P—压力表；M—驱动电动机；L—水流指示器

湿式系统的特点是系统简单、施工方便、节省投资、灭火速度快、控火效率高、适用范围广。该系统的适用范围为环境温度为4～70℃的建筑物。因为管网和喷头中充满了有压力水，如果环境温度过高，压力水体积膨胀；环境温度低于4℃、水结冰，这些都有可能引起管道系统破坏，一旦发生渗漏，会损坏建筑物装饰，影响建筑物的正常使用。

2. 干式自动喷水灭火系统

干式自动喷水灭火系统主要由闭式喷头、管网、干式报警阀、充气设备、报警装置、供水设备等组成。干式系统是指喷头常闭，喷头到干式报警阀之间的管路中平时不充水，即平时报警阀后的管网中充满了气体，并保持一定的压力，报警阀前的管路里充满有压力的水。

当发生火灾时，火源处温度上升达到开启闭式喷头时，火源上方的喷头开启，首先排出管网中的压缩空气，则报警阀后的管道内压力降低，造成报警阀前、后压力不同，阀前压力大于阀后压力，在压差作用下，干式报警阀的阀瓣开启，水流流向阀后的管网，通过已经开启的喷头喷水灭火，同时有一部分水通过报警阀的环形槽进入信号设施进行报警。

干式系统中平时不充水，报警阀后的管网中充满了气体，因此需要配备空压机等充气设备，当系统有轻微漏气时，由空压机进行补气，公共气管道上应安装压力开关，监视管网的气压变化状况。

干式自动喷水灭火系统适用于环境温度低于4℃或高于70℃的建筑物和场所，例如不采暖的地下停车场、冷库等处。

干式系统特点是：因管网内平时没有水，可避免水汽化和冻结的危险，不受环境温度制约，可以用于一些不能使用湿式系统的场合；干式系统比湿式系统投资高，因管网充气，需要增加充气设备，因而提高了系统造价；施工和管理比较复杂，对管道的气密性要求较严格，管网内气压下降到一定值时，就需要补气；干式系统的灭火速度不如湿式系统快，当喷头受热开启后，首先需要排除管道中的气体，然后才能喷水灭火，这就延误了扑灭初期火灾的时机，所以干式系统的灭火率不如湿式系统的灭火率高。

3. 干湿式自动喷水灭火系统

干湿式自动喷水灭火系统，是交替使用干式和湿式的一种闭式自动喷水灭火系统。这一系统是在干式系统的基础上产生的，为了克服干式系统灭火率低的缺点，采用交替式自动喷水灭火系统。干湿式系统的组成与干式系统大致相同，只是将干式报警阀改为干、湿两用阀，或者是干式报警阀与湿式报警阀的组合阀。

干湿式系统在冬季，管道里充满有压气体，其工作原理与干式系统相同；在温暖季节，管网里改为充水，其工作原理与湿式系统相同，因此称为干湿式自动喷水灭火系统。这种系统主要用于年采暖期少于240d的不采暖房间，或建筑物中环境温度低于4℃、高于70℃的局部区域，如小型冷库、蒸汽管道、烘房等部位。

干式自动喷水灭火系统示意图见图2-19。

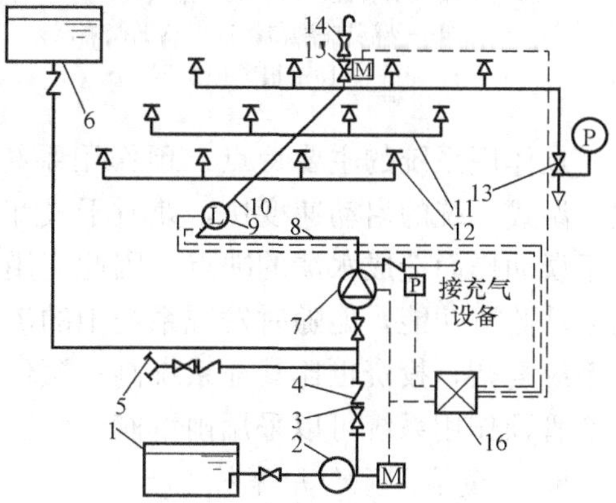

图2-19 干式自动喷水灭火系统示意图

1—水池；2—水泵；3—闸阀；4—止回阀；5—水泵接合器；6—消防水箱；7—干式报警阀组；8—配水干管；9—水流指示器；10—配水管；11—配水支管；12—闭式喷头；13—末端试水装置；14—快速排气阀；15—电动阀；16—报警控制器

该系统的特点是：干湿式系统的报警阀采用的是干式报警阀和湿式报警阀串联而成，或采用干湿两用报警阀。系统可以交替作为干式、湿式灭火系统使用，因此可以部分克服干式系统效率低的问题。由于干式、湿式是交替使用，因此管道内交替充满了空气和水，容易使管道受到腐蚀；施工和管理比较复杂，对管道的气密性要求比较严格；且每年随着季节的变化就要变化系统的形式，管道系统还必须考虑放空管道积水的措施，管道必须以一定的坡度敷设。

4. 预作用自动喷水灭火系统

预作用系统为喷头常闭的灭火系统，平时预作用阀后的管网内充以低压压缩空气或者氮气（也可以是空管）。火灾发生后，由火灾探测器系统发出信号，开启预作用阀，预作用阀门开启后，排气管网系统充水，成为临时湿式系统。只有当着火点温度达到开启闭式喷头时，才开始喷水灭火。因此要求火灾探测器的动作必须先于喷头的动作，而且应当确保当闭式喷头退热开启时，管道系统已经充满了压力水，从火灾探测器动作开启预作用阀，到水流流到喷头喷水，其时间应该不超过 3min，系统充水时，水流在配水支管中的流速不应小于 2m/s，由此可以确定预作用系统管网的最长保护距离。

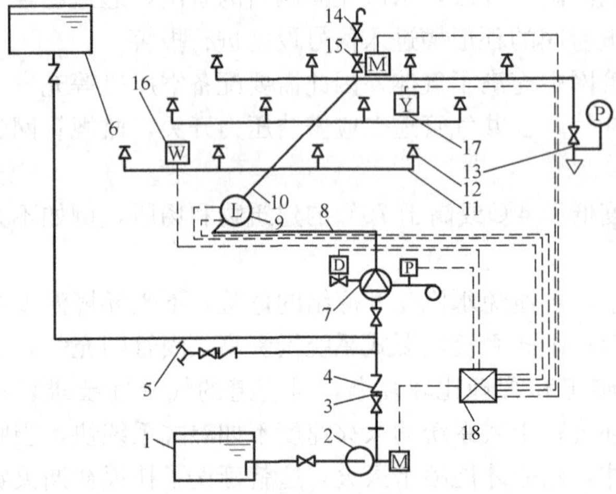

图 2-20 预作用自动喷水灭火系统示意图

1—水池；2—水泵；3—闸阀；4—止回阀；5—水泵接合器；6—消防水箱；7—预作用报警阀组；8—配水干管；9—水流指示器；10—配水管；11—配水支管；12—闭式喷头；13—末端试水装置；14—快速排气阀；15—电动阀；16—感温探测器；17—感烟探测器；18—报警控制器

预作用系统可用于干式、湿式、干湿式系统所能使用的任何场合，而且还可以用于一些这三种系统都不适宜的场合。因为预作用系统同时具备了干式、湿式喷水灭火系统的特点，常常用于自动喷水灭火系统安全要求比较高的建筑物。

预作用自动喷水灭火系统示意图见图 2-20。

预作用系统的主要特点：预作用系统是通过火灾探测器的热敏元件启动的，因此较干式、湿式系统的启动速度快，兼有干式和湿式的优点，克服了干式系统喷水迟缓和湿式系统由于误动作而造成水渍的缺点，因此应用范围广泛；系统中火灾探测器的早期报警以及系统的自动监测功能，能随时发现系统中的渗漏和损坏情况，从而提高安全性；预作用系统比其他系统复杂，投资也比其他系统高；预作用系统的关键是预作用阀，应该可以手动开启，对于空管预作用系统可以采用雨淋阀。

5. 重复启闭预作用系统

这种系统是在预作用系统的基础上发展起来的一种新的自动喷水灭火系统，该系统能自动喷水灭火，火灾扑灭以后，火场温度下降，系统自动关闭，当火灾再次复燃时，系统仍然能重新启功，自动喷水灭火。可以防止系统因无人关闭而继续喷水，造成不必要的水渍损失和水的浪费。

通常的闭式自动喷水灭火系统启动后，必须人工关闭，更换喷头以后才能再次启动；开式系统即雨淋系统，必须使雨淋阀复位后，才能再次启动。重复启闭预作用系统的主要特点是不需要人工关闭，不需要更换喷头等，具有自动启动、自动关闭的功能，可以有效地扑灭复燃的火灾。

重复启动喷水灭火系统，是一种通过烟、温感传感器控制系统的控制阀，来实现系统的重复启闭，关键部分是一个水流控制阀。水流控制阀接出的排水管上安装有两个电磁阀，电磁阀开启放水，控制水流控制阀的动作；电磁阀受感温探测器控制，可重复使用的感温探测器设置在保护区域上方。感温探测器探测到火灾后，电磁阀开启，系统喷水灭火；当火灾被扑灭，环境温度降低，感温探测器探测到的温度低于设定温度（一般为60℃）时，感温探测器复原，使得电磁阀关闭，停止喷水。如果火灾复燃，温度升高，感温探测器重新开启。另一种是喷头本身具有重复启闭的功能，通过喷头实现系统的重复启闭。

重复启动系统的特点：应用范围不受控制，功能优于其他喷水灭火系统；灭火后能自动关闭，节约消防用水，又能将用水灭火而造成的水渍损失减轻到最低限度。缺点是循环启动系统造价较高，一般用于特殊场合，如计算机机房、棉花仓库、烟草仓库等。

6. 雨淋系统

雨淋系统为开式自动喷水灭火系统中的一种，使用开式喷头，发生火灾时，由自动控制装置打开集中控制阀门使系统保护区上的所有喷头一起喷水灭火。按淋水管的充水与否，雨淋式系统可以分为两种。一种是空管式雨淋系统：平时喷水管网为干管状态，报警阀由湿式报警阀和雨淋阀组成，能有效地防止因水压不稳而造成的系统误动作。另一种是充水式雨淋系统：平时喷水管网内充以静压水，水面低于开式喷头的出口，并由溢流管保持恒定水面，系统管网中经常充满水，能有效提高系统出水灭火的速度，所以充水式雨淋系统多用于对出水灭火速度要求比较高的场合。

雨淋系统一般由三部分组成：火灾探测控制自动传动系统、自动控制成组作用阀门系统、带开式喷头的自动喷水灭火系统。在实际应用中雨淋系统有可能有许多不同的组成形式，但工作原理大致相同：发生火灾时，火灾探测传动系统感受到火灾后，控制雨淋阀开启，接通水源和雨淋管网，喷头喷水灭火。由于雨淋系统采用的是开式喷头，所以喷水时是整个保护区域内的喷头同时进行喷水。工作原理见图2-21。

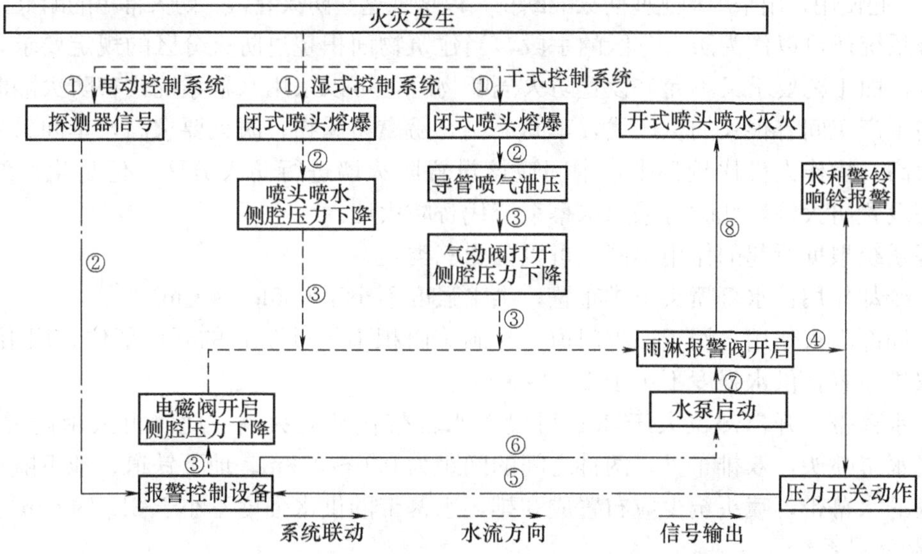

图2-21 雨淋系统、水幕系统、水喷雾系统工作原理图

雨淋系统适用于燃烧猛烈、蔓延迅速的严重危险级建筑物或者其他严重危险级场所，如炸药厂、大型演播室、电影摄影棚等。这些场合火势蔓延速度非常快，如果采用闭式喷水灭火系统，发生火灾时只有火焰直接影响到的喷头才被开启喷水，而且闭式喷头开启速度比火势蔓延速度慢，不能保证迅速控制火灾。

雨淋系统的设计基本参数按严重危险级建筑物的要求考虑，即作用面积不小于 $300m^2$，喷水强度不小于 $10\sim15L/(min\cdot m^2)$，最不利点喷头出水压力不小于 $5mH_2O$。

该系统特点：系统反应快，雨淋系统的火灾探测传动控制系统报警时间短，反应时间比闭式喷头开启的时间短，如果采用充水式雨淋系统，反应速度更快，利于尽快出水灭火，能有效地控制火灾；系统灭火控制面积大，用水量大。实际应用中，系统形式的选择比较灵活。

7. 水幕系统

水幕系统是开式自动喷水灭火系统中的一种，水幕系统的喷头一般都是按 1～3 排排列，沿线状布置将水喷洒成水幕状，发生火灾时主要起冷却、阻火、隔火的作用，是唯一不以灭火为主要目的的系统。

水幕系统与雨淋系统一样，主要由三部分组成：火灾探测传动控制系统、控制阀门系统、带水幕喷头的自动喷水灭火系统。

水幕系统又可以分为两种：充水式水幕系统、空管式水幕系统。

简单的水幕系统通常只包括水幕喷头、管网、手动闸阀。在易燃易爆场合，应采用自动开启系统，比如火灾探测器与电磁阀联动的开启系统。其中控制阀可以是雨淋阀、电磁阀，也可以是手动闸阀。

水幕系统的作用方式与雨淋系统的工作原理相同，由火灾探测器或者人发现火灾，电动或手动开启控制阀，系统供水通过水幕喷头喷水灭火，如图 2－21 所示。

该系统主要适用于需要进行水幕保护和防火隔断的部位。一般安装在舞台口、门窗、建筑上的孔洞口处，用以隔断火源，使火灾不能通过这些孔洞蔓延，水幕系统还可以配合防火卷帘、防火幕等一起使用，用来冷却这些防火隔断物，以增强这些防火卷帘、防火幕等的耐火性能。

水幕系统还可以作为防火分区的手段，当建筑物面积超过防火分区的规定要求，必须设防火分区，而工艺要求又不允许设置防火隔断物时，可以采用水幕系统代替防火隔断物。例如在某些生产车间有很长的生产线，车间一端有易燃易爆物，防火要求高，车间另一端防火要求不太高，操作人员比较集中，中间应该设置防火墙进行防火分区，但是生产线不能断开，无法设置防火墙，此时可采用水幕系统代替防火墙。

水幕系统根据所起的作用不同，可以分为三类：

(1) 冷却作用：水幕喷头单排布置，供水强度不小于 $0.5L/(s\cdot m)$。

(2) 局部阻火作用：用于保护门窗、孔洞等面积不超过 $3m^2$ 的开口部位，用雨淋喷头，单排或双排布置，供水强度不小于 $1L/(s\cdot m)$。

(3) 水幕带：开口部位大于 $3m^2$ 可设置水幕带代替防火墙，此时可采用雨淋式喷头，或缝隙式水幕喷头，双排布置，两排之间的间距为 0.6～0.8m。地下铁道、地下隧道等作为防火分区的水幕带，喷头至少应布置成 3 排，水幕带的供水强度不小于 $2L/(s\cdot m)$。

8. 水喷雾系统

水喷雾系统是将高压水通过特殊的水雾喷头，呈雾状喷出，雾状水粒的平均粒径一般在

100～700μm，水雾喷向燃烧物，通过冷却、窒息、稀释等作用扑灭火灾。

水喷雾灭火系统的工作原理：水喷雾系统可以设计成固定式或者移动式，移动式是从消火栓或者从消防水泵上接出水龙带，安装喷雾水枪，移动式可以作为固定式的辅助系统。水喷雾系统平时管网中充以低压水，火灾发生时，由火灾探测器探测到火灾，通过控制箱，电动开启着火区域的控制阀，或者由火灾探测传动系统自动开启着火区域的控制阀和消防水泵，管网水压增大，当水压增大到一定数值时，水喷雾喷头上的压力启动帽脱落，喷头一起喷水灭火。固定式水喷雾灭火系统的工作原理与雨淋式灭火系统的工作原理基本相同，如图 2-21 所示。

水喷雾系统的水压高，喷射出来的水滴小，分布均匀，水雾绝缘性好，在灭火中能产生大量的水蒸气，具有以下几种灭火作用。

(1) 冷却灭火作用：当喷雾水接触到燃烧物表面时，水滴起冷却作用，使燃烧物表面的温度降低，低于它的着火点温度，则燃烧停止。

(2) 窒息灭火作用：水汽化时，体积要膨胀 1700 倍，发生火灾时，环境温度不断上升，水滴遇到高温，很快汽化，产生大量水蒸气，导致火场空气中的氧气浓度降低，最终导致可燃物因缺氧而中断燃烧。

(3) 乳化灭火作用：在扑灭油类等非水溶性可燃液体火灾时，由于水喷雾的喷射冲力作用是喷射到非水溶性可燃液体的表层，形成一层由水滴和可燃物组成的乳化混合物，这种混合物是不燃烧的，覆盖在可燃液体表面，则可燃液体难以继续燃烧。对于黏度比较大的油类阻燃效果比较好，对轻质油品灭火效果差一些。

(4) 稀释灭火作用：对水溶性可燃液体，喷雾水可以起稀释作用，当可燃物被稀释到一定程度时，就不会继续燃烧了。

水喷雾系统的关键组件是喷雾喷头，喷头的构造性能决定了喷雾效果、喷射的射程等。

该系统主要用于扑灭贮存易燃液体贮罐的场所发生的火灾，也可以用于有粉尘火灾（爆炸）危险的车间，以及电气、橡胶等特殊可燃物的火灾危险场所。如变电站、地下油库、化学产品车间、制粉车间等，具体的应用范围在《建筑设计防火规范》中有详细说明。

需要注意的是，不应使用水喷雾系统的情况：

(1) 水混合后起剧烈反应的物质，与水反应后发生危险的物质；

(2) 没有适当的溢流设备，没有排水设施的无盖容器；

(3) 装有加热运转温度 120℃以上的可燃性液压无盖容器；

(4) 运转时表面温度在 260℃以上的设备，当直接喷射会引起设备严重损坏时；

(5) 高温的物质和蒸馏时容易蒸发的物质，其沸腾后溢流出来的物质造成危险情况。

9. 自动喷水-泡沫联用灭火系统

自动喷水-泡沫联用灭火系统，是在通常的自动喷水灭火系统的报警阀后，加装可以供给泡沫混合液的设备，组成既可以喷水又可以喷泡沫的固定式灭火系统。这种灭火系统有 3 种功能：一是灭火功能；二是预防作用，在出现 B 类（易燃液体）火灾时，可以预防因易燃液体的沸溢或者溢流而将火灾引到邻近区域，以及防止火灾的复燃；三是在不能扑灭火灾时控制火灾的燃烧，减少热量的传递，保护暴露在火灾现场中的其他物品不致受到损失。

该系统主要特点是在自动喷水灭火系统的基础上，加入了泡沫灭火剂，利用泡沫来强化灭火效果。根据喷水的先后可以分为两种：一种是先喷水后喷泡沫，另一种是先喷泡沫后喷水。前期先喷水控火，后期喷泡沫灭火剂以强化灭火效果；或者前期喷泡沫灭火，后期喷水冷却，防止复燃。

工程设计中可以根据不同被保护对象的化学性质，选择不同性质的泡沫灭火剂，也可以在不同的自动喷水灭火系统的基础上加装泡沫灭火设备，组成不同的自动喷水—泡沫联用灭火系统，如在原有的雨淋系统上增加泡沫供给装置，组成泡沫—雨淋系统；在原有的干式自动喷水灭火系统上增加泡沫供给装置，组成泡沫—干式系统；在原有的预作用自动喷水灭火系统上增加泡沫供给装置，组成泡沫—预作用系统；在原有的水喷雾自动喷水灭火系统上增加泡沫供给装置，组成泡沫灭火水喷雾系统；在原有的闭式自动喷水灭火系统上增加泡沫供给装置，组成泡沫-闭式自动喷水灭火系统等。

自动喷水-泡沫联用系统是比自动喷水和水喷雾系统更高一级的系统，可以替代这两种系统，可应用于A类（固体表面火灾）、B类（易燃液体火灾）、C类（带电电气设备火灾）火灾的扑灭。我国GB 50067—1997《汽车库、修车库、停车场设计防火规范》中规定：大型汽车库宜采用自动喷水-泡沫联用系统。随着我国经济实力的不断增加，该系统还会有很多的用武之地，还可用于柴油发电机房、锅炉房、仓库等处。

以上几种自动喷水灭火系统各有其特点，适用于不同的场合，同时也各有其弱点，在进行工程设计时，首要的问题是消防系统的选择，保证消防灭火系统合理、高效是设计人员首先要解决的问题。通常自动喷水灭火系统类型的选择，应根据实际设置场所中的可燃物数量、性质、特点，需要保护的范围等情况，选择相应的自动喷水灭火系统，进行几个方案的比较，然后确定灭火系统的类型。决定性的因素不是建筑的规模，而是建筑物的火灾危险性（火灾危险等级举例见表2-22）和自动扑救初期火灾的必要性。设置自动喷水灭火系统的场所火灾危险等级划分为轻危险级、中危险级（Ⅰ级、Ⅱ级）、严重危险级（Ⅰ级、Ⅱ级）、仓库危险级（Ⅰ级、Ⅱ级、Ⅲ级），轻危险级一般是指可燃物品较少、可燃性低和火灾发热量较低、外部增援和疏散人员较容易的场所；中危险级一般是指内部可燃物数量为中等、可燃性也为中等，火灾初期不会引起剧烈燃烧的场所；严重危险级一般是指火灾危险性大，且可燃物品数量多，火灾时容易引起猛烈燃烧并可能迅速蔓延的场所。

表2-22　设置场所火灾危险等级举例

火灾危险等级		设置场所举例
轻危险级		建筑高度为24m及以下的旅馆、办公楼，仅在走道设置闭式系统的建筑物
中危险级	Ⅰ级	(1) 高层民用建筑、旅馆、办公楼、综合楼、邮政楼、财贸金融楼、指挥调度楼、广播电视楼（塔）等； (2) 公共建筑（含单、多、高层）、医院、疗养院、图书馆（书库除外）、档案馆、展览馆、影剧院、音乐厅和礼堂（舞台除外）及其他娱乐场所，火车站和飞机场及码头的建筑，总建筑面积小于5000m² 的商场、总建筑面积小于1000m² 的地下商场等； (3) 文化遗产建筑：木结构古建筑、国家文物保护单位等； (4) 工业建筑：食品、家用电器、玻璃制品等工厂的备料与生产车间等，冷藏库、钢屋架等建筑构件
	Ⅱ级	(1) 民用建筑：书库、舞台（葡萄架除外）、汽车停车场、总建筑面积5000m² 及以上的商场、总建筑面积1000m² 及以下的地下商场等； (2) 工业建筑：棉毛麻丝及化纤的纺织、织物及制品、木材木器及胶合板、谷物加工、烟草及制品、饮用酒（啤酒除外）、皮革及制品、造纸及纸制品、制药等工厂的备料与生产车间

续表

火灾危险等级		设置场所举例
严重危险级	Ⅰ级	印刷厂，酒精制品、可燃液体制品等工厂的备料与生产车间
	Ⅱ级	易燃液体喷雾操作区域、固体易燃物品、可燃的气溶胶制品、溶剂、油漆、沥青制品等工厂的备料与生产车间、摄影棚、舞台“葡萄架下部”
仓库危险级	Ⅰ级	食品、烟酒、木箱、纸箱等的不燃、难燃物品、仓储式商场的货架区等
	Ⅱ级	木材、纸、皮革、谷物及制品、棉毛麻丝化纤及制品、家用电器、电缆、B组塑料与橡胶及制品、钢塑混合材料及制品、各种塑料盒包装的不燃物品及各类物品混杂储存的仓库等
	Ⅲ级	A组塑料与橡胶及制品、沥青制品等

例如：一般不设采暖系统的自选商场、办公楼、汽车库等应采用干式或预作用式系统；设采暖的自选商场、办公楼等可采用湿式系统；自备柴油发电机房可采用水喷雾系统等。

二、自动喷水灭火系统组件及设置要求

自动喷水灭火系统各部分组成如下。

1. 喷头

喷头是自动喷水灭火系统的关键部位。以上介绍的各种自动喷水灭火系统，其组件中重要的差别是喷头的构造不同，自动喷水灭火系统的喷头按应用分为三类：闭式喷头、开式喷头、特殊喷头。

(1) 闭式喷头。闭式喷头是由感温元件控制开启的喷头，正常情况下喷头呈封闭状态，达到规定的温度时自动开启。闭式喷头由喷水门、感温组件、溅水盘组成。

按热敏元件的不同，目前闭式喷头有两种：易熔元件喷头和玻璃球喷头，即感温元件分别采用易熔合金焊片和玻璃球。

玻璃球喷头的感温元件是玻璃球体，玻璃球内是高膨胀率的液体，同时球内有一个小气泡，当玻璃球受热时，气泡的气体会溶入液体，低于动作温度5℃时，液体充满整个玻璃球；如果温度继续上升，液体膨胀，玻璃球内液体压力突然升高，玻璃球被胀破成碎片，喷头开启，开始喷水灭火。

喷头按安装位置可分为如下几种。

1) 直立型：抛物线洒水状，喷头向上。

2) 下垂型：向下安装平板型溅水盘。

3) 边墙型：靠墙安装，水喷向被保护一侧，洒水为右抛物线。

4) 普通型：倒伞型溅水盘，球型洒水状。

5) 吊顶型：平板型溅水盘，喷头安装在隐蔽处。

闭式喷头构造示意图见图2-22。

喷头的动作温度是根据环境温度确定的，一般情况下，自动喷头的温标应高出使用环境最高温度20～30℃，不同温标的喷头是依据各自的颜色来区分的。动作温度应为环境最高温度加20～30℃。

各种喷头的动作温度和色标见表2-23。

易熔元件喷头的易熔元件一般采用易熔合金焊片，焊片熔点低，一般由锡、铅、铋等金

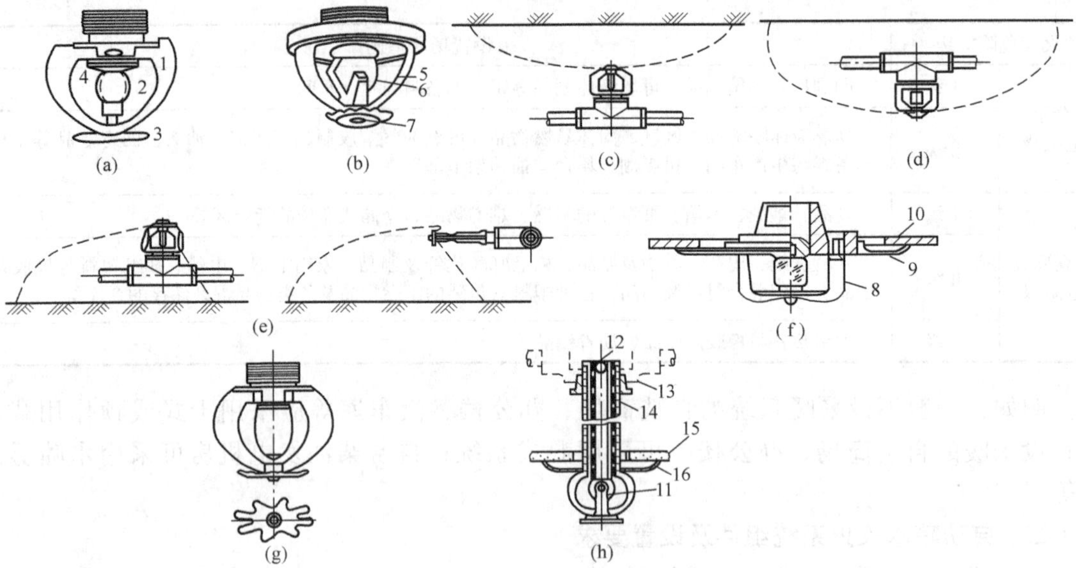

图 2-22 闭式喷头构造示意图

(a) 玻璃球洒水喷头；(b) 易熔合金洒水喷头；(c) 直立型；(d) 下垂型；(e) 边墙型（立式、水平式）；(f) 吊顶型；(g) 普通型；(h) 干式下垂型

1、5、8—支架；2—玻璃球；3、7—溅水盘；4—喷水口；6—合金锁片；9—装饰罩；10—吊顶；11—热敏组件；12—钢球；13—密封圈；14—套筒；15—吊顶；16—装饰罩

属组成，平时易熔合金片支撑在喷头的出水口，喷头关闭；发生火灾时，环境温度升高，达到预定温度时，易熔合金焊片熔化，于是喷头开启，喷水灭火。

表 2-23　　各种喷头的动作温度和色标

类型	公称动作温度/℃	色标	接管直径 DN/mm	最高环境温度/℃	连接形式
玻璃球喷头	57	橙色	15	27	螺纹
	68	红色	15	38	螺纹
	79	黄色	15	49	螺纹
	93	绿色	15	63	螺纹
	141	蓝色	15	111	螺纹
	182	紫红色	15	152	螺纹
易熔合金喷头	55～77	本色	15	42	螺纹
	79～107	白色	15	68	螺纹
	121～149	蓝色	15	112	螺纹
	163～191	红色	15		螺纹

(2) 开式喷头。开式自动喷水灭火系统的喷头由溅水盘、喷水口组成，有开式洒水喷头（雨淋喷头）、水幕喷头、水雾喷头。开式洒水喷头可用于雨淋系统和水幕系统，水幕喷头只能用于水幕系统，水雾喷头只能用于水雾系统。保护窗口的喷头应选用窗口水幕喷头；保护檐口的喷头应选用檐口水幕喷头；冷却保护防火卷帘、防火幕的喷头，应选用缝隙式水幕喷头或窗口式下垂型水幕喷头；冷却保护门和墙面的喷头，应选用下垂安装的窗口水幕喷头；

在一般环境条件下，可选用黄铜喷头；在腐蚀性环境中应选用防腐处理的耐腐蚀水幕喷头；冷却保护舞台防火幕时，宜选用下垂式缝隙式喷头；防火型水幕应选用雨淋式洒水喷头及缝隙式洒水喷头。

冷却型水幕喷头、防火型水幕喷头的工作压力不应低于0.1MPa，持续喷水时间不应小于3h，雨淋系统喷头最不利点喷头的供水压力应不小于0.05MPa。

水幕喷头与雨淋报警装置等配套使用构成水幕系统。水幕系统分防火分隔水幕和防护冷却水幕，前者是用密集的喷头喷水构成水墙式水帘，如舞台、窗口、自动扶梯和旋转楼梯及建筑中庭四周。后者是配合防火卷帘等分隔物进行防火分隔，如防火卷帘、玻璃幕墙、防火门、钢构件等。水幕喷头如图2-23（c）所示，水幕喷头技术参数见表2-24。

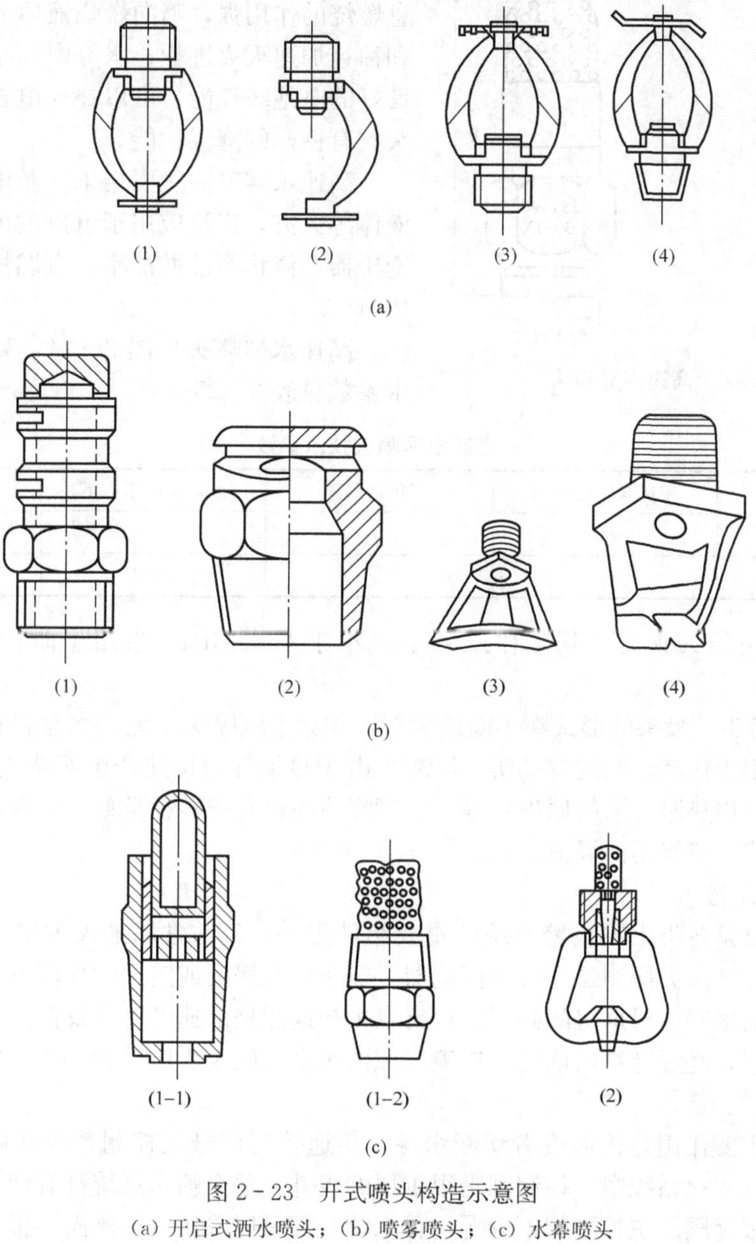

图2-23　开式喷头构造示意图

（a）开启式洒水喷头；（b）喷雾喷头；（c）水幕喷头

表 2-24 水幕喷头技术参数表

喷头型号	公称直径/mm	流量特性参数/K	喷水角度/(°)	最小工作压力/MPa	最大工作压力/MPa	外形尺寸 D×L/(mm×mm)	连接螺纹 R	流量公式
ZSTMD-8	8	28.7	180	0.05	1.6	18×40	R1/2	$Q=K\sqrt{10P}$ K：流量系数； P：喷头工作压力/MPa
ZSTMD-10	10	43	180	0.05	1.6	21×42	R1/2	
ZSTMD-12	12	56	180	0.05	1.6	21×42	R1/2	

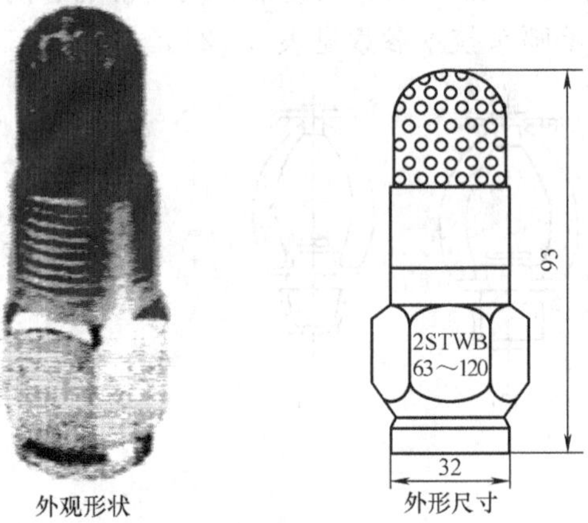

图 2-24 高速水雾喷头

水雾喷头也是一种开式喷头，水雾喷头喷出的水雾比表面积大，吸热效果好，排斥空气，窒息燃烧的作用强，喷向燃烧液体的水雾可以乳化和稀释加速灭火进程；水雾中细小雾化颗粒具有良好的电绝缘性能，可以扑灭电器火灾，水雾喷头具有良好的降温性能。

高速水雾喷头主要用来扑救电器设备、可燃液体等火灾，广泛应用于电厂的电器设备、大型变压器、液化石油贮油罐、直燃机房及锅炉房等场所。

高速水雾喷头见图 2-24，高速水雾喷头技术参数见表 2-25。

表 2-25 高速水雾喷头技术参数

喷头型号	流量/(L·m^{-1})	雾化角/(°)	流量特性系数 K	连接螺纹
ZSTWB80-90	80	90	44.5	R1
ZSTWB63-120	63	120	32.4	R3/4

水雾喷头用于灭火时，其工作压力不应小于 0.35MPa，当用于防护冷却时不应小于 0.20MPa。

(3) 特殊喷头。喷头的形式在不断地发展，如大水滴喷头、无溅水盘多孔喷头、快速反应喷头（主要用于住宅、医院等场所，以减少由于热烟气的迅速产生而造成人员伤亡）、自动启动喷头（利用热胀冷缩的原理）等。水喷雾喷头也有很多种类型，如单级涡流式、双级离心式、螺旋式、双级切向混流式等。

2. 火灾探测器

火灾探测器是各类火灾报警系统的重要组件之一，目前常用的火灾探测器有感温、感烟、感光和复合型火灾探测器。火灾探测器一般布置在房间或走道的顶棚下面，建筑物内选用火灾探测器的房间应根据房间高度、火灾发生初期燃烧的速度，以及探测器的保护面积或保护半径等因素，经过计算后确定。探测区域内每个房间至少应设置一个火灾探测器。

3. 报警阀

报警阀的主要作用是接通或者切断水源，传递控制信号至控制系统并启动水力警铃报警。在自动喷水灭火系统中，控制阀是很重要的组件，每个喷水系统都有两个主阀：一是主控制阀，二是报警阀。主控制阀不论哪一种系统，都可以采用普通闸阀，报警阀有湿式报警阀、干式报警阀、干湿式两用阀、雨淋阀、预作用阀等，可根据不同的喷水系统而采用不同的报警阀。

湿式报警阀用于湿式自动喷水灭火系统，其工作原理见图 2-25。在未发生火灾时，报警阀前后的管道中充满压力水，阀瓣处于关闭状态，水力警铃不发生报警、压力开关不接通；当阀瓣后侧水压出现明显下降时，阀瓣开启度较大，大量水流通过阀瓣，流向灭火管网喷水灭火，少部分水经报警口流出使水力警铃发出报警信号，同时开启压力开关，给出电接点信号，此时阀门处于工作状态。即湿式报警装置具有水力机械报警和给出电接点信号功能，当水流停止时，阀门靠阀瓣自重自动关闭。

干式报警阀用于干式自动喷水灭火系统。干湿式报警阀是由湿式、干式报警阀依次连接而成，在温暖季节用湿式装置，在寒冷冬季用干式装置。雨淋阀用于雨淋、预作用、水幕、水喷雾自动喷水灭火系统。

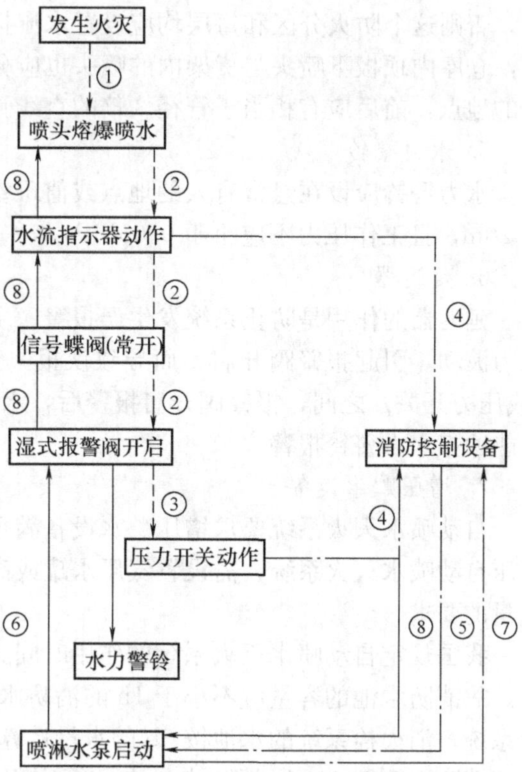

图 2-25 湿式报警阀工作原理图

自动喷水灭火系统应设报警阀组，保护室内钢屋架等建筑构件的闭式系统应设独立的报警阀组，水幕系统应设独立报警阀或感温雨淋阀。报警阀的安装高度距地面 1.2m，应设置在方便操作、无冰冻的位置。一个报警阀可以带多个喷头，为保证发生火灾时，能够及时报警和及时喷水灭火，报警阀所控制的喷头数量不宜太多。一个报警阀控制的最多喷头数见表 2-26。

表 2-26 一个报警阀控制的最多喷头数

系统类型		危险级别		
		轻危险级	中危险级	严重危险级
		喷头流量		
湿式喷水灭火系统		500	800	1000
干式喷水灭火系统	有排气装置	250	500	500
	无排气装置	125	250	—

4. 水流指示器

常用于湿式系统，当被保护区内发生火灾时，喷头开启，喷水灭火，有水流流经装有水流指示器的管道时，管网中的水流推动水流指示器叶片倾斜达到一定角度，动作杆挤压开关使触点闭合，在通电状态下给出电接点信号，指示器会发出报警信号；当水流停止时叶片及动作杆复位，开关触点断开，电接点信号消除。

当只有一个防火分区，报警阀控制的喷头只设置在同一层内时，可以不设置水流指示器，否则这个防火分区和每层均应设置水流指示器，以起到指示、区别着火区域的作用。同理，仓库内顶板下喷头与货架内的喷头也应分别设水流指示器。水流指示器应安装在便于检修的地点，前后应有相当于管径3倍的直线管段，水流指示器应设信号控制阀。

5. 水力警铃

水力警铃应设在经常有人的地点或值班室附近，与报警阀连接管管径为DN20，总长小于20m，且工作压力不应小于0.05MPa。

6. 延迟器

延迟器的作用是防止系统发生误报警。主要用于湿式系统，可以防止由于给水管道内的压力波动，引起报警阀开启，而导致误报。延迟器为罐式容器，安装在报警阀与水力警铃（或压力开关）之间，报警阀开启报警后，水流需要经过30s左右的时间，充满延迟器以后，才能冲打水力警铃报警。

7. 增压贮水设备

自动喷水灭火系统要求增压贮水设备满足最不利点喷头的工作压力。对于常高压或临时高压自动喷水灭火系统，需设置气压水罐或高位水箱以满足消防系统在规定时间内的水压和水量的要求。

我国规定自动喷水灭火系统的作用时间为1h，即应满足系统1h的设计流量和压力的要求。故消防水池的容量应不小于1h的消防水量（指完全是自动喷水灭火系统，不包括消火栓系统，消火栓系统的水池按3h的水量计算）。

消防水箱按10min消防水量来计算容积，主要是扑灭初期火灾，对于消火栓系统和自动喷水系统都是按10min的水量计算。但是，当10min的水量大于18m^{3}时，按18m^{3}计。

气压水罐的容积：对于高度不超过24m的轻、中危险级建筑中设置的湿式、预作用系统当设置高位水箱有困难时，可采用气压给水设备替代高位水箱，气压给水设备的调节容量应确保消防流量为5L/s时的10min室内消防用水量，以满足扑灭初期火灾的要求。

8. 喷水管网

自动喷水灭火系统一般设计成独立系统。自动喷水管网系统包括引入管、供水干管、配水立管、配水干管、配水管、配水支管，以及报警阀、阀门、水泵接合器等。

室内消防给水管网应布置成环状，环状管网的进水管不宜少于两条。当其中一条进水管发生故障时，其余的进水管应保证全部的消防水量和水压的要求。为便于检修，环状供水干管应设置分隔阀门，形成若干独立段。阀门的布置应保证某段供水管道发生故障或检修时，关闭的报警阀数量不超过3个，分隔阀门应设置在便于维修、操作的位置，分隔阀门应经常处于开启状态，并且应有明显的启闭标志。阀前管网可为环状和枝状，阀后管网可为枝状（又分为侧边末端进水、侧边中央进水、中央末端进水和中央中心进水等）、环状（一般为一个环）和格栅状（多环环状管）。若系统中设有两个及两个以上报警阀组时，阀组前宜设环状管网。阀组后管网为一般轻危险级时宜用枝状管网，采用侧边末端进水、侧边中央进水形式均可；中危险级宜用中央末端进水和中央中心进水枝状或环状管网，民用建筑为降低吊顶空间高度可采用环状管网，其配水干管的管径经水力计算确定，一般为DN80～DN100；严重危险级和仓库危险级宜采用环状管网和格栅状管网。为避免充水时间过长，干式、预作用系统应采用格栅状管网，湿式系统则可以根据实际情况采用任何形式的管网。

自动喷水灭火系统配水管道上工作压力不应大于1.20MPa。配水管道上不应设置其他的用水设施。如自动喷水系统与消火柱系统合用管道，必须在自动喷水系统的报警阀之前分开。报警阀应设置在距地面 0.8～1.5m 的范围内，没有冰冻危险、维修方便的房间内。

配水立管的主要作用是将供水干管中的水输送到各个楼层的配水干管和配水支管。配水立管最好在配水干管的中间连接，配水管宜在配水干管两侧均匀分布，配水支管宜在配水管两侧均匀分布。自动喷水系统管道布置见图 2-26。

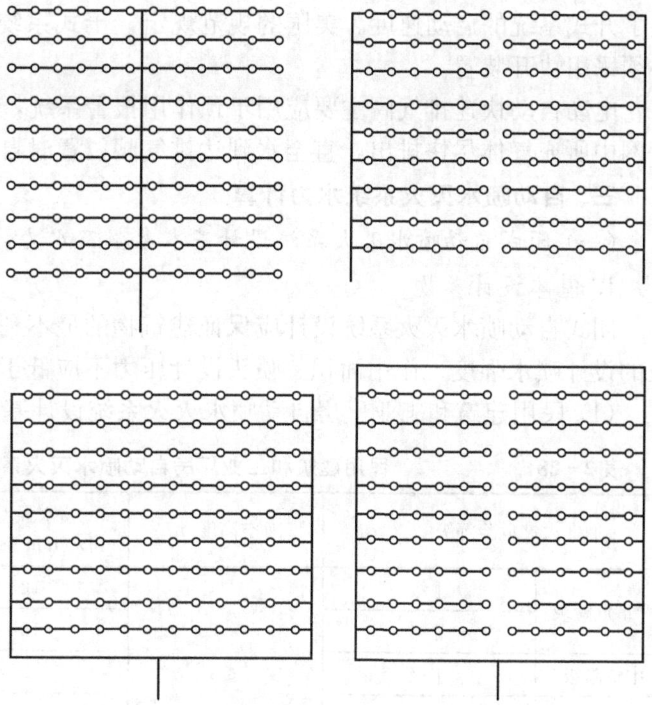

图 2-26 自动喷水系统管道布置

每根配水支管上设置喷头的数量不应过多，轻危险级和中危险级建筑物不超过 8 个，严重危险级建筑物不应超过 6 个，以便控制配水支管的管径不大于 50mm，同时可避免配水支管过长造成水头损失过大，增加供水系统的压力。自动喷水灭火系统的配水管道管径应经过水力计算确定，但配水支管以及短立管、末端试水装置的连接管的管径一般不应小于 25mm。一般情况下，不同管径的配水管道在不同条件下可以安装的喷头数量见表 2-27。设计时不应大于表中的规定值。

表 2-27 配水支管、配水管控制的标准喷头数

公称直径/mm	控制的标准喷头数/只	
	轻危险级	中危险级
25	1	1
32	3	3
40	5	4
50	10	8
65	18	12
80	48	32
100	—	64

自动喷水灭火系统的管道一般采用镀锌管或无缝钢管，水平管道应设有坡度，坡向配水立管，以便泄空。充水管道的坡度不宜小于 2‰，准工作状态不充水的管道不宜小于 4‰，管道的坡度应坡向泄水阀。

9. 其他配件

其他配件包括快开装置（快速排气装置）、电动自动快速排气阀、火警紧急手动按钮等。

快开装置（快速排气装置）：用于容积比较大的干式系统，主要是加速器和排气机两种，排气机是直接将空气从排气机口排除，比从喷头排气快，相当于同时开 15 个喷头排气，加快了开式系统的启动速度。美国的规范规定，干式系统喷头数超过 400 个的喷水灭火系统，必须采用快开装置。

电动自动快速排气阀主要应用于预作用报警系统，当预作用系统启动时，快速排气阀将管网中所充气体尽快排出，直至水到达排气阀位置时自动关闭。

三、自动喷水灭火系统水力计算

（一）闭式自动喷水灭火系统设计基本参数及水力计算

1. 基本设计参数

闭式自动喷水灭火系统设计应保证建筑物的最不利点喷头有足够的喷水强度，各危险等级的设计喷水强度、作用面积、喷头设计压力不应低于规范的规定。

（1）民用建筑和工业厂房自动喷水灭火系统设计基本数据见表 2－28。

表 2－28 民用建筑和工业厂房自动喷水灭火系统设计基本数据

火灾危险等级		净空高度/m	喷水强度/[L/(min·m²)]	作用面积/m²	喷头工作压力/MPa
严重危险级	Ⅰ级	≤8	12	260	0.1
	Ⅱ级		16		
中危险级	Ⅰ级		6	160	
	Ⅱ级		8		
轻危险级			4		

注 1. 装设网格、栅板类通透性吊顶的场所，系统的喷水强度按表中值的 1.3 倍取值；
2. 干式系统的作用面积按表中值的 1.3 倍取值；
3. 雨淋系统中每个雨淋阀控制的喷水面积不宜大于表中的数值；
4. 系统最不利点处喷头最低工作压力不应小于 0.05MPa；
5. 仅在走道设置单排喷头闭式系统，其作用面积按最大疏散距离所对应的走道面积确定。

（2）仓库的系统设计基本参数见表 2－29 的规定。

表 2－29 仓库的系统设计基本参数

仓库危险等级	货物最大堆积高度/m	最大净空高度/m	喷水强度/[L/(min·m²)]	作用面积/m²	喷头工作压力/MPa
Ⅰ级	4.5	9	12	200	0.1
Ⅱ级			16	300	
Ⅲ级	3.5	6.5	20	260	

注 系统最不利点处喷头最低工作压力不应小于 0.05MPa。

（3）仓库采用快速响应早期抑制喷头的系统设计基本参数见表 2－30。

表 2－30 仓库采用快速响应早期抑制喷头的系统设计基本参数

火灾危险等级	最大净空高度/m	货物最大堆高/m	配水支管或支管上喷头的间距/m	系统作用面积内开放的喷头数/只	喷头最低工作压力/MPa
仓库危险级Ⅰ、Ⅱ级	9.0	7.5	3.7	12	0.34
仓库危险级Ⅲ级（非发泡类）	9.0	7.5	3.3	12	0.34

续表

火灾危险等级	最大净空高度/m	货物最大堆高/m	配水支管或支管上喷头的间距/m	系统作用面积内开放的喷头数/只	喷头最低工作压力/MPa
仓库危险级Ⅰ、Ⅱ、Ⅲ级（非发泡类）	12.0	10.5	3.0	12	0.50
仓库危险级Ⅲ级（发泡类）	9.0	7.5	3.0	12	0.68

注　本表中的数值仅适用于$K=200$的快速早期抑制喷头。

当货架储物仓库的最大净空高度或货物最大堆积高度超过表2-30、表2-31的规定时，仅在顶板设置喷头，将不能满足有效灭控火的需要。在这种情况下，应在距地面4m处设货架喷头，货架喷头的喷水强度应满足表2-31的要求，并按开放4只喷头确定水量。

2. 喷头的布置要求

(1) 喷头的位置和间距。

喷头应布置在顶板或吊顶下易于接触到火灾热气流并有利于均匀布水的位置。其布置间距要求在保护的区域内任何部位发生火灾时都能得到一定强度的水量。

喷头的布置根据天花板、吊顶的装修要求一般可布置成正方形、长方形、菱形三种形式。

正方形布置时见图2-27 (a)，喷头间距为

$$A = 2R\cos45^\circ \tag{2-32}$$

长方形布置时见图2-27 (b)，喷头间距应为

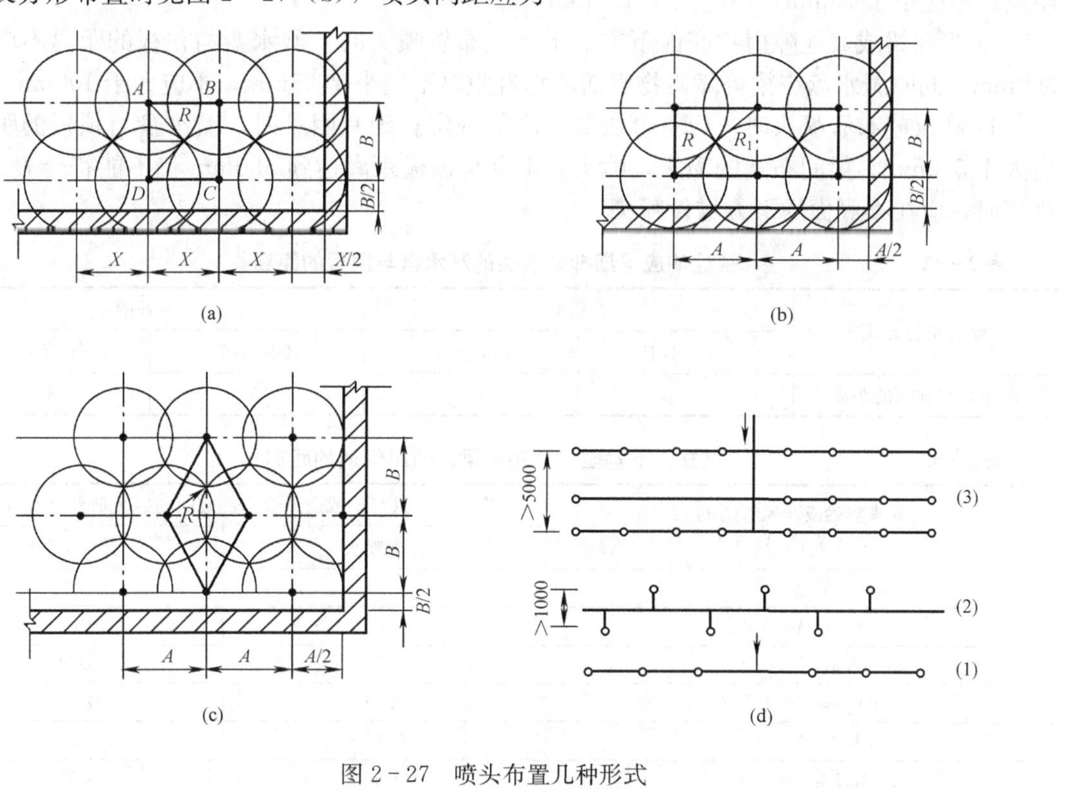

图2-27　喷头布置几种形式

(a) 喷头正方形布置；(b) 喷头长方形布置；(c) 喷头菱形布置；(d) 双排及水幕防水带布置

$$\sqrt{A^2+B^2} \leqslant 2R \tag{2-33}$$

菱形布置时见图 2－27（c），喷头间距为

$$A = 4R\cos 30^\circ \times \sin 30^\circ$$
$$B = 2R\cos 30^\circ \times \cos 30^\circ \tag{2-34}$$

喷头布置应符合下列要求。

1）直立型、下垂型喷头的布置，包括同一根配水支管上喷头的间距及相邻配水支管的间距，应根据系统的喷水强度、喷头的流量系数和工作压力确定，并不应大于表 2－31 的规定，且不宜小于 2.4m。

表 2－31　同一根配水支管上喷头的间距及相邻配水支管的间距

喷水强度/[L/(min·m²)]	正方形布置的边长/m	矩形或平行四边形布置的长边边长/m	一只喷头的最大保护面积/m²	喷头与端墙的最大距离/m
4	4.4	4.5	20.0	2.2
6	3.6	4.0	12.5	1.8
8	3.4	3.6	11.5	1.7
12～20	3.0	3.6	9.0	1.5

注　1. 仅在走道设置单排喷头的闭式系统，其喷头间距应按走道地面不留漏喷空白点确定；
2. 货架内喷头的间距不应小于 2m，并不应大于 3m。

2）除吊顶型喷头及吊顶下安装的喷头外，直立型、下垂型标准喷头的溅水盘与顶板的距离，不应小于 75mm，不应大于 150mm。

3）当在梁或其他障碍物底面下方的平面上布置喷头时，溅水盘与顶板的距离不应大于 300mm，同时溅水盘与梁等障碍物底面的垂直距离不应小于 25mm，不应大于 100mm。

4）在梁间布置喷头时，应符合表 2－32 的规定。确有困难时，溅水盘与顶板的距离不应大于 550mm。梁间布置的喷头，喷头溅水盘与顶板距离达到 550mm 仍不能符合表 2－33 规定时，应在梁底面的下方增设喷头。

表 2－32　快速响应早期抑制喷头的溅水盘与顶板的距离　mm

喷头安装方式	直立型		下垂型	
	不应小于	不应大于	不应小于	不应大于
溅水盘与顶板的距离	100	150	150	360

表 2－33　直立、下垂型　喷头与梁、通风管道的距离

喷头与梁或通风管道的水平距离 A/m	喷头溅水盘与梁或通风管道的底面的最大垂直距离 B/m	
	标准喷头	其他喷头
$A<0.3$	0	0
$0.3\leqslant A<0.6$	0.06	0.04
$0.3\leqslant A<0.9$	0.14	0.14
$0.9\leqslant A<1.2$	0.24	0.25
$1.2\leqslant A<1.5$	0.35	0.38
$1.5\leqslant A<1.8$	0.45	0.55
$A=1.8$	>0.45	>0.55

5）密肋梁板下方的喷头，溅水盘与密肋梁板底面的垂直距离不应小于 25mm，不应大于 100mm。

6）净空高度不超过 8m 的场所中，间距不超过 4m×4m 布置的十字梁，可在梁间布置 1 只喷头，但喷水强度仍应符合表 2－28 的规定。

7）早期抑制快速响应喷头的溅水盘与顶板的距离，应符合表 2－32 的规定。

8）图书馆、档案馆、商场、仓库中的通道上方宜设有喷头。喷头与被保护对象的水平距离，不应小于 0.3m，喷头溅水盘与保护对象的最小垂直距离不应小于表 2－34 的规定。

表 2－34　喷头溅水盘与保护对象的最小垂直距离

喷头类型	最小垂直距离/m	喷头类型	最小垂直距离/m
标准喷头	0.45	其他喷头	0.90

9）货架内置喷头宜与顶板下喷头交错布置，其溅水盘与上方层板的距离应符合 3）的规定，与其下方货品顶面的垂直距离不应小于 150mm。

10）货架内喷头上方的货架层板，应为封闭层板。货架内喷头上方如有孔洞、缝隙，应在喷头的上方设置集热挡水板。集热挡水板应为正方形或圆形金属板，其平面面积不宜小于 $0.12m^2$，周围弯边的下沿，宜与喷头的溅水盘平齐。

11）净空高度大于 800mm 的闷顶和技术夹层内有可燃物时，应设置喷头。

12）当局部场所设置自动喷水灭火系统时，与相邻不设自动喷水灭火系统场所连通的走道或连通门窗的外侧，应设喷头。

13）装设通透性吊顶的场所，喷头应布置在顶板下。

14）顶板或吊顶为斜面时，喷头应垂直于斜面，并应按斜面距离确定喷头间距。尖屋顶的屋脊处应设一排喷头。喷头溅水盘至屋脊的垂直距离，屋顶坡度大于 1/3 时，不应大于 0.8m；屋顶坡度小于 1/3 时，不应大于 0.6m。

15）边墙型标准喷头的最大保护跨度与间距，应符合表 2－35 的规定。

表 2－35　边墙型标准喷头的最大保护跨度与间距　m

设置场所火灾危险等级	轻危险级	中危险级Ⅰ级
配水支管上喷头的最大间距	3.6	3.0
单排喷头的最大保护跨度	3.6	3.0
两排相对喷头的最大保护跨度	7.2	6.0

注　1. 两排相对喷头应交错布置；
2. 室内跨度大于两排相对喷头的最大保护跨度时，应在两排相对喷头中间增设一排喷头。

16）边墙型扩展覆盖喷头的最大保护跨度、配水支管上的喷头间距、喷头与两侧端墙的距离，应按喷头工作压力下能够喷湿对面墙和邻近端墙距溅水盘 1.2m 高度以下的墙面确定，且保护面积内的喷水强度应符合本规范表 2－28 的规定。

直立式边墙型喷头，其溅水盘与顶板的距离不应小于 100mm，且不宜大于 150mm，与背墙的距离不应小于 50mm，并不应大于 100mm。

水平式边墙型喷头溅水盘与顶板的距离不应小于 150mm，且不应大于 300mm。

17）防火分隔水幕的喷头布置，应保证水幕的宽度不小于 6m。采用水幕喷头时，喷头不应少于3排；采用开式洒水喷头时，喷头不应少于2排。防护冷却水幕的喷头宜布置成单排。

(2) 喷头与障碍物的距离。

1) 直立型、下垂型喷头与梁、通风管道的距离宜符合表2-33的规定。

2) 直立型、下垂型标准喷头的溅水盘以下0.45m，其他直立型、下垂型喷头的溅水盘以下0.9m范围内，如有屋架等间断障碍物或管道时，喷头与邻近障碍物的最小水平距离宜符合表2-36的规定（见图2-28）。

表2-36　喷头与邻近障碍物的最小水平距离　m

c、e或$d \leqslant 0.2$	c、e或$d > 0.2$
$3c$、$3e$（c与e取大值）或$3d$	0.6

3) 当梁、通风管道、排管、桥架等障碍物的宽度大于1.2m时，其下方应增设喷头（见图2-29）。

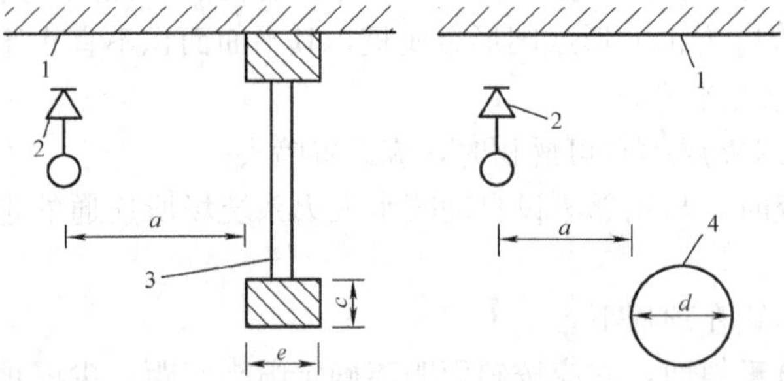

图2-28　喷头与邻近障碍物的最小水平距离

1—顶板；2—直立喷头；3—屋架等间断障碍物；4—管道

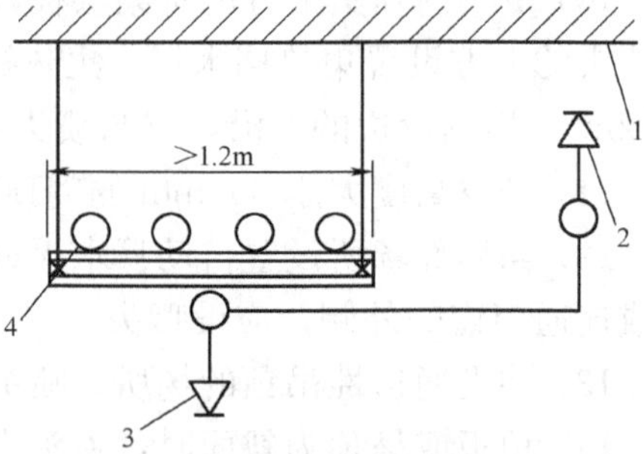

图2-29　障碍物下方增设喷头

1—顶板；2—直立喷头；3—下垂型喷头；4—排管（或梁、通风管道、桥架等）

4) 直立型、下垂型喷头与不到顶隔墙的水平距离，不得大于喷头溅水盘与不到顶隔墙顶面垂直距离的2倍（见图2-30）。

5) 直立型、下垂型喷头与靠墙障碍物的距离，应符合下列规定（见图2-31）。

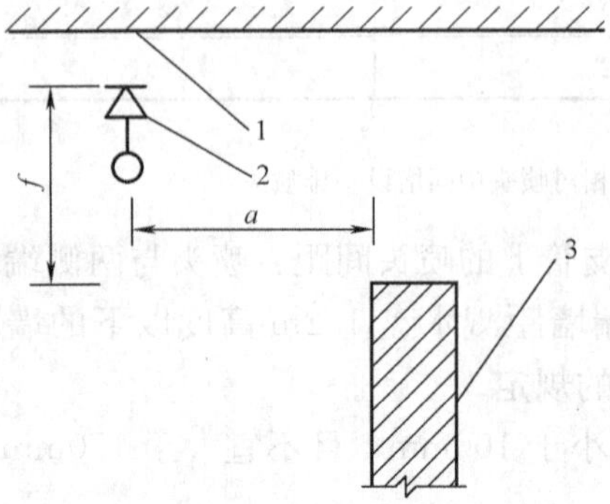

图2-30　喷头与不到顶隔墙的水平距离

1—顶板；2—直立喷头；3—不到顶隔墙

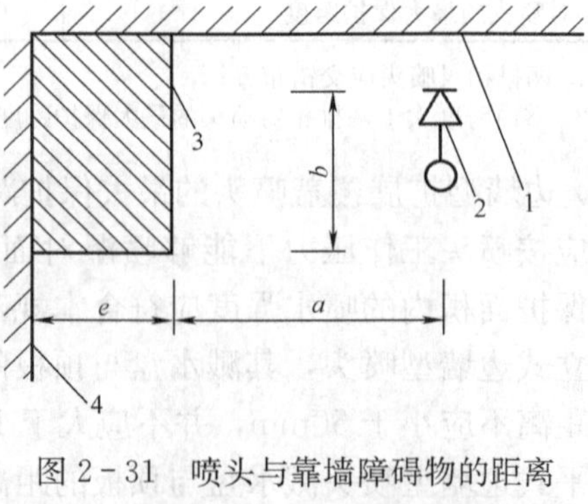

图2-31　喷头与靠墙障碍物的距离

1—顶板；2—直立型喷头；3—靠墙障碍物；4—墙面

当障碍物横截面边长小于 750mm 时，喷头与靠墙障碍物的距离，应按公式 2 - 35 确定：

$$a \geqslant (e - 200) + b \tag{2-35}$$

式中　a——喷头与障碍物的水平距离，mm；

b——喷头溅水盘与障碍物底面的垂直距离，mm；

e——障碍物横截面的边长，mm，$e<750$。

当障碍物横截面边长不小于 750mm 或 a 的计算值大于表 2 - 35 中喷头与端墙距离的规定时，应在靠墙障碍物下增设喷头。

6）边墙型喷头的两侧 1m 及正前方 2m 范围内，顶板或吊顶下不应有阻挡喷水的障碍物。

3．水力计算

（1）作用面积法。

1）根据被保护对象的性质来确定危险等级，并选择系统类型，布置管网，喷头选型。

2）初选管径及安装尺寸，并确定系统最不利点和最不利作用面积的部位。

火灾发生时闭式自动喷水灭火系统在失火区上方的喷头开始喷水，因此可以采用作用面积法来进行消防给水系统的水力计算。

作用面一般为正方形或矩形，仅在此面积内的喷头才计算喷水量，各喷头的喷水量均按最不利点喷头的工作压力和流量来考虑。当采用矩形布置时，其长边应平行于配水支管，边长为作用面积平方根的 1.2 倍（假设最不利作用面积为 S，则长边边长 $B=1.2\sqrt{S}$，短边边长 $A=S/B$）。在走道等场所只布置一排喷头时，计算喷头数不宜超过 5 个；开式系统则按每个设计喷水区域内的全部喷头同时动作计算。

轻、中危险级系统水力计算应保证作用面积内平均喷水强度分别不小于 3.0、6.0L/(min・m²) 的规定，且其中任意 4 个喷头形成的保护面积内平均喷水强度与该值的偏差不超过 20%；严重危险级系统作用面积内平均喷水强度不小于 10.0（生产性建筑）、15.0L/(min・m²)（储存性建筑）的规定。

3）喷头的出流量。

① 根据保护面积和喷水强度求出流量公式为

$$Q = qS \tag{2-36}$$

式中　Q——喷头出流量，L/min；

q——由危险等级而定的设计喷水强度，L/(min・m²)；

S——喷头的保护面积，m²。

② 根据喷头处压力求出流量公式为

$$Q = k\sqrt{10p} \tag{2-37}$$

式中　k——喷头的流量系数；

p——喷头处压力，MPa。

4）系统设计流量。

① 轻、中危险级假定作用面积内各喷头的喷水量都与最不利点喷头的喷水量相同，则系统设计流量为最不利点喷头流量与作用面积内喷头数量的乘积（由于作用面积内的喷头数量是按要求的喷水强度和保护面积而定的，因此也等于喷水强度与作用面积

的乘积)。

为确保安全，严重危险级作用面积内每个喷头出流量应按该喷头处的水压计算确定，保证作用面积内任意4个喷头保护范围内的平均喷水强度不低于表2-28、表2-29的规定值。系统设计流量为作用面积内各喷头出水流量之和。

② 由于系统水力计算是以最不利点作用面积为依据的，而火灾发生在最有利点时，喷头的出流量比计算值大，并且采用作用面积法计算时，忽略了管道阻力损失对喷头工作压力的影响，这些因素都使系统的计算设计流量比实际流量低，因此在计算设计秒流量时要乘以1.15～1.30的安全系数，则系统设计秒流量为

$$Q_s = (1.15 \sim 1.30)Q_j \tag{2-38}$$

$$Q_j = nQ_g/60 \tag{2-39}$$

式中 Q_s——系统设计秒流量，L/s；

Q_j——计算流量，L/s；

n——最不利作用面积内单个喷头数，个；

Q_g——最不利作用面积内单个喷头出流量，L/min。

③ 设置货架内喷头的仓库，顶板下喷头与货贺内喷头分别计算流量，以二者之和作为系统的设计流量。

④ 建筑物内有两种或两种以上类型的系统或有不同危险等级的场所时，系统的设计流量应取计算最大值。

⑤ 设置自动喷水灭火系统的建筑物同时必须设置消火栓灭火系统，则消防系统的总流量应按同时使用计算。如果建筑物内还同时设有水幕等消防系统时，应根据这些系统是否同时使用来确定消防用水总量。

5）系统水头损失。沿程水头损失、局部水头损失的计算与消火栓给水系统相同，根据计算值确定系统供水压力。

6）减压设施的计算。减压孔板、减压阀的水头损失计算同消火栓消防给水系统。

节流管的直径宜取上游管段直径的1/2，节流管长度不宜小于1m，管内平均流速不应大于20m/s，其水头损失按下式计算

$$\Delta p_j = 0.01\zeta\frac{v_j^2}{2g} + 0.000\,010\,7\frac{L}{d_j^{1.3}} \tag{2-40}$$

式中 Δp_j——节流管的水头损失，MPa；

ζ——节流管渐缩管与渐扩管的局部阻力系数之和，取0.7；

v_j——节流管内平均流速，m/s；

d_j——节流管计算内径，取节流管内径减0.001m，m；

L——节流管的长度，m。

7）校核各管段的流速，超过规定时应放大管径。调整后重新计算系统的设计流量及水头损失，直至符合要求。

8）消防给水管或消防水泵的工作压力按下式计算

$$H = h_0 + h_1 + h_2 + h_b + z \tag{2-41}$$

式中 H——消防给水管或消防水泵的工作压力，mH_2O；

h_0——最不利点喷头的工作压力，mH_2O；

h_1——沿程水头损失，mH_2O；

h_2——局部水头损失，mH_2O；

h_b——报管阀水头损失，mH_2O；

z——最不利点喷头与消防给水管或消防水泵的垂直高差，m。

（2）特性系数法（沿途计算法，以图 2-32 为例）。

从系统设计最不利点喷头开始计算沿程各喷头的压力、流量、管段累计流量、水头损失。当累计流量达到设计流量后管段流量不再增加，仅计算管道的水头损失。

1）根据被保护对象的性质确定危险等级，选择系统类型、布置管网、喷头选型。

2）初选管径及安装尺寸，确定系统最不利点喷头的位置（图 2-32 中所示为 $abcdef$ 内的区域）。

3）根据喷头特性系数和喷头处管网水压值求各喷头的出流量，确定系统设计秒流量。

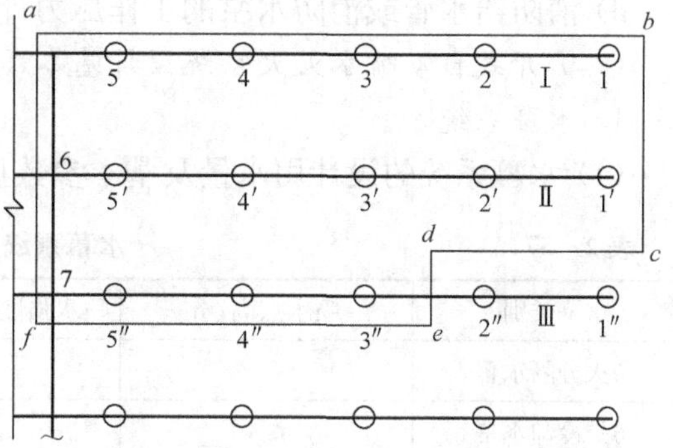

图 2-32 特性系数法系统水力计算

① 设支管Ⅰ末端的喷头 1 为系统最不利点，则其在工作压力 H_1 时出流量为 $q_1=\sqrt{BH_1}$，管段 1—2 间的水头损失为 h_{1-2}，则喷头 2 的出流量为 $q_2=\sqrt{B(H_1+h_{1-2})}$。同理，喷头 3、喷头 4 的出流量分别为 $q_3=\sqrt{B(H_1+h_{1-2}+h_{2-3})}$，$q_4=\sqrt{B(H_1+h_{1-2}+h_{2-3}+h_{3-4})}$，支管Ⅰ起端节点 5 处的水压 $H_5=H_4+h_{4-5}$，其中 h_{1-2}、h_{2-3}、h_{3-4}、h_{4-5}、h_{5-6} 分别为流量 $Q_{1-2}(q_1)$、$Q_{2-3}(q_1+q_2)$、$Q_{3-4}(q_1+q_2+q_3)$、$Q_{4-5}(q_1+q_2+q_3+q_4)$、$Q_{5-6}(q_1+q_2+q_3+q_4+q_5)$ 通过管段 1—2、2—3、3—4、4—5、5—6 时的水头损失。

② 用管系特性系数法求各支管的流量，管系特性系数（B_g）可根据总输出的节点流量和该节点的压力可按下式计算：

$$B_g=Q^2_{(n-1)\sim n}/H_n \tag{2-42}$$

式中 B_g——管系流量系数，反应管系的输水性能；

$Q_{(n-1)\sim n}$——管系总输出节点处的流量；

H_n——管系总输出节点处的压力，MPa。

则支管Ⅰ的管系特性系数为 $B_{g1}=Q^2_{5-6}/H_5$。

③ 以同样的方法，由支管Ⅱ最末端喷头开始，按其在工作压力时出流量依次计算支管Ⅱ各喷头的流量和各管段的水头损失，并求出支管Ⅱ的管系特性系数 $B_{g2}=Q^2_{5'-6}/H_6$。节点 6 的水压 $H_6=H_5+h_{5-6}$，由于支管Ⅰ与支管Ⅱ水力情况相同，则节点 6 的流量公式 $Q_6=Q_{5-6}\ (1+\sqrt{H_6/H_5})$。

④ 节点 6 的总输出量为 $Q_6=Q_{6-5}+Q_{6-5'}$。它在管段 6—7 内产生的水头损失为 h_{6-7}。节点 7 的水压 $H_7=H_6+h_{6-7}$；$Q_7=Q_{6-7}+Q_{7-5''}$。

⑤ 按支管Ⅰ上节点 3 的计算工作压力计算支管Ⅲ上节点 3″的出流量，并依次计算出支管Ⅲ上节点 4″、5″的工作压力和出流量，最终推导出支管Ⅲ的出流量 $Q_{7-5''}$ 和节点 7 工作压

力 $H_{7''}$，$H_{7''}$小于 H_7，则支管Ⅲ的实际出流量为 $Q_{7-5''}=Q_{7-5''}\sqrt{H_7/H_{7''}}$。

⑥ 节点 7 以后的喷头不在作用面积之内，故节点 7 之后的管段流量不再增加。系统设计秒流量 $Q_s=Q_6+Q_{7-5'}$。

4）节点 7 以后的管段按系统设计秒流量计算系统的沿程和局部水头损失。

5）系统水头损失。沿程水头损失、局部水头损失的计算与消火栓给水系统相同，应根据计算值确定系统供水压力。

6）消防给水管或消防水泵的工作压力计算同作用面积法。

（二）开式自动喷水灭火系统设计基本参数及水力计算

1. 水幕系统

（1）水幕系统的设计用水量及基本参数见表 2－37。

表 2－37 水幕系统基本设计数据

水幕类别	喷水点高/m	喷水强度/[L/(s・m)]	工作压力/MPa	持续喷水时间/h
防火分隔水幕	≤12	2	0.1	3
防护冷却水幕	≤4	0.5	0.1	3

（2）管网及管道的设计。

冷却型和防火型水幕的管网布置必须保证最有利点喷头与最不利点喷头流量差不超过 20％～25％；当喷水高度不大于 4m 时，喷水强度不应小于 0.5L/(s・m)；喷水高度每增加 1m，喷水强度增加 0.1L/(s・m)，且总喷水强度不大于 1L/(s・m)；每组水幕系统喷头数不超过 72 个。

防火型水幕系统当水幕作为保护作用或配合防火幕和防火卷帘进行防火隔断时，喷水强度应不小于 0.5L/(s・m)；舞台口和孔洞面积超过 $3m^2$ 的开口部位及防火水幕带的水幕喷水强度应不小于 2.0L/(s・m)；每组水幕系统安装喷头数不宜超过 72 个。

雨淋系统管网布置应采用中部进水，每根配水支管上装设的喷头数不宜超过 6 个，配水干管一侧所接出的配水支管数不超过 6 根；雨淋阀处的水压不能满足管网水平管高度 4 倍的要求时，可用压缩空气代替水充入管网，充气压力与供水压力的关系见表 2－38。

表 2－38 充气压力与供水压力的关系

雨淋阀处水压/MPa	0.35	0.53	0.70	0.88	1.05
传动管充气压/MPa	0.11～0.18	0.14～0.21	0.18～0.25	0.21～0.32	0.25～0.35

（3）水力计算。

可采用特性系数法进行水力计算，计算过程与闭式自动喷水灭火系统特性系数法相同。消防用水量按同时开放的水幕喷头或同时喷水的雨淋系统喷头实际出水量计算。

2. 水喷雾灭火系统

（1）水喷雾系统水喷雾灭火系统设计基本参数。

喷雾强度及持续时间由被保护对象的性质及防护目的确定，一般不小于表 2－39 所示。

表 2-39 设计喷雾强度与持续喷雾时间

防护目的	被保护对象的性质		喷雾强度/[L/(min·m²)]	持续时间/h
灭火	固体火灾		15	1
	液体火灾	闪点 60～120℃的液体	20	0.5
		闪点高于 120℃的液体	13	0.5
	电气火灾	油浸式电力变压器、油开关	20	0.4
		油浸式电力变压器的集油坑	6	0.4
		电缆	13	0.4
防护冷却	甲、乙、丙类液体生产、储存、装卸设施		6	4
	直径 20m 以下		6	4
	直径 20m 及以上		6	6
	可燃气体生产、输送、装卸、储存设施和灌瓶间、瓶库		9	6

(2) 管网及管道的设计。

宜采用中央中心分配式枝状管网或环状管网，移动式水喷雾灭火系统要求每个喷头的出水量不小于 350L/min，喷头数不少于 2 个，用于扑灭非水溶性高闪点油类要求的水雾供给强度为 9.6～72L/(min·m²)，水滴直径为 0.4～0.8m；扑灭非水溶性低闪点液体的火灾时要求喷雾水滴不应大于 0.3mm，用于扑灭水溶性液体的火灾时要求水滴直径不应大于 0.4mm；用来防护邻近火灾热辐射点燃的火灾危险时，要求对被保护的暴露油冷却设备和贮槽、石油或液化石油气贮存库、原油、精制酒精等的大型贮槽的暴露表面的水雾供给强度应采用 9.6L/(min·m²)。

3. 水力计算

(1) 按被保护对象类型来计算被保护面积，并确定喷雾强度及持续喷雾时间，然后选用喷头。

(2) 水雾锥底圆半径。

水雾锥底圆半径按下式计算

$$R = B \cdot \tan\frac{\theta}{2} \tag{2-43}$$

式中 R——水雾锥底圆半径，m；

B——水雾喷头的喷口与保护对象之间的距离，m；

θ——水雾喷头的雾化角（°），取 30°、45°、60°、90°、120°。

(3) 水雾喷头的流量。

$$q = K\sqrt{10P} \tag{2-44}$$

式中 q——水雾喷头的流量，L/min；

P——水雾喷头的工作压力，MPa；

K——水雾喷头的流量系数，取值由厂家提供。

(4) 初步计算水雾喷头的数量。

$$N = \frac{SW}{q} \tag{2-45}$$

式中 N——被保护对象的水雾喷头的计算数量，个；

S——被保护对象的保护面积，m^2；

W——被保护对象的设计喷雾强度，$L/(min \cdot m^2)$。

（5）根据水雾锥底圆半径、喷头工作压力、保护面积等参数布置喷头及管网。

（6）从最不利点喷头开始，计算各管段的水头损失，求得各喷头在系统动作时的实际压力和流 q_i。

（7）系统计算流量。

$$Q_j = \frac{1}{60}\sum_{i=1}^{n} q_i \tag{2-46}$$

式中 Q_j——系统的计算流量，L/S；

n——火灾时计算分区同时动作的水雾喷头数量，个；

q_i——水雾喷头在实际工作压力下的流量，L/min。

（8）系统设计流量。

$$Q_s = kQ_j \tag{2-47}$$

式中 Q_s——系统的设计流量，L/s；

k——安全系数，取 1.05～1.10。

（9）雨淋阀的水头损失。

$$h_r = 100B_R Q^2 \tag{2-48}$$

式中 h_r——雨淋阀的局部水头损失，mH_2O；

B_R——雨淋阀的比阻值，由厂家提供；

Q——雨淋阀的流量，L/s。

（三）自动喷水—泡沫联用系统的设计基本参数及水力计算

1. 设计参数的确定

自动喷水—泡沫联用系统设计参数的选用应满足 GB 50084—2001《自动喷水灭火系统设计规范》(2005 年版）规定和 GB 50151—1992《低倍数泡沫灭火系统设计规范》(2000 年版）的规定。

（1）闭式自动喷水—泡沫联用系统应符合下列规定：喷水强度、作用面积、喷头压力应满足表 2-28 的要求。

（2）湿式系统自喷水至泡沫的转换时间，按 4L/s 流量计算，不应大于 3min。

（3）泡沫比例混合器应在流量不小于 4L/s 时符合水与泡沫灭火剂的混合比规定。

（4）系统喷泡沫的持续时间不应小于 10min。

喷水系统为雨淋系统时还应满足：

（1）前期喷水后期喷泡沫时，喷水强度不应低于相应的喷水系统的喷水强度要求，喷泡沫强度不应小于 $6.5L/(min \cdot m^2)$。

（2）前期喷泡沫后期喷水的系统，喷泡沫的强度按 GB 50151—1992《低倍数泡沫灭火系统设计规范》(2000 年版）或试验确定，喷水强度不应低于相应的喷水系统的喷水强度要求。

（3）持续喷泡沫的时间不小于 10min。

2. 水力计算

水力计算参见相应的自动喷水灭火系统部分，泡沫用量按下式计算

$$Q_p = 1.15Qat \quad (2-49)$$

式中 Q_p——泡沫液用量，L/min；

Q——按相应自动喷水灭火系统有关规定计算的设计水量，L/min；

a——泡沫液的比例，取 3%或 6%；

t——泡沫混合液喷射时间，不少于 10min。

第四节　气体灭火系统

一、卤代烷灭火系统

1. 命名

烷烃类化合物分子中的部分或全部氢原子被卤素原子取代后生成的物质为卤代烷，其中甲烷和乙烷形成的卤代烷灭火效果显著，被用作消防灭火剂。通常使用较多的卤代烷灭火剂为 1301、1211 等，四位数中的第一位表示卤代烷中碳原子的个数，第二位表示氟原子个数，第三位表示氯原子个数，第四位表示溴原子个数，以上两种灭火剂分别为三氟一溴甲烷、二氟一氯一溴甲烷。

2. 灭火机理

目前对卤代烷的灭火机理的解释还不确定，但与其他灭火剂依靠冷却、稀释、隔绝空气窒息灭火的原理完全不同。一种解释认为卤代烷灭火剂受热分解参与燃烧反应，使燃烧的连锁反应中断。另一种解释认为灭火剂受热产生溴，它比氧原子具有更大的俘获减速电子的横截面，因而会通过除去氧活化所需的电子而抑制燃烧反应。

3. 系统分类

卤代烷灭火系统按防护范围分全淹没和局部应用两类系统；按启动方式分全自动、半自动和手动灭火系统；按系统组成特点分有管网系统（又分组合分配系统、单元独立系统）和无管网系统；按系统结构特点分有固定式系统和半固定式系统；按灭火剂的增压方式分有灭火剂与增压气体在同一钢瓶内的储压式灭火系统、灭火剂与增压气体在不同钢瓶内的储气瓶式灭火系统。

4. 系统主要设备

（1）储存容器。

储存灭火剂，并为其喷射提供动力。

（2）容器阀及瓶头阀。

容器阀是指灭火剂贮存容器上的阀门，用来密封、释放容器内的灭火剂。瓶头阀为专用启动小钢瓶上的阀门，用来密封、释放容器内的启动用气。

（3）选择阀。

组合分配系统卤代烷供应源向两个以上保护区域供应灭火剂，在每个保护区域对应的集流管的排出支管上都要设置选择阀，其作用是发生火灾时使灭火剂有选择性地进入发生火灾的防护区，平时关闭，火灾时它比容器阀先开启。

（4）喷嘴及喷枪。

喷嘴及喷枪的作用是使灭火剂雾化后喷射到指定的保护区域内，分全淹没式和保护式两类。

（5）管道及附件。

管道及附件都应该能承受50℃时最大充装密度条件下的贮存压力，其管材可用普通钢管（必须进行内外镀锌处理）、铜管、不锈钢等。

5. 设计要求

（1）卤代烷灭火剂的特点。

卤代烷灭火剂具有不导电、耐储存、灭火不留痕迹等优点，但它有毒性、腐蚀性、静电效应、产生噪声，还会向大气中排放氟氯物质，对地球大气臭氧层造成破坏，危害人类生存环境。因此，世界各国正在采取措施，限制其使用，并研制替代产品。我国政府先后已经制定了一些法规和措施，对卤代烷灭火剂的使用加以限制。划定了必要场所和非必要场所，规定在必要场所既可以使用卤代烷固定灭火系统，也可以采用卤代烷替代技术。在非必要场所禁止再安装使用卤代烷固定灭火系统。因此应严格控制卤代烷灭火系统的使用场所，有条件时采用二氧化碳或卤代烷替代物来代替卤代烷灭火剂，设计卤代烷灭火系统时应考虑设备和系统的替代问题。

（2）卤代烷灭火剂的应用场所。

我国《高层民用建筑设计防火规范》、《建筑设计防火规范》、《人民防空工程设计规范》《建筑灭火器配置设计规范》等4项国家规范在保护大气臭氧层和人类生态环境专题上同步局部修订条文，逐步替代与淘汰卤代烷。修订后的规范把过去可以使用卤代烷灭火系统的场所一分为三，其中规定仅在下列场所尚允许设计、安装卤代烷灭火系统。

1）人民防空工程和其他重要的地下工程的重要通信机房和电子计算机房；

2）高层、多层、单层工业建筑与民用建筑的下述六种场所：

① 省级或超过100万人口城市广播电视发射塔楼内的微波机房、分米波机房、米波机房、变配电室和不间断电源（UPS）室；

② 国际电信局、大区中心、省中心和1万路以上的地区中心的长途程控交换机房、控制室和信令转换点室。

③ 2万线以上的市话汇接局和6万门以上的市话端局程控交换机房、控制室和信令转换点室。

④ 中央及省级治安、防灾和网局级及以上的电力等调度指挥中心的通信机房和控制室。

省级或藏书量超过100万册的图书馆，以及中央、省、市级的文物资料的珍藏室。

⑤ 主机房的建筑面积不小于140m^2 的电子计算机房中的主机房和基本工作间的已记录磁（纸）介质库。

⑥ 在重要部位和场所中，设有发生火灾后严重影响生产和生活的关键设备的其他特殊重要设备室。比如化工厂中的中央控制室和单台容量300MW机组及以上容量的发电厂的电子设备间、控制室、计算机房及继电器室等。

燃油锅炉房、油浸变压器等不得再行设计、安装卤代烷灭火系统，应设置水喷雾灭火系统。

下列部位应设置二氧化碳等气体灭火系统，但不得采用卤代烷1301灭火系统：

① 省级或藏书量超过 100 万册的图书馆的特藏库；

② 中央和省级档案馆中的珍藏库和非纸质档案库；

③ 大中型博物馆中的珍品库房；

④ 一级纸绢质文物的陈列室；

⑤ 中央和省级广播电视中心内，建筑面积不小于 $120m^2$ 的音像制品库房。

对于已经或将要配置的卤代烷设备、过期失效应报废的卤代烷设备中的卤代烷、卤代烷设备定期试压与检修时的卤代烷的回收，都应由国家中心储存或指定的机构回收、储存和统一处理。

(3) 适用与不适用的火灾类型。

卤代烷灭火系统可用于甲烷、乙烷、丙烷、煤气、天然气等气体火灾，煤油、汽油、柴油、醇、醛、酮、醚、酯、苯类等的液体火灾，纸张、木材、织物等固体初起火灾，塑料、橡胶等固体火灾，变配电设备、发电机、电动机、电缆等电气火灾；不能用于扑救硝酸纤维、火药等无空气时能迅速氧化的化学物质火灾，钾、钠、镁、钛、锆、铀、钚等活泼金属火灾，氰化钾、氰化钠等金属氰化物的火灾，某些过氧化物、联氨等能自行分解的化学物质火灾。

6. 防护区的设置要求

(1) 防护区应以固定的封闭空间划分。

(2) 当采用管网灭火系统时，一个防护区的面积不宜大于 $500m^2$，容积不小宜大于 $2000m^3$。

(3) 当采用预制灭火装置时，一个防护区的面积不宜大于 $100m^2$，容积不宜大于 $300m^3$。

(4) 防护区的隔墙和门的耐火极限均不应低于 0.50h；吊顶的耐火极限不应低于 0.25h。

(5) 防护区的围护构件的允许压强，均不宜低于 1.2kPa（防护区内外气体的压力差）。

(6) 防护区的围护构件上不宜设置敞开孔洞。当必须设置敞开孔洞时，应设置能手动和自动的关闭装置。

(7) 完全密闭的防护区应设泄压口。泄压口宜设在外墙上，其底部距室内地面高度不应小于室内净高的 2/3，对没有防爆泄压设施或门窗缝隙未设密封条的防护区，可不设泄压口。

(8) 泄压口的面积，可按式（2-50）计算

$$S=\frac{0.0262\mu_m \overline{Q_M}}{\sqrt{\mu_m P_B}} \tag{2-50}$$

$$\mu_m=\frac{0.83\mu_1}{0.0083\varphi+\mu_1(100-\varphi)} \tag{2-51}$$

式中 S——泄压口面积，m^2；

Q_M——一个防护区内全部喷嘴的平均设计流量之和，kg/s；

P_B——防护区的围护构件的允许压强，kPa，取其中的最小值；

μ_m——在 101.3kPa 和 20℃时，防护区内含有卤代烷 1301 的混合气体比容，m^3/kg，应按式（2-51）计算；

φ——卤代皖 1301 的设计灭火浓度或设计惰化浓度，%；

μ_1——卤代烷1301蒸气比容，取0.159 15m³/kg。

(9) 两个或两个以上邻近的防护区，宜采用组合分配系统。

二、二氧化碳灭火系统

1. 灭火机理

二氧化碳灭火系统主要依靠窒息作用灭火，其次是冷却作用。液态二氧化碳从高压储存系统中释放后其压力骤降，由液态转变成气态，同时温度亦降低到－56℃以下，一部分二氧化碳还会转化为干冰，产生冷却作用辅助灭火。但是，由于其蒸发潜热不大、喷放后变成固相的部分少等原因，灭火作用主要还是靠稀释防护区空气中的含氧量，使热产生率低于热散失率，燃烧停止，即起到窒息灭火作用。

2. 适用范围

二氧化碳灭火适用于灭火前可切断电源的气体火灾、液体或可熔化固体（如石蜡、沥青等）火灾、固体表面火灾及部分固体（如棉花、纸张）的深位火灾、电气火灾。

二氧化碳灭火系统在扑救生产作业场所火灾中有较大的优越性，其应用领域也扩大到计算机房、数据储存间、图书库房、银行金库等方面。但由于二氧化碳灭火系统对人有致命危害，一般很少在民用建筑中应用。不能用二氧化碳灭火系统扑救的火灾还有含氧化剂的化学品（硝化纤维、火药等）、活泼金属（如钾、钠、镁、钛、锆等）、金属氰化物（如氰化钾、氰化钠等）火灾。

3. 系统分类

(1) 按防护区的特征和灭火的方式不同，二氧化碳灭火系统可分为全淹没灭火系统和局部应用灭火系统。前者是在规定的时间内向防护区喷射一定浓度的灭火剂并使其均匀地充满整个防护区，以达到灭火浓度并保持一定时间。它适用于有永久性围护结构的封闭良好的空间，无人居住或发生火灾后人员可在30s内撤离的防护区，对事先不可预计火灾产生部位、范围的情况则更具优越性。应用的例子有厂房、计算机房、地下室、高架停车塔、封闭机械设备、管道、炉灶等。后者则是指防护区在灭火过程中不能封闭，或能封闭但不符合全淹没系统要求的表面火灾所采用的灭火系统。系统要求喷头将二氧化碳穿透火焰，直接、集中地喷射在燃烧物上，并达到一定的供给强度、延续一定的时间，因而灭火剂的喷放为液相喷放。应用的例子有轧机、淬火槽、喷漆棚、注油变压器、浸油变压器、浸油罐和蒸汽泄压口等。

(2) 按储存容器中的储存压力不同，二氧化碳灭火系统可分为高压系统和低压系统。高压系统储存压力为5.17MPa，高压储存容器中二氧化碳的温度与储存地点的环境温度有关，容器要能够承受在最高温度时产生的压力，在最高储存温度下的充填密度也要注意控制，充装密度过大，会在环境温度升高时，因液体膨胀造成保护膜片破裂而自动释放灭火剂。低压系统储存压力为2.07MPa，储存容器内二氧化碳灭火剂温度利用绝缘和制冷手段被控制在18℃。典型的低压存储系统装置是压力容器外包一个密封的金属壳，壳内有绝缘体，在储存容器一端安装一个标准的空冷制冷机装置，它的冷却蛇管装于存储容器内，该装置以电力操纵，用压力开关自动控制。

(3) 按管网布置形式不同，二氧化碳灭火系统可分为均衡系统管网和非均衡系统管网。均衡系统管网有利于灭火剂的均化，计算时管网灭火剂剩余量可不予考虑。均衡系统管网需要具备以下3个条件：①从储存容器到每个喷嘴的管道长度应大于最长管道长度的90%；

②从储存容器到每个喷嘴的管道等效长度应大于管道等效长度的 90%（注：管道等效长度=实管长+管件的当量长度）；③每个喷嘴的平均质量流量相等。不具备上述条件的管网系统为非均衡系统。

（4）按系统组成特点不同，二氧化碳灭火系统可分为有管网系统和无管网系统。

（5）按系统结构特点不同，二氧化碳灭火系统可分为固定式系统和半固定式系统。

4. 系统主要设备

二氧化碳灭火系统一般为有管网灭火系统，由储存灭火剂的储存容器和容器阀、应急操作机构、连接软管和止回阀、泄压装置、集流管、固定支架、选择阀、管道和管道附件、喷嘴、储存启动气源的小钢瓶和电磁瓶头阀、气源管路以及探测、报警、控制器等组成。

（1）储存容器。贮存容器分高压储存容器和低压储存容器两种。高压储存容器储存压力为 5.17MPa。为无缝钢质，耐压值为 22.05MPa。低压储存容器的贮存压力为 2.07MPa，储存环境温度为−20～−18℃。

（2）容器阀及启动装置。容器阀安装于储存容器的开口上，平时封闭钢瓶，火灾时释放容器瓶内的灭火剂灭火。

（3）选择阀。组合分配系统二氧化碳供应源向两个以上保护区域供应灭火剂，在每个保护区域对应的集流管的排出支管上都要设置选择阀，其作用是发生火灾时使灭火剂有选择性地进入发生火灾的防护区，平时关闭，火灾时它比容器阀先开启。

（4）压力开关。压力开关是由壳体、波纹管（或膜片）、微动开关、接头座、推杆等组成。其作用是将压力信号转换成电气信号，一般在选择阀前、后安装，以检测、传递其动作情况。

（5）安全阀（或泄压装置）。安全阀是安装在储存容器的容器阀、组合分配系统的集流管上。由于选择阀平时关闭，它与容器阀之间的管路形成了封闭空间，因而在集流管的末端设安全阀，当压力超过规定时开启泄压，以防止储存容器发生误喷。

（6）喷嘴。其作用是使灭火剂雾化后喷射到指定的保护区域内，分全淹没式和局部保护式两类。全淹没式喷嘴是将灭火剂均匀地喷射到整个防护区，局部式喷嘴则是将灭火剂以扇形或锥形喷射到特定的局部范围内。

（7）止回阀。二氧化碳灭火系统使用两种类型的止回阀——液流止回阀和气流止回阀。液流止回阀在每个贮存容器上都安装，并设在容器间和集流管之间的软管上，以防止灭火剂回流到空的储存容器或从已卸下的储存容器接口处泄漏，同时防止火灾时管路内的高压引起与其他防护区相连的储存容器发生误喷射。气流止回阀在组合分配系统中使用，它设在启动气体管路上，以控制启动储存容器的高压气流，使其能够打开指定的容器阀和选择阀。

（8）减压阀。减压阀用在高压气流启动装置中，其作用是将启动系统阀门用的高压气体（二氧化碳气体或氮气等）减到适当的压力后，用于气动选择阀、气启动器、手气启动器等装置。

（9）气体隔绝器。其安装在主动储存容器的容器阀压力出口上，以防止其他主动储存容器或另外一组储存容器启动时，因为排放软管上的止回阀密封不严，而使从动储存容器意外喷射。

（10）手动小球阀。它在组合分配系统中与开启选择阀气源的电磁阀并联设置，在电磁阀发生故障时人工接通手动小球阀，及时开启选择阀。

（11）紧急启动器。其由箱体、气源瓶、电按钮、开关、微动开关等组成，用于自动探测报警系统故障或其他紧急情况下人工启动灭火系统时用，兼有启动前报警的功能。

5. 防护区的设置要求

(1) 采用全淹没灭火系统的防护区的设置要求。

1) 全淹没防护区的面积一般不宜大于 $500m^2$，总容积不宜大于 $2000m^3$。

2) 防护区的围护结构及门窗的耐火极限不应低于 0.50h，吊顶的耐火极限不应低于 0.25h，围护结构及门窗的允许压强不宜小于 1.2kPa。

3) 对固体深位火灾，除泄压口以外的开口，在喷放二氧化碳前应自动关闭；对气体、液体、电气火灾和固体表面火灾，在喷放二氧化碳前不能自动关闭的开口，其面积不应大于防护区总内表面积的 3%，且开口不应设在底面。

4) 防护区用的通风机和通风管道中的防火阀，在喷放二氧化碳前应自动关闭。

(2) 采用局部应用灭火系统的防护区的设置要求。

1) 其防护区面积不宜大于 $25m^2$，最多不应超过 $50m^2$；具有主体火灾的防护区，其防护区不宜大于 $50m^3$，最多不应超过 $100m^3$。

2) 保护对象周围的空气流动速度不宜大于 3m/s。必要时，应采取挡风措施。

3) 在喷头与保护对象之间，喷头喷射角范围内不应有遮挡物。

4) 当保护对象为可燃液体时，液面至容器缘口的距离不得小于 150mm。

(3) 当防护区的环境温度在－20～100℃之间时，不必对二氧化碳的设计用量进行补偿，否则应予以增加。这是由于异常的环境温度会使二氧化碳升华或结成干冰，从而使喷射到防护区内的二氧化碳量达不到设计用量。

1) 当上限超过 100℃时，对其超过部分，每 5℃需增加 2%的二氧化碳设计用量。

2) 当下限低于－20℃时，每低 1℃，需增加 2%的二氧化碳设计用量。

(4) 防护区应设置泄压口，并宜设在外墙上，其高度应大于防护区净高的 2/3，但是当防护区设有防爆泄压孔时，可不单独设置泄压口。

泄压口的面积可按式 (2-52) 计算

$$A_X = 0.076\frac{Q_t}{\sqrt{P_t}} \tag{2-52}$$

式中 A_X——泄压口的面积，m^2；

Q_t——二氧化碳喷射率，kg/min；

P_t——围护结构的允许压强，Pa。

三、七氟丙烷灭火系统

1. 特点

由于卤代烷的禁止使用，而气体灭火系统又有广泛的需求，因此对卤代烷的替代物的研究正在不断深入。目前，国际标准化组织推荐的用于替代卤代烷的气体灭火剂有多种，其中七氟丙烷使用得比较多。

七氟丙烷是以化学灭火方式为主的气体灭火剂，其商标名称为 FM200，化学名称为 HFC-227ea，化学式为 CF_3CHFCF，分子量为 170。是一种无色无味，不导电的气体，其密度大约为空气的 6 倍，液态贮存，具有较低的毒性。作为洁净气体灭火剂，七氟丙烷具有以下优点。

(1) 具有 1301 灭火剂的众多优点，达到卤代烷替代物 8 项基本要求的若干项，可以说是所有被建议的替代品中最接近的。

(2) 七氟丙烷灭火系统所使用的设备、管道及配置方式与1301几乎完全相同。

(3) 具有良好的灭火效率，灭火速度快、效果好，灭火浓度（8%～10%）低，基本接近卤代烷1301灭火系统的灭火浓度（5%～8%）。

(4) 对大气臭氧层无破坏作用，即臭氧层的耗损潜能值（ODP）为零；在大气中存留时间比1301存留时间要低得多，符合环保要求。

(5) 七氟丙烷不导电，且不含亲水物质，不会对电器设备、磁带资料等造成损害。

(6) 七氟丙烷与1301有非常相似的特性，系统硬件也极为类似，因此能与1301的控制设备兼容，相对组成系统的硬件、软件技术成熟，替代更换1301系统也极为方便。

(7) 七氟丙烷能有效扑灭A级、B级、C级各类型火灾，能安全有效地使用在人畜占用的任何场所，可适用于经常有人工作的防护区。

(8) 七氟丙烷整个灭火过程高效、快速，而且不可能发生再燃，比惰性气体灭火系统所占空间要小得多。

(9) 七氟丙烷不含有固体粉尘、油渍，喷放后可自然排出或由通风系统迅速排除，现场无残留物，不会受到污染，善后处理方便。

2. 适用范围

(1) 七氟丙烷灭火系统适用于扑救以下物质引起的火灾。

1) 固体物质的表面火灾，如纸张、木材、织物、塑料、橡胶等的火灾。

2) 液体火灾或可熔固体火灾，如煤油、汽油、柴油以及醇、醛、醚、酯、苯等火灾。

3) 灭火前应能切断气源的气体火灾，如甲烷、乙烷、煤气、天然气等的火灾。

4) 带电设备与电器线路火灾，如变配电设备、发动机、发电机、电缆等的火灾。

典型应用场所如：数据处理中心，电信通信设施，过程控制中心，昂贵的医疗设施，贵重的工业设备，图书馆、博物馆及艺术馆，机器人，洁净室，消声室应急电力设施，易燃液体储存区等。

(2) 七氟丙烷灭火系统不适用于扑救以下物质引起的火灾。

1) 强氧化剂、含氧化合物以及能够自身提供氧而且在无空气的条件下仍能迅速氧化、燃烧的物质，如氯酸钠、硝酸钠、氮的氧化物、氟、火药、炸药、硝化纤维素等。

2) 活泼金属，如钠、钾、镁、钛、锆、钠钾合金、镁钾合金、镁铝合金等。

3) 金属氢化物，如氢化钠、氢化钾等。

4) 能自行分解的化学物质，如过氧化氢、联氨等。

5) 能发生自燃的物质，如白磷、某些金属有机化合物。

3. 系统分类及部件

(1) 系统分类。

七氟丙烷灭火系统按系统结构特点可分为管网系统和无管网系统。管网系统又可分为组合分配系统和单元独立系统。

无管网系统（又称预制灭火装置），是按一定的应用条件将储气钢瓶、阀门和喷头等部件组合在一起的成套灭火装置或喷头离钢瓶不远的气体灭火系统。

单元独立系统是用一套储存装置保护一个防护区的灭火系统，图2-33所示为单元独立灭火系统的结构。

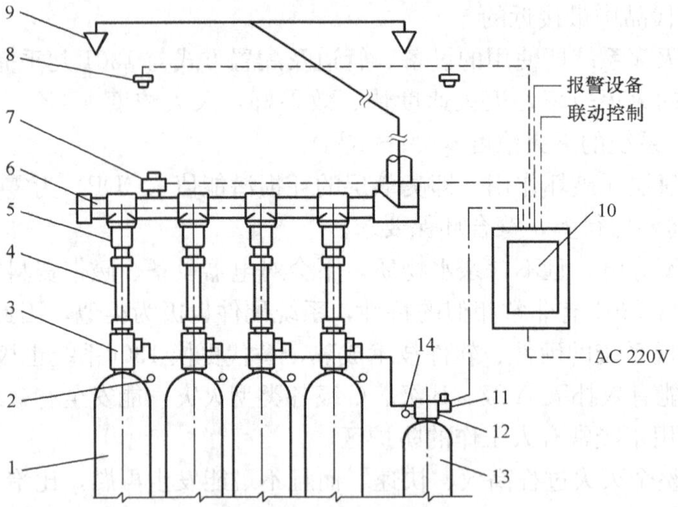

图 2-33　单元独立灭火系统结构示意图

1—七氟丙烷储瓶；2—压力表；3—瓶头阀；4—高压软管；5—单向阀；6—集流管；7—压力记号器；8—探测器；9—喷头；10—控制盘；11—电磁启动器；12—启动瓶头阀；13—N_2 启动瓶；14—压力表

组合分配系统是指用一套储存装置通过管网的选择分配，保护多个防护区的灭火系统，组合分配系统的集流管应设安全泄压装置。图 2-34 所示为组合分配灭火系统的结构。

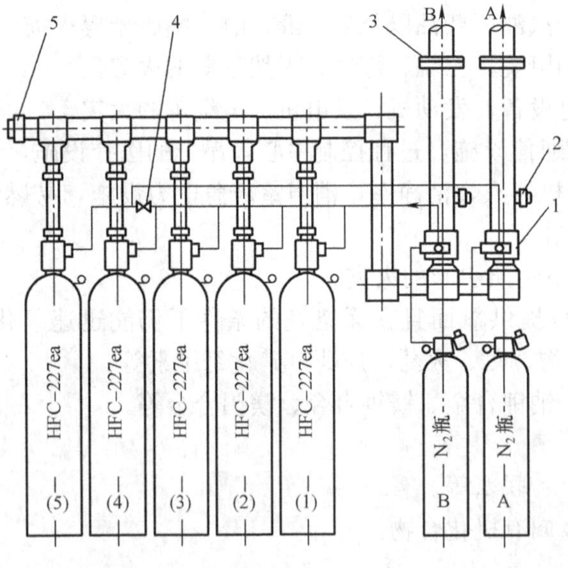

图 2-34　组合分配灭火系统结构示意图

1—释放阀；2—压力记号器；3—法兰；4—单向阀；5—安全阀

图 2-34 中表示该系统保护 A 和 B 两个防护区，当 A 区发生火灾时，通过 A 区启动瓶打开 A 区释放阀，然后打开用于储存七氟丙烷的 5 个储瓶的瓶头阀，向该区喷放七氟丙烷进行灭火；当 B 区发生火灾时，通过 B 区启动瓶及 B 区释放阀打开（1）、（2）、（3）和（4）号储瓶释放七氟丙烷对 B 区进行灭火。

七氟丙烷灭火系统按灭火剂在储存容器中的储压分类，可分为高压（储存）系统和低压（储存）系统。七氟丙烷灭火剂为高压灭火剂为高压灭火剂系统，储存压力为 2.5MPa 及 4.27MPa。

七氟丙烷灭火系统按管网布置形式可分为均衡系统管网和非均衡系统管网。均衡系统管网需要具备以下三个条件：①从储存容器到每个喷嘴的管道长度应大于最长管道长度的 90%；②从储存容器到每个喷嘴的管道等效长度应大于管道等效长度的 90%；③每个喷嘴的平均质量流量相等。不具备上述条件的管网系统为非均衡系统。

(2) 系统部件。

1) 七氟丙烷储瓶，平时用于储存七氟丙烷，按设计要求充装七氟丙烷和增压 N_2。在储瓶瓶口安装瓶头阀，瓶头阀出口与管网系统相连。

2) 瓶头阀由瓶头阀本体、开启膜片、启动活塞、安全阀门和充装接嘴、压力表接嘴等部分组成，安装在七氟丙烷储瓶瓶口上，具有封存、释放、充装、超压排放等功能。

3) 电磁启动器由电磁铁、释放机构、动作机构组成，电磁铁顶部有手动启动孔。安装在启动瓶钢瓶上，按灭火控制指令给其通电（DC24V）启动，进而打开释放阀及瓶头阀，释放七氟丙烷实施灭火，它也可实行机械应急操作实施灭火系统启动。

4) 释放阀由阀本体和驱动气缸组成，用于组合分配灭火系统中，安装在七氟丙烷储瓶出流的汇流管上，对应每个保护区各设一个。

5) 七氟丙烷单向阀由阀体、阀芯、弹簧等部件组成，安装在七氟丙烷储瓶出流的汇流管上，防止七氟丙烷从汇流管向储瓶倒流。

6) 高压软管用于瓶头阀与七氟丙烷单向阀之间的连接，形成柔性结构，便于瓶体称重检漏和安装。

7) 气体单向阀由阀体、阀芯、弹簧等部件组成。安装在系统的启动的操纵气路上。用于控制释放阀的启闭，与释放阀相对应的七氟丙烷瓶头阀联动启闭。

8) 安全阀由阀体及安全膜片组成，安装在集流管上。由于组合分配系统安装了释放阀使集流管形成封闭管段，一旦有七氟丙烷积存在里面，可能由于温度的关系会形成较高的压力，因此要装设安全阀，起到保护系统的作用。

9) 压力信号器由阀体、活塞和微动开关等组成，在组合分配系统中安装在释放阀的出口部位，在单元独立系统中安装在集流管上。当释放阀开启释放七氟丙烷时，压力信号器动作送出工作信号给灭火控制系统。

4. 防护区的设置要求

(1) 防护区宜以固定的单个封闭空间划分；当同一区间的吊顶层和地板下需同时保护时，可合为一个防护区。两个或两个以上邻近的防护区宜采用组合分配系统。

(2) 当采用管网灭火系统时，一个防护区的面积不宜大于 $500m^2$，容积不宜大于 $2000m^3$。

(3) 当采用预制灭火装置时，一个防护区的面积不宜大于 $100m^2$，容积不宜大于 $300m^3$。

(4) 防护区的最低温度不低于－10℃，系统设计额定温度为 20℃。

(5) 防护区围护结构及门窗的耐火极限均不应低于 0.5h，吊顶的耐火极限不应低于 0.25h。

(6) 防护区围护结构承受内压的允许压强不宜低于 1.2kPa。

(7) 防护区灭火时应保持封闭条件，除泄压口以外的开口，以及用于该防护区的通风机和通风管道中的防火阀，在喷放七氟丙烷前应做到自动关闭。

(8) 防护区的泄压口宜设在外墙上，应位于防护区净高的 2/3 以上。

(9) 泄压口面积宜按式 (2-53) 计算

$$F_X = 0.15\frac{Q}{\sqrt{P_f}} \tag{2-53}$$

$$Q = \frac{W}{t} \tag{2-54}$$

式中 F_X——泄压口面积，m^2；

Q——七氟丙烷在防护区的平均喷放速率，kg/s；

P_f——围护结构承受内压的允许压强，Pa；

t——灭火剂的喷射时间，s；

W——灭火剂的设计用量，kg。

当设有外开门弹性闭门器或弹簧门的防护区，其开口面积不小于泄压口计算面积时，不需另设泄压口。

四、气溶胶灭火系统

1. 特点

气溶胶灭火剂是由氧化剂、还原剂及黏合物结合成的固体状态含能化学物质，属于烟火型灭火剂。气溶胶灭火系统由气溶胶灭火剂以及相应的贮存和启动装置组成，灭火剂在贮存装置内燃烧反应后直接喷放到防护区，属于无管网灭火系统。气溶胶胶粒具有高分散度、高浓度特点，大部分微粒直径小于 1μm，可较长时间悬浮在空气中，较易黏附在物体表面。其主要成分有金属盐类、金属氧化物以及水蒸气、CO_2、N_2 等，碱金属盐（钾盐等）和金属氧化物（K_2O 等）起主要灭火作用，灭火效率较高。

2. 灭火机理

气溶胶的灭火机理主要是化学抑制，也有降温冷却的作用。

(1) 化学抑制。

当燃料（烃类—RH）燃烧时，产生活性游离基 H^+、O^- 和 OH^-，并发生链式反应

$$RH + O_2 \rightarrow H^+ + 2O^- + R^+\text{（可燃物分解，吸热反应）}$$

$$O^- + H^+ \rightarrow OH^-$$

$$2OH^- \rightarrow H_2O + O^-\text{（放热反应）}$$

最后一步为强烈的放热反应，放热量远大于第一步可燃物分解的吸热量，同时再次分解出游离 O^-，使得燃烧得以持续。

在高温燃烧区，气溶胶微粒分解出活性游离基 K^+，它迅速与 H^+ 和 OH^- 发生以下反应

$$K^+ + OH^- \rightarrow KOH$$

$$KOH + H^+ \rightarrow K^+ + H_2O$$

密集的气溶胶微粒提供了较大的表面反应区域，K^+ 不断再生，夺走燃烧链所需的载体 OH^- 和 H^+，使燃烧无法延续。因此，气溶胶的灭火机理是以中断燃烧链为主，与卤代烷的灭火机理基本相同。卤代烷高温下分解出的 Br^- 与上面的 K^+ 扮演同样的角色，以 1301 为例

$$CF_3Br \rightarrow CF_3 + Br^-\text{（高温下分解）}$$

$$Br^- + RH \rightarrow R^+ + HBr$$

$$HBr + OH^- \rightarrow H_2O + Br^-$$

Br^- 不断再生，迅速夺走燃烧链载体 OH^- 和 H^+，使得燃烧迅速终止。

(2) 吸热降温。

气溶胶的吸热降温作用也不可忽视，以 $KHCO_3$ 为例

$$2KHCO_3 \rightarrow K_2CO_3 + CO_2 + H_2O\text{（吸热分解反应）}$$

$$K_2CO_3(\text{固相}) \rightarrow K_2CO_3(\text{液相}) \rightarrow K_2CO_3(\text{气相})(\text{吸热相反应})$$

卤代烷的灭火机理中也有冷却作用，它主要源于灭火剂由液相转化为气相时的物理吸热反应和高温分解反应。

3. 灭火效能

全淹没的气溶胶灭火系统可以有效地扑灭A、B类火灾和E类电气火灾，对烃类（RH）物质的灭火效果尤其明显，如石油、柴油、天然气和木材等。以100m^3的贮油室为例：在常温常压下，气溶胶灭火剂设计用量为10kg，而在同样条件下，1301需要35kg，FM200需要67kg。因此气溶胶具有较高的灭火效率。

4. 应用

（1）喷射物和分解产物对设备的影响。

1）清洁度。气溶胶微粒不会自动挥发至大气中，且容易黏附在设备表面。由于散热等需要，电子设备内部都必须与室内空气相通，胶体微粒易导致光路堵塞，鼓面、盘面划破以及接插件磨损等。

2）腐蚀。从上可知，气溶胶喷射物和灭火分解产物的主要成分有碳酸钾、氧化钾和水等，碳酸钾、氧化钾极易吸潮生成强碱氢氧化钾，对铝、锌、硅等有强腐蚀作用，大大缩短了设备寿命。有些厂家提议给设备加装防护罩，这是不现实的。一旦灭火或发生误喷后，应马上开启除湿机，保持房间干燥，用除尘器清理干净。对于精密部件，可在厂家的配合下用化学溶液清洗。

3）导电。气溶胶微粒中的金属盐类和金属氧化物等均有一定的导电性，容易引起电子设备短路。

电子设备房一般为中心枢纽，火灾或误喷导致系统停顿的间接损失比设备损失大得多。国家规范要求使用清洁灭火剂的目的也在于灭火后设备能迅速投入使用。清洁灭火剂是一种在常温下能迅速蒸发，不留下蒸发残余物，并且非导电、无腐蚀的气体灭火剂，气溶胶显然不属此列。虽然火灾极少可能发生，但国内已有多起误喷事件，清洁灭火剂误喷后并不造成严重影响。气溶胶误喷后必然导致系统停顿，因此气溶胶应用于这些场所应非常慎重。

（2）能见度的影响。

气溶胶不透明，喷射后防护区内的能见度极低，直接影响人员逃生，因此不宜应用在经常有人场所。

（3）气溶胶发热的影响。

气溶胶在反应喷放时产生大量热量，导致环境温度升高，我国第一代的气溶胶产品还因误喷导致多起火灾事故。目前国外气溶胶产品的喷口温度仍有500℃左右。近年来，国内厂家研制出低温气溶胶，使得大量发热的状况有所改善，但仍会对喷口前1m内的人员或物体造成伤害，同时降低了灭火效率。

（4）对人体及环境的影响。

目前的研究和测试数据尚未发现气溶胶的喷射物和分解产物对人体或环境会产生严重影响。

（5）药剂的有效期限。

气溶胶灭火剂的有效期限一般为4～6年，并与保存环境有关。

（6）防护区面积和体积的划定。

气溶胶灭火装置与气体灭火的预制灭火装置类似。国家规范规定，气体预制灭火装置的保护面积不宜大于100m^2，容积不宜大于300m^3，且设置无管网台数不能超过8台。

第五节 其他灭火系统

一、泡沫灭火系统

1. 工作原理

泡沫灭火系统采用泡沫液为灭火剂，通过泡沫层的冷却、窒息、抑制燃料蒸发等作用来扑灭火灾，多用于扑救非水溶性可燃液体和一般固体火灾。泡沫灭火剂主要有化学泡沫灭火剂和空气泡沫灭火剂两大类，其中的化学泡沫灭火剂主要用在小型手提灭火器内，用于扑救初期火灾，一般较少使用，空气泡沫灭火剂则主要用在大型固定的泡沫灭火系统中。

灭火时，泡沫液与水通过比例混合器后形成泡沫混合液，再经泡沫产生器与空气混合产生泡沫。泡沫覆盖在燃烧物表面或充满灭火空间，以使火灾熄灭。

2. 空气泡沫灭火系统的分类

(1) 根据泡沫液发泡性能分。

泡沫体积与其混合液体积之比称为泡沫的倍数，按照系统产生泡沫的倍数不同，泡沫系统分为低倍数泡沫灭火系统、中倍数泡沫灭火系统、高倍数泡沫灭火系统。

1) 低倍数泡沫灭火系统。该系统所采用的泡沫液发泡倍数在20倍以下，主要用于扑救原油、汽油、甲醇、丙酮等B类火灾，是目前我国扑救油罐、水溶性液体储罐的主要灭火材料。其泡沫液主要有蛋白泡沫液、氟蛋白泡沫液、水成膜泡沫液、抗溶性泡沫液等，可根据扑救对象、灭火方式选用。

低倍数泡沫灭火系统发泡倍数小，泡沫密度大，稳定性好。适用于非水溶性的易燃、可燃液体火灾及一般可燃固体的火灾。但不宜扑救流动的可燃液体或气体的火灾，也不宜与消火栓或水喷雾系统同时使用。

2) 中倍数泡沫灭火系统。该系统所采用的泡沫液发泡倍数在20～200倍之间，其泡沫液分为淡水型、耐海水型、耐温耐烟型等，与高倍数灭火系统通用。主要用于控制或扑灭易燃、可燃液体，固体表面火灾和固体内部阴燃火灾，以及扑救立式油罐内的火灾。由于其稳定性比低倍数泡沫灭火系统差，密度小，因而易受风影响、抗复燃能力差，故设计的供给强度大。

3) 高倍数泡沫灭火系统。

该系统所采用的泡沫液发泡倍数在200～1000倍之间，其泡沫液分为淡水型、耐海水型、耐温耐烟型。该系统在灭火时可迅速淹没或覆盖整个防护空间，并不受防护面积和容积大小限制，可用来扑救A类和B类火灾。该系统一般设置在固体物资仓库、易燃液体仓库、贵重仪器设备和物品建筑、有火灾危险的工业厂房等。不能用在未封闭的带电设备及在无空气环境中仍能迅速氧化的化学物质火灾，也不能用于扑救立式油罐内的火灾。其特点是渗透力强、水渍损失小、灭火效率高。

(2) 根据系统设置方式分。

根据设备与管道的安装方式不同，泡沫灭火系统可分为固定式泡沫灭火系统、半固定式泡沫灭火系统、移动式泡沫灭火系统、泡沫喷淋系统。

1）固定式泡沫灭火系统。该系统由固定的泡沫液泵、泡沫液贮罐、比例混合器、混合液的输送管、泡沫产生装置等组成，又分液上喷射和液下喷射两种。

2）半固定式泡沫灭火系统。根据系统组成又有两种形式，一种是只有泡沫产生器、泡沫混合液管道及管道配件等固定式，泡沫液泵、泡沫液贮罐、比例混合器等为移动式，由消防车提供。另一种是泡沫液泵、泡沫液贮罐、比例混合器为固定式，泡沫产生器为移动式，用水带将固定式和移动装置相连。

3）移动式泡沫灭火系统。由消防水源、泡沫消防车、水带、泡沫枪或泡沫钩管、泡沫管架等组成，也有用消防车的泡沫炮直接喷射，而不需要泡沫钩管、泡沫管架等设备。

4）泡沫喷淋系统。该系统由固定的泡沫液泵、泡沫液贮罐、比例混合器、混合液的输送管、泡沫喷头等组成。它以喷淋或喷雾的形式将泡沫或水成膜泡沫均匀喷洒在被保护对象表面，适用于甲、乙、丙类液体可能泄漏场所的初期保护、扑救初期火灾。

（3）根据喷射口的位置分。

根据喷射方式不同分为液上喷射式、液下喷射式。

1）液上喷射式。该系统的泡沫产生器安装在液面以上，喷射出的泡沫向被保护液面覆盖，以达到灭火目的。其缺点是被保护液爆炸时系统也会受到破坏，故应设缓冲装置。

2）液下喷射式。该系统采用高背压泡沫产生器，泡沫管入口设在液面以下，一般由底部进入，泡沫上升到液面以上覆盖被保护对象达到灭火的目的。该系统克服了液上喷射式泡沫易受火焰所产生的气流、热辐射等不利因素的影响，而且被保护液发生爆炸时也不易受到破坏。该系统只能采用氟蛋白或水成膜泡沫液。

（4）根据保护范围分。

根据灭火范围不同，泡沫灭火系统可分为全淹没式、局部应用式。

1）全淹没式。该系统是将泡沫充满整个被保护空间，并将泡沫持续到所需时间以阻止空气接近火焰，使其窒息、冷却，从而达到灭火目的。一般将其设计成固定式，适用于大范围的封闭空间及大范围的有阻止泡沫流失的固定围挡结构的场所。

2）局部应用式。该系统是用在大范围内的局部封闭空间或大范围内的局部有阻止泡沫流失的固定围挡结构的场所。

3. 系统设备

（1）泡沫比例混合器。其功能是使水和泡沫液按一定比例混合成泡沫液，分为负压型和正压型两种，负压型有环泵式、管线式两种，正压型有压力式和平衡压力式两种。

（2）泡沫产生器。它是使用泡沫混合液产生空气泡的设备，设计时应选用与系统相配套的泡沫产生器。

1）低倍数泡沫产生器有液上喷射式和液下喷射式两种。液上式一般安装在被保护液面的上部，利用水射器的原理，使高压混合液通过泡沫产生器时吸入大量空气，形成空气泡沫，带压的泡沫流冲开发生器上的玻璃盖进入灭火现场；液下式又称高背压泡沫产生器。泡沫液从被保护液液面以下压入，利用水射器的原理，使高压混合液通过泡沫产生器时吸入大量空气，形成的带压空气泡沫流入被保护液，并上浮到被保护液的表面。

2）中倍数泡沫产生器的泡沫混合液由喷嘴上的四个小孔喷出后汇聚碰撞形成雾状水珠并击碎密封玻璃，喷洒到发泡网上。同时吸入大量空气形成空气泡沫而进入灭火现场。它有固定式、移动式两种。

3）高倍数泡沫产生器的发泡倍数大，仅靠混合液的能量产生负压吸入空气不能满足要求。它是通过产生器内的喷嘴组将泡沫混合液喷洒于发泡网上，在风扇的鼓风作用下使空气与发泡网上的泡沫液混合形成大量的空气泡沫。

(3) 泡沫喷头。用于泡沫喷淋系统，喷洒泡沫混合液，根据工作原理分吸气型和非吸气型两种。吸气型喷洒时吸入空气，空气的剪切作用结合金属网的阻挡作用形成泡沫；非吸气型不能吸入空气，喷洒出来的是雾状泡沫混合液。

(4) 空气泡沫枪。该设备用于移动式泡沫灭火系统，也叫泡沫管枪。将它的管牙接口与水带相接，通入泡沫混合液后产生并喷射空气泡沫。

(5) 空气泡沫钩管。该设备由钩管和空气泡沫产生器两部分组成，常与泡沫消防车配合用于扑救油罐火灾。当油罐壁上的泡沫产生器被火灾破坏后用它来替代，使用时将挂钩挂在池壁上即可。

(6) 泡沫炮。它可固定安装在被保护场所，也可架设在泡沫消防车上以一定的仰角和射程将泡沫喷射到火灾现场，以达到灭火的目的。

(7) 泡沫液储罐。它用于贮存泡沫液，宜用耐腐蚀材料制作。如采用普通碳钢，则应作防腐处理。混合器为环泵式、管线式、平衡压力式时储罐为常压，混合器为压力式时，储罐也应采用压力式。

(8) 系统用泵。只与消防水接触的水泵可用清水泵，与泡沫液接触的泵宜采用耐酸泵。

二、干粉灭火系统

1. 工作原理

该系统是以干粉为灭火剂，灭火时靠加压气体（如二氧化碳或氮气）将干粉从喷嘴射出，形成一股雾状粉流射向燃烧物，依靠干粉对燃烧的抑制作用而达到灭火的目的。干粉由干基料和添加剂混合而成。基料泛指易流动的干燥细小粉末，可借助有压气体的喷射形成粉雾，添加剂的作用是增加灭火剂流动和防潮性。

干粉是一种干燥的、易于流动的细粉，当被大量喷向火焰时可吸收维持燃烧连锁反应的活性基团，使燃烧连锁反应中断，从而熄灭火焰；干粉在火场受热爆裂成更小的粉粒，增加了其与火焰的接触面积，灭火效率更高；干粉的粉雾对火焰的包围可减少热辐射，粉末受热时释放结晶水或分解也可以吸收部分热量并生成不活泼气体。

干粉灭火的优点是历时短、效率高、绝缘好、灭火后损失小、不怕冻、不用水、可长期贮存等。

2. 适用范围

干粉灭火系统适用于易燃、可燃液体燃料或可熔化固体的火灾，如淬火或渡海用油槽、涂料库、喷涂间、可燃液体散装库、加油站、油泵房、装卸油站等场所发生的火灾；可燃气体或液体因压力喷射而形成的火灾；输气管、输油管、反应塔、换热器、煤气罐、液化石油气站、天然气井、天然气运输船等场所发生的火灾；室内外变压器、油浸开关等电气设备火灾；木材、造纸、印刷、棉纺、胶带等明火燃烧的火灾；钾、钠、镁、铝镁合金、钛、铝钛合金、锆、锂等金属发生的火灾。

干粉灭火系统不适用于扑救燃烧过程能释放氧气或提供氧源化合物的火灾；燃烧过程中具有阴火的火灾；精密仪器、精密电气设备、电子计算机等场所发生的火灾。

3. 系统分类

干粉灭火系统按启动方式分为手动和自动系统；按安装方式分为固定式和半固定式；按火场被保护的范围分为全淹没式和局部灭火系统。按灭火剂分有普通干粉、多用于粉和金属干粉。普通干粉（又称 BC 类干粉）适用于扑救油脂及一切可燃液体燃烧所引发的（B 类）火灾、可燃气体（C 类）火灾、带电设备火灾；多用干粉（又称 ABC 类干粉）除用于 B、C 类及带电类火灾外，还能扑救一般固体物质（A 类）火灾；金属干粉（又称 D 类干粉）主要用作扑救钾、钠、镁等可燃金属火灾和 B、C 类火灾。

4. 系统主要设备

（1）干粉储罐。储存、输送干粉灭火剂的密闭压力容器，有圆柱形、球形等形式。灭火时，有压气体由罐体下部的进气口进入罐内搅动灭火剂．并在 20s 内达到工作压力，将干粉压入输粉管。

（2）有压储气瓶和集气管。有压气体一般为氮气或二氧化碳气体，大型系统多采用氮气，小型系统多采用二氧化碳气体。容积为 40L 时，工作压力 15MPa，；容积 60L 时，工作压力 20MPa。

灭火时通过手动、气动或电动开启气瓶上的瓶头阀，瓶内气体经瓶头阀上排气管输出一定压力的气体，并通过集气管汇入输气管，搅动干粉储罐中的灭火剂。

（3）减压阀。有压储气瓶内压力为 15MPa 或 20MPa，而干粉储罐内的工作压力最大为 2MPa。因此在有压储气瓶和干粉储罐间设减压阀。减压阀可安装在气瓶出口、气瓶组总输气管上（一般常用）或干粉储罐进气口上。

（4）干粉喷射器。干粉喷射器又分固定式喷头和移动式喷枪两种。其中的直流喷头喷出的灭火剂呈柱形扩散，射程远，宜固定安装在被保护装置周边，适用于扑救化工装置、变压器等火灾；扇形喷头喷出的灭火剂呈扇形，射程比直流喷头的射程短，适用于扑救油罐、油槽等火灾；扩散型喷头喷出的灭火剂成伞形，射程更短，适用于扑救热油泵房和可燃液体散装库房等场所发生的火灾。

（5）管道。干粉灭火系统的管道主要为气体管道和灭火剂输送管道，气体管道及附件的材质应采用铜管或不锈钢管，灭火剂输送管道及附件一般用经防锈处理的无缝钢管，其连接应保证内壁平滑无凹缝，以避免灭火剂在输送过程中沉积、堵塞，其所用的阀门要求用球阀。

三、蒸汽灭火系统

1. 工作原理

火灾发生后向被保护区内施放蒸汽，以淡化燃烧范围内的可燃气体，并降低空气中可燃气体的含量，使燃烧窒息。它具有设备简单、造价低、淹没性好等优点。

2. 适用范围

该系统适用于蒸汽汽源充足的场所，适用于扑灭石油化工、炼油厂、火力发电厂、燃油锅炉房、燃气锅炉房、油泵房、重油罐、露天生产装置区、重油油品库房等。

不适用于体积大、面积大的火灾区；不适用于扑灭遇蒸汽会发生爆炸的生产装置，如电器设备及贵重仪表、文物档案等场所的火灾。

3. 系统分类

蒸汽灭火系统有固定式、半固定式两种类型。固定式为全淹没系统，灭火剂充满整个被保护空间。其容积不宜大于500m^3，否则灭火效果受影响。半固定式用于扑救露天装置如高大炼制塔、地上式可燃液体储罐、车间内油器设备等处发生的局部火灾。

4. 系统主要设备

固定式蒸汽灭火系统一般由蒸汽源、输汽干管、支管、配气管等组成，半固定式蒸汽灭火系统一般由蒸汽源、输气干管、支管、接口短管等组成。

（1）蒸汽源。向火场提供蒸汽灭火剂，一般应为生活、生产和消防合用的蒸汽源，而不独立设置蒸汽灭火系统专用蒸汽锅炉。

（2）蒸汽管网。其功能是向配汽管或蒸汽喷枪转输蒸汽灭火剂，它包括输汽干管、配汽支管、伸缩补偿器。

（3）配汽管、蒸汽喷枪。蒸汽灭火剂由配汽管、蒸汽喷枪向火场喷出，以达到灭火的目的。固定式灭火系统在配汽管上留有成排的排汽孔，而半固定式灭火系统则是在配汽管上装设接口短管，短管上接一定长度的胶质柔性管，胶管端部接蒸汽喷枪，短管的数量应保证有一股射流能到达被保护对象的任何部位。

练　习　题

1. 室外消火栓给水系统有何作用？如何布置？
2. 室外与室内消火栓给水系统有何区别和联系？
3. 自动喷水灭火系统的主要组件有哪些？其作用是什么？
4. 根据使用灭火剂的种类和灭火方式，建筑消防系统可分为哪几种类型？
5. 消火栓给水系统的组成与供水方式有哪些？对消火栓的布置和安装有什么要求？
6. 消防水池和消防水箱的容积确定原则是什么？
7. 什么是水枪充实水柱长度？水枪充实水柱长度有什么要求？
8. 什么是自动喷水灭火系统？其由哪些部分组成？有哪些类型？
9. 在自动喷水灭火系统中有哪些报警控制装置？分别有什么作用？
10. 简述其他固定灭火系统适用范围。
11. 某建筑消火栓泵，消防水池最低水位与最不利消火栓的高差为56.0m，管路系统沿程水头损失为4.96mH_2O，局部水头损失取沿程损失的20%，消火栓口所需要的压力为17.2mH_2O，则消火泵的扬程应为多少mH_2O？
12. 某建筑室内消火栓系统采用DN65mm的消火栓，25m长衬胶水龙带和喷嘴直径为19mm的水枪，若水枪充实水柱长度为13m，水枪出流量为5.7L/s，水枪水流特性系数为1.577，水带阻力系数为0.001 72，则消火栓口的压力应为多少mH_2O？

第三章　防、排烟系统

第一节　火灾烟气的性质与流动

一、火灾烟气的性质

1. 烟气的浓度

烟是指空气中浮游的固体或液体烟粒子，其粒径为 0.01～10μm。而火灾时产生的烟，除了烟粒子外，还包括其他气体燃烧产物，如 CO_2、水蒸气、H_2、C_nH_m 等，以及未参加燃烧反应的气体，如 N_2、CO_2、未反应的 O_2 等。

火灾中的烟气浓度一般用质量浓度、计数浓度、和光学浓度 3 种方式来表示。

(1) 烟气的质量浓度。

单位容积的烟气中所含烟粒子的质量，称为烟气的质量浓度 μ_s(mg/m^3)，即

$$\mu_s = \frac{m_s}{V_s} \tag{3-1}$$

式中　m_s——容积为 V_s 的烟气中所含的烟粒子数的质量，mg；

V_s——烟气容积，m^3。

(2) 烟气的计数浓度。

单位容积的烟气中所含烟粒子的质量，称为烟气的计数浓度 n_s（个/m^3），即

$$n_s = \frac{N_s}{V_s} \tag{3-2}$$

式中　N_s——容积为 V_s 的烟气中所含的烟粒子数。

(3) 烟气的光学浓度。

当可见光通过烟层时，烟粒子使光线的强度减弱。光线减弱的程度与烟气的浓度有函数关系。光学浓度就是由光线通过烟层后的能见距离，用减光系数 C_s 来表示的。

在火灾时，建筑物内充入烟和其他燃烧产物，影响火场的能见距离，从而影响人员的安全疏散，阻碍消防队员接近火点救人和灭火，因此，本书主要讨论烟的光学浓度。

设光源与受光物体之间的距离为 L（m），无烟时受光物体处的光线强度为 I_0（cd），有烟时光线强度为 I（cd），则根据朗伯比尔定律得

$$I = I_0 e^{-C_s I} \tag{3-3}$$

或者

$$C_s = \frac{1}{L}\ln\frac{I_0}{I} \tag{3-4}$$

式中　C_s——烟的减光系数，m^{-1}；

L——光源与受光体之间的距离，m；

I_0——光源处的光强度，cd。

从公式可以看出，当 C_s 值越大时，亦即烟的浓度越大时，光线强度 I 就越小；L 值越大

时，亦即距离越远时，I 值就越小，这一点与人们的火场体验是一致的。

为了研究各种材料在火灾时的发烟特性，我们在恒温的电炉中燃烧试块，把燃烧所产生的烟积蓄在一定容积的集烟箱里，同时测定试块在燃烧时的重量损失和集烟箱内烟的浓度，将测量得到的结果列于表 3-1 中。

表 3-1　建筑材料燃烧时的浓度和表观密度

材料	木材		氯乙烯树脂	苯乙烯泡沫塑料	聚氨酯泡沫塑料	发烟筒（有酒精）
燃烧温度/℃	300～210	580～620	820	500	720	720
空气比	0.41～0.49	2.43～2.65	0.64	0.17	0.97	
减光系数/m^{-1}	10～35	20～31	>35	30	32	3
表观密度差/%	0.7～1.1	0.9～1.5	2.7	2.1	0.4	2.5

注　表观密度差是指在同温度下，烟的表观密度 γ_s 与空气表观密度 γ_a 之差的百分比，即 $\frac{\gamma_s-\gamma_a}{\gamma_a}\times100\%$。

2. 建筑材料的发烟量和发烟速度

各种建筑材料在不同温度下，单位重量所产生的烟量是不同的，见表 3-2。从表中可以看出，木材类在温度升高时，发烟量有所减少。这主要是因为分解出的碳质微粒在高温下又重新燃烧，且温度升高后减少了碳质微粒的分解所致。还可以看出，高分子有机材料能产生大量的烟气。

表 3-2　各种材料产生的烟量（C_s=0.5）　m^3/g

材料名称	300℃时	400℃时	500℃时
松	4.0	1.8	0.4
杉木	3.6	2.1	0.4
普通胶合板	4.0	1.0	0.4
难燃胶合板	3.4	2.0	0.6
硬质纤维板	1.4	2.1	0.6
锯木屑板	2.8	2.0	0.4
玻璃纤维增强塑料		6.2	4.1
聚氯乙烯		4.0	10.4
聚苯乙烯		12.6	10.0
聚氨酯（人造橡胶之一）		14.0	4.0

除了发烟量外，火灾中影响生命安全的另一重要因素就是发烟速度，即单位时间、单位重量可燃物的发烟量，表 3-3 是由实验得到的各种材料的发烟速度。该表说明，木材类在加热温度超过 350℃时，发烟速度一般随温度的升高而降低，而高分子有机材料则恰好相反。同时可以看出，高分子材料的发烟速度比木材要大得多，这是因为高分子材料的发烟系数大，且燃烧速度快之故。

表 3-3 **各种材料的发烟速度** $m^3/(s\cdot g)$

材料名称	加热温度/℃											
	225	230	235	260	280	290	300	350	400	450	500	550
针枞							0.72	0.80	0.71	0.38	0.17	0.17
杉		0.17		0.25		0.28	0.61	0.72	0.71	0.53	0.13	0.13
普通胶合板	0.03			0.19	0.25	0.26	0.93	1.08	1.10	1.07	0.31	0.24
难燃胶合板	0.01		0.09	0.11	0.13	0.20	0.56	0.61	0.58	0.59	0.22	0.20
硬质板							0.76	1.22	1.19	0.19	0.26	0.27
微片板							0.63	0.76	0.85	0.19	0.15	0.12
苯乙烯泡沫板 A								1.58	2.68	5.92	6.90	8.96
苯乙烯泡沫板 B								1.24	2.36	3.56	5.34	4.46
聚氨酯									5.0	11.5	15.0	16.5
玻璃纤维增强塑料									0.50	1.0	3.0	0.50
聚氯乙烯									0.10	4.50	7.50	9.70
聚苯乙烯									1.0	4.95	—	2.97

现代建筑中，高分子材料大量用于家具用品、建筑装修、管道及其保温、电缆绝缘等方面。一旦发生火灾，高分子材料不仅燃烧迅速，加快火势扩展蔓延，还会产生大量有毒的浓烟，其危害远远超过一般可燃材料。

3. 能见距离

火灾的烟气导致人们辨认目标的能力大大降低，并使事故照明和疏散标志的作用减弱。因此，人们在疏散时往往看不清周围的环境，甚至达到辨认不清疏散方向、找不到安全出口、影响人员安全的程度。各国专家普遍认为，当能见距离降到3m以下时，逃离火场就十分困难了。

研究证明，烟的减光系数 C_s 与能见距离 D 之积为常数 C，其数值因观察目标的不同而不同。例如，疏散通道上的反光标志、疏散门等，C 为 2～4；对发光型标志、指示灯等，C 为2～10。用公式表示如下

反光型标志及门的能见距离 D（m）

$$D \approx \frac{2 \sim 4}{C_s} \tag{3-5}$$

发光型标志及门的能见距离 D（m）

$$D \approx \frac{5 \sim 10}{C_s} \tag{3-6}$$

能见距离 D 与烟浓度 C_s 的关系，还可以用图 3-1 和图 3-2 的实验结果予以说明。有关室内装饰材料反光型材料的能见距离和不同功率的电光源的能见距离，分表列于表 3-4 和表 3-5 中。

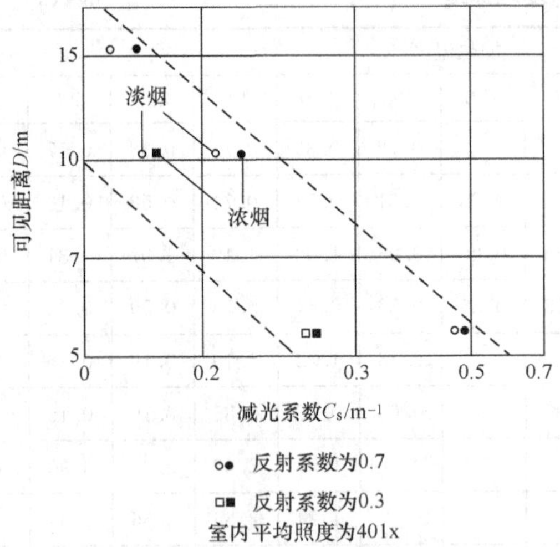

图 3-1　反光型标志的能见距离

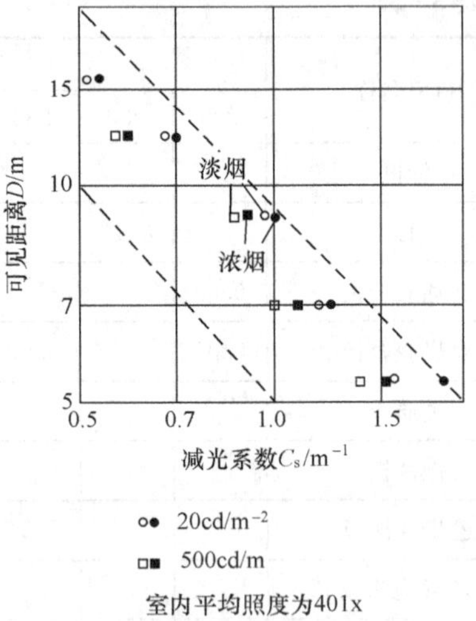

图 3-2　发光型标志的能见距离

表 3-4　　反光饰面材料的能见距离 *D*　　m

反光系数	室内饰面材料名称	烟的减光系数 C_s/m^{-1}					
		0.2	0.3	0.4	0.5	0.6	0.7
0.1	红色木地板、黑色大理石	10.40	6.93	5.20	4.16	3.47	2.97
0.2	灰砖、菱苦土地面、铸铁、钢板地面	13.87	9.24	6.93	5.55	4.62	3.96
0.3	红砖、塑料贴面板、混凝土地面、红色大理石	15.98	10.59	7.95	6.36	5.30	4.54
0.4	水泥砂浆抹面	17.33	11.55	8.67	6.93	5.78	4.95
0.5	有窗未挂帘的白墙、木板、胶合板、灰色大理石	18.45	12.30	9.22	7.23	6.15	5.27
0.6	白色大理石	19.36	12.90	9.68	7.74	6.45	5.53
0.7	白墙、白色水磨石、白色调和漆、白水泥	20.13	13.42	10.06	8.05	6.93	5.75
0.8	浅色瓷砖、白色乳胶漆	20.80	13.86	10.40	8.32	6.93	5.94

表 3-5　　发光型标志的能见距离 *D*　　m

$I_0/(lm \cdot m^{-2})$	电光源类型	功率/W	烟的减光系数 C_s/m^{-1}				
			0.5	0.7	1	1.3	1.5
2400	荧光灯	40	16.95	12.11	8.48	6.52	5.65
2000	白炽灯	150	16.59	11.85	8.29	6.38	5.53
1500	荧光灯	30	16.01	11.44	8.01	6.16	5.34
1250	白炽灯	100	15.65	11.18	7.82	6.02	5.22
1000	白炽灯	80	15.21	10.86	7.6	5.85	5.07
600	白炽灯	60	14.18	10.13	7.09	5.45	4.73
350	白炽灯、荧光灯	40.8	13.13	9.36	6.55	5.04	4.37
222	白炽灯	25	12.17	8.7	6.09	4.68	4.06

【例 3-1】 试求白色调和漆疏散标志牌在烟浓度为 $C_s=0.5m^{-1}$ 时的能见距离。

解 方法一：查表 3-1-4 得，该标志的能见距离为 8.05m。

方法二：查表 3-1-4 得，该标志的反光系数为 0.7。

从图 3-1 中找到反光系数为 0.7，$C_s=0.5m^{-1}$，常数 $C=4$

所以
$$D=\frac{C}{C_s}=\frac{4}{0.5}=8.0m$$

可以看出，从两种方法求解得到的能见距离值极其相近。

4. 烟气的允许极限浓度

为了使火灾中人们能够看清疏散楼梯间的门和疏散标志，保障疏散安全，需要确定疏散时人们的能见距离不得小于某一最小值。这个最小的允许能见距离叫做疏散极限视距，一般用 D_{min} 表示。

对于不同用途的建筑，其内部的在住人员对建筑物的熟悉程度是不同的。例如，住宅楼、教学楼、生产车间等建筑，其内部人员基本上是固定的，因而对建筑物的疏散路线、安全出口等是很熟悉的；而各类旅馆、百货大楼的绝大多数人员是非固定的，所以对建筑物的疏散路线、安全出口等是不太熟悉的。因此，对于非固定人员集中的高层旅馆、百货大厦等建筑，其疏散极限视距要求为 $D_{min}=30m$；对于内部基本上是固定人员的住宅楼、宿舍楼、生产车间等的疏散极限视距为 $D_{min}=5m$。

所以，要看清疏散通道上的门和反光型标志，要求烟的允许极限浓度为 C_{smin}。

对于熟悉建筑物的人：$C_{smin}=0.2\sim0.4m^{-1}$，平均为 $0.3m^{-1}$。

对于不熟悉建筑物的人：$C_{smin}=0.07\sim0.13m^{-1}$，平均为 $0.1m^{-1}$。

但是，火灾房间烟的减光系数根据实验取样检测，一般为 $C_s=25\sim30m^{-1}$。当火灾房间有黑烟喷出时，室内烟的减光系数即为 $C_s=25\sim30m^{-1}$。就是说，为了保障疏散安全，无论是熟悉建筑物的人，还是不熟悉建筑物的人，烟在走廊里的浓度只允许为起火房间内烟浓度的 1/300（0.1/30）～1/100（0.3/30）的程度。

二、烟气流动的基本规律

烟气流动的基本规律是：由压力高处向压力低处流动，如房间为负压，则烟火就会通过各种洞口进入；相反，就会迫使烟火无法进入。

1. 基本计算公式和方法

火灾中的烟气与空气的流动，基本上可以用通风计算的方法进行计算。

(1) 流体流动方程。

在分析建筑物内的气体流动时，流体能量守恒可用伯努利方程来表示。在完全流体的稳定流动中，取某一流线或流管来分析，有下式成立：

$$\frac{1}{2}\rho v_1^2+P_1+mgZ_1=\frac{1}{2}\rho v_2^2+P_2+mgZ_2 \tag{3-7}$$

式中 v——气流速度，m/s；

Z——从基准面算起的高度，m；

g——重力加速度，m/s^2；

P——高度 Z 绝对压力，Pa，从外部垂直作用于流管的断面。

(2) 连续方程式。

流体流动时，沿流向质量守恒，流动是连续的。在总流中选取 1、2 两断面，则可得出反映两断面间流动空间的质量平衡的连续性方程

$$\rho_1 Q_1 = \rho_2 Q_2 \tag{3-8}$$

$$\rho_1 v_1 A_1 = \rho_2 v_2 A_2 \tag{3-9}$$

式中 v——气流速度，m/s；

Q——气体流量，m^3/s；

A——断面积，m^2。

(3) 烟的密度与压力。

即使非常浓的烟气，与同温同压的空气的密度相比，差别只有百分之几。所以，可近似地认为烟的密度与空气的密度相同。而且，在建筑物的防烟设计中，烟气流动的动力是建筑物内的气压差。与大气压相比，气压差是很微小的。因此，假设烟的密度不随高度变化，可近似地将烟气密度看作绝对温度 T(K) 的函数

$$\rho = 353/T \tag{3-10}$$

假设某一基准高度处的绝对压力为 p_0，离开基准高度 $Z(m)$ 上方的一点压力 p 为

$$p = p_0 - g\int_0^Z \rho(Z)\mathrm{d}Z \tag{3-11}$$

根据上述假定，密度不随高度变化而变化，则有

$$p = p_0 - \rho g Z \tag{3-12}$$

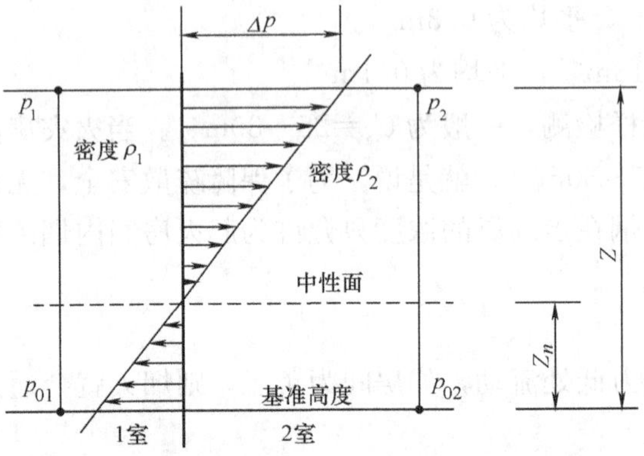

图 3-3 压力差与中性面

(4) 压力差和中性面。

假设相邻的充满静止空气的两个房间（如图 3-3 所示），在两个房间内高度为 Z 处的室内压力 p_1、p_2 由式（3-12）表达如下

$$p_1 + \rho_1 g Z = p_{01} \tag{3-13}$$

$$p_2 + \rho_2 g Z = p_{02} \tag{3-14}$$

式中 p_0 为基准高度处的压力（Pa），下标分别代表房间的编号，则此两房间的压力差 Δp 为

$$\Delta p = p_1 - p_2 = (p_{01} - p_{02}) - (\rho_1 - \rho_2) g Z \tag{3-15}$$

某一基准高度（一般设地平面或一层地面）处的静压力与温度，可用高度来表示。在此，两个房间的压力相同（$\Delta p=0$）之高度称为中性面，在两个房间之间有开口的情况下，根据在中性面上下的位置关系，其烟气流动的方向是相反的。中性面的高度 Z_n(m) 由下式求出

$$Z_n = \frac{p_{01} - p_{02}}{(\rho_1 - \rho_2) g} \tag{3-16}$$

2. 开口处的烟气流动

在开口处的两侧有压力差时，会发生气流流动。与开口壁的厚度相比，开口面积很大的

孔洞（如门窗洞口）的气体流动，叫孔口流动。这一现象的分析模式如图 3-4 所示。从开口 A 喷出的气流发生缩流现象，流体截面成为 A'，若设 $A'/A=\alpha$，则流量 m(kg/s) 为

$$m=(\alpha A)\rho v \tag{3-17}$$

根据伯努利方程 $p_1=p_2+\frac{1}{2}\rho v^2$

因为开口内外压力差为 $\Delta p=p_1-p_2$

则开口处流量 $$m=(\alpha A)\sqrt{2\rho\Delta p} \tag{3-18}$$

3. 门口处的烟气流动

在门洞等纵长开口处，当两个房间有温差时，其压力差是不同的，烟气流动随着高度的不同而不同。

以中性面为基准，测定高度 h 处的压力 Δp_h 为

$$\Delta p_h=|\rho_1-\rho_2|gh \tag{3-19}$$

如图 3-5 所示，当开口宽为 B，$\rho_1>\rho_2$ 时，中性面以上的 H 范围内房间 2 向房间 1 的流量 m，取微小区间 dh 的积分

$$m=\int_0^h \alpha A_h\sqrt{2\rho_2\Delta p_h}\,\mathrm{d}h=\alpha B\sqrt{2\rho_2(\rho_1-\rho_2)g}\int_0^H H^{1/2}\,\mathrm{d}h=(2/3)\alpha B\sqrt{2\rho_2(\rho_1-\rho_2)}H^{1.5} \tag{3-20}$$

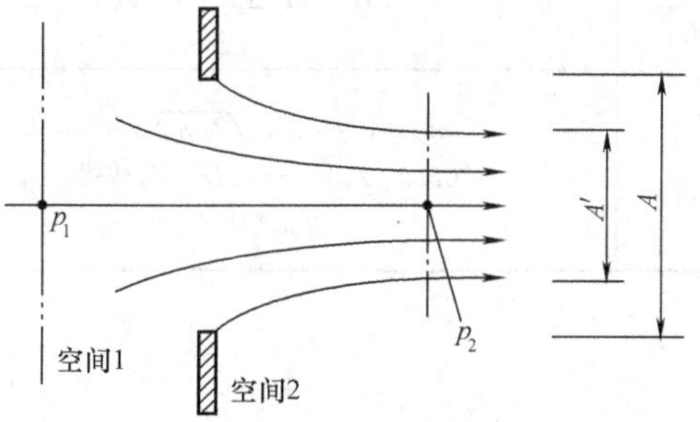

图 3-4 开口处的气流

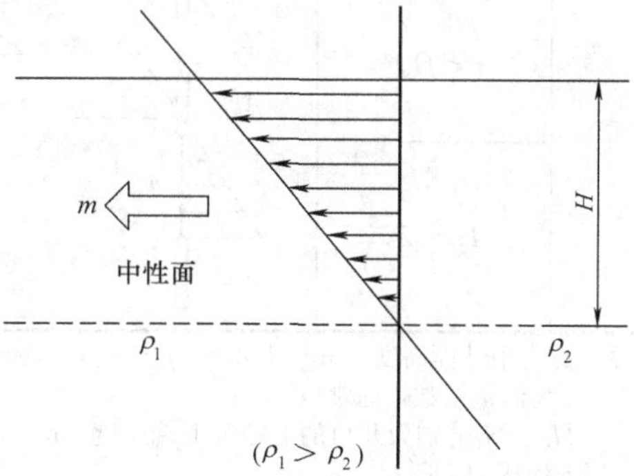

图 3-5 有温差时的烟气流动

推而广之，可将气流量与中性面、开口高度及位置关系分类，从相邻两个房间的密度差与压力差，整理出开口处流量的计算结果，见表 3-6。

表 3-6 开口两侧有温差时的流量计算

判别条件		模　型	流量计算式
$p_j=p_i$	$p_j\leqslant p_i$	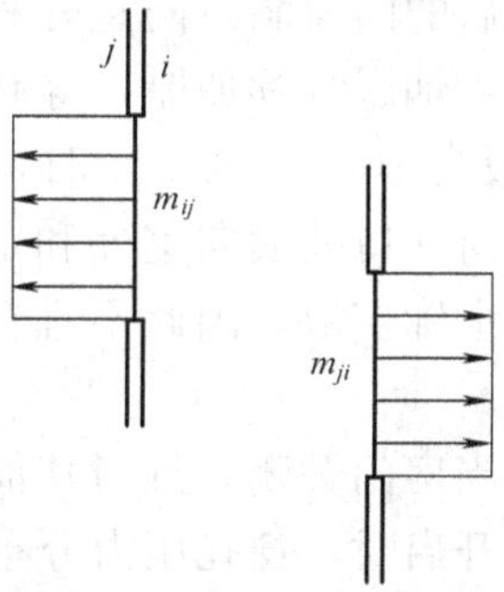	$m_{ij}=\alpha B(H_u-H_l)\sqrt{2\rho_i\Delta p}$ $m_{ji}=0$
	$p_j>p_i$		$m_{ji}=\alpha B(H_u-H_l)\sqrt{2\rho_j\Delta p}$ $m_{ij}=0$

续表

判别条件		模型	流量计算式
$\rho_j>\rho_i$	$Z_n\leqslant H_l$	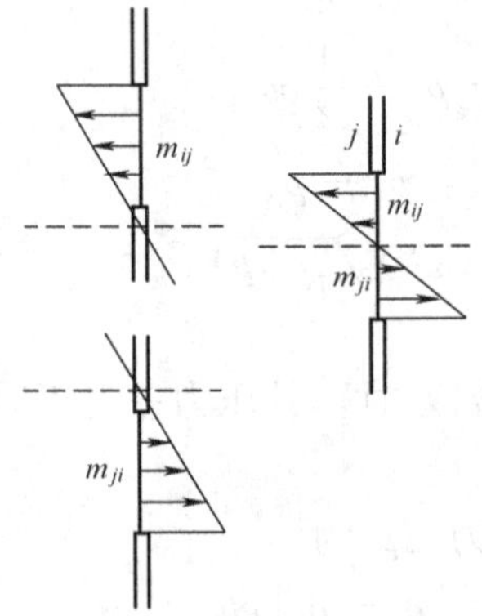	$m_{ij}=(2/3)\alpha B\sqrt{2g\rho_i\Delta p}\times$ $\|(H_u-Z_n)^{1.5}-(H_l-Z_n)^{1.5}\|$ $m_{ji}=0$
	$H_l<Z_n<H_u$		$m_{ij}=(2/3)\alpha B\sqrt{2g\rho_i\Delta p}\times(H_u-Z_n)^{1.5}$ $m_{ji}=(2/3)\alpha B\sqrt{2g\rho_i\Delta p}\times(H_l-Z_n)^{1.5}$
	$H_u\leqslant Z_n$		$m_{ij}=0$ $m_{ji}=(2/3)\alpha B\sqrt{2g\rho_i\Delta p}\times$ $\|(Z_n-H_l)^{1.5}-(Z_n-H_u)^{1.5}\|$
$p_j<p_i$	$Z_n\leqslant H_l$	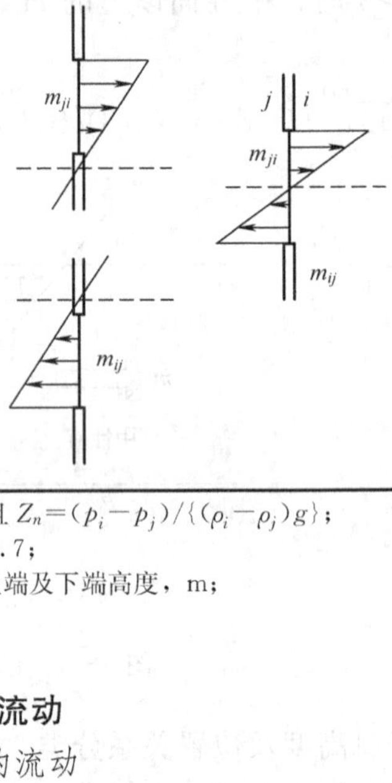	$m_{ij}=0$ $m_{ji}=(2/3)\alpha B\sqrt{2g\rho_i\Delta p}\times$ $\|(Z_n-H_l)^{1.5}-(Z_n-H_u)^{1.5}\|$
	$H_l<Z_n<H_u$		$m_{ji}=\alpha B\sqrt{2\rho_j\Delta p}(Z_n-H_l)$ $m_{ji}=\alpha B\sqrt{2\rho_j\Delta p}(H_u-Z_n)$
	$H_u\leqslant Z_n$		$m_{ij}=(2/3)\alpha B\sqrt{2g\rho_i\Delta p}\times$ $\|(H_u-Z_n)^{1.5}-(H_l-Z_n)^{1.5}\|$ $m_{ji}=0$

注 Z_n为中性面高度，m，且$Z_n=(p_i-p_j)/\{(\rho_i-\rho_j)g\}$；
α为流量系数，通常取0.7；
H_u、H_l分别为开口的上端及下端高度，m；
p为压力，Pa；
ρ为密度，kg/m^3。

三、烟气在建筑内的流动

1. 烟气在火灾房间的流动

着火房间发生的烟气从起火点向上升腾，当遇到顶棚后向四周水平扩散，由于受到四周墙壁阻挡和冷却，有沿墙向下流动的趋势。烟气不断产生，上部烟层逐渐增厚，达到门窗开口以下时，通过开启的门窗洞口向室外和走廊扩散。如果门窗是关着的，烟层继续加厚，等到室内温度升高到一定温度（一般为200～300℃）时，门窗上的玻璃破碎，烟气从门窗缺口处喷向室外和走廊。高层建筑物应防止烟气向走廊扩散，因此不宜在门上开“亮子”安装普通玻璃。

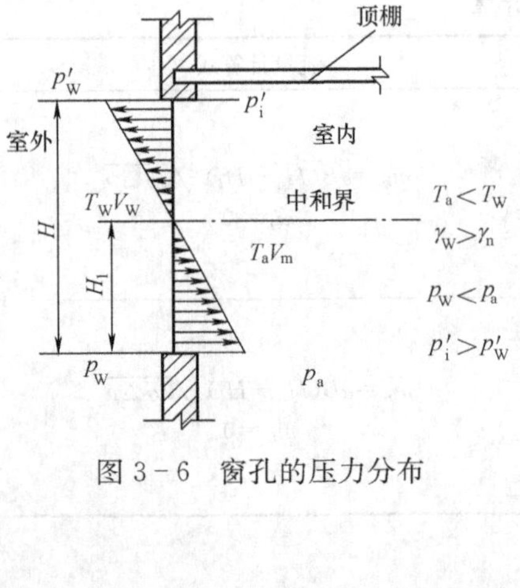

图3-6 窗孔的压力分布

当房门关闭，且当其他孔洞与走廊相通，外墙上的窗开启时，窗孔压力分布如图3-6所示，窗的中部存在一个中和界，中和界以上室内压力大于室外；中和界以下室外压力大于室内。烟气从中和界以上排至室外，室外空气从中和界以下流入室内，形成对流。当室外布风，窗处于迎风面时，由于房间并非绝对密闭，中和界将上升；如窗处在背风面，中和界下降。

当房间通向走廊的门开启，情况就变得复杂，窗的排烟情况将与建筑物的烟囱效应、防排烟方式、室外风向、风速、火灾程度等因素有关。

从窗孔喷出来的烟火如图 3-7 所示，烟火从水平方向喷出后，因浮力作用向上弯曲，如图 3-7（a）所示那样从单个小窗喷出，上下层窗间有大于 90cm 以上的窗间墙，就不考虑火势通过窗向上蔓延。但当如图 3-7（b）那样，从横向窗喷出来的烟火贴附在墙面上，火苗蹿得很高，窗附近的空气被带走，不像单个小窗那由窗两侧向补充，横向窗被带走的空气补充不进来，烟火和墙壁之间就形成真空状态，烟火就被吸附在墙面上，烟火和空气只有一面相混合，冷却慢，结果使火焰伸得很长，在这种情况下，除非设有宽度大于 50cm 的阳台，否则无法防止通过窗户向上层的蔓延。

2. 烟气在走廊内的流动

从房间内流向走廊的烟气，开始贴附在天棚下流动，由于冷却和周围空气混合，烟层变厚。靠近天棚和墙面的烟气易被冷却，先沿墙下降；随着流动路线的增长，和周围空气混合作用的加剧，烟气温度逐渐下降失去浮力，最后只在走廊中心剩下一个回形空间。

在火势旺盛阶段，根据多次火灾试验表明，烟气从室内流出后呈层流状态沿走廊的天棚流动。不仅如此，而且烟层厚度经过 20～30m 也不变厚。见图 3-8，即烟气从 a 点流到 b 点的过程中温度从 t_a 降到 t_b，由于温度下降烟层厚度减薄 Δh，然而烟层厚度并没有变化，因为在 b 点混入一部分空气，混入的空气恰好使其厚度增加了 Δh。但在流动过程中，如受到梁和其他突出物的阻碍，以及室外空气吹入或通风、空调系统气流的干扰，则层流流动距离缩短，而形成紊流状态。

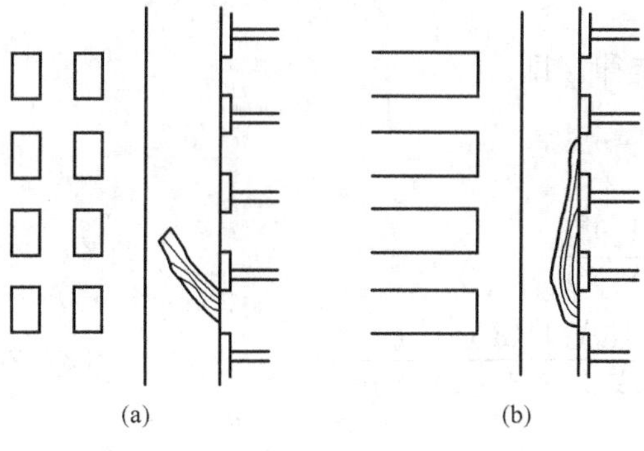

图 3-7 烟火从窗口喷出的情况

（a）单个小窗；（b）横向窗

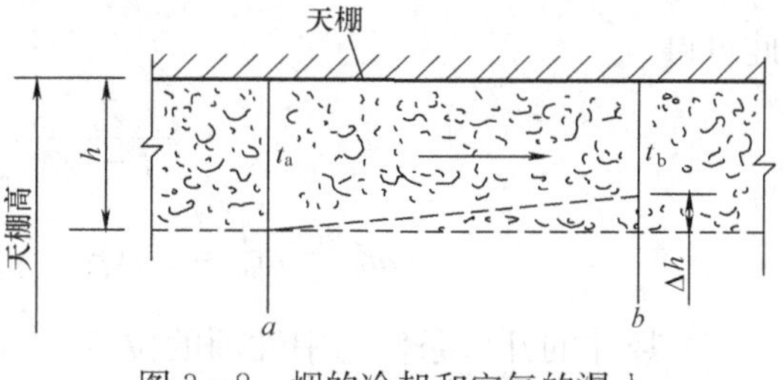

图 3-8 烟的冷却和空气的混入

从烟气在走廊的流动状态可以看出，在发烟地点附近排出效果好，其次是在烟气的层流区排出。按走廊的宽度设长条形排烟口效果好，否则只将流经排烟口的烟和附近的烟气排走，稍远一点的没有被排出，仍继续向前流动。

3. 烟气在建筑竖井内的流动

（1）烟囱效应。

冬季取暖或发生火灾而产生的烟气充满建筑物，室内温度高于室外温度时，就会引起烟囱效应。这时建筑的下部室内压力较低，外部的冷空气流入；与此相反，上部压力较高，高温烟气流向外部。这种烟囱效应，对于电梯竖井或楼梯间等竖向高度很大的空间，尤其突出。日本曾在东京海上大厦中进行过火灾试验。火灾室设在大楼的第四层，点火2min后，由室内喷出的烟气很快就进入相距30m的楼梯间。3min后，烟就已充满整个楼梯间，并进入各层走廊中。5～7min后，上面三层走廊均形成对疏散有危险的状态。试验表明，烟气上升速度比水平流动速度大得多，一般可达到3～5m/s。我国对内天井式建筑也进行过大型火灾试验。平常状态下，天井因风力或温度差形成负压而产生抽力。当天井内某房间起火后，大量热烟由于抽力作用进入天井并向上排出。天井内温度随之升高，冷风则由天井向其他开启的窗户流入补充。试验证明：当天井高度越大和天井内温度越增至高时，抽力就越大，烟的流动速度也会由初期的1～2m/s增至3～4m/s，最盛时3～5m/s，轰燃时可达9m。

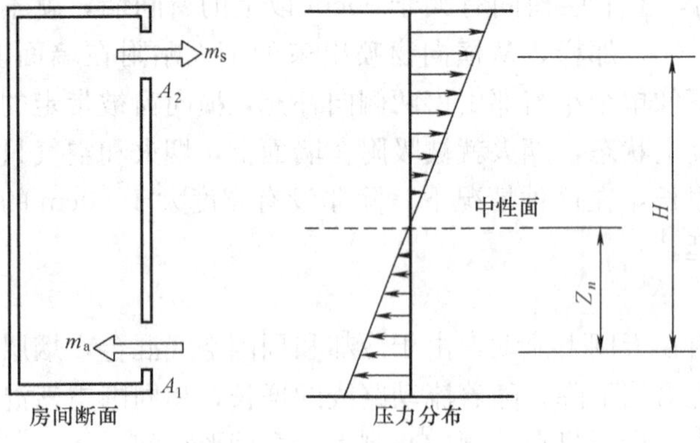

图3-9 烟囱效应的机理

右图3-9模型中，分析只有上下两处开口的空间，假设其内部充满了烟气，这时流入内部的空气量为m_a，流出的空气量为m_s，则根据伯努利方程有

$$m_a = \alpha A_1\sqrt{2g\rho_a(\rho_a-\rho_s)Z_n} \tag{3-21}$$

$$m_s = \alpha A_2\sqrt{2g\rho_a(\rho_a-\rho_s)(H-Z_n)} \tag{3-22}$$

式中 H——上下开口之间的垂直距离，m；

Z_n——下部开口与中性面的垂直距离，m。

在稳定状态下，空间内的压力满足质量守恒定律，即

$$m_a = m_s$$

因此可得

$$\frac{Z_n}{H-Z_n} = \frac{(\alpha A_2)^2\rho_s}{(\alpha A_1)^2\rho_a} \tag{3-23}$$

$$m_a^2 = m_s^2 = 2g(\rho_a-\rho_s)\frac{(\alpha A_1)^2(\alpha A_2)^2\rho_s}{(\alpha A_1)^2\rho_a+(\alpha A_2)^2\rho_s} \tag{3-24}$$

（2）竖井的开口条件与中性面的位置。

当竖井的顶部和底部的两个开口面积相等（$A_1=A_2$），室内外温度差不太大时，中性面的位置在建筑物的中间（公式3-23）。当中性面上下的门窗洞口均匀分布时，这一结论也是成立的。

此外，若上部开口比下部开口大（$A_1<A_2$），中性面就会向下移动；上部开口比下部开口小（$A_1>A_2$）时，中性面就会向下移动，如图3-10所示。所以当下部开口较大时，即使压差很小，也会出现大量的烟气流。

（3）烟气在竖井内的流动。

如上所述，建筑物高度越大，烟囱效应就越突出。因此，竖井对火灾时烟气传播产生

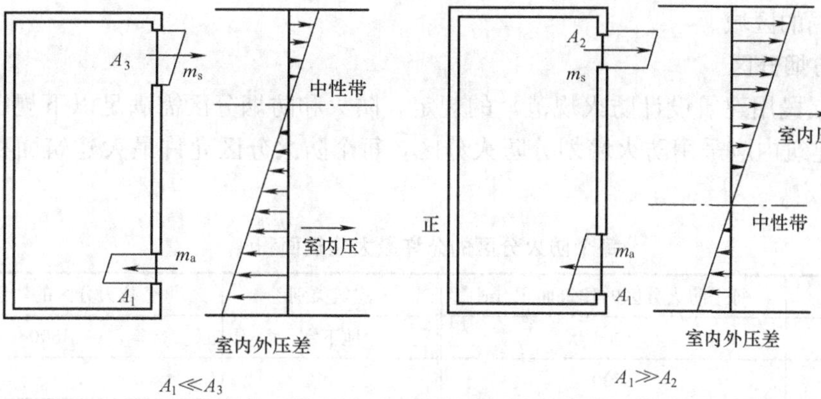

图 3-10　烟囱效应与开口大小

巨大影响。在取暖季节，竖井内部都会产生上升气流。在建筑物的低层部分，火灾初期产生的烟气，也会乘着上升的气流向顶部升腾。

图 3-11 是通过实验研究高层建筑竖井内烟气的扩散情况。为了研究方便，忽略了外部风的影响。这样，在竖井的下部，压力低于室外气压，而在上部的压力却高于室外气压，各个房间的压力处于大气压力与竖井压力之间。从整体来看，以建筑高度中部为界，新鲜空气从下部流入，而烟气则从上部排出。假设火灾房间的窗户受火灾作用而破坏，出现大的通风口后，火灾房间的压力就与大气压相接近，其窗口也有部分烟气排出；而且火灾房间与竖井压差变大，涌入竖井的烟气将会更加剧烈。

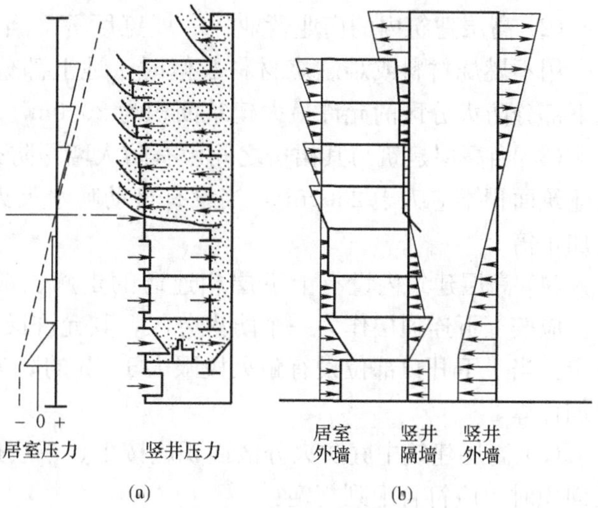

图 3-11　高层建筑的建筑烟气蔓延与压力分布

(a) 以大气压力为准的压差；(b) 作用在墙壁上的压差

第二节　防　　烟

烟气控制的主要目的是在建筑物内创造无烟或烟气含量极低的疏散通道或安全区；烟气控制的实质是控制烟气合理流动，也就是使烟气不流向疏散通道、安全区和非着火区，而向室外流动。基于以上目的，我们通常采用两种原理对烟气进行控制，即防烟与排烟。

防烟通常用到的主要方法有隔断或阻挡以及加压防烟。

墙、楼板、门等都具有隔断烟气传播的作用。为了防止火势蔓延和烟气传播，各国的法规中对建筑内部间隔作了明文规定，规定了建筑中必须划分防火分区和防烟分区。所谓防火分区是指用防火墙、楼板、防火门或防火卷帘等分隔的区域，可以将火灾限制在一定局部区域内（在一定时间内），不使火势蔓延。当然防火分区的隔断同样也对烟气起了隔断作用。所谓防烟分区是指在设置排烟措施的过道、房间中，用隔墙或其他措施（可以阻挡和限制烟气的流动）分隔的区域。

一、防火防烟分区

根据《高层民用建筑设计防火规范》的规定，防火和防烟分区需满足以下规定：

（1）高层建筑内应采用防火墙划分防火分区，每个防火分区允许最大建筑面积，不应超过表3－7的规定。

表3－7　　每个防火分区的允许最大建筑面积

建筑类别	每个防火分区的建筑面积/m^2	建筑类别	每个防火分区的建筑面积/m^2
一类建筑	1000	地下室	500
二类建筑	1500		

注　1. 设有自动灭火系统的防火分区，其允许最大建筑面积可按本表增加1倍；当局部设置自动灭火系统时，增加面积可按该局部面积的1倍计算。

2. 一类建筑的电信楼，其防火分区最大允许占地面积可按本表增加50%。

（2）高层建筑内的商业营业厅、展览厅等，当设有火灾自动报警系统和自动灭火系统，且采用不燃烧材料或难燃烧材料装修时，地上部分防火分区允许最大建筑面积为4000m^2；地下部分防火分区的允许最大建筑面积为2000m^2。

（3）当高层建筑与其裙房之间设有防火墙等防火分隔设施时，其裙房的防火分区允许最大建筑面积不应大于2500m^2，当设有自动喷水灭火系统时，防火分区允许最大建筑面积可增加1倍。

（4）高层建筑内设有上下层相连通的走廊、敞开楼梯、自动扶梯、传送带等开口部位时，应按上下连通层作为一个防火分区，其允许最大建筑面积之和不应超过本规范第1条的规定。当上下开口部位设有耐火极限大于3h的防火卷帘或水幕等分隔设施时，其面积可不叠加计算。

（5）高层建筑中庭防火分区面积应按上、下层连通的面积叠加计算，当超过一个防火分区面积时，应符合下列规定：

1）房间与中庭回廊相通的门、窗，应设自行关闭的乙级防火门、窗；

2）与中庭相通的过厅、通道等，应设乙级防火门或耐火极限大于3h的防火卷帘分隔；

3）中庭每层回廊应设有自动喷水灭火系统；

4）中庭每层回廊应设有火灾自动报警系统。

（6）设置排烟设施的走道，净高不超过6m的房间，应采用挡烟垂壁、隔墙或从顶棚下突出不小于0.5m的梁划分防烟分区。每个防烟分区的建筑面积不宜超过500m^2，且防烟分区不应跨越防火分区。

二、隔断或阻挡防烟

1. 防烟墙

防烟墙是利用非燃材料构成的分隔墙，主要用于面积很大的房间。防烟需要依用途不同加以分隔的墙，如在防烟墙上有门时，一般用铅丝玻璃门。在疏散通路上，除特别长的走道外，不用防烟墙隔断。

2. 防烟垂壁

防烟垂壁是一个总称，它包括防烟卷帘、固定或活动的挡烟板。这些都要用非燃材料制成，并要求气密性好。

防烟卷帘：防烟卷帘要求气密性好，在压差 2mm 水柱时，每平方米的漏风量小于 $0.2m^3/min$，防烟卷帘的宽度一般不超过 5m，与烟感器联动或在消防控制室遥控。当作为隔断烟气用时（自动扶梯的密闭）可与喷水装量相结合，以提高其耐热性能。设在走道内作阻烟用时，其最大下降高度应距地板面 1.8m 以上。

固定式档烟板和挡烟梁：固定式档烟板从顶棚向下突出不小于 50cm，固定在墙上和非燃材料的顶棚上。挡烟梁就是利用建筑物突出顶棚面大于 50cm 的梁，作挡烟用。设有井字梁的顶棚，应把梁的下表面设为顶棚面。图 3-12 是固定式挡烟板、挡烟梁设置的举例。

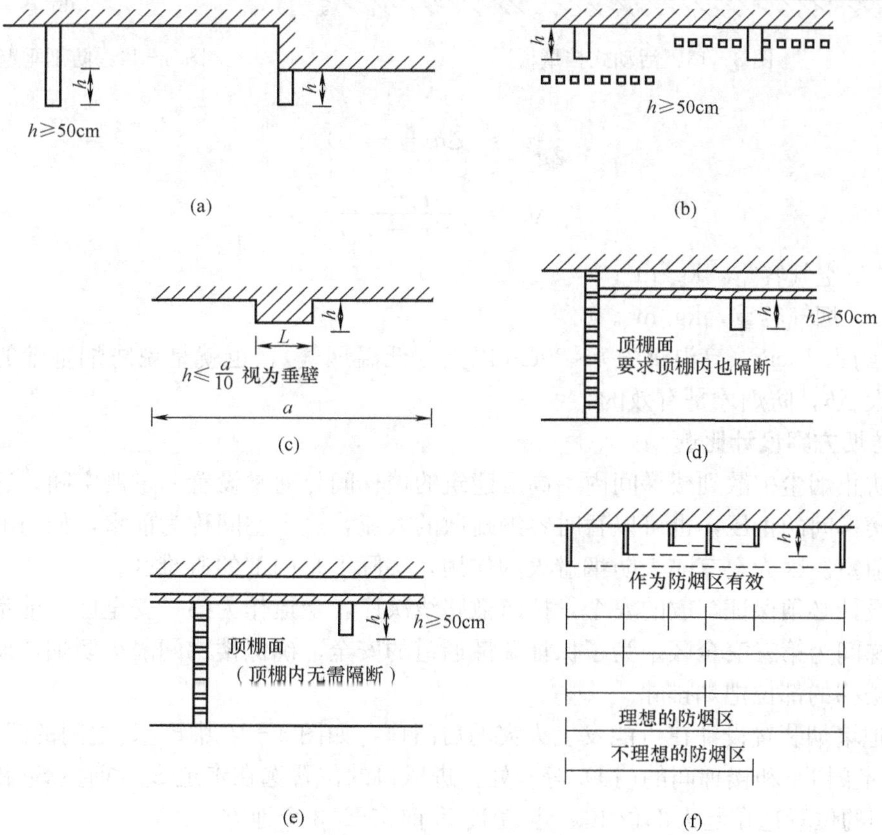

图 3-12　固定式挡烟板、挡烟梁设置举例

(a) 顶棚高度不同时；(b) 带格子的顶棚；(c) 在顶棚下突出的障碍物；
(d) 顶棚采用可燃材料；(e) 顶棚采用非燃材料

活动式挡烟板：当顶棚高度矮，设固定式挡烟板影响通行或有困难时，不得已才设活动式挡烟板，通常是设在顶棚面上或吊顶内，见图 3-13。火灾时与烟感器联动，就地手动或电动，并在消防控制室进行遥控，降下后板的下端至地板面的高度应在 1.8m 以上。

防烟垂壁的有效性：防烟垂壁是趁烟气由于浮力的作用积聚在顶棚下就予以排除，以提高排烟效果的辅助性措施。但如图 3-14 所示那样，烟层的厚度超过防烟垂壁高度时，无疑烟气就越过防烟垂壁进行扩散。即使是烟层厚度小于防烟垂壁高度时，如果烟气流动的动能克服了浮力，也会越过防烟垂壁进行扩散，如图 3-14 (b) 所示，烟气流速为 v，烟气下降高度为 Δh，烟气流动的动能和浮力的关系：

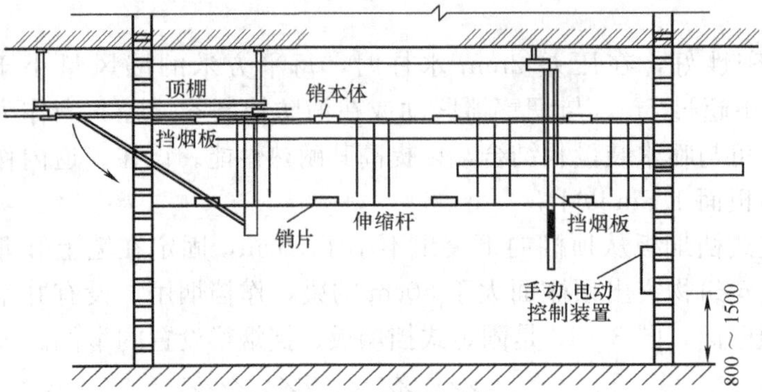

图 3-13 活动式挡烟板

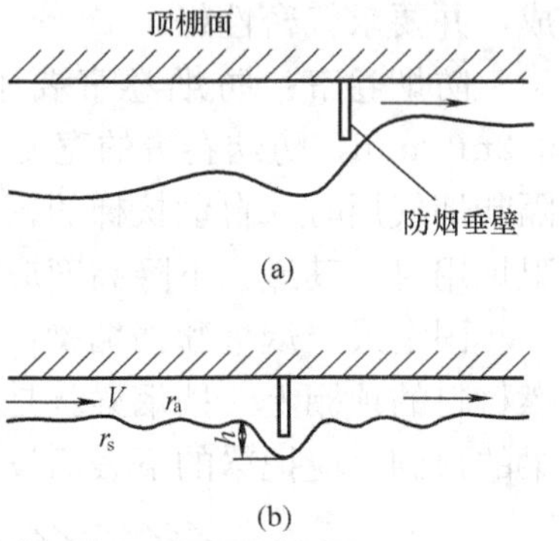

图 3-14 防烟垂壁有效性

$$\frac{r_s}{2g}v^2 = \Delta h(r_a - r_s) \tag{3-25}$$

$$\Delta h = \frac{r_s v^2}{2g(r_a - r_s)} \tag{3-26}$$

式中 r_a——空气容重，kg/m^3；

r_s——烟气容重，kg/m^3。

Δh 值约为 10cm（高温烟气）～30cm 以上（低温烟气），也就是说防烟垂壁的高度比烟层的厚度大 Δh，防烟才是有效的。

三、防烟方案设计比选

为了防止烟尘扩散到楼梯间内，高层建筑的楼梯间外通常设置一过渡空间，这样不仅有利于保持楼梯间的正压，也可以暂时容纳疏散的人流，这个空间称为前室，如与电梯厅共用就称合用前室。因为它有隔火防烟避火的作用，实际上是内部的避难区。

防烟设计必须保证疏散的安全，按疏散路线次序，走道作为第一安全区，前室为第二安全区，楼梯间为第三安全区。为了保证疏散通道的安全，确保楼梯间隔火防烟，设计时应尽量在远离楼梯的部位把烟排除。

通常把堵烟装置设计在可能发生火灾的房门口，如图 3-15 中F-C 之间的门 D_l 和走道门 D_c，前室门 D_l 和楼梯间的门 D_s 等 4 处。进风口的位置选在走道 S_c、前室 S_l 和楼梯间 S_s 3 处。排烟的位置选在起火部位 E_f、走道 E_c 和前室 E_l 3 个地方。

F 形防烟方案：F 方案堵烟部位在起火点门口，起火点的烟通过排烟口和排烟塔全部向外排出，堵烟措施是从防火门和走道上向起火点加压送风。这个方案火灾影响范围最小，但无法确定具体的着火点，如果在所有房间设排烟系统则投资过于高昂。

C 形防烟方案：通过走道上的防火门或顶棚的防烟垂壁堵住烟，从 E_f 和 E_c 排烟，经过 S_c、S_l 和 S_s 进风口向走道加压送风，防烟效果更可靠。

L 形防烟方案：这是在防烟楼梯的前室防火堵烟，通常用乙级防火门和前室或楼梯的加压送风，由 E_f 和 E_c 的排烟管道散烟，保证前室楼梯间的安全可靠，这是比较常用的一种方案。

S 形防烟方案：把堵烟位置放在楼梯间门口，对楼梯间加压送风，封闭防火门，但在人员出入时会带进烟尘，带来隐忧。

不论哪种方案，为了保障人员的安全，在人员活动疏散的空间，烟浓度不能超过起火点烟浓度的 1/100 和 1/300。

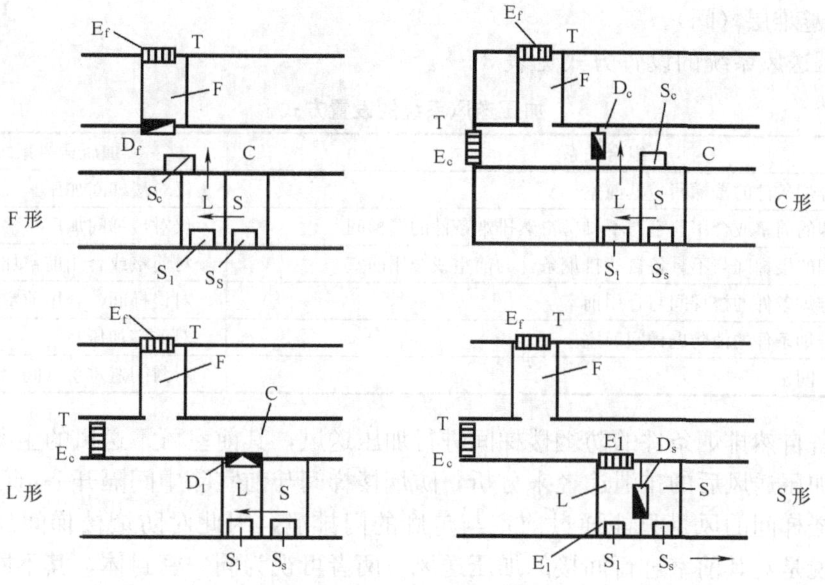

图 3-15 几种防烟方案的比较

F—起火房间；S—楼梯间；C—走道；T—排烟塔；L—前室

进风口；弥散烟气；排烟口；←气流方向；堵烟口

四、加压防烟

加压防烟是用风机把一定量的空气送入一房间或通道内，使室内保持一定的压力或门洞保持一定的流速，以避免烟气侵入。图 3-16 是加压防烟的两种情况：其中图（a）是当门关闭时房间内保持一定的正压，空气从门缝或其他缝隙中流出，以防止烟气进入；图（b）是当门开启时，送入加压区的空气以一定风速从门洞流出，阻止烟气进入。当流速较低时空气可能从上部流入室内。由上述两种情况分析可以看出，为了阻止烟气流入被加压的房间，必须达到：①门开启时，门洞有一定向外的风速；②门关闭时，房间内有一定正压值，这也是设计加压送风系统的两条原则。

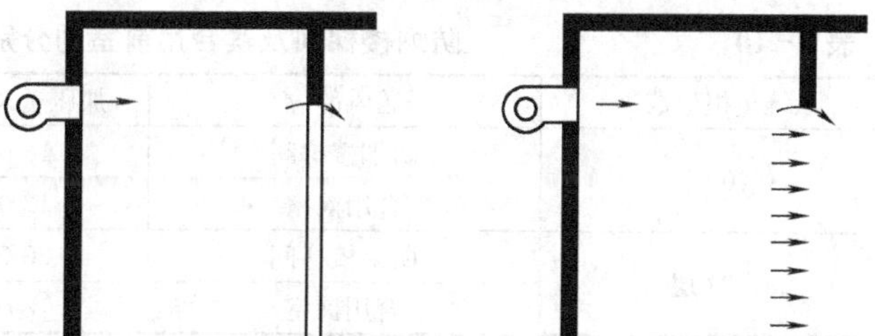

(a) (b)

图 3-16 加压防烟

(a) 门关闭时；(b) 门开启时

下面介绍加压送风系统的设置部位及方式。

加压送风是有效的防烟措施，在《高层民用建筑设计防火规范》有以下规定。

（1）下列部位应设置独立的机械加压送风的防烟设施。

1）不具备自然排烟条件的防烟楼梯间、消防电梯间前室或合用前室。

2）采用自然排烟措施的防烟楼梯间，不具备自然排烟条件的前室。

3）带裙房的高层建筑防烟楼梯间及其前室、消防电梯间前室或合用前室，当裙房以上部分利用可开启外窗进行自然排烟，裙房部分不具备自然排烟条件时，其前室或合用前室应设置局部机械加压送风系统。

4）封闭避难层（间）。

（2）加压送风系统的设置方式见表 3-8。

表 3-8 加压送风系统的设置方式

组合关系	加压送风系统方式
不具备自然排烟条件的楼梯间与其前室	仅对楼梯间加压
采用自然排烟的前室或合用前室与不具备自然排烟条件的楼梯间	仅对楼梯间加压
采用自然排烟的楼梯间与不具备自然排烟条件的前室或合用前室	对前室或合用前室加压
不具备自然排烟条件的楼梯间与合用前室	对楼梯间、合用前室加压
不具备自然排烟条件的消防电梯间前室	对前室加压
封闭避难层（间）	对封闭避难层（间）加压

对不具备自然排烟条件的防烟楼梯间进行加压送风，其前室可不送风的主要理由是：从防烟楼梯间加压送风后的排泄途径来分析，防烟楼梯间与前室除中间隔开一道门外，其加压送风的防烟楼梯间的风量只能通过前室与走廊的门排泄，因此对防烟楼梯间加压送风的同时，也可以说是对其前室进行间接的加压送风。两者可视为同一密封体，其不同之处是前室受到一道门的阻力影响，使压力、风量受节流。

（3）高层建筑防烟楼梯间及其前室、合用前室和消防电梯间前室的机械加压送风量应由计算确定，或按表 3-9～表 3-12 的规定确定。当计算值和本表不一致时，应按两者中较大值确定。

表 3-9 防烟楼梯间（前室不送风）的加压送风量

系统负担层数	加压送风量/($m^3 \cdot h^{-1}$)	风道断面面积/($1 \cdot m^{-2}$)
<20 层	25 000～30 000	0.46～0.55
20～32 层	35 000～40 000	0.65～0.74

表 3-10 防烟楼梯间及其合用前室的分别加压送风量

系统负担层数	送风部位	加压送风量/($m^3 \cdot h^{-1}$)	风道断面面积/($1 \cdot m^{-2}$)
<20 层	防烟楼梯间	16 000～20 000	0.30～0.38
	合用前室	12 000～16 000	0.23～0.30
20～32 层	防烟楼梯间	20 000～25 000	0.38～0.47
	合用前室	18 000～22 000	0.34～0.41

表 3-11 消防电梯间前室的加压送风量

系统负担层数	加压送风量/($m^3 \cdot h^{-1}$)	风道断面面积/($1 \cdot m^{-2}$)
<20 层	15 000～20 000	0.27～0.38
20～32 层	22 000～27 000	0.41～0.50

表 3-12 防烟楼梯间采用自然排烟，前室或合用前室不具备自然排烟条件时的送风量

系统负担层数	加压送风量/($m^3 \cdot h^{-1}$)	风道断面面积/($1 \cdot m^{-2}$)
<20 层	22 000～27 000	0.41～0.50
20～32 层	28 000～32 000	0.52～0.60

注 1. 表中风量按开启 2.00m×1.60m 的双扇门确定。当采用单扇门时，其风量可乘以 0.75 系数计算；当有两个或两个以上出入口时，其风量应乘以 1.50～1.75 系数计算。开启门时，通过门的风速不宜小于 0.70m/s。风道断面积为最小面积。

2. 风量上下限选取应按层数、风道材料、防火门漏风量等因素综合比较确定。

(4) 层数超过 32 层的高层建筑，其送风系统及送风量应分段设计。

(5) 剪刀楼梯间可合用一个风道，其风量应按两个楼梯间风量计算，送风口应分别设置。但当剪刀楼梯合用一个前室时，两座楼梯应分别设加压送风系统。

(6) 封闭避难层（间）的机械加压送风量应按避难层净面积每平方米不小于 $30m^3/h$ 计算。

(7) 机械加压送风的防烟楼梯间和合用前室，宜分别独立设置送风系统，当必须共用一个系统时，应在通向合用前室的支风管上设置压差自动调节装置。

(8) 机械加压送风机的全压，除计算最不利环管道压头损失外，尚应有余压。其余压值应符合下列要求：

1) 防烟楼梯间为 40～50Pa；

2) 前室、合用前室、消防电梯间前室、封闭避难层（间）为 25～30Pa。

(9) 楼梯间宜每隔 2～3 层设一个加压送风口，风口宜采用自垂式百叶风口或常开百叶风口，当采用常开式百叶风口时，应在加压风机的压出管上设置止回阀。

前室的加压送风口应每层设 1 个，每个风口的有效面积按 1/3 系统总风量确定，风口可为常闭型，也可为常开百叶式风口。当风口为常闭型时，发生火灾只开启着火层及其上、下层共三层的风口。风口应设手动和自动开启装置，并应与加压送风机的启动连锁，当每层风口设计为常开百叶风口时，应在加压风机的压出管上设置止回阀。

(10) 机械加压送风机可采用轴流风机或中、低压离心风机，风机位置应根据供电条件、风量分配均衡、新风入口不受火、烟威胁等因素确定。

(11) 机械加压送风系统采用金属风道时，风速不应大于 20m/s；采用内表面光滑的混凝土等非金属材料风道时，风俗不应大于 15m/s。风道漏风量应小于 10%。

(12) 正压送风口的风速不宜大于 7m/s。

五、加压送风量的计算

1. 垂直疏散通道加压送风量的计算

加比防烟的两条原则，门启时，门洞有一定的向外风速，门关闭时室内有一定正压值；加压防烟的基本计算公式就基于这两条原则。

(1) 压差法。

当门关闭时，保持一定压差所需的风量为

$$V_p = \mu A_c (2\Delta p/\rho)^n \tag{3-27}$$

式中 V_p——按压差法计算的加压风量，m^3/s；

A_c——门缝、窗缝等的缝隙面积，m^2；

Δp——加压区与非加压区的压差，Pa；

μ——流量系数，0.6～0.7；

ρ——空气密度，kg/m^3；

n——指数，0.5～1.0，一般取 0.5。

如果取 $\mu=0.65$，$\rho=1.2kg/m^3$，则上式变为

$$V_p = 0.839 A_c \sqrt{\Delta p} \tag{3-28}$$

Δp 应取多大为好呢？Δp 大，防烟性能好，但太大会引起开门困难。因此最大正压差应有限制。国外研究表明，老、弱、妇、幼开门力为 133N。门为 0.8m×2.0m，且有 45N·m 的

弹簧力矩，则允许最大压差为 96Pa。我国有人研究认为最大压差 Δp 可以为 80～135Pa。最小压差应能防止烟气通过门缝渗入。我国《高层民用建筑设计防火规范》规定：Δp 为 25～50Pa。

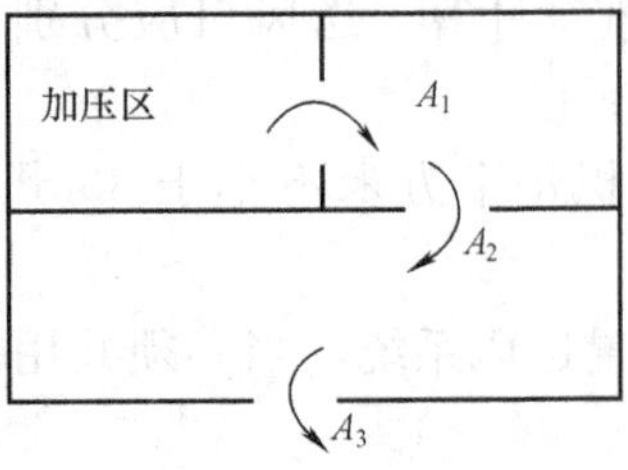

图 3-17 串联缝隙

对于加压区有多个门或窗，其缝隙面积可简单叠加。当加压区的空气流通路上有串联缝隙，如图 3-17 所示，缝隙 A_1、A_2、A_3 为串联，这时加压区 Δp 分别消耗于三个缝隙处。根据式（3-28）可以导出有效流通面积（或称当量流通面积）为

$$A_e = \left(\frac{1}{A_1^2} + \frac{1}{A_2^2} + \frac{1}{A_3^2}\right)^{-\frac{1}{2}} \tag{3-29}$$

如果流通路上串联两个面积 A_1 和 A_2，当 $A_1 \gg A_2$ 时，$A_e \approx A_2$。一般说，$A_2/A_1 \leqslant 0.2$ 时，即可认为 $A_e \approx A_2$。其误差不到 2%。

门缝、窗缝等缝隙面积按（缝隙）×（缝长）进行计算。而缝宽在系统设计时是一个不确定值，它与门缝的形式、加工质量、安装质量、使用情况等因素有关。因此只能按一般情况进行估计。建议缝宽如下：疏散门 2～4mm；电梯门 5～6mm；单层木窗和钢窗 0.7mm：双层木窗和钢窗 0.5mm；铝合金推拉窗 0.35mm；铝合金平开窗 0.1mm。上述窗缝宽是根据有关文献的数据按式（3-28）计算并取整后的数值。

4 种类型标准门的漏风面积见表 3-13。

表 3-13 4 种类型标准门的漏风面积

门的类型	高×宽/(m×m)	缝隙长/m	漏风面积/m^2
开向正压间的单扇门	2×0.8	5.6	0.01
从正压间向外开启的单扇门	2×0.8	5.6	0.02
双扇门	2×1.6	9.2	0.03
电梯门	2×1.6	8	0.06

注 对于大于表中尺寸的门，漏风面积按实际计算。

门缝宽度：疏散门 0.002～0.004m，电梯 0.005～0.006m。

如防烟楼梯间有外窗，仍采用正压送风时其单位长度可开窗缝的最大漏风量（ΔP=50Pa）据窗户类型直接确定：

单层木窗	15.3	$m^3/(m \cdot h)$
双层木窗	10.3	$m^3/(m \cdot h)$
单层钢窗	10.9	$m^3/(m \cdot h)$
双层钢窗	7.6	$m^3/(m \cdot h)$

（2）风速法。

为维持门洞一定风速所需的风量应为

$$V_v = (\Sigma A_d)_v \tag{3-30}$$

式中 V_v——按门洞风速法计算的加压风量，m^3/s；

ΣA_d——所有门洞的面积，m^2。

门洞风速的大小与着火地点的火灾强度、烟气在走道内的流速等的因素有关：如果室内

无任何消防措施，火灾时，窗户未爆裂前烟气在走廊内的流速可达每秒几米。但是在现代的高层建筑中，防火规范要求没有自动喷水灭火系统；走道内有自然排烟或机械排烟系统，因此烟气侵入前室或楼梯间门洞的风速不会太大。已有的研究报告建议门洞风速也相差甚远，

各国法规也不一致。例如，英国为0.5～0.75m/s；澳大利亚为1.0m/s；美国为0.25～1.25m/s（有自动灭火装置）；我国规定为0.75～1.20m/s。

2. 防烟楼梯间加压系统的计算

设有一栋n层建筑的防烟楼梯间，其中m层的楼梯间门（一道门）及其前室的门（二道门）都开启，其余（n～m）层的一、二道门都关闭，只对楼梯间送风加压，确定加压送风量，如图3-18所示。

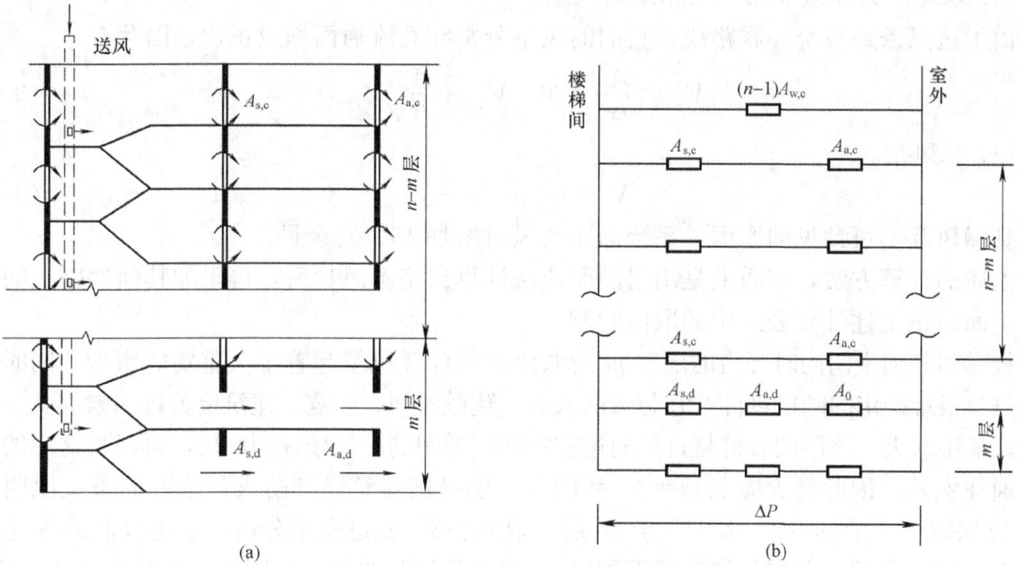

图3-18 楼梯间加压时空气流动模式和网络图

(a) 空气流动模式；(b) 模拟电路的网络图

图3-18（a）表示楼梯间加压送风后，送入楼梯间的空气流动模式，其中m层疏散门是打开的，画于最下面2层示意，而其余的门都关闭，实际开门或关门的楼层是任意的，图中画法不影响问题的分析。图中的$A_{s,d}$，$A_{a,d}$，分别表示楼梯间和前室门洞的面积；$A_{s,c}$、$A_{a,c}$分别表示楼梯间和前室门的缝隙面积；$A_{w,c}$表示窗户缝隙面积，A_0表示内走道经房间流向室外的当量流通面积。为了简化计算，作如下假定：①楼梯间上下的压力相等；②空气进入走廊后，通过走道的窗、房间的窗流向室外，$A_{s,c}$（或$A_{a,c}$）$\ll A_0$；③门洞和缝的阻力系数一样。根据流动模式可画出模拟电路的网络图，见图3-18（b）。图中电阻相当于流通面积的倒数（图中直接标为面积），电压相当于压差，电流相当于风量。由图3-19可见，送入楼梯间的空气量主要要通过两条路线流向室外：第一条路线，经m层开启的一、二道门洞和房间窗缝；第二条路线通过楼梯间的窗缝；第三条路线经（n～m）层楼梯间和前室关着门的缝和房间门窗缝，由于房间门窗缝$A_0 \ll A_{s,c}$（或$A_{a,c}$），因此在模拟电路图上省略了A_0。总风量应当是三条路的风量之和。计算步骤如下。

（1）通过开启门洞的风量用公式（3-30）进行计算，即

$$V_1 = mA_{a,d}v \tag{3-31}$$

（2）分别求出三条路的当量流通面积。

第一条线路当量流通面积为

$$A_{e,1}=m\left(\frac{1}{A_{s,d}^{2}}+\frac{1}{A_{a,d}^{2}}+\frac{1}{A_{0}^{2}}\right)^{-1/2} \tag{3-32}$$

第二条线路当量流通面积为

$$A_{e,2}=(n-1)A_{w,c} \tag{3-33}$$

第三条线路当量流通面积为

$$A_{e,3}=(n-m)\left(\frac{1}{A_{s,d}^{2}}+\frac{1}{A_{a,d}^{2}}\right)^{-1/2} \tag{3-34}$$

（3）求第二条路线和第三条路线的风量。

由于这三条路线是并联路线，它们的风量分别与其流通面积成正比，因此有

$$V_2=\frac{A_{e,2}}{A_{e,1}}V_1;\quad V_3=\frac{A_{e,3}}{A_{e,1}}V_1 \tag{3-35}$$

（4）总风量。

$$V=V_1+V_2+V_3 \tag{3-36}$$

考虑到漏风及不可预见的原因，系统加压的风量增加10%富余量。

上述的计算方法，实质上是用门洞风速法计算出基本风量后，再附加其他通路上的渗风量，下面讨论上述计算公式中的取值问题。

楼梯间和前室门同时开启的层数 m 的取值，对计算风量起着至关重要的影响。同时开门数是一个很难确定的随机事件，它与疏散人数、疏散时间、门宽、建筑层数等因素有关。一般认为，某层起火，该层的人群将首先通过前室和楼梯间的门经楼梯到底层，再经过这层的两道门，通往室外，因此最少应取 $m=2$。我国《高层民用建筑设计防火规范》的条文说明中推荐：20层以下，取 $m=2$；大于等于20层，取 $m=3$。通过概率分析，上述取值是适宜的。

由走道、房间通向室外的流通面积 A_0，如果是打开的门、窗则可以在计算中不予考虑，即公式（3-32）中 A_0 可忽略：如果门窗是关闭的，A_0 等于与楼梯间相通的所有房间门、窗的缝隙面积之和。一般说按后者计算所得的风量比前一种的结果大得多。对于高层建筑，都有自然排烟或机械排烟，因此一旦起火，可认为窗是打开的，底层通向室外的门也是打开的，或是说排烟系统已经启动了，因此由楼梯间流到走道的空气的出路是畅通的，走廊内无背压，即流入走道相当于流到室外。

门扇开启时的净面积一般小于门洞的加积。疏散门都是弹簧门，打开到90°的情况很少；而且人通过时遮挡一部分面积，因此实际净流通面积也就是门洞的70%左右。但从设计安全和方便起见，可就取门洞的面积。

【例3-2】 有一栋18层建筑，楼梯间和前室门的宽×高＝1.6m×2m，楼梯间有1.5m×1.5m的铝合金推拉窗，求加压风量。

解 （1）按式（3-30）求通过开启门洞的风量。

$$V_1=2\times2\times1.6\times0.7=4.48\text{m}^3/\text{s}$$

（2）取疏散门的缝宽为3mm，窗缝取0.35mm，从走到室外的空气流动通道畅通，即 A_0 足够大，因此有

$$A_{e,1}=2\left[\frac{1}{(1.6\times2)^2}+\frac{1}{(1.6\times2)^2}\right]^{-1/2}$$

$$A_{e,2}=(18-1)\times(1.5\times2+1.5\times3)\times0.35\times10^{-3}=0.0357$$

$$A_{s,c}=A_{a,c}=(2\times3+1.6\times2)\times0.003=0.0276\text{m}^2$$

$$A_{e,3}=(18-2)\left[\frac{1}{0.0276^2}+\frac{1}{0.0276^2}\right]^{-1/2}=0.312\text{m}^2$$

(3) 求其他通路的渗风量。

$$V_2=\frac{0.0375}{4.35}\times4.48=0.037\text{m}^3/\text{s}$$

$$V_3=\frac{0.312}{4.35}\times4.48=0.309\text{m}^3/\text{s}$$

(4) 求总加压风量。

$$V=(V_1+V_2+V_3)\times1.10=(4.48+0.035+0.309)\times1.10=5.3\text{m}^3/\text{s}$$

(5) 用压差法计算加压风量。

当门全关闭时，则空气流通面积为

$$A_e=0.0357+18\times\left[\frac{1}{0.0276^2}+\frac{1}{0.0276^2}\right]^{-1/2}=0.387\text{m}^2$$

按式（3-27）有

$$V_p=1.25\times0.839\times0.387\times(50)^{1/2}=2.87\text{m}^3/\text{s}$$

由此例可见，用压差法计算得的风量远小于用门洞风速法计算的风量：一旦门打开，系统阻力减小，系统风量增加，但通过门洞的风速仍达不到防烟的要求。因此，以门洞风速法计算风量，再考虑其他缝隙的漏风量的计算方法是比较适宜的。

3. 前室加压系统的分析

电梯间前室或只对楼梯间前室的加压系统与防烟楼梯间的加压系统相比要复杂一些。下面就电梯间前室的加压进行分析，图 3-19（a）是电梯间前室加压系统的空气流动模型，其中有 m 层的前室门被开启，而其余的（$n\sim m$）层的前室门是关闭的。在每层前室内均设有加压送风口，送风口面积为 A_0。送风口有两种形式——常开型风口和常闭型风口。若用常闭型风口，当发生火灾时，着火层及其上一层（和下一层）的风口自动开启，以使加压送风的空气集中用于着火层及邻层，防止烟气侵入疏散通道。计算得到的加压总风量比常开型风口的系统略小一些。这种系统的弊端是：当系统运行，某前室的风口开启而前室门尚未开启时，前室内正压升高，以致打不开前室的门；常闭型风口有一套自控控制系统，必须经常维护，如常年闲置而未加维护，火灾时有可能失

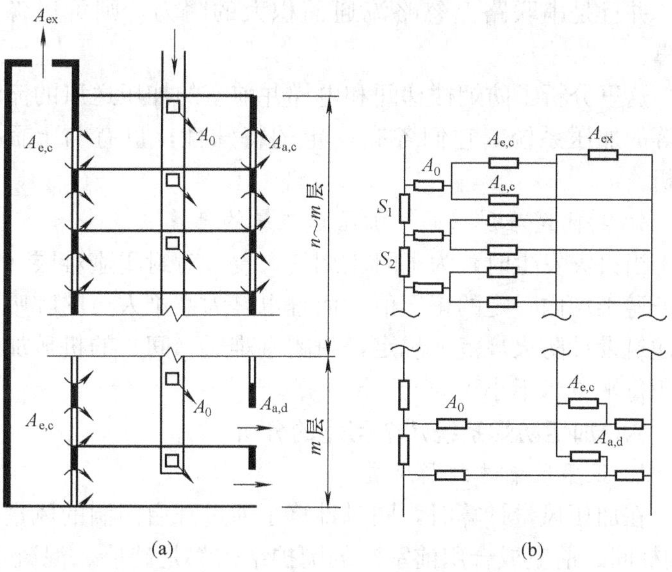

图 3-19 电梯间前室加压系统

(a) 空气流动模式；(b) 网络图

控。由此可见，常闭型风口存在一定不安全的隐患。用常开型风口的系统，系统运行时，风量将按流通管路阻力的大小进行分配。当所有前室门都关闭时，则每层得到大致相等的风量；当某层的前室门开启时，这层流通阻力减小，则会有大量空气从这层涌出，保证了门洞具有一定的风速。因此可以保证在任何层的前室门开启（在设计允许的开门数以内）时，获得足够量的空气量。这种系统中每层的送风口通常按系统的 1/3 风量，并不小于一个门洞所需的风量进行选取，出风速度不宜太大。

图 3－19 是常开型风口的加压送风系统。因此，加压风量将被送到每层的前室中，这时大量的空气将送入 m 层开门的前室，并从门洞流出。设电梯前室的门洞面积为 $A_{a,d}$，门缝面积为 $A_{a,c}$，电梯井排气孔面积为 A_{ex}（无特殊说明，一般取 $A_{ex}=0.1m^2$），送风口为 A_0，电梯门的门缝面积为 $A_{e,c}$。当电梯门打开时，电梯轿厢四周的缝是空气流通面积，它与电梯门缝面积并不相等，为简单起见，认为它的面积仍为 $A_{e,c}$。根据空气流动的模式，可以画出网络图，如图 3－19（b）所示，其中通过门洞、门缝、风口等的阻力特性仍用相应的流通面积表示，而在送风管内的阻力特性用 S_1、S_2、…、S_{n-1}表示。送风管的空气主要由三条路线流到室外：第一条路线经送风管、送风口（A_0）、门开启的前室的门洞（$A_{a,d}$）、走道，最后排到室外，并认为向外的出口是畅通的；第二条路线经送风管、送风口（A_0）到门关闭的前室，从这里分两路，一部分空气经前室的门缝（$A_{a,c}$）、走廊，再排到室外；另一部分空气，即第三条路线，经过电梯门缝 $A_{e,c}$进入电梯井，经电梯井的排气孔 A_{ex}排出一部分，另有一部分将从开门的前室排到室外。后一部分空气流向的原因是，门开启的前室的压力不大（如果门洞风 1m/s，门两侧的压差也就 1.4Pa），电梯井内的压力通常会高于前室，因此电梯井内空气会有一部分通过开启门洞的前室排到室外。上述的流动模式假定了电梯井内为一等压区。由于送风管内有阻力存在并非等压区，而且开门的前室位于送风管的那个位置，都对风量分配有影响。因此解这问题比防烟楼梯间的加压系统要复杂些，需要利用流量平衡与回路压力平衡的原则，用计算机进行求解。作为简化的一种手算法，将送风管认为是等压的，并且是串联路上忽略流通面积大的阻力，则可以像防烟楼梯间的相类似的方法进行计算。

这里分析了防烟楼梯间和电梯井前室的加压送风的流动规律。至于楼梯间前室、合用前室等的加压系统，它们各有一定的特殊性，也有与上面分析相类似的特点，读者可自行分析。

4. 封闭避难层（间）加压送风量的计算

当火灾发生时，为了阻止烟气入侵，对封闭避难层（间）设置加压送风设施，不但可以保证避难层内一定的正压值，而且也是为避难人员的呼吸需要提供室外新鲜空气。《高层民用建筑设计防火规范》规定，封闭避难层（间）的机械加压送风量应按封闭避难层（间）净面积每平方米不小于 $30m^3/h$ 计算。

六、加压防烟系统几个问题的分析

1. 正压区墙体的漏风量

在加压风量计算时，同时计算了通过开启门洞的风量和门缝、窗户的漏风量。而正压区（楼梯间、前室或合用前室）的围护结构都是砖墙、混凝土砌块墙或混凝土现浇墙，它们也会漏风的。这些漏风量的不确定因素比门缝、窗风的漏风量更多，往往更难计算。实测资料表明，同一种材料漏风量相差也很大，这可能与砌筑质量及实测精度有关，现摘其中楼梯间墙实测的中间值，综合成如下漏风量公式供参考：

砖墙楼梯间 $$l = 4 \times 10^{-5}(\Delta p)^{0.784} \tag{3-37}$$

现浇混凝土楼梯间 $$l = 5.8 \times 10^{-5}(\Delta p)^{0.57} \tag{3-38}$$

式中 l——单位面积墙体的漏风量，$m^3/(s \cdot m^2)$；

Δp——楼梯间内外压差，Pa。

当楼梯间用门洞风速法计算风量时、楼梯间内压力不到 2Pa，按上述两个式计算得到的漏风量可能也就在总风量的 2%～3%；如果按压差法计算风量时，楼梯间内保持 50Pa。漏风量约为计算风量的 30%～50%。由此可见，加压防烟系统用门洞风速法确定风量时，附加 10%的余量考虑墙体、风管等漏风量是适宜的；如果用压差法确定风量时，应估算墙体的漏风量。

2. 正压区超压问题

防烟楼梯间、前室、合用前室等加压防烟，其风量都是按 2 层或 3 层的门同时开启，保证门洞一定风速并附加其他层的漏风设计的，通常比按压差法计算的风量大得多。那么如此大的风量在疏散门都关闭时将造成多大的正压呢？应该指出，该压力不能简单地根据风量公式（3-30）来确定。图 3-20 中曲线 F 为风机特性，设计工况下的工作点为 A，曲线 1 即为设计工况下（2 层或 3 层的疏散门开启）的管路特性；曲线 2 为所有疏散门都关闭时的管路特性，B 为新的工作点。由于管路特性 1 是在门开启情况下的特性，而门洞的阻力在总阻力中占的比重很小，因此曲线 1 相当于送风管路从空气入口到送风口（包括送风口阻力）的管路特性。曲线 2 相当于原来的送风管路再加上正压区漏风通路的管路特性。这样，$(p_B - p_C)$ 即是在所有疏散门关闭时正压区的正压值。

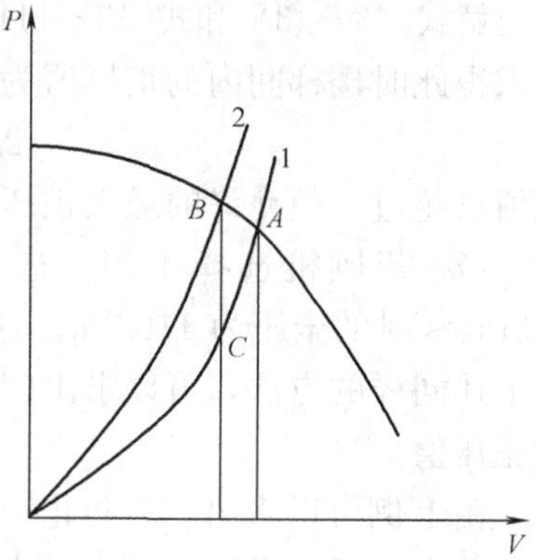

图 3-20 加压送风系统的工作特性

下面通过实例来说明估算楼梯间内门全关闭时正压值的步骤。

【例 3-3】 上例的防烟楼梯间加压送风系统，风量 $5.3m^3/s$，根据管理的阻力选用 4-79 型 No. 8C 风机一台，转速为 800r/min，风压为 470Pa，求该楼梯间门全关闭时的正压值。

解 （1）根据式（3-27），可以得到楼梯间内门全关闭时的漏风量与正压值的关系。所有门窗缝已在上例中计算得到，为 $0.387m^2$，代入式（3-27）得

$$V_1 = 0.839 \times 0.387 \times (\Delta p)^{1/2} = 0.325(\Delta p)^{1/2} \tag{3-39}$$

（2）若该楼梯间的墙为现浇混凝土，扣除门、窗面积后的墙体面积为 $1276m^2$，则可根据式（3-37）求出通过墙体的漏风量与楼梯间内正压值的关系，即

$$V_2 = 1276 \times 5.8 \times 10^{-5}(\Delta p)^{0.57} = 0.074(\Delta p)^{0.57} \tag{3-40}$$

（3）楼梯间的漏风量应为

$$V_3 = V_1 + V_2 = 0.325(\Delta p)^{1/2} + 0.074(\Delta p)^{0.57}$$

为方便下面分析，将上式改写成如下形式的计算式

$$V = 0.397(\Delta p)^{0.516}$$

或 $$\Delta p = 5.99V^{1.94} \tag{3-41}$$

(4) 将加压送风系统设计工况下的管路特性写成 $p=SV^2$ 形式。根据设计工况下的风量及系统阻力，可求出 S 值，本例 $S=18.3$，因此管路特性（图 3-21 中曲线 1）的方程为

$$p = 18.3V^2 \tag{3-42}$$

(5) 由于空气通过开门的门洞阻力很小，上式也可以看作不计门洞阻力的管路系统的特性，因此将式（3-41）和式（3-42）相加即为楼梯间门全关时加压送风系统的管路特性（图 3-21 中曲线 2），它为

$$p = 18.3V^2 + 5.99V^2 \tag{3-43}$$

(6) 利用风机的特性曲线与式 3-43 的管路特性曲线，即可求得楼梯间的门全关闭时的工作点（图 3-21 中曲线 B 点）。当无风机特性曲线时，可利用风机样本中给出的风量和风压值回归风机特性曲线。本例所选用的风机在风量 3.68～5.3m³/s 内的回归特性曲线方程为

$$p = 509 + 103V - 20.0V^2 \tag{3-44}$$

解式（3-43）和式（3-44）的联立方程，得 $V=4.72\text{m}^3/\text{s}$，$p=529\text{Pa}$。利用式（3-41）可求得此时楼梯间内的正压值为

$$\Delta p = 5.99(4.72)^{1.94} = 122\text{Pa}$$

此值已超过一般允许的最大正压值。

(7) 若风机选择不当，选用了 4-79 型 No.8C 风机，转速为 1120r/min，风量在 5.3m³/s 时的全压为 1162Pa。这时即使在设计工况下，实际运行风量超过设计风量很多。用上述同样的方法，可以求出门全关闭楼梯间内的正压值，为 239Pa，大大超过了允许的最大正压值。

由上例可以看出，为防止正压去室门关闭时正压值过大，应做到正确计算系统的阻力，合理选择风机，忌选用压力过大的风机；对室内正压值进行估算，如过高，应采取措施。防止超过最大压差的措施有如下几种。

(1) 设置泄压阀（又称余压阀）。

泄压阀的原理如图 3-21 所示。利用重锤的力矩与作用在阀板上的压力差平衡的原理，保持正压区一定的正压值。当压力超过设定值时，阀板被推开排风；小于设定值时阀板在重锤作用下关闭。压差设定值可通过改变重锤位置进行调整。泄压阀按需要泄出的多余空气量进行选择。余压阀排出的空气可排到通向室外的竖井中去，或建筑内部区域，或直接排到室外。排到室内时，应在泄压阀上串联一防火阀（在 70℃时自动关闭，防止烟气进入正压区）。排到室外时，注意风力、风向的影响。

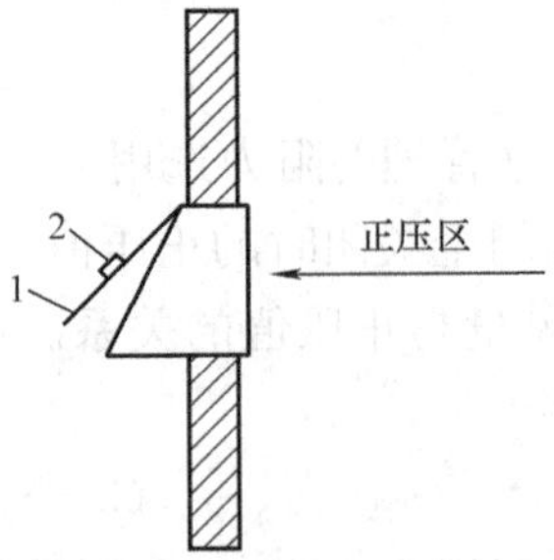

图 3-21 泄压阀

1—阀板；2—重锤

(2) 风机变频调节风量。

利用微差控制器，根据正压区的正压比值，控制变频续置。改变风机电机的转速，从而改变风机的特性，保持正压区的正压值。这种方法调节的质量高，尤其设计不合适时，可以进行自动调整，但是初投资大。

(3) 其他方法调节风量。

在风机入口处设导叶式调节阀或其他节流型调节阀，或使风机压出的部分风量旁通回吸

人段等，可以调节加压送风系统的风量。风量的调节也是根据正压区的正压值。节梳型调节阀或旁通路上的调节阀均应采用有较好调节性能的多叶调节阀，以保证系统有较好的调节质量。

3．热压对加压防烟系统的影响

热压产生的烟囱效应造成了室外空气和室内空气的交换流动。那么，对于楼梯间加压防烟系统有什么影响呢？图 3－22 表示了当室外温度低于室内温度的情况下，楼梯间加压送风系统运行时建筑内的正压分布，p_0 和 p_s为加压送风系统未运行时的室外和楼梯间内的压力分布线，此时室内走道或房间的压力应介乎于室外压力 p_0 与楼梯间压力 p_s之间，即图中的阴影区。各层的走道或房间内压力与该层的门、窗开启情况有关，例如，该层的外门窗开启，而疏散门关闭，则走道或房间的压力接近室外压力线；反之外门窗关闭而疏散门开启，则走道内压力接近楼梯间压力。因此室内压力线上下不一定可以连成一直线。当加压送风系统启动后，楼梯间在短时间内就被室外空气所充满，此时楼梯间内压力分布线斜率将与室外的压力分布斜率一样，即图 3－22 中的 p_s'。这时建筑内走道或房间的压力将重新分布，它将与建筑的情况有密切关系。这时防火楼梯间将不是建筑中的“烟囱”，但建筑内的管道井、电梯井、通道的中厅、自动扶梯都是建筑中的“烟囱”。在这些“烟囱”作用下，由于内隔断不同，在走道中形成不同的室内压力。走道既与防烟楼梯、消防电梯间相连，又与管道井、中厅等“烟囱”相连接。在这些“烟囱”上都有门、洞或其缝隙与走道相通。当这些空气通道面积远小于外门窗和房间门或其缝隙的面积时，走道的压力接近室外压力（见图 3－22 中的 p_0）；反之，走道的压力接近“烟囱”内的压力（见图 3－22 中的 p_s）。在冬季，走道的压力接近“烟囱”内的压力 p_s的情况，对加压系统最为不利，就有可能在底层的楼梯间门、前室门等处出现内外压差过大、门难于开启的情况；而顶层的防烟区正压过小，达不到防烟的效果。

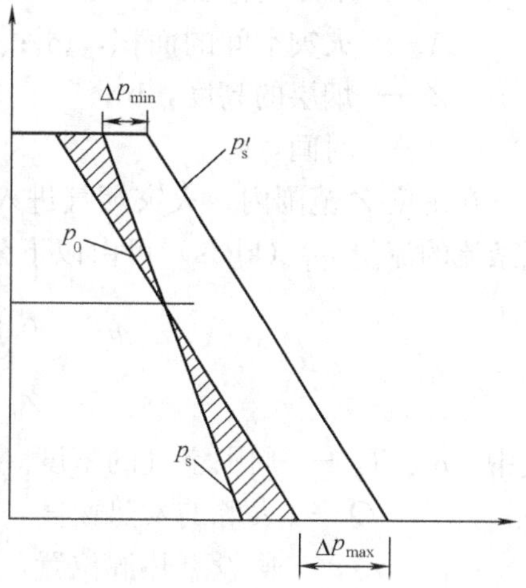

图 3－22 楼梯间加压送风后的压力分布

p_0—室外空气压力线；p_s—建筑内压力线；p_s'—加压送风后楼梯间内压力线

第三节 排 烟

一、烟气的预测

1．火灾房间的烟层下降的预测模型

对于剧场、会堂、商业城等大空间，为了增加避难安全时间，有必要进行防止或延迟烟层下降的设计预测。室内的烟层下降，可用流体的质量守恒和能量守恒方程与层流模型进行预测，通常用计算机进行。但是，为了安全起见，并使理论分析简化，也可以用比较容易的计算方法，来预测烟层的下降。

由于火灾紊流上升的烟气聚集在顶棚附近，故进行会议厅、观众厅等大空间建筑设计时，预测烟层下降速度是很有用的，简化分析模型如图 3－23 所示。

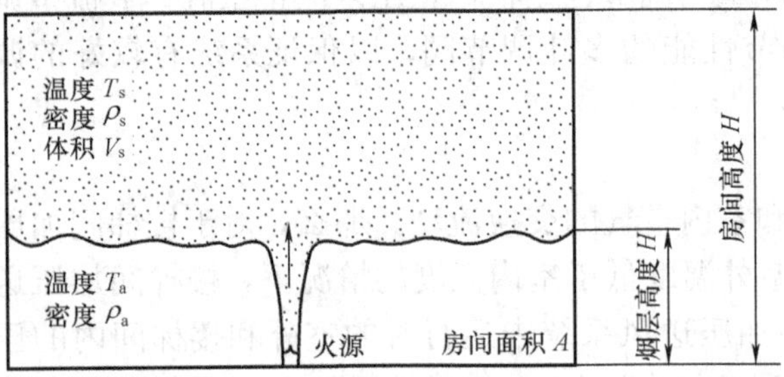

图 3-23 烟层下降的非稳定预测模型

对于高顶棚的大空间，火灾紊流的过程中大量卷入周围的空气，烟气的温度不会上升。因而与疏散设计密切相关的初期火灾，也可以将烟层温度 T_a 确定为近似固定的，并假定火灾空间的水平投影面积 A 不随高度而变化，则烟层的质量守恒公式可以写为如下形式

$$\frac{\mathrm{d}}{\mathrm{d}t}(\rho_s V_s) = m_p \tag{3-45}$$

所以

$$-\rho_s A \frac{\mathrm{d}Z}{\mathrm{d}t} = m_p \tag{3-46}$$

式中 ρ_s——烟的密度，$\mathrm{kg/m^3}$；

V_s——烟层的体积，$\mathrm{m^3}$；

A——火灾空间的面积，$\mathrm{m^2}$；

Z——烟层的高度，m；

t——时间，s。

在高度 Z 范围内，火灾烟气进入紊流区域；而且，若火灾进入稳定发展阶段，火灾烟气紊流的流量 m_p（kg/s）可由以下公式求出

$$m_p = 0.21\left(\frac{\rho_a^2 g}{C_p T_a}\right)^{1/3} Q^{1/3}(Z+Z_0)^{5/3} \tag{3-47}$$

$$Z_0 = 1.02D - 0.083Q^{2/3} \tag{3-48}$$

式中 ρ_a、T_a——周围空气的密度（$\mathrm{kg/m^3}$）和温度（K）；

Q——火源的发热速度，kW；

Z_0——假设点热源位置，m；

D——火源的直径，m。

由此可得

$$\frac{\mathrm{d}Z}{(Z+Z_0)^{5/3}} = -kA^{-1}Q^{1/3}\mathrm{d}t \tag{3-49}$$

式中

$$k = 0.21\left(\frac{\rho_a^2 g}{C_p T_a}\right)^{1/3} \frac{1}{\rho_s} \tag{3-50}$$

假设 Q 不随时间变化（稳定燃烧），烟层高度可由下式求出

$$Z = \frac{1}{\left(\frac{3}{2} \times \frac{k}{A} Q^{1/3} t + \frac{1}{(H+Z_0)^{2/3}}\right)^{2/3}} - Z_0 \tag{3-51}$$

烟层降至高度 Z 处所需时间，可由下式求出

$$t = \frac{\left(\frac{1}{Z+Z_0}\right)^{3/2} - \left(\frac{1}{H+Z_0}\right)^{2/3}}{\frac{2}{3} \times \frac{k}{A} Q^{1/3}} \tag{3-52}$$

2. 排烟效果预测的简化计算

高层建筑发生火灾，若上部空间容积不大时，如果不进行烟的控制，烟层就会很快在疏散通道下降，对人员的疏散造成威胁。而即使是大空间的、能够蓄烟的建筑物，也会因某些原因，导致疏散者耽误了时间，有可能暴露在烟气之中。因此，为了使烟气降到不超过某一安全的界限，必须做好防烟设计。

一般情况下火灾发生后总要经过一定时间的，建立该时间内烟气稳态的预测模型，要比非稳态的预测模型要简便得多，下面介绍简化的稳态模型的预测方法。

(1) 侧墙有开口的排烟效果。

火灾房间如果没有面积较大、位置偏高的窗洞口等，烟气可通过高位开口排出室外，烟层就不会降到疏散安全界限以下。可通过图 3-24 所示模型，来估算排烟口的面积。

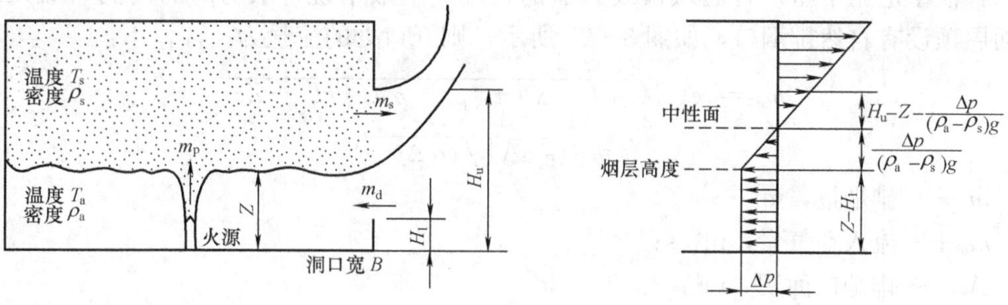

图 3-24　烟层高度的稳态预测模型

稳态预测的基本方法是利用质量守恒和能量守恒原理。自然通风的烟气流动因温度的不同而异，即使对于简化模型，也不能假定烟层的温度不变，必须根据烟层的热平衡测算烟气的温度。

开口处的流量：设室内外的压差为 Δp，烟气流出量 m_p 及空气流入量 m_d 可由下式确定

$$m_s=\frac{2}{3}\alpha B_d\sqrt{2g\rho_s(\rho_a-\rho_s)}\left[H_u-Z-\frac{\Delta p}{(\rho_a-\rho_s)g}\right]^{3/2} \tag{3-53}$$

$$m_d=\alpha B_d(Z-H_1)\sqrt{2\rho_a\Delta p}+\frac{2}{3}\alpha B_d\sqrt{2g\rho_s(\rho_a-\rho_s)}\left[\frac{\Delta p}{(\rho_a-\rho_s)g}\right]^{3/2} \tag{3-54}$$

式中　B_d——开口宽度，m；

H_u、H_1——分别为开口的上下端高度，m。

热平衡：在火灾初期，烟气的温度并不很高，烟层对围壁的热传导以对流传热为主，故仅考虑对流传热。由于之前只考虑火灾初期，所以忽略了围壁温度上升，假设围壁温度是一定的，并设 h_c 为对流换热率，A_w 为烟层接触到的围壁面的面积，则烟层的热平衡由下式给出

$$Q-C_p m_s(T_s-T_a)-h_c A_w(T_s-T_a)=0 \tag{3-55}$$

质量守恒：由于假设为稳态换热，根据室内的流入流出平衡，有下列关系成立

$$m_d=m_{t'}=m_s \tag{3-56}$$

式 (3-53)到式 (3-56) 不适用于低顶棚、火源上方形成成紊流区域的情况。

因而，假定适当的烟层高度（如安全高度），则可由式 (3-57) 求出火灾紊流的烟气流

量 m_p

$$m_p = C_m\left(\frac{\rho_a^2 g}{C_p T_a}\right)^{1/3} Q^{1/3} Z^{5/3} \tag{3-57}$$

式中 C_m——实验常数，在空气未紊乱的空间，可取 $C_m=0.21$，当周围空气紊乱时，此值会增大；

C_p——空气的定压比热，kJ/(kg·s)。

将 $m_p=m_s$ 代入式（3-27）求出 ΔP，并将 ΔP 代入式（3-54），求出门洞口的流量 m_d。根据式（3-47），m_p 必定等于 m_d，可进一步确定一个烟层高度 Z，然后将新的 Z 值再进一步反复试算，最后求出一个在允许误差之内的 Z 值。

（2）上部有自然排烟口的情况。

这种模型适用于屋顶有通风口或天窗的情况。一般来说，从房间的门洞口流入新鲜空气，而屋顶设有自然排烟口，如图 3-25 所示，则开口处的流量为

$$m_e = \alpha A_e\sqrt{2\rho_s\{-\Delta p+(\rho_a-\rho_s)g(H_e-Z)\}} \tag{3-58}$$

$$m_d = \alpha A_d\sqrt{2\rho_s\Delta p} \tag{3-59}$$

式中 m_e——排烟量，m^3/s；

m_d——流入空气量，m^3/s；

A_e——排烟口面积，m^2；

A_d——门的面积，m^2。

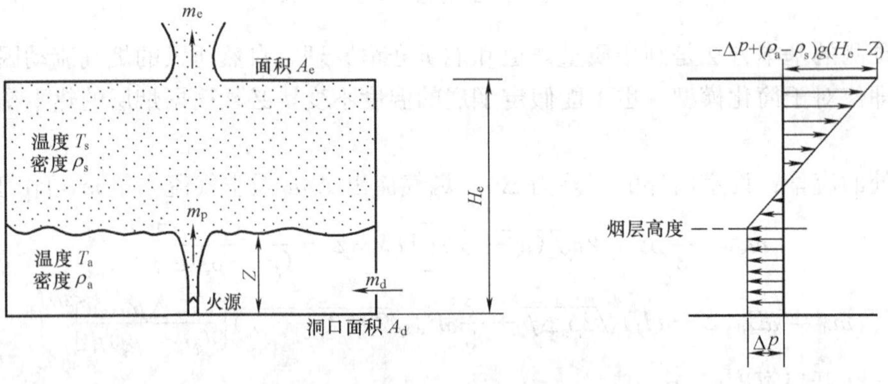

图 3-25 上部有排烟口时的烟层预测模型

（3）设有机械排烟设备的情况。

在顶棚上（或附近）设有机械排烟设备，从下部的门洞口流入新鲜空气，其计算模型如图 3-26 所示。

门洞口的空气流量 $$m_d = \alpha A_d\sqrt{2\rho_a\Delta p} \tag{3-60}$$

排烟量 $$m_e = V_e\rho_s \tag{3-61}$$

式中 V_e——排烟设备的排烟量，m^3/s。

3. 烟流的控制

在火灾房间，防止烟层下降是烟气控制的手段之一，使控制烟气不流出火灾房间或侵入避难通道的相关房间，也可以说，是典型的烟气控制手段。

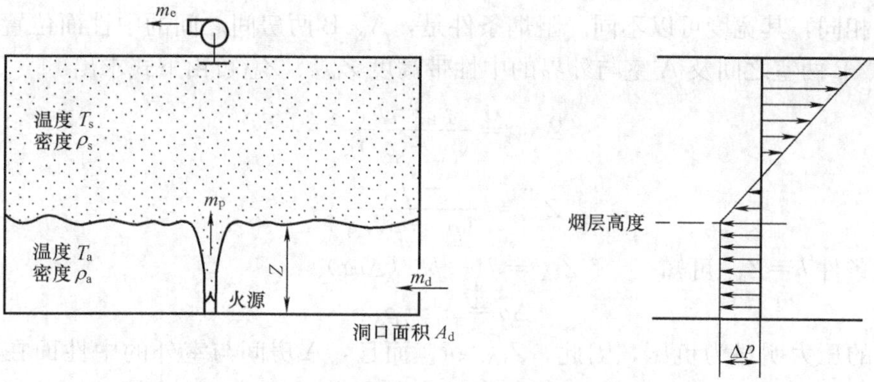

图 3-26　设机械排烟时烟层高度的预测模型

(1) 压差与阻烟条件及阻烟方法。

防止从火灾房间流出的烟侵入安全分区，用空气力学的阻烟方法最为有效，这里简要说明利用压差阻烟的原理。

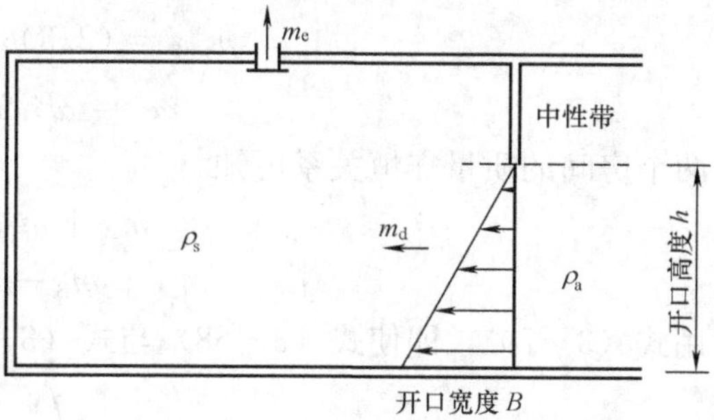

图 3-27　火灾房间的排烟量

例如，研究在火灾房间用机械排烟减压，使烟气不流到安全分区的条件，如图 3-27 所示。此时，若门洞口处的中性面位置比门洞上端的高度还高，则阻烟是成功的。现在研究当中性面刚好与门洞上端高度相同时，门洞处的气流量 m_d 与要排出的烟量 m_e 有如下关系

$$m_e = m_d \geqslant \frac{2}{3}\alpha B\sqrt{2g\rho_a(\rho_a - \rho_s)}h^{2/3} \tag{3-62}$$

事实上，房间内有缝隙、空调管道等，而且由于疏散或火焰作用，窗户会被破坏，出现新的进气途径，并非像理想化计算那么简单。

这里仅以图 3-28 的简化模型为例，具体导出阻烟条件。为了简化运算，假定 3 个开口

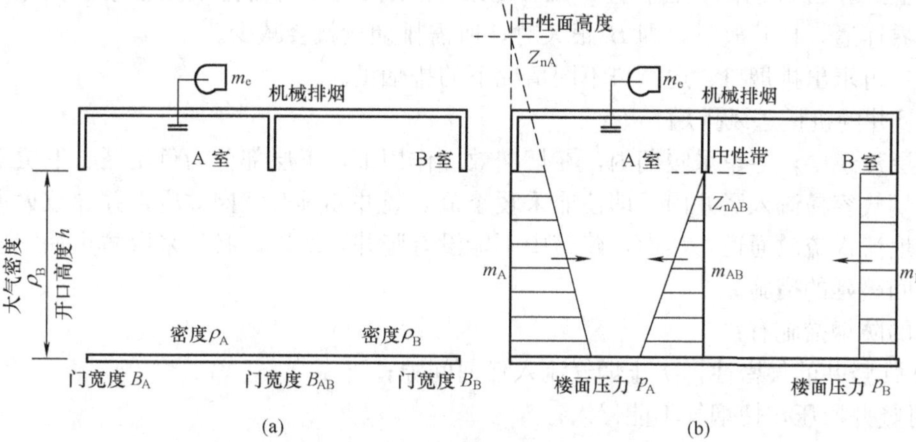

图 3-28　火灾房间的排烟与阻烟

(a) 建筑条件；(b) 满足阻烟的条件

的高度 h 均相同，其宽度可以不同。阻烟条件是，A、B 两房间之间的中性面位置在开口处的上端。A、B 两室之间及 A 室与外界的中性带高度 Z_{nAB}、Z_{nA} 可由下式求出

$$Z_{nAB}=\frac{p_B-p_A}{(\rho_0-\rho_A)g} \tag{3-63}$$

$$Z_{nA}=\frac{-p_A}{(\rho_0-\rho_A)g} \tag{3-64}$$

从阻烟条件 $h=Z_{nAB}$ 可知 $$Z_{nA}=h-p_B/(\Delta\rho g) \tag{3-65}$$

式中 $$\Delta\rho=\rho_0-\rho_A$$

B 房间的压力明显为负压，因此，$Z_{nA}>h$；而且，A 房间与室外的中性面在开口之上方。由此可知，这一开口只有外气流流入而没有流出。此时两个房间开口处气流流动如图 3-28（b）所示，其量由下式求出

$$m_A=(2/3)\alpha B_A\sqrt{2\rho_0\Delta\rho g}(Z_{nA}^{3/2}-h^{3/2}) \tag{3-66}$$

$$m_{AB}=(2/3)\alpha B_{AB}\sqrt{2\rho_0\Delta\rho g}h^{3/2} \tag{3-67}$$

$$m_B=\alpha B_B h\sqrt{2\rho_0(-p_B)} \tag{3-68}$$

由两个房间的质量守恒关系可知

$$m_A+m_{AB}-m_e=0 \tag{3-69}$$

$$m_B-m_{AB}=0 \tag{3-70}$$

应用式（3-70），即使式（3-68）与式（3-69）相等，则有

$$-\frac{p_B}{\Delta\rho g}=\frac{4B_{AB}^2}{9B_B^2}h$$

将此值代入式（3-65），则

$$Z_{nA}=h\left(1+\frac{4B_{AB}^2}{9B_B^2}\right) \tag{3-71}$$

为满足式（3-67）～式（3-70）的阻烟条件，则需要的排烟量为

$$m_e=m_A+m_{AB}=(2/3)\alpha\sqrt{2\rho_0\Delta\rho g}h^{3/2}\left\{B_{AB}+B_A\left[\left(1+\frac{4B_{AB}^2}{9B_B^2}\right)^{3/2}-1\right]\right\} \tag{3-72}$$

根据上式，当 A 房间气密性差，即 B_{AB} 或 B_A 很大时，所需排烟量就增多；相反，当 B 房间与外界连通，且开放时，即 B_B 很大时，所需排烟量就会减少。

同理，可求出排烟口、送风口不同情况下的排烟量。

(2) 竖井的机械送风排烟。

在高层建筑中，冬季采暖期内，在烟囱效应作用下，下层部分为负压区。下层部分发生火灾时，烟气容易流入竖井内。即使非采暖季节，竖井亦具有烟囱效应，并导致火灾房间的烟气急剧地流入疏散通道。然而，建筑中不能没有竖井，所以，必须采取防止烟气通过竖井向上层房间蔓延的措施。

具体的防烟措施有：

① 加强竖井的气密性，防止烟气流入任何间隙；

② 对竖井回压，使烟气不能侵入；

③ 对竖井减压，使烟气不能流出等。

其中：①项采用防火门等气密性分割构件；②项由机械送风加压来实现；③项可用机械

减压排烟方法和在顶部开较大面积的排烟口，使自然排烟系统的烟囱效应的中性面向上层部分移动等方法来实现，如图 3-29 所示。总之，要根据建筑物及火灾条件等实际情况，科学掌握防烟的方法。下面就措施②的竖井加压防烟方法进行研究。如图 3-30 所示剖面的建筑模型，对建筑物威胁最大的一层发生火灾。在取暖季节或竖井内侵入火灾烟气时，竖井与室外大气的压力关系如该图左侧所示。若采用机械加压，即使在一层的火灾层的地面，也要求竖井的压力保持正压 Δp_0；若考虑 Δp 与外界气压的相对压差，并用 h_1 表示 1 层（火灾层）的层高，p_F 表示火灾层地面高度处外界大气的标准大气压，则有

$$\Delta p = (\rho - \rho_s)gh_1 - p_F \tag{3-73}$$

其中，ρ_s 可以通过火灾房间质量守恒关系、开口形状与温度关系求得。

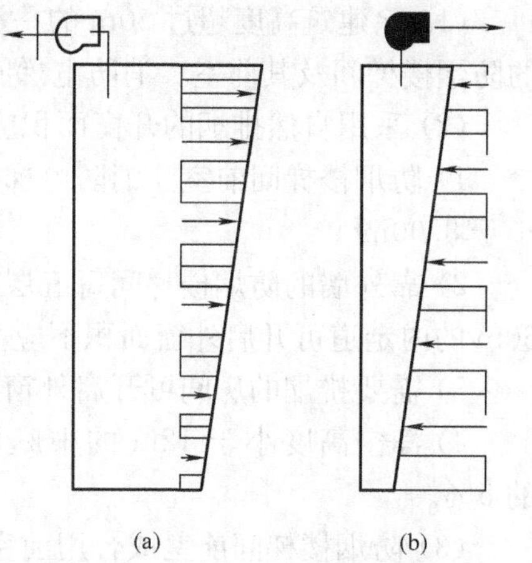

图 3-29 竖井加压与排烟

(a) 加压阻烟；(b) 负压排烟

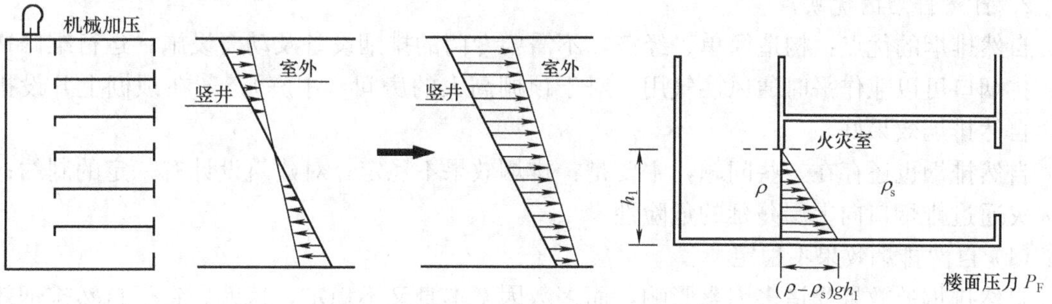

图 3-30 竖井加压时的压力分布

为了加压而送入竖井的空气，会经过门窗等开口或管道流出室外。假设第 i 层这些开口面积之和 A_i（$i=1\sim n$ 层），由于室内外存在压差，从严密的观点来看，这些开口位置接近每层的顶棚或地板，气流流动情况各异。为了研究方便，我们假设把这些开口都集中在各层高度的一半处，即 h_i 处，则第 i 层流出的烟气量 m_i 可由下式求出

$$m_i = \alpha A_i\sqrt{2\rho g[\Delta p + (\rho_0 - \rho_a)gh_i]} \tag{3-74}$$

而整栋建筑物的漏风量，即加压系统必要的送风量

$$m = \sum_{i=1}^{n}\alpha A_i\sqrt{2\rho g[\Delta p + (\rho_0 - \rho)gh_i]} \tag{3-75}$$

而且，一旦加压系统进入工作状态，则最上层竖井的门上作用的压力为

$$\Delta p_H = \Delta p + (\rho_0 - \rho)gH \tag{3-76}$$

此外，还必须考虑高层建筑竖井中空气流动的阻抗，即在上述计算中考虑风道、竖井等的阻抗，适当加大风量；但同时应该考虑最上层加压使得疏散门上的压力增大，导致开门困难。

二、自然排烟

1. 自然排烟设计条件

根据《高层民用建筑设计防火规范》的规定，采用自然排烟方式的高层建筑应满足下列

条件：

（1）除建筑高度超过 50m 的一类公共建筑和建筑高度超过 100m 的居住建筑外，靠外墙的防烟楼梯间及其前室、消防电梯间前室和合用前室，宜采用自然排烟方式。

（2）采用自然排烟的开窗面积应符合下列规定：

1）防烟楼梯间前室、消防电梯间前室可开启外窗面积不应小于 $2.00m^2$，合用前室不应小于 $3.00m^2$。

2）靠外墙的防烟楼梯间每五层内可开启外窗总面积之和不应小于 $2.00m^2$。长度不超过 60m 的内走道可开启外窗面积不应小于走道面积的 2%。

3）需要排烟的房间可开启外窗面积不应小于该房间面积的 2%。

4）净空高度小于 12m 的中庭可开启的天窗或高侧窗的面积不应小于该中庭地面积的 5%。

（3）防烟楼梯间前室或合用前室，利用敞开的阳台、凹廊或前室内有不同朝向的可开启外窗自然排烟时，该楼梯间可不设防烟设施。

（4）排烟窗宜设置在上方，并应有方便开启的装置。

2. 自然排烟的优缺点

自然排烟的优点：构造简单、经济，不需要专门的排烟设备及动力设施；运行维修费用低；排烟口可以兼作平时通风换气用。对于顶棚高大的房间（中庭），若在顶棚上开设排烟口，自然排烟效果好。

自然排烟也还存在一些问题，主要是：排烟效果不稳定；对建筑设计有一定的制约；存在火灾通过排烟口向上层蔓延的危险性。

（1）自然排烟效果不稳定。

自然排烟的效果受诸多因素影响，而多数因素本身又不稳定，这就导致了自然排烟效果的不稳定。影响自然排烟不稳定的因素有如下几个方面：

1）排烟量及烟气温度随火灾的发展而变化；

2）高层建筑的热压作用随季节发生变化；

3）室外风速、风向随气象情况变化。

消除上述各种不稳定因素的影响是很困难的，对于 1）、2）项的影响，根本就无法消除；对于 3）的影响，日本采用专用的排烟竖井（排烟塔）的自然排烟方式消除，但排烟竖井要占用相当大的建筑面积，国内已很少采用。

（2）对建筑设计有一定的制约。

由于自然排烟的烟气是通过外墙上可开启的外窗或专用排烟口排至室外，因此采用自然排烟时对建筑设计有如下制约：

1）房间必须至少有一面墙壁是外墙；

2）房间进深不宜过大，否则不利于自然排烟；

3）排烟口的有效面积与地面面积之比不小于 1/50，且距最远点的水平距离不超过 30m。

由于上述要求，采用自然排烟时，排出烟气的温度很高，且烟气中含有一定量的未燃尽的可燃气体，排至室外遇到新鲜空气后会继续燃烧。靠近外墙面的火焰内侧，由于空气得不到补充，形成负压区，致使火焰有贴壁向上燃烧的可能，很有可能将上层窗的玻璃烤坏、引燃窗帘等，扩大火灾。

3. 自然排烟设计

根据自然排烟设计条件，除在进行自然排烟设计时，需要将排烟窗口布置在有利于排烟的位置，对有效可开启的外窗面积进行校核计算外，自然排烟的设计还应考虑以下几点。

(1) 对于高层住宅及二类高层建筑，当前室内两个不同方向设有可开启的外窗，且可开启窗口面积符合要求时，其排烟效果受风力、风向、热压等因素的影响较小，能达到排烟的目的。因此，在实际设计中，应尽可能利用不同朝向开启外窗来排除前室的烟气，如图 3-31 所示。

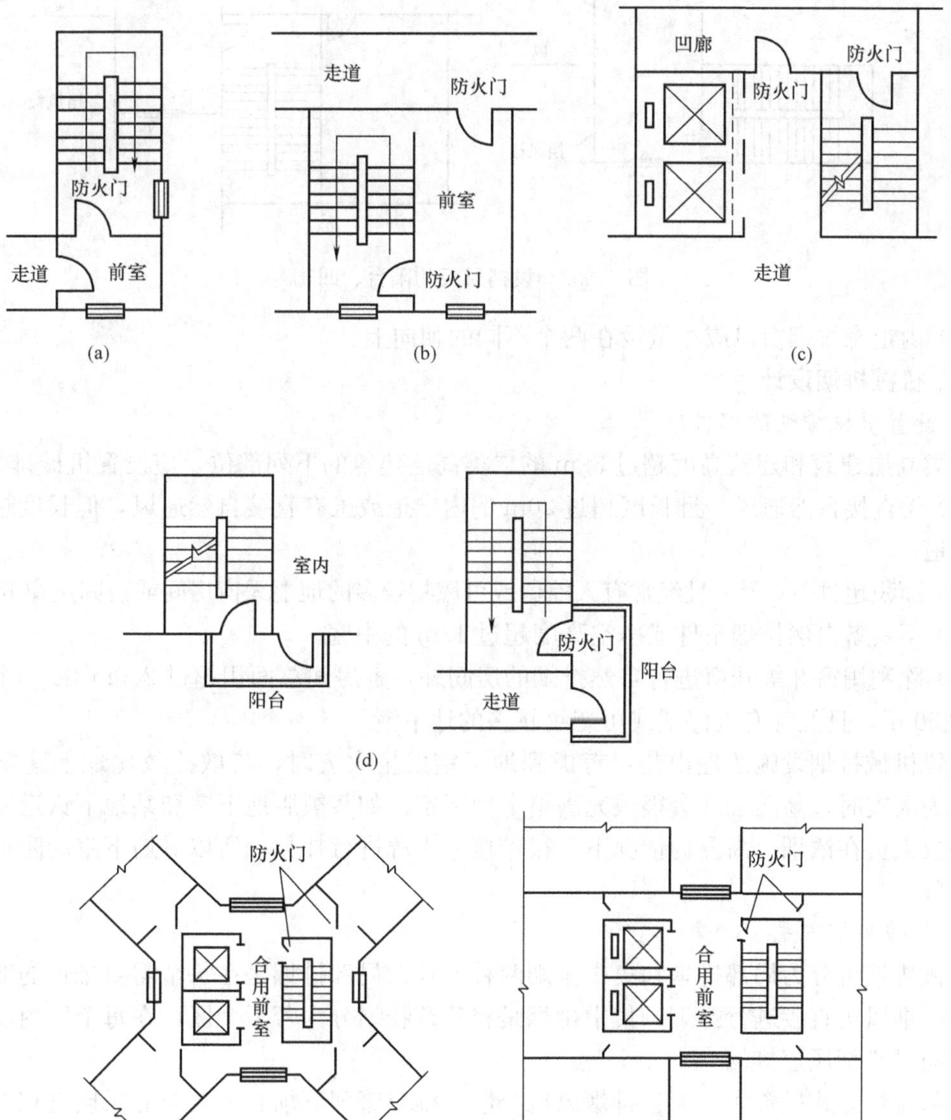

图 3-31　自然排烟方式示意图

(a) 靠外墙的防烟楼梯间及其前室；(b) 靠外墙的防烟楼梯间及其前室；(c) 带凹廊的防烟楼梯间；(d) 带阳台的防烟楼梯前；(e) 四周有可开启外窗的前室；(f) 两个不同朝向有开启外窗的前室

(2) 排烟口位置越高，排烟效果越好，所以，可开启外窗应尽可能靠近顶棚位置，并应有方便开启的装置。

(3) 为了减少风向对自然排烟的影响，当采用阳台、凹廊为防烟前室时，应尽量设置与建筑物色彩、体型相适应的挡风措施，如图 3-32 所示。

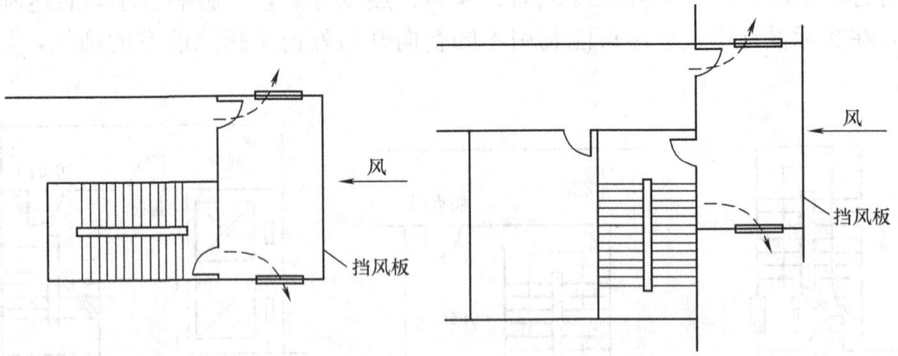

图 3-32 设挡风板的阳台、凹廊

(4) 内走廊排烟窗口应尽量设在两个不同的朝向上。

三、机械排烟设计

1. 设置机械排烟的部位

一类高层建筑和建筑高度超过 32m 的二类高层建筑的下列部位，应设置机械排烟设施：

(1) 无直接自然通风，且长度超过 20m 的内走道或虽有直接自然通风，但长度超过 60m 的内走道。

(2) 面积超过 $100m^2$，且经常有人停留或可燃物较多的地上无窗房间或设固定窗的房间。

(3) 不具备自然排烟条件或净空高度超过 12m 的中庭。

(4) 除利用窗井等开窗进行自然排烟的房间外，各房间总面积超过 $200m^2$ 或一个房间面积超过 $50m^2$，且经常有人停留或可燃物较多的地下室。

设置机械排烟设施的理由是：考虑到地下室发生火灾时，疏散扑救比地上建筑困难得多，因为火灾时，高温烟气会很快充满整个地下室。如某饭店地下室和某地下铁道发生火灾时，扑救人员在浓烟、高温的情况下，很难接近火源进行扑救，所以对地下室的防火要求应严格一些。

2. 机械排烟方式

机械排烟可分为局部排烟和集中排烟两种方式。局部排烟是在每个需要排烟的部位设置独立的排烟风机直接进行排烟；集中排烟是将建筑物划分为若干个区，在每个区内设置排烟风机，通过排烟风道排烟。

局部排烟方式投资大，而且排烟风机分散，维修管理麻烦。一般与通风换气相结合，即平时兼作通风换气使用。

3. 房间与走道的排烟

(1) 机械排烟系统的设计要求。

1) 设置机械排烟设施的部位，其排烟风机的风量应符合下列规定：

担负一个防烟分区排烟或净空高度大于 6.00m 的不划防烟分区的房间时，应按每平方米面积不小于 60m³/h 计算（单台风机最小排烟量不应小于 7200m³/h）。

担负两个或两个以上防烟分区排烟时，应按最大防烟分区面积每平方米不小于 120m³/h 计算。

中庭体积小于 17 000m³ 时，其排烟量按其体积的 6 次/h 换气计算；中庭体积大于 17 000m³ 时，其排烟量按其体积的 4 次/h 换气计算，但最小排烟量不应小于 102 000m³/h。

车库应按换气次数不小于 6 次/h 计算确定。

2）排烟口应设在顶棚上或靠近顶棚的墙面上，且与附近安全出口沿走道方向相邻边缘之间的最小水平距离不应小于 1.50m。设在顶棚上的排烟口，距可燃构件或可燃物的距离不应小于 1.00m。排烟口平时应关闭，并应设有手动和自动开启装置。

3）防烟分区内的排烟口距最远点的水平距离不应超过 30m。在排烟支管上应设有当烟气温度超过 280℃时能自行关闭的排烟防火阀。

4）走道的机械排烟系统宜竖向设置，房间的机械排烟系统宜按防烟分区设置。

5）排烟风机可采用离心风机或采用排烟轴流风机，并应在其机房入口处设有当烟气温度超过 280℃时能自动关闭的排烟防火阀。排烟风机应保证在 280℃时连续工作 30min。

6）机械排烟系统中，当任一排烟口或排烟阀开启时，排烟风机应能自行启动。

7）排烟管道必须采用不燃材料制作。安装在吊顶内的排烟管道，其隔热层应采用不燃烧材料制作，并应与可燃物保持不小于 150mm 的距离。

8）机械排烟系统与通风、空气调节系统宜分开设置。若合用时，必须采取可靠的防火安全措施，并应符合排烟系统要求。

9）设置机械排烟的地下室，应同时设置送风系统，且送风量不宜小于排烟量的 50%。

10）排烟风机的全压应按排烟系统最不利环管道进行计算，其排烟量应增加漏风系数。

11）高层建筑如有条件机械排烟系统可与排风系统合用，但应采取可靠的安全措施：系统风量应满足排烟量；烟气不能通过如过滤器加热器等设备；排烟口应设有排烟防火阀或远动排烟防火阀；风管材质及厚度应按排烟风道要求制作。机械排烟和排风合用系统示意图，如图 3-33 所示。

（2）机械排烟系统的设计。

1）机械排烟量的计算。

机械排烟量可按上述 1）条设计规定进行计算，对于每个排烟口排烟量的计算及排烟风管各管段风量分配的示例见表 3-14，其排烟系统如图 3-34 所示。

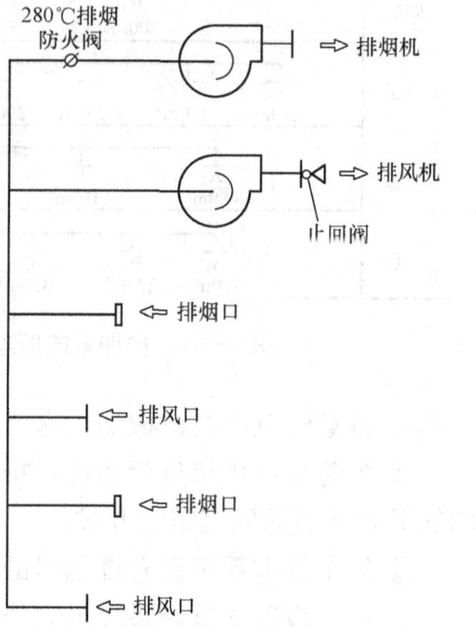

图 3-33　机械排烟和排风合用系统示意图

表 3-14　排烟风管风时计算举例

管段间	负担防烟区	通过风量/(m³·h⁻¹)	备注
A_1-B_1	A_1	$Q_{A_1}\times 60=22\ 800$	
B_1-C_1	A_1，B_1	$Q_{A_1}\times 120=45\ 600$	

续表

管段间	负担防烟区	通过风量/($m^3 \cdot h^{-1}$)	备注
C_1-①	A_1-C_1	$Q_{A_1}\times120=45\ 600$	一层最大 $Q_{A_1}\times120$
A_2-B_2	A_2	$Q_{A_2}\times60=28\ 800$	
B_2-①	A_2，B_2	$Q_{A_2}\times120=57\ 600$	二层最大 $Q_{A_2}\times120$
①-②	A_1-C_1，A_2，B_2	$Q_{A_2}\times120=57\ 600$	一、二层最大 $Q_{A_2}\times120$
A_3-B_3	A_3	$Q_{A_3}\times60=13\ 800$	
B_3-C_3	A_3，B_3	$Q_{B_3}\times120=30\ 000$	
C_3-D_3	A_3，B_3，C_3	$Q_{B_3}\times120=30\ 000$	
D_3-②	A_3，B_3，C_3，D_3	$Q_{B_3}\times120=30\ 000$	三层最大 $Q_{B_3}\times120$
②-③	A_1-C_1，A_2，B_2，A_3-D_3	$Q_{A_2}\times120=57\ 600$	一、二、三层最大 $Q_{A_2}\times120$
A_4-B_4	A_4	$Q_{A_4}\times60=22\ 800$	
B_4-C_4	A_4，B_4	$Q_{A_4}\times120=45\ 600$	
C_4-③	A_4-C_4	$Q_{A_4}\times120=45\ 600$	四层最大 $Q_{A_4}\times120$
③-④	A_1-C_1，A_2，B_2，A_3-D_3，A_4-C_4	$Q_{A_2}\times120=57\ 600$	全体最大 $Q_{A_2}\times120$

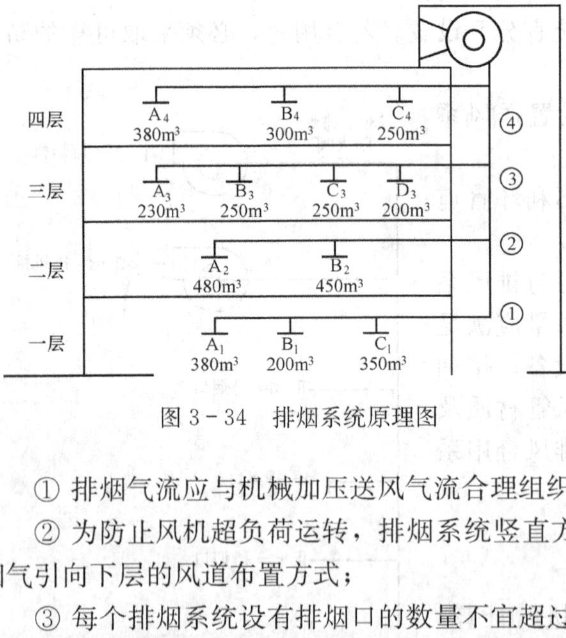

图 3-34 排烟系统原理图

一个排烟系统可以负担若干个防烟分区，其最大排烟量为 60 000$m^3 \cdot h^{-1}$；最小排烟量为 7200$m^3 \cdot h^{-1}$。

选择排烟风机应附加漏风系数，一般采用 10%～30%。排烟系统的管段应按系统最不利条件考虑，也就是按最远两个排烟口同时开启的条件计算。

2）排烟系统的布置。

排烟系统的布置除满足上述设计条件规定中有关要求外，还应注意：

① 排烟气流应与机械加压送风气流合理组织，并尽量考虑与疏散人流方向相反；

② 为防止风机超负荷运转，排烟系统竖直方向可分成数个系统，不过不能采用将上层烟气引向下层的风道布置方式；

③ 每个排烟系统设有排烟口的数量不宜超过 30 个，以减少漏风量对排烟效果的影响；

④ 独立设置的排烟系统可兼作平时通风排气用。

3）排烟口的设计要求。

设置排烟口时，应注意下列几点：

① 当划分防烟分区时，每个防烟分区应分别设置排烟口。

② 排烟口应尽量设置在防烟分区的中心部位，排烟口到该防烟分区最远点的水平距离不应超过 30m，如图 3-35 所示；走道的排烟口与防烟楼梯的疏散口的距离无关，但排烟口应尽量布置在人流疏散方向相反的位置处，如图 3-36 所示。

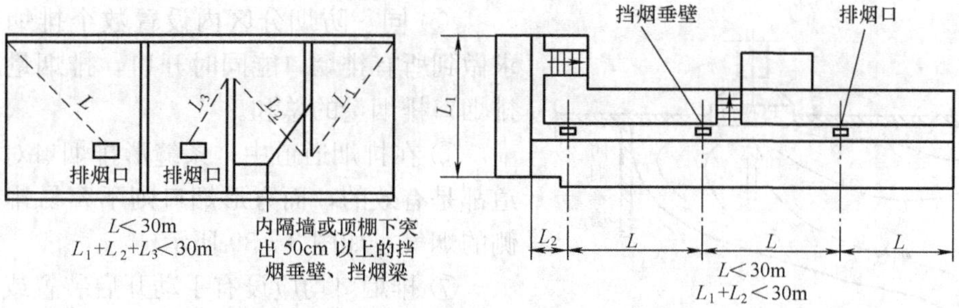

图 3-35　排烟口至防烟分区最远水平距离

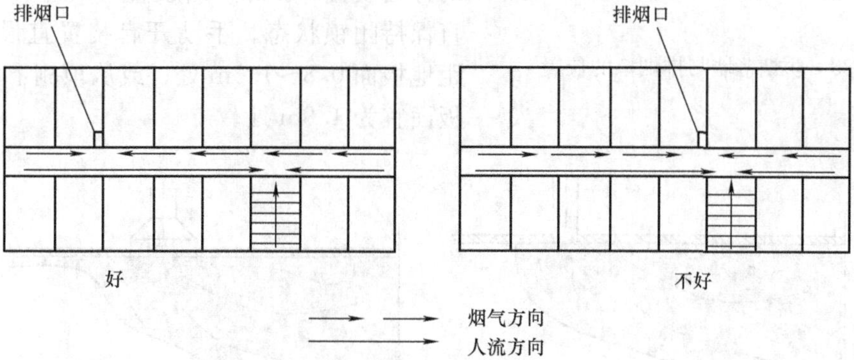

图 3-36　走道排烟口与疏散口的位置

③ 排烟口必须设置在距顶棚 800mm 以内的高度上。对于顶棚高度超过 3m 的建筑物，排烟口可设在距地面 2.1m 的高度上，或者设置在地面与顶棚之间 1/2 以上高度的墙面上，如图 3-37 所示。

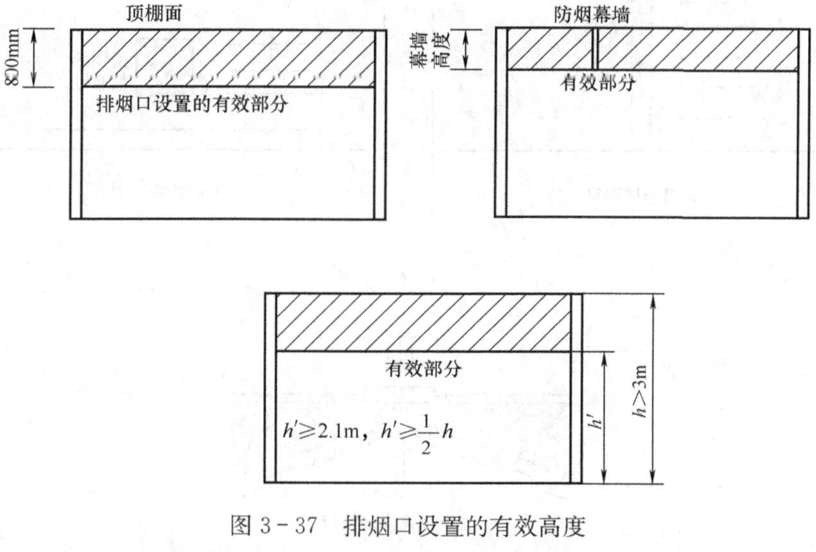

图 3-37　排烟口设置的有效高度

④ 为防止顶部排烟口处的烟气外溢，可在排烟口一侧的上部装设防烟幕墙，如图 3-38 所示。排烟口的尺寸可根据烟气通过排烟口有效断面时的速度不大于 10m/s 进行计算。排烟口的最小面积一般不宜小于 $0.04m^2$。

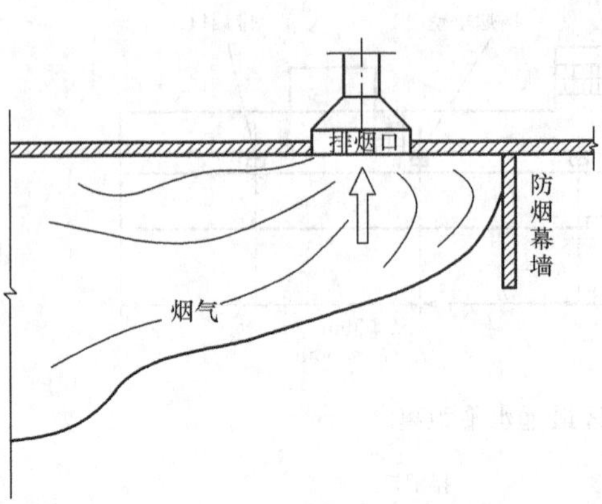

图 3-38 防烟幕墙与排烟口的位置

⑤ 同一防烟分区内设置数个排烟口时，要求做到所有排烟口能同时开启，排烟量应等于各排烟口排烟量的总和。

⑥ 在排烟通道中，条缝形排烟口对于整个通道都是有效的，而方形烟口则不容易排掉通道两侧的烟气，如图 3-39 所示。

⑦ 排烟口均应设有手动开启装置或与感烟气连锁的自动开启装置或消防控制中心远距离控制的开启装置等。除开启装置将其打开外，平时一直保持闭锁状态。手动开启装置宜设在墙面上，距地板面 0.8～1.5m 处；或从顶棚下垂时，距地板面宜为 1.8m 处。

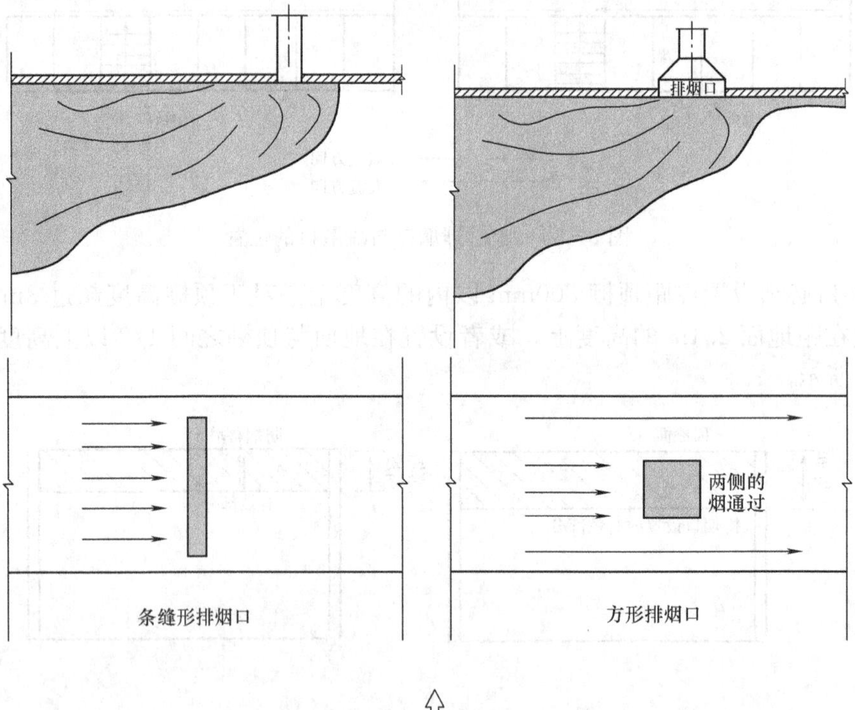

图 3-39 排烟口吸入情况

4）排烟风机、排烟风道的设计要求。

① 排烟风机。

a. 合理选择排烟风机。

用于排烟的风机主要有离心风机和轴流风机，还有自带电源的专用排烟风机。排烟风机应有备用电源，并应有自动切换装置；排烟风机应耐热，变形小，使其在排送 280℃烟气时连续工作 30min 仍能达到设计要求。

普通离心风机：在风机的耐热性能与变形等方面，离心风机比轴流风机优越。经有关试验表明，在排送 280℃烟气时连续工作 30min 是完全可行的。其不足之处是风机体形较大，占地面积大。

轴流风机：使用轴流风机排烟，其电动装置应安装在风管外，或者采用冷却轴承的装置，目前国内已经生产专用排烟轴流风机，其设置方便，占地面积小。

自带电源的专用排烟风机：利用蓄电池为电源的专用排烟风机，其蓄电池的容量应能使排烟风机持续运行 30min，对自带发电机的排烟风机，应在其风机房设有排除余热的全面通风系统。

b. 排烟风机设置要求。

i. 应设置在该排烟系统最高排烟口的上部，并宜设在耐火极限不小于 2h 的隔墙隔开的机房内，机房的门应采用耐火极限不低于 0.6h 的防火门。

ii. 为了方便维修，排烟风机外壳至墙壁或设备的距离不宜小于 60cm。

iii. 排烟风机与排烟道的连接方式应合理。实践证明，因为排烟风机与排烟风道连接方式不正确，常常会引起风机的性能显著下降。因此，在设计中如果采取的连接方式有引起风机性能降低的可能时，则选择的风量、风压要留有一定的余量。

iv. 排烟风机与排烟口应设有连锁装置。当任何一个排烟口开启时，排烟风机即自动启动，即一经报警，确认发生火灾时，由手动或由消防控制室遥控开启排烟口，则排烟风机立即投入运行，同时立即关闭着火区的通风空调系统。

v. 排烟风机应设在混凝土或钢架基础上，但可不设置减振装置。风机吸入口管道上不应设有调节装置。

② 排烟风道。

a. 排烟风道不应穿越防火分区。竖直穿越各层的竖风道应用耐火材料制成，并宜设在管道井或采用混凝土风道。

b. 排烟风道因排出火灾时烟气温度较高，除应采用金属板、不燃玻璃、混凝土等非金属不燃性材料制作外，还应安装牢固，排烟时温度升高不致变形脱落，并应具有良好的气密性。排烟风道的厚度可按表 3-15 中高压系统选取。

表 3-15　　金属风道厚度

风速分区	长方形风管长边/mm	圆形风管直径/mm		板厚/mm
		直管	管件	
低速风道	<450	<500	—	0.5
	450～700	500～700	<200	0.6
	>700～1500	>700～1000	200～600	0.8
	1500～2000	1000～1200	600～800	1.0
	—	<1200	<800	1.2

续表

风速分区	长方形风管长边/mm	圆形风管直径/mm		板厚/mm
		直管	管件	
高速风道	<450	<450		0.8
	450～1200	450～700	<450	1.0
	1200～2000	<700	>450	1.2

c. 排烟风道风量的确定。

风道内通过的风量，应按该排烟系统各分支风管所有排烟口中最大排烟口的两倍计算。

排烟风速：当采用金属风管时，不应超过 20m/s；当采用混凝土砌块、石板等其他非金属材料风道时，不应超过 15m/s。

当某个排烟系统各个排烟口风量都小于 $3600m^3/h$ 时，其排烟总量可按 $7200m^3/h$ 计算，其余各支管的风量均按各自担负的风量计算。

d. 排烟道构造要求。

i. 排烟风道外表面与木质等可燃构件的距离不应小于 15cm，或在排烟道外表面包有厚度不小于 10cm 的保温材料进行隔热。

ii. 排烟风道穿过挡烟隔墙时，风道与挡烟墙之间的空隙应用水泥砂浆等不燃材料严密填塞。

iii. 排烟风道与排烟风机的连接，宜采用法兰连接，或采用不燃烧的软性材料连接。

iv. 需要隔热的金属排烟道必须采用不燃保温材料，如矿棉、玻璃棉、岩棉、硅酸铝等材料。

e. 烟气排出口。

i. 烟气排出口的材料，可采用 1.5mm 厚钢板或用具有同等耐火性能的材料制作。

ii. 烟气排出口的位置，应根据建筑物所处的条件（风向、风速、周围建筑以及道路等情况）考虑确定，既不能将排出的烟气直接吹在其他火灾危险性较大的建筑物上，也不能妨碍人员避难和灭火活动的进行，更不能让排出烟气再被通风或空调设备等吸入。此外，必须避开有燃烧危险的部位。

四、中庭排烟

1. 中庭的定义

中庭又称为中厅，在建筑上的定义为“有数层高的竖井空间，竖井上有屋顶，竖井周围的大部分为建筑物所包围的一种建筑物”，即通过两层或多层楼，且顶部封闭的被周围建筑包围的一个共享空间。

2. 中庭机械排烟量

中庭机械排烟量按其容积的换气次数确定。

(1) 当中庭体积小于 17 000m^3 时，其排烟量按其体积的 6 次/h 换气量计算。

(2) 当中庭体积大于 17 000m^3 时，其排烟量按其体积的 4 次/h 换气量计算。但排烟量不应小于 102 000m^3/h。

3. 中庭机械排烟的气流组织

中庭机械排烟口应设在中庭的顶棚上，或设在紧靠中庭顶部的集烟区，排烟口的最低标高应设在中庭最高部分门洞的上端，当中庭的较低部位靠自然进风有困难时，可采用机械补风，补风量不宜小于排烟量的50%。

五、地下空间的防排烟

与地上建筑相比，地下建筑有许多特点，其最主要的特点是地下建筑处在封闭状态，只有内部空间，绝大多数没有与大气层直接连通的外窗；与外部连通的空洞少，而且面积也较小。正因为这样，地下建筑发生火灾时将产生比地上建筑更严重的后果，因此对地下建筑工程的防排烟设计更加重要。

1. 地下建筑火灾特点

地下建筑发生火灾时，主要有以下特点。

（1）发生火灾时烟气的危害严重。

因为地下建筑处于封闭状态，空气流通不畅，出入口少，供气不足，这就导致发生火灾时生成大量浓烟，并很快充满整个建筑物，弥漫的烟雾使人们呼吸困难，甚至窒息。同时，烟气排不出去，热量积聚；加上地下建筑散热缓慢，发生火灾时产生的烟气冷却程度小，烟气温度升高较快，着火房间的气温可高达800～900℃，甚至1000℃以上。这种高温的浓烟流窜到哪里，哪里的可燃物就会起火燃烧，使人们的精神处于极度恐怖状态。

（2）发生火灾时疏散困难，危险性大。

首先，地下建筑的出入口少。发生火灾时，那些处在远离出入口部位的人员，疏散的路程长，危险性大。特别是有些出入口发生在火灾时可能是排烟口，高温浓烟的流动与受灾人员疏散方向相同，而烟的流动速度往往比人们的疏散行进速度快，人们逃不脱高温浓烟的危害，这一点是和地上建筑物大不相同的。地上建筑物发生火灾时，烟气上升，人往下层逃较安全。地下建筑则不然，烟气上升，人们往上层逃离，不论火灾发生在建筑物的哪个部位，只要逃不出地下建筑物，其安全就没有保证。

其次，地下建筑无自然采光。平时完全靠灯光照明，发生火灾时电源中断，加上浓黑的烟色，整个地下建筑中漆黑一团。现代地下建筑虽然设有事故照明，但由于浓烟严重影响能见度，人们的视程大大缩短，严重时将失去辨认逃离方向的能力。

再次，发生火灾时，供气条件不足，会造成严重缺氧。这种缺氧情况要比地上建筑火灾时严重得多。

（3）火灾扑救困难。

地下建筑发生火灾时，由于消防人员无法直接观察地下建筑物中起火点的位置及燃烧情况，灭火进攻线路少；无自然采光及浓烟危害，且不能使用有毒灭火剂，使得扑救地下建筑火灾十分困难。

2. 地下建筑防烟、排烟系统设计的原则和要求

对地下建筑来说，进行防排烟设计既是安全疏散的需要，也是扑救火灾的需要。

（1）地下建筑防烟、排烟系统设计的原则。

进行地下建筑的防排烟设计时，应遵循“以防为主，防排结合”的原则，即：

1）进行非燃化防烟，对建筑材料和内部装修材料进行非燃化处理，或采用阻燃处理；

2）进行严格的防排烟分隔，使着火区域所产生的烟气控制在一定的区域之内，不使其蔓延扩散出去；

3）在着火区域能积极进行排烟。

（2）地下建筑防烟、排烟系统的设计要求。

参照《人民防空工程设计防火规范》的规定，进行地下建筑防排烟设计时，应符合下列要求。

1）应设置防排烟设施的部位：

① 防烟楼梯间及其前室或合用前室，避难走道的前室；

② 总长超过 20m 的疏散走道：

③ 建筑面积大于 $50m^2$，且经常有人停留或可燃物较多的房间、大厅和丙、丁类生产车间；

④ 电影放映间、舞台等。

2）自然排烟口的总面积大于该防烟分区面积的 2%时，宜采用自然排烟，自然排烟口底部距室内地坪不应小于 2m，并应常开或发生火灾时能自动开启。

3）防烟楼梯间送风余压值不应小于 50Pa，前室或合用前室，避难走道前室送风余压值不应小于 25Pa。防烟楼梯间的机械加压送风量不应小于 25 $000m^3/h$。当防烟楼梯间与前室或合用前室分别送风时，防烟楼梯间的送风量不应小于 16 $000m^3/h$，前室或合用前室的送风量不应小于 12 $000m^3/h$，避难走道前室的送风量应按前室入口门洞风速不小于 1.2m/s 计算确定，且风口应正对前室入口门，宽度应大于门洞宽度。

4）需设排烟设施的部位，应划分防烟分区，并应符合以下要求。

① 每个防烟分区的建筑面积不应大于 $500m^2$，但当从室内地坪至顶棚（或顶板）高度在 6m 以上时，可不受此限；

② 防烟分区不能跨越防火分区。

5）需设排烟设施的走道，净高不高于 6m 的房间，应采用挡烟垂壁、隔墙或从顶棚突出不小于 0.5m 的梁划分防烟分区。

6）丙、丁、戊类物品库宜采用密闭防烟措施。

7）走道或房间采用机械排烟时，排烟风机和风管的风量计算应符合下列要求。

① 负担一个或两个防烟分区排烟时，应按该部分总面积每平方米不小于 $60m^3/h$ 计算，但风机的最小排烟量不应小于 $7200m^3/h$；

② 负担 3 个或 3 个以上防烟分区排烟时，应按最大防烟分区面积每平方米不小于 $120m^3/h$ 计算。

③ 排烟去应有补风措施。当补风回路的空气阻力不大于 50Pa 时，可自然补风；否则应设火灾时可转换成补风的机械送风系统或单独的机械补风系统，补风量不应小于排烟风量的 50%。

④ 机械排烟系统宜单独设置或与工程排风系统合并设置。合并设置时，必须取火灾发生时能将排风系统自动转换位排烟系统的措施。

⑤ 每个防烟分区内必须设置排烟口，并应设在顶棚或墙面的上部，排烟口宜设置于该防烟分区的居中位置，并应与疏散出口的水平距离在 2m 以上。且该防烟分区内最远点水平距离不应超过 30m。排烟口可单独设置，也可与排风口合并设置；排烟口的总排烟量应按防烟分区每面积平方米不小于 $60m^3/h$ 计算。单独设置的排烟口应处于关闭状态，可采用手动或自动开启方式，手动开启装置的位置应便于操作。排风口和排烟口合并设置是：应在排风口或排风口所在支管设置自动阀门，该阀门必须具备防火功能，并应与火灾自动报警系统联动；火灾时，着火防烟分区内的阀门应处于开启状态，其他防烟分区内的阀门全部关闭。

⑥ 排烟风可采用离心式风机或排烟轴流风机，应在烟气温度280℃时能连续工作30min。排烟风机与排烟口应设有联动装置，当任何一个排烟口、排烟阀开启时或排风口转为排烟口时，系统应转为排烟工作状态，当烟气温度超过280℃时，排烟风机应随设置于风机入口处防火阀的关闭而自动关闭。

⑦ 机械排烟和加压送风管道的风速，采用金属管道时，不应大于20m/s；采用内表面光滑的混凝土等非金属管道时，不应大于15m/s。排烟口的风速不宜大于10m/s，送风口风速不宜大于7m/s。

⑧ 排烟风机、排烟口、排烟阀门、防排烟管道必须采用不燃烧材料制作，并与可燃物的距离不应小于15cm。防烟管道不宜穿过防火墙，如必须穿过时，过墙处应设当烟气温度超过280℃时能自动关闭的防火阀。

⑨ 机械排烟系统宜单独设置，如利用工程通风、空气调节系统进行排烟时，必须采取可靠的安全措施，并应设有在火灾时将通风、空气调节系统自动转换为排烟系统的装置。

3. 地下建筑

(1) 自然排烟方式的应用。

在一般情况下，地下建筑是不采用自然排烟方式的。但在某些情况下，如地下建筑面积较小、构造比较简单、重要性也不大，这时可借助平时的垂直通风井作为发生火灾时的自然排烟小竖井，在结构布置上，应注意如下两点：

1) 垂直通风井的布置应与防烟分割结合起来考虑，如图3-40所示；

2) 位于同一防排烟分区的垂直通风井的总流通截面积应不小于该防烟分区地面面积的2%。

(2) 机械防排烟方式的应用。

地下建筑物根据其出入口的数量分为单通道和多通道。为安全和方便起见，在地下建筑中一般都设有出入口、通风口和紧急疏散口等。所以，地下建筑通常是多通道的。

为了使地下建筑取得较好的通风排烟效果，地下建筑的机械排烟宜采用全面通风排烟的方式，而且排烟和进气必须形成一个良好的对流循环系统。无论是多通道或是单通道的地下建筑，都必须要有空气的对流，才能取得良好的通风排烟效果。

单通道地下建筑的全面通风排烟，送风口和排烟口的布置如图3-41所示。送风机出口的送风管应伸入到远离地下建筑出入口的尽头下部，而排烟机的吸入口则应设置在地下建筑

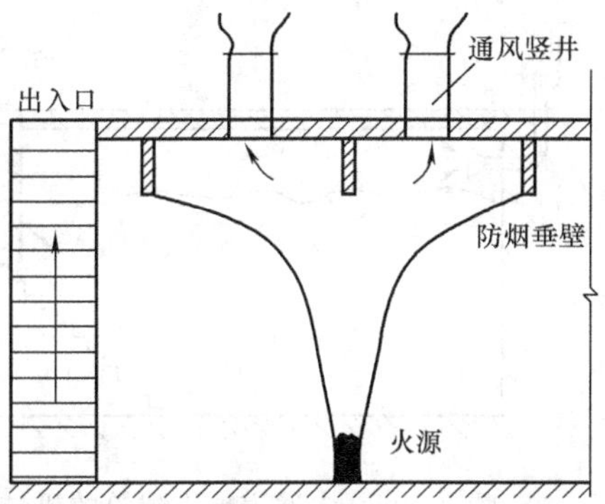

图3-40 地下建筑利用通风竖井排烟示意图

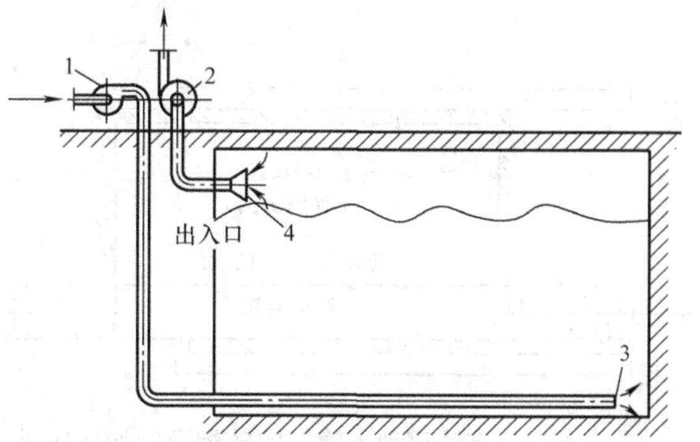

图3-41 单通道地下建筑的全面通风排烟示意图

1—送风机；2—排烟机；3—送风口；4—排烟口

出入口的内侧上部。这种布置，可形成良好的对流，新鲜空气从里向外驱赶烟气，有利于排烟。如果伸入到地下建筑的入口处，就不可能形成良好的对流。而且，由于送风，地下建筑的出入口的局部压力升高可能阻碍烟气向入口端的流动，而且还可能形成空气的短路，刚送入的新鲜空气就被排烟机抽吸排至室外。

多通道的地下建筑的全面通风排烟，一般是从一个出入口向里送风，而从另一个出入口向外排烟，如图 3-42 所示。如果有多个出入口，作为机械通风排烟的出入口就不能随意选择，也就是说，送风口应尽量远离排烟口，以便使送风和排烟形成良好的对流。如果因为条件限制，如动力电源、道路等所限，送风机和排烟机需要布置在邻近的两个出入口甚至同一出入口处，这就要加长送风管道，使送风口伸入到远离排烟口处。在多通道的地下建筑采用机械全面通风排烟方式时，除作为机械送风口和排烟口的出入口外，其余的出入口仍可作为自然排烟口。

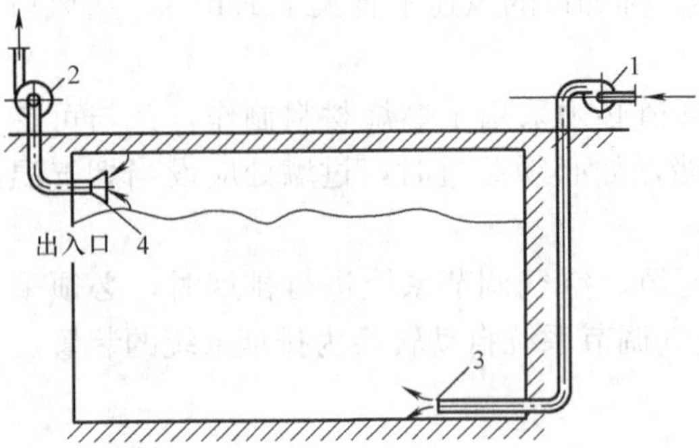

图 3-42 多通道地下建筑的全面通风排烟示意图
1—送风机；2—排烟机；3—送风口；4—排烟口

对于大型复杂的多通道地下建筑如地下街市，为保证安全，在防灾设计中要考虑专门的疏散通路，对疏散通路完全可以采用加压送风防烟的方式，并成为独立的防烟分区。如果称防烟楼梯间是高层建筑的疏散安全区，那么“防烟通廊”就是地下建筑的疏散安全区。因此，机械送风口必须设置在防烟通廊之中，而机械排烟口则设置在地下建筑的工作或服务区中，如图 3-43 所示。工作或服务区域与防烟通廊之间的门应是耐火极限不低于 0.9h 的防火门。

在有些情况下，多通道地下建筑也可采用机械排烟、自然补风的方式，如图 3-44 所示。当排烟机运转时，必将在地下建筑中形成负压，如果地下建筑为封闭式结构，由于没有空气对流，就很难达到良好的排烟效果。这时如开启任何一个远离排烟口的出入口，新鲜空气就会从地面上流入地下建筑中，从而形成了自然进风机械排烟的通风排烟过程。从保证空气对流的效果和防止空气短路出发，自然进风口应远离机械排烟口。

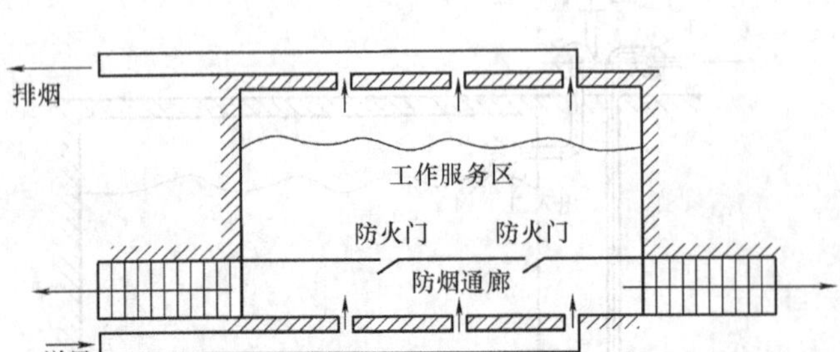

图 3-43 多通道地下建筑的防烟通廊加压送风

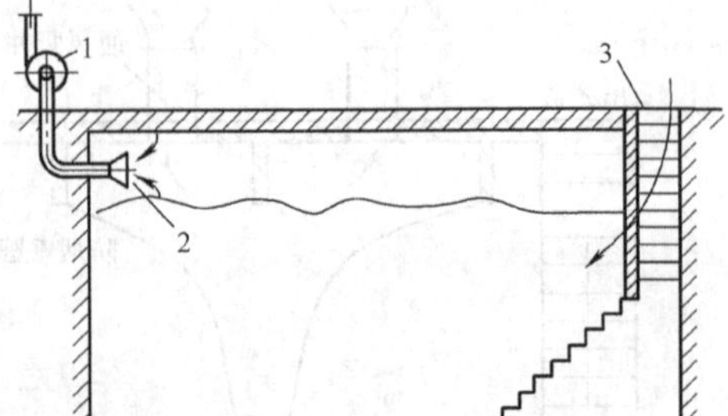

图 3-44 多通道地下建筑的机械排烟、自然补风系统
1—排烟机；2—排烟口；3—补风口

地下建筑采用全面通风排烟方式时，新鲜空气的大量补入不但可大大冲淡烟气的浓度，而且降低了火场的温度，改善了火场条件，这不仅有利于疏散和扑救活动的进行，而且还有助于扑灭火灾。但是，补充的新鲜空气能够助燃，往往使火势蔓延扩大，甚至引起爆燃。所以，有关地下建筑采用全面通风排烟方式的具体措施，还要依据实际情况而定。

六、防排烟控制技术

当建筑物发生火灾时，必须随着火灾的发展，明确掌握何时使排烟设备动作以及在同一时间内使用哪些设备动作。对于小型排烟设备，因平时没有监视人员，所以不可能设置集中控制室，一般都是在发生火灾的火场附近进行局部操作。

在大型的排烟设备中，虽然可以在火灾现场附近操作，但从全局看，有必要使排烟设备系统地动作，并能局部控制。如果把排烟设备的顺序号搞错，就有可能把烟气引进疏散通道或其他部位的危险。因此，有必要设置消防控制室，配备专门的监视人员对排烟进行控制和监视。

对各种排烟装置的控制方式和程序，其要求如下。

1. 不设消防控制室的机械排烟控制程序

(1) 排烟口和排烟风机连锁，基本的控制程序，如图 3-45 所示。

(2) 火灾报警动作后，活动挡烟垂壁动作，并有信号到值班室，同时排烟口和排烟风机启动，如图 3-46 所示。

(3) 火灾时，火灾报警器动作，同时风管内带易熔片的防火阀关闭，切断火源，防止火势沿风管蔓延，如图 3-47 所示。

(4) 火灾时，火灾报警器通过控制线路关闭防火阀，如图 3-48 所示。

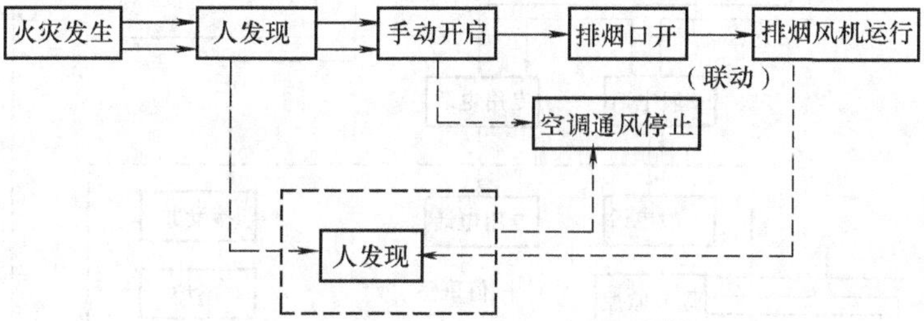

图 3-45 基本排烟程序方框图

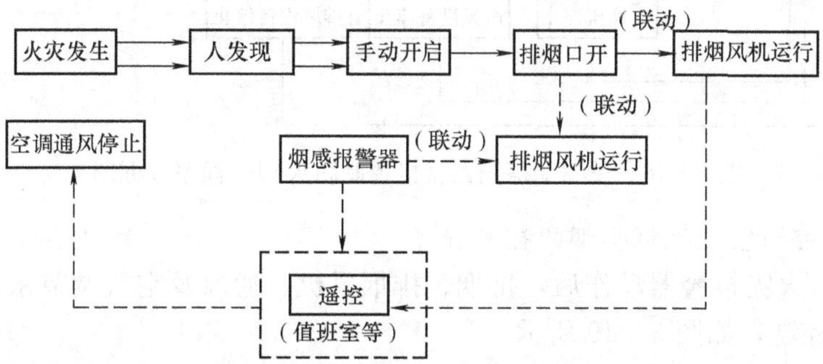

图 3-46 自动活动挡烟垂壁动作程序方框图

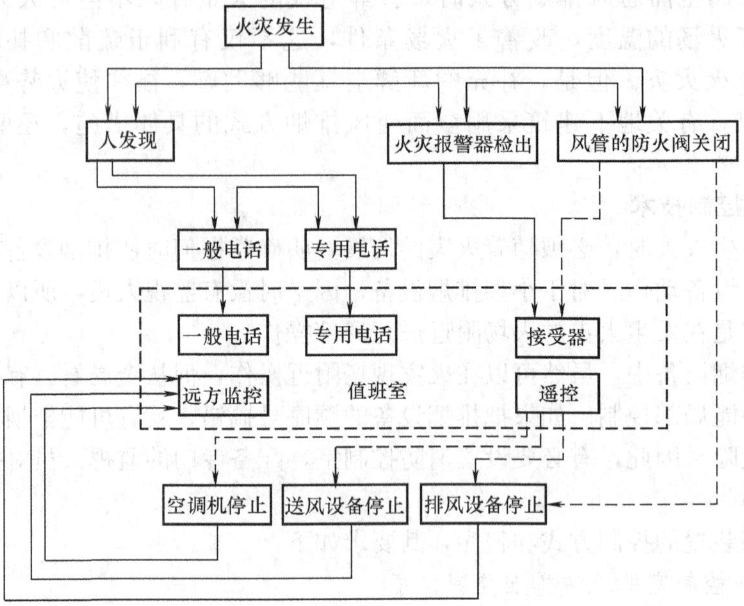

图 3-47 设有火灾感烟探测器风管内有易熔片的防火阀控制程序方框图

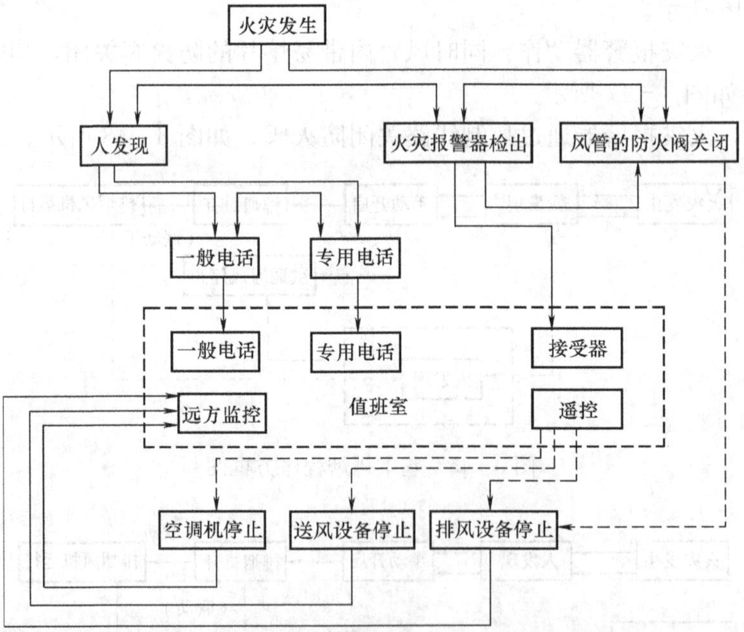

图 3-48 设感烟探测器直接控制防火阀的程序方框图

2. 设有消防控制室的机械排烟的控制程序

(1) 火灾时，火灾报警器动作后，排烟、排烟风机、通风及空气调节系统的通风机均由消防控制室集中控制，如图 3-49 所示。

(2) 火灾时，火灾报警器动作后，消防控制室仅控制排烟口，由排烟联动排烟风机、通风机及空气调节系统的通风机，如图 3-50 所示。

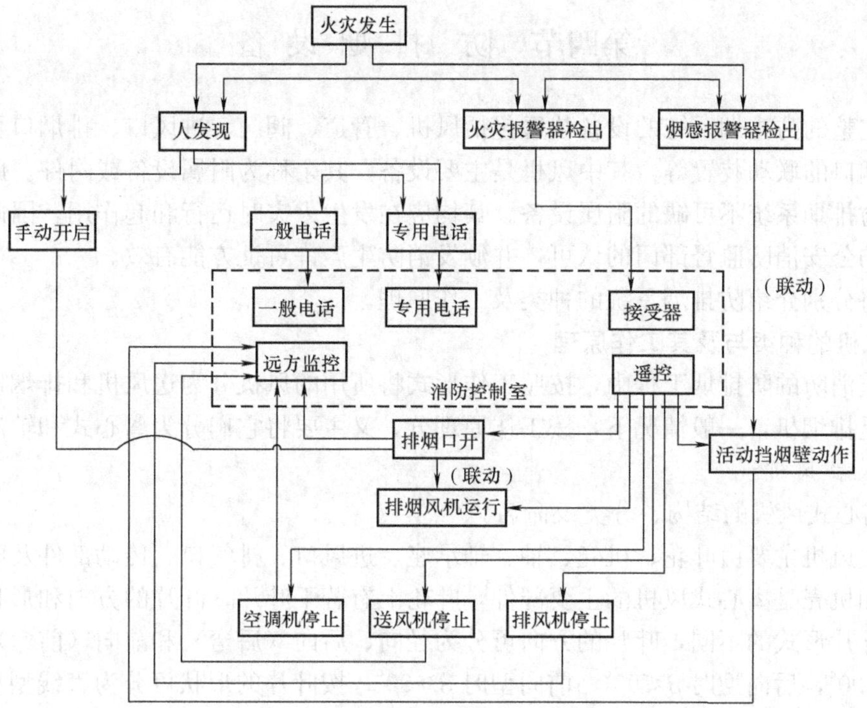

图 3-49　设有消防控制室的建筑机械排烟的控制程序方框图（1）

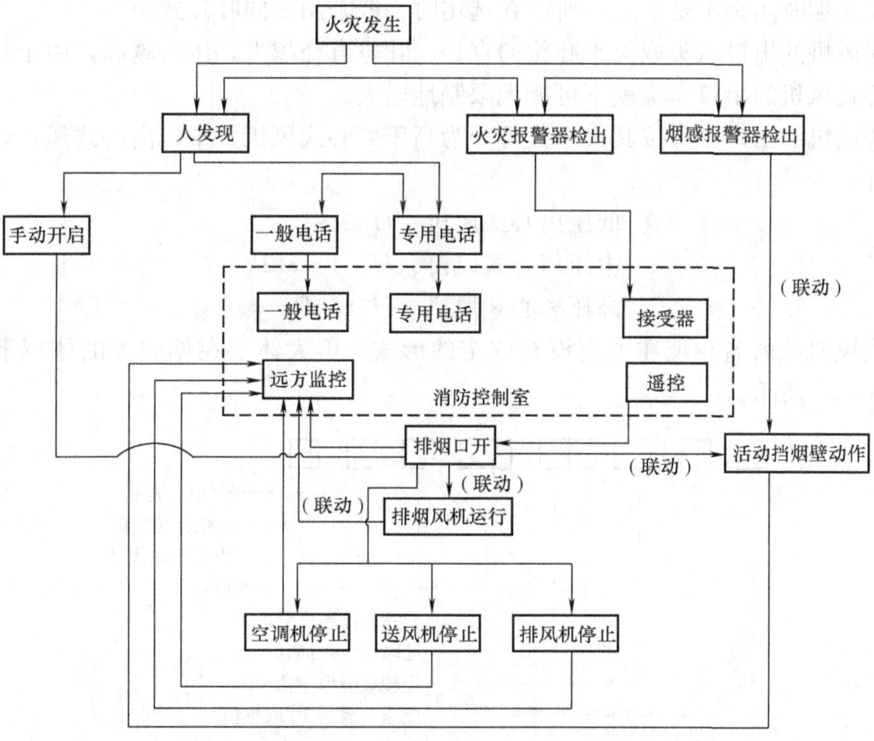

图 3-50　设有消防控制室的建筑机械排烟的控制程序方框图（2）

第四节 防、排烟设备

一个完整的防排烟系统的设备装置包括风机、管道、阀门、进风口、排烟口及风机与进风口或排烟口的联动装置等，其中风机是主要设备，其余称为附属设备或附件。此外，隔烟装置也是防排烟系统不可缺的附属设备。其均应在发生火灾时运行和起作用，因此产品必须经过法定的公安消防监督部门的认可，并颁发消防生产许可证方能有效。

下面将分别介绍防排烟系统的种类及工作原理。

一、风机的种类与及其工作原理

在建筑消防的防排烟工程中，按照工作形式将所用的风机分为送风机和排烟机；不管是送风机还是排烟机，一般情况下，按工作原理分，又主要将它们分为离心式和轴流式两种。

1. 离心式风机

(1) 离心式风机的结构、分类及命名。

离心式风机主要由叶轮、机壳、轴、轴承座、进风口、排气口、传动部件及电动机等组成，叶轮和机壳是离心式风机的主要部件，叶轮上有若干叶片，叶片的方向和形状有多种形式。按其叶片形式的不同，叶片的方向可分为径向、后向（后弯）和前向（前弯）三种，径向型时 $\beta=90°$，后向型时 $\beta<90°$，前向型时 $\beta>90°$；按叶片的形状可分为直线型和曲线型两种，在其他条件相同的情况下，前向式叶片的风机压头最高，径向型次之，后向型最低，但风机的效率恰好相反，后向型最高，径向型居中，前向型最低；此外，后向型风机的噪声较小，加上在排烟时压头不是很大，所以在选用时一般采用后向叶片式。

离心式风机的出口压头取决于叶轮的直径，叶轮直径越大，压头越高，由于叶轮直径的限制，离心式风机的出口压头就不可能无限制地增大。

离心式风机的出口压头按其大小又可分为高压离心式风机、中压离心式风机和低压离心式风机三种：

低压离心式风机 $H<1\text{kPa}$

中压离心式风机 $H=1\sim3\text{kPa}$

高压离心式风机 $H>3\text{kPa}$

离心式风机的命名在现在国内没有固定的形式，但大体上在铭牌上的体现下列几个部分，如图 3-51 所示。

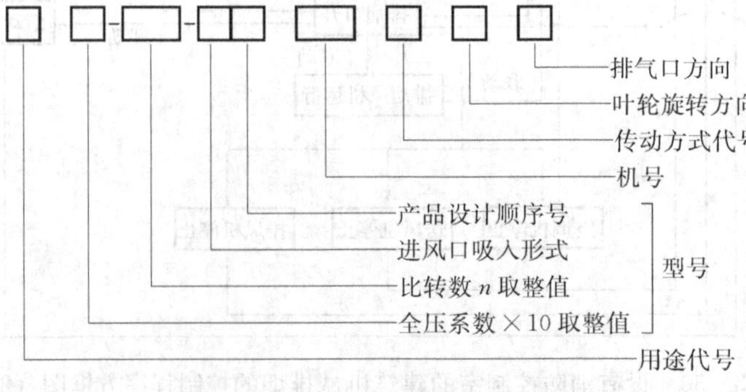

图 3-51 离心式风机型号示意图

离心式风机的用途代号采用汉字或汉语拼音的缩写，型号由基本型号和变型型号两部分组成，基本型号由两组数字组表示，第一组表示风机最高效率点时的系数乘 10 后的四舍五入进位的取整值，称为全压系数。压力系数是风机的特性系数参数之一，对同一类型的风机，不论其转速高低和尺寸大小，其压力系数都是相同的，因此全压系数也相同，对不同类型的风机，在叶轮直径和转速相同的条件下，全压系数越大，风机压头越高。第二组数字表示风机在最高效率点时的比转数四舍五入进位取整值。比转数也是风机的重要参数，其大小可反映出风机风压和流量的关系。比转数小的风机是小流量高压头的风机，而大的是大流量低压头的风机。变型型号也由两位阿拉伯数字组成，其中第一位数字表示进风口的吸式，单吸式以 1 表示或不注数字，双吸式以 2 或 0 表示；第二位数字表示产品设计顺序序号。机号位叶轮外径的分米数前面带上 NO.，如 NO. 20 就表示叶轮外径为 20dm 或 2000mm。旋转方向是指从电动机位置看叶轮的旋转方向，顺时针为右旋，逆时针为左旋，但常见的大多为顺时针。排气口方位为出口轴线与水平的夹角，通常会有 8 个基本位置，每个位置相差 45°角，见图 3-52。在有些情况下会要求得更细，要求每个位置的相差角为 15°，这样就有了 24 个方位。

例如：6-78-11-NO. 10A 左 45°风机，表示通用风机，压力系数为 0.6，比转数为 78，单吸式，第一次设计，叶轮直径为 1000mm，直联传动，左旋，排气口 45°角。

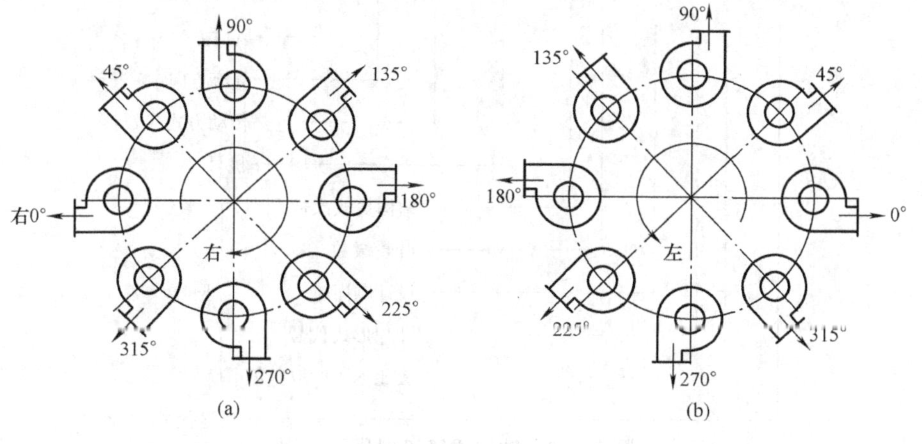

图 3-52 离心式风机排气口方位示意图

(a) 45°相角右旋离心式风机排气口方位示意图；(b) 45°相角左旋离心式风机排气口方位示意图

但随着科技的发展，风机的发展速度很快，现在的离心式风机外形结构已经多种多样，不拘一格，且现在的风机的命名也不一定与上述的规定完全一样，具体的情况得酌情而定。

(2) 离心式风机工作原理。

当叶轮在机壳中旋转时，叶轮片间隙中的气体被带动而获得离心力，气体由于离心力作用被径向地甩向机壳的周缘，并产生一定的正压力，由蜗壳形机壳汇集沿切向引导至排气口排出；叶轮中则由于气体的被甩出而形成负压，气体因而源源不断地由进风口被吸入，从而形成气体被连续地吸入、加压、排出的流动过程，在离心式风机中，实现了电能转换为机械能、再转换为气体压能的过程。

根据离心式风机的结构和工作原理不难得出，离心式风机是不可逆转的，当叶轮反向旋转时，虽然进风和排气的方向都没有变化，但风量大大减少，通常只能为正转时的 1/4 左右，这是对运行非常不利的情况。所以在操作时，应尽量避免风机的反转。

2. 轴流式风机

(1) 轴流式风机的结构。

轴流式风机在生活中随处可见，家里的电风扇就是个最简单的轴流式风机，大轴流式风机的结构比较复杂，主要由叶轮、机壳、导向叶片、整流罩、扩压筒、轴承座、电动机及底座等组成。

(2) 轴流式风机的分类。

叶轮是轴流式风机的主要部件之一，按叶轮上的叶片的形式，可把它分为了机翼型和板型，而且有扭曲和非扭曲之别；按结构分，能将其分为筒式和风扇式；按出风口风压，可分为高压和低压两种，且以 500Pa 为界，出风口风压高于 500Pa 的为高压轴流式，出风口风压低于 500Pa 的为低压轴流式。

(3) 轴流式风机的命名。

传统的轴流式风机的命名跟离心式风机的命名类似，由六部分组成，即用途代号、型号、机号、传动方式代号、气流方向及风口方位，一般的书写形式如图 3-53 所示。

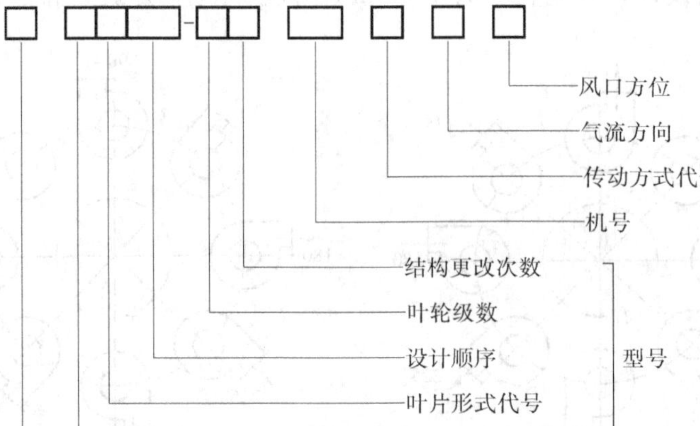

图 3-53　轴流式风机型号示意图

轴流式风机的风口方位有进出两种，通常用“入”、“出”加方向角表示，一般情况下，角度的形式有 0°、90°、180°、270°，见图 3-54。轴流式风机的气流方向是指正对风口的气体流动，用“入”表示顺向流入，“出”表示气流迎面流出。它的传动方式和风机机号的表示法与离心式风机相同。不同的机号轴流式风机叶轮及轮毂直径系列详见 GB 3235—82 的规定。轴流式风机的型号跟离心式一样，亦由基本型号和变型型号组成，基本型号则包括了三个部分，第一部分是毂比乘以 100 以后的整数部分，第二部分是叶片形式代号（见表 3-16），第三部分则表示设计序号。变形型号则由两个阿拉伯数字表示，前者表示叶轮级数，后者则表示结构更改的次数。当然，随着科技的开发，技术的更新，每个厂家对自己的轴流式风机的命名又各不相同。

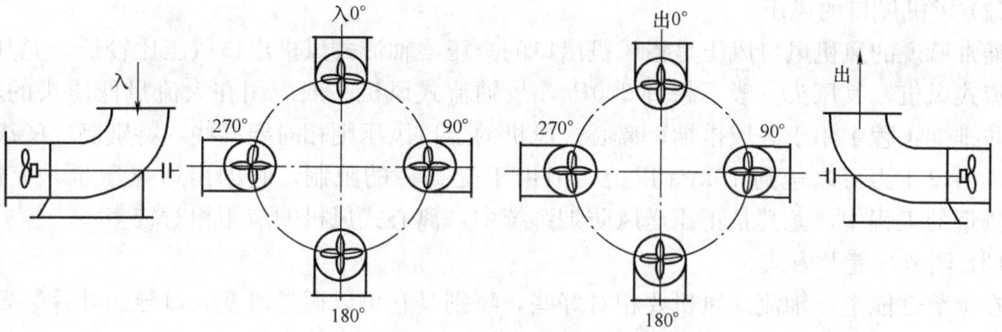

图 3-54　轴流式风机的风口方位示意图

表 3-16　　轴流式风机叶片型式代号

代号	叶片形式	代号	叶片形式
A	机翼型扭曲叶片	G	对称半机翼型扭曲叶片
B	机翼型非扭曲叶片	H	对称半机翼型非扭曲叶片
C	对称机翼型扭曲叶片	K	等厚板型扭曲叶片
D	对称机翼型非扭曲叶片	L	等厚板型非扭曲叶片
E	半机翼型扭曲叶片	M	对称等厚板型扭曲叶片
F	半机翼型非扭曲叶片	N	对称等厚板型非扭曲叶片

(4) 毂比。

轴流式风机的毂比是指叶轮轮毂直径与叶轮直径之比，即

$$\alpha = \frac{d}{D} \tag{3-77}$$

式中　d——轮毂直径，mm；

D——叶轮直径，mm。

(5) 轴流式风机的工作原理。

前整流罩引进气流，在叶轮上的叶片具有斜面形状，当叶轮由电动机带动而旋转时，气体受到叶片的推挤而升压，并形成轴向流动，入口导向叶片的作用使轴向进入的气流产生预旋，使与叶轮叶片入口角相适应，而出口导向叶片的作用使旋转的气流变为轴向流动，最后整流罩使加压后的气流导出。跟离心式风机一样，轴流式风机也是不可逆转的，当叶轮反向旋转时，风量也将降低到正转时的 1/4 左右。

3. 两种风机的比较与应用场合

上述的两种风机都是常用的风机，它们在结构功能上的异同将从下面几个方面上去比较。

(1) 风机的体积及其占地面积。

相比轴流式风机，离心式风机的体积较大，特别是随着风量和压头的增加，它的体积会很快增大，它的进出口始终相互垂直，管道的布置上弯头较多，因而占地面积较大；但轴流式风机的气流是轴向流动的，风机可直接与管道联通，无须弯头，布置紧凑，故占地面积小，尤其是随着风机容量的增加，占地面积少的优点就更加明显了。

(2) 风机风口的风压。

通常所说的风机风口风压是指风机出口的全压，轴流式风机出口风压比较低，尤其是单级轴流式风机，其压头一般不超过300Pa，故轴流式风机一般应用在大流量低压头的场合，如在防排烟工程中用于区域排烟；离心式风机的出口风压则相对要高些，特别高压的离心式风机，出口压力可以达到10kPa以上，但由于受直径的限制，它的出口风压也是有限的，在防排烟的工程中，尤其是正压送风防烟系统中，离心式风机的应用相对较多。

(3) 调节性能及方式。

在调节性能上，轴流式风机要相对好些，特别是它可以通过改变入口导向叶片装置角的调节方式，从而保证风机在负荷变动范围内保持接近设计点的高效率，轴流式风机不能采用阀门进行风量调节，因为风量越小，所需功率反而越大，这非但不经济，也存在安全形问题。因此，轴流式风机启动时不能将出口关闭，否则电动机将过载，也就是说，轴流式风机应该采取负载启动。

离心式风机的调节性能相对要差，它通常是利用风道上的阀门进行调节，如闸阀或旋板阀。与轴流式风机相反，离心式风机风量越大，所要求的功率越大，因此离心式风机启动时，得把出口关闭，以实现空载启动，待启动后再根据系统的需要调节风量。

现在轴流式风机和离心式风机均可通过改变电动机的转速来调节风量和风压，随着多速电动机和无级调速电动机的应用，这种调节方式很快推广开来。

(4) 风机效率。

在风机的性能参数里，还有一个很重要的技术参数，那就是风机效率，它体现的是风机对能源的利用率。在现在能源紧缺、提倡节能的环境里，风机的效率尤其突出了它的重要性，轴流式风机相比离心式的效率要高，可达92%甚至更高，而高效的离心机也一般不会超过90%。另外，轴流式风机的高效区明显比离心式要宽广。故从这方面讲，轴流式风机有它明显的优越性。

4. 其他类型风机

随着消防技术的发展，现在的防排烟工程中，设计者和施工者都不拘于只在上述的两种风机中去选择，现在的产品除离心式风机和轴流式风机以外，还有斜流式通风机、混流式通风机等形式，并且还出现了专门针对防排烟工程的消防排烟机，如山东双一集团生产的HTF系列消防排烟风机。

(1) 斜流（混流）式风机。

斜流风机由叶轮、机壳、静叶、导流锥、电机组成，与离心式和轴流式相比较，它具有独特的直线形结构，它的动力特性参数介于离心式和轴流式之间，兼有离心式风机压力系数高和轴流式风机流量系数高的特点，高效区较宽，是一种节能、高效、低噪声的风机，适用于民用建筑的防排烟及其他领域的空调通风系统。混流式风机的风机采用的技术原理跟斜流式一样，故又可叫做斜流式，它体积小，可以直接与风筒连接，水平安装垂直安装均可，也可直接安装在墙上或支架上，采用电机直联，安装、操作、使用方便。

(2) HTF系列排烟机。

HTF系列排烟机可分为卧式、立式、柜式三种形式，它主要用于工业和民用建筑及人防工程的消防排烟，平时也可用于室内通风换气。它可平稳地输送温度小于等于280℃的烟气达40min以上。

5. 风机安装的相关规定

(1) 型号、规格应符合设计规定，出口方向应正确；叶轮旋转应平稳，叶轮转子与机壳的组装应正确，叶轮进风口插入风机机壳进风口或密封圈的深度应符合设备技术文件的规定，或叶轮外径值的1%，风机安装的允许偏差应符合表3-17规定。

表3-17 风机安装的允许偏差

序号	项目		允许偏差
1	中心线的平面位移		10mm
2	标高		±10mm
3	皮带轮轮宽中心平面偏移		1mm
4	传动轴水平度		纵向0.2‰ 横向0.3‰
5	联轴器	两轴芯径向位移	0.05mm
		两轴线倾斜	0.2‰

(2) 现场组装的轴流式风机叶片安装角度应一致，达到在同一平面内运转，叶轮与筒体之间的间隙应均匀，水平度允许偏差为1‰。

(3) 安装隔振器的地面应平整，各组隔振器承受载荷的压缩量应均匀，高度误差小于2mm。

(4) 安装风机的隔振支架的结构形式和外形尺寸应符合设计或设备技术文件的规定，焊接应牢固，焊缝应饱满、均匀。

6. 风机安装使用的注意事项

(1) 风机经过运输及装运搬动，各部件必须经过详细检查方可安装，安装场所应考虑装置安全防护设备，以免影响风机使用寿命。

(2) 风机安装的基础用水平尺校正，使机架与基础自然吻合，不得强制联接以防变形，风机还可以安装于各种减振台座上。在安装过程中要小心操作避免撞击，各部件联接要可靠，调节好叶轮与进风器的间隙以最小为宜，但不能碰擦。

(3) 联接风机进出口之管道应另加支撑，避免重量加载于风机上，致使风机变形，造成损坏。

(4) 试车前必须用手拨动叶轮旋转，检查叶轮与其他部位是否摩擦，并检查电机放置方向，防止叶轮反转。

(5) 风机运转时，要绝对防止吸入固体杂质，用户可在风机进口处装设防护滤网，以防杂物吸入机内击破机壳发生意外。

(6) 风机使用中，要定期进行检修，清除污垢保持良好的运行状态。风机抽送过湿气体时，用户可在锅壳底部钻一个直径为5mm的小孔自动排水。

二、管道

1. 管道的材质、结构形式及尺寸

通风排烟管道也是防排烟系统中的重要部件，跟采暖、给排水系统管道的设计一样，防排烟烟风系统管道的设计也是一个很复杂的过程，包括管道的结构形式和尺寸，进行管道的布置和阻力计算，确定管道各部分的连接方式和管道的支撑，悬着管道的材质，以及考虑其他的一些特殊的技术要求。

通风排烟管可以用很多材质制作，有钢制、硬聚氯乙烯塑料制作、砖砌、水泥混凝土制作等，这些材料制作的是刚性或固定的管道形式。因为高温度的要求，防排烟系统中的管道应采用耐火性好的材料。

在制作风管时，常常采用薄钢板作为系统管道的材料，薄钢板又可分为普通薄钢板和镀锌薄钢板，采用薄钢板制作管道加工容易，安装方便，布置灵活，能承受较高的温度。镀锌薄钢板的耐腐蚀性也较强，对于送风用的管道和民用建筑、公共建筑中的排烟管道，一般采用0.5～1.5mm的薄钢板，但工业因为建筑和库房火灾烟气中可能含有腐蚀性的气体，则此时排烟管道一般宜采用厚度为2～3mm的钢板制作。在送风竖井、排烟竖井中，常采用砖砌、水泥混凝土制成的管道作为防排烟的管道，这种管道能与建筑结构整体配合，能作为建筑物的一部分，使用年限长，且能承受较高的温度，但这种管道有它的弊端，它的内表面粗糙，摩擦系数较大，且气密性差，占地面积大。为了不影响整个送风或排烟系统的工作性能，这种管道应进行防渗处理，以提高其气密性。

常见的管道结构形式即管道的断面形状，主要有圆形、矩形和三角形三种，在一些特别的情况下，我们还能见到环形或框形管道。各种形状的管道示意见图3-55，现在每个国家根据自己的国情都制定了本国风管的统一规格。

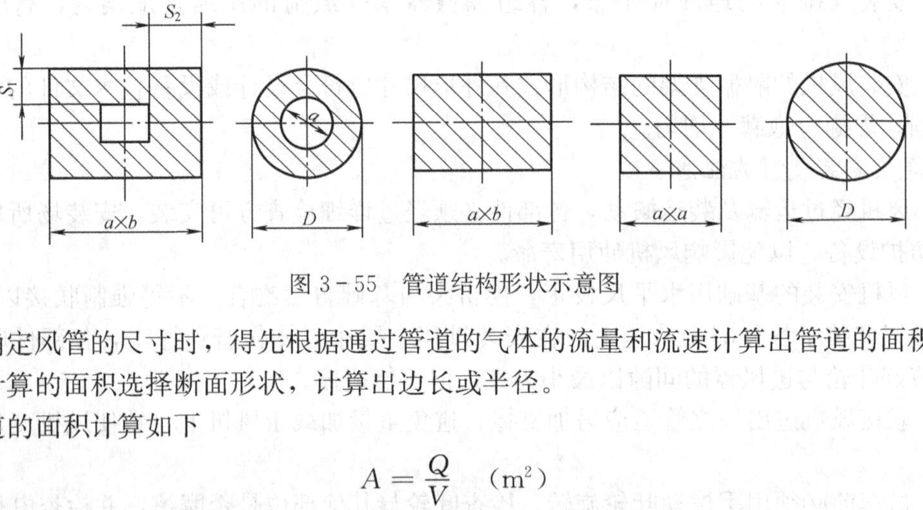

图3-55　管道结构形状示意图

在确定风管的尺寸时，得先根据通过管道的气体的流量和流速计算出管道的面积，然后就根据计算的面积选择断面形状，计算出边长或半径。

管道的面积计算如下

$$A = \frac{Q}{V} \quad (\mathrm{m}^2) \tag{3-78}$$

式中　Q——管道中流动的空气或烟气的体积流量，m^3/s；

V——管道中流体的流动速度，m^2/s。

计算出了管道的面积，我们再根据管道的断面面积计算出所选择的形状的具体尺寸：

对于圆形风管其内径D_n为

$$D_n = 2000\left(\frac{Q}{\pi W}\right)^{\frac{1}{2}} \quad (\mathrm{mm}) \tag{3-79}$$

对于正方形风管其边长a为

$$a = 1000\left(\frac{Q}{W}\right)^{\frac{1}{2}} \quad (\mathrm{mm}) \tag{3-80}$$

对于矩形分管先确定一边a，另一边b为

$$b = \frac{Q}{aW} \times 10^6 \quad (\mathrm{mm}) \tag{3-81}$$

计算出 D_n、a、$a\times b$ 后根据附录 1 选择相同或相近的风管规格。管道的最小尺寸主要受管道内的最大流速的限制，流量小而选择的流速较大时，风管的尺寸就将很小，在理论上管道的最小尺寸是不受限制的，但为了加工的方便和增加管道的刚度，我们一般规定了各种管道的最小尺寸，如圆形管道最小直径为 80mm，正方形管道的最小边长为 120mm。

2. 管道的支吊和连接

(1) 支吊。

支承和吊挂是刚性水平管道段安装固定的通常方法，支架和吊架可用角钢制作，常用的规格有 25×3、30×3、40×4、50×5 等，其基本结构如图 3-56 所示。

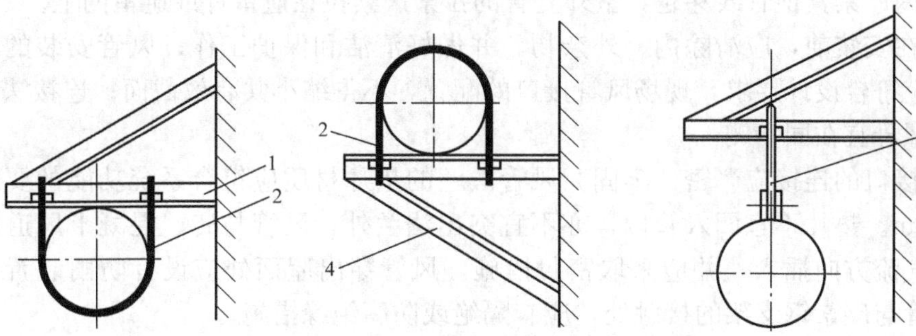

图 3-56 水平管道支承和吊挂示图

1—角钢；2—U 形螺栓；3—吊杆；4—斜撑

风管支架、吊架的安装应符合下列规定。

1) 风管水平安装，直径或长边尺寸小于等于 400mm，间距不应大于 4m；大于 400mm，不应大于 3m。螺旋风管的支、吊架间距可分别延长至 5m 或 3.75m；对于薄钢板法兰的风管，其支、吊架间距不应大于 3m。

2) 风管垂直安装，间距不应大于 4m，单根直接至少应有 2 个固定点。

3) 风管支、吊架宜按国标图集与规范选用强度和刚度相适应的形式和规格。对于直径或边长大于 2500mm 的超宽、超重等特殊风管的支、吊架应按设计规定。

4) 支、吊架不宜设置在风口、阀门、检查门及自控机构处，离风口或插接管的距离不宜小于 200mm。

5) 当水平悬吊的主、干风管长度超过 20m 时，应设置防止摆动的固定点，每个系统不应少于 1 个。

6) 吊架的螺孔应采用机械加工。吊杆应平直，螺纹完整、光洁。安装后各副支、架的受力应均匀，无明显变形。

(2) 管道的连接。

管道的连接是指管段与管段之间、管段与变流向、变流股管件之间的装配密封，通常有焊接、铆接、法兰连接三种。

焊接方式比较灵活，用途较广，不但适用于管道的对接焊，而且适用于管道环缝的对接焊。焊接方式对接缝的尺寸要求也较低，它不仅能用于钢管，还可用于塑料管。现今国内的塑料焊接已发展到了相当的水平，塑料焊条、塑料焊枪都已有专门的生产厂家制造，对钢管来说，当壁厚大于 2mm 时常用电焊，小于 1.5mm 时常用气焊。

铆接只适用于壁厚不超过 1.5mm 的薄壁钢管，铆接的咬口形式有平咬口、立咬口、角咬口等，法兰连接只适用于管道的对口接头，与焊接和铆接最根本的区别是具有可卸性，法兰连接方式对管口的尺寸要求也较低，只要法兰之间的配合良好，尺寸偏差较大时影响也不大，法兰的形式与管道应配套，目前主要有圆法兰、方法兰、矩形法兰。连接方式有固定式和动圈式两种，动圈式只适用于圆法兰。

（3）管道的安装规定及应注意事项。

1）在风管穿过需要封闭的防火、防爆的墙体或楼板时，应设预埋管或防护套管，其钢板厚度不应小于 1.6mm，风管与防护套管之间，应用不燃且对人体无危害的柔性材料封堵。

2）风管内严禁其他管线穿越，室外立管的拉索严禁拉在避雷针或避雷网上。

3）风管在安装前，应清除内、外杂物。并做好清洁和保护工作；风管安装的位置、标高、走向，应符合设计要求。现场风管接口的配置，不得缩小共有效截面；连接法兰的螺栓应拧紧，其螺母宜在同一侧。

4）风管接口的连接应严密、牢固。风管法兰的垫片材质应符合系统功能的要求，厚度不应小于 3mm。垫片不宜凹入管内，亦不宜突出法兰外；风管与砖、混凝土风道的连接接口，应顺着气流方向插入，并应采取密封措施。风管穿出屋面处应设有防雨装置；有锈钢板，铝板风管与碳素钢支架的接触处，应有隔绝或防腐绝缘措施。

5）风管的连接应平直，不扭曲。明装风管水平安装，水平度的允许偏差为 3/1000，总偏差不应大于 20mm。明装风管垂直安装，垂直度的允许偏差为 2/1000，总偏差不应大于 20mm。暗装风管的位置，应正确、无明显偏差。

风管系统安装完毕后，应按系统类别进行严密性检验，漏风量应符合设计与规范规定：低压系统风管的严密性检验应采用抽检，抽检率为 5%，且不得少于 1 个系统，在加工工艺得到保证的前提下，采用漏光法检测。检测不合格时，应按规定的抽检率做漏风量测试。中压系统风管的严密性检验，应在漏光法检测合格，对系统漏风量测试进行抽检，抽检率为 20%，且不得少于 1 个系统。高压系统风管的严密性检验，为全数进行漏风量测试。系统风管严密性检验的被抽检系统应全数合格，才视为通过；如有不合格时，则应再加倍抽检，直至全数合格。

三、阀门

在防排烟系统中，阀门的作用毋庸置疑，一般情况下主要起到通断、调节、空载启动等作用，下面就防排烟工程中几种重要的阀门进行叙述。

1. 防火类阀门

对于有防火要求的各类通风空调以及防排烟系统管道内所采用的一些阀门，不但要求具有可通断或调节的功能，而且要求它必须有防火的功能。当建筑物发生火灾时，在温度熔断器、电信号或手动的作用下，阀门迅速关闭，切断火势和烟气沿风道蔓延的通路。防火阀门又可以分为以下几种：

（1）防烟防火阀。

防烟防火阀安装在有防火要求的通风、空调系统的风管上，平时处于常开状态，当空气温度达到 70℃时，阀门关闭。该阀门主要以阀内熔断器动作而自动关闭，手动关闭和复位，同时可根据系统要求选用有电信号的动作装置，还可与感烟探测器、感温探测器或其他消防系统的报警装置联锁，防烟防火阀与通风、空气调节系统中的风量调节阀合为一体，被称为防烟防火调节阀，外形结构如图 3-57 所示。

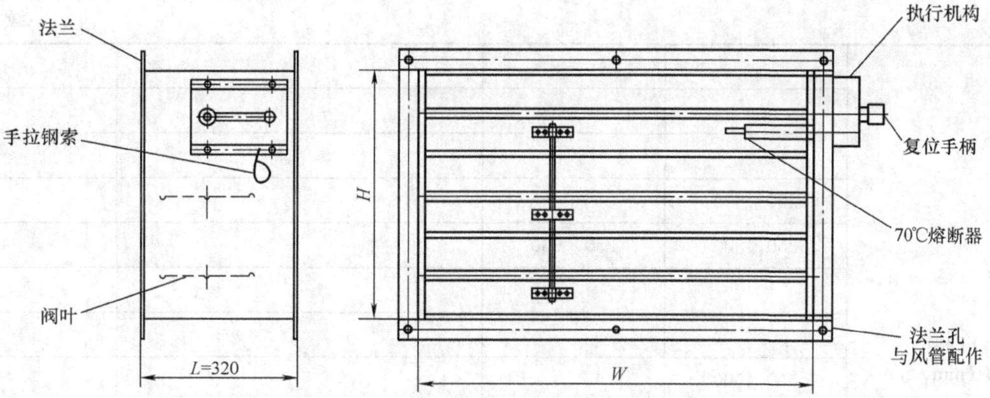

图 3-57 FSYH-SDW 防烟防火阀示图

按防烟防火阀的阀体形式，我们常将其分为圆形防烟防火阀和矩形防烟防火阀两种，现在国内都制订了它们的统一规格。表 3-18 和表 3-19 分别列出了圆形防烟防火阀和矩形防烟防火阀的统一规格。

表 3-18 圆形防烟防火阀的规格

直径/mm	120	160	180	200	250	280	320	360	400	450	500	560	630	700	800	900	1000
操作机构数	1	1	1	1	1	1	1	1	1	1	1	1	1	1	1	1	1
法兰规格	25×3				30×3			35×3				40×5					
阀厚	160	$L=\Phi$															
阻力系数	≤0.5（阀片全开）																

表 3-19 矩形防烟防火阀的规格

规格 $A\times B$/(mm×mm)	100×100						
		120×120					
			160×160			160×320	
		200×120	200×160	200×200		200×320	200×400
		250×120	250×160	250×200	250×250	250×320	250×400
			320×160	320×200	320×250	320×320	
				400×200	400×250	400×320	400×400
				500×200	500×50	500×320	500×400
					630×250	630×320	630×400
						800×320	800×400
							1000×400
							1250×400
阀门片数	1	1	1	1	1	1	1
操作机构数	1	1	1	1	1	1	1
法兰规格	30×3						
阀体厚度 L/mm	防烟防火阀 320						
阻力系数	≤0.5（阀片全开）						

续表

规格 $A\times B/(\mathrm{mm}\times\mathrm{mm})$					
	200×500				
	250×500	250×630			
	500×500				
	630×500	630×630			
	800×500	800×630	800×800		
	1000×500	1000×630	1000×800	1000×1000	
	1250×500	1250×630	1250×800	1250×1000	
	1600×500	1600×630	1600×800	1600×1000	1600×1250
			2000×800	2000×1000	2000×1250
阀片个数	3	3	4	6	6
操作机构数	1	1	2	2	2
法兰	40×4		40×5		50×5
	防烟防火阀 320				
	≤0.5（阀片全开）				

（2）排烟防火阀。

排烟防火阀设置在排烟系统的管道上或是安装在排烟风机的吸入口，同时有自动排烟和防火的功能，平时处于关闭状态，当发生火灾时，烟感探头就会发出火警信号，消防控制中心电信号将阀门打开排烟，也可以用手动打开阀门，手动复位，阀门开启后可发出电信号至消防中心，也可与其他设备连锁。当管道内气流温度达到 280℃时，阀门靠 280℃易熔金属的温度熔断器而自动关阀，切断气流，防止火灾的蔓延，发出电信号至消防中心或与其他设备连锁，自动排烟防火阀的外形机构和防烟防火阀的结构相似，实物图见图 3－58。常见自动排烟防火阀的规格分别见表 3－20 和表 3－21。

图 3－58 FSYH－SDW 型排烟防火阀

表 3－20 圆形排烟防火阀规格

阀体直径 D/mm	160	200	250	320	400	450	500
阀体长度 L/mm	400	440	490	560	640	690	740

表 3-21　方形排烟防火阀规格

规格 $A\times B/(mm\times mm)$	320×320						
	400×320	400×400					
	500×320	500×400	500×500				
	630×320	630×400	630×500	630×630			
	800×320	800×400	800×500	800×630	800×800		
	1000×320	1000×400	1000×500	1000×630	1000×800	1000×1000	
		1250×400	1250×500	1250×630	1250×800	1250×1000	
			1600×500	1600×630	1600×800	1600×1000	1600×1250
						2000×1000	2000×1250
阀片组数	2	2	3	3	4	6	6
操作机构数	1	1	1	1	2	2	2
法兰规格	30×3	A<800，35×3，其余 40×3		40×3		45×3	
阀体厚度 L/mm	320						
阻力系数	≤0.5（阀片全开）						
漏风量/($m^3\cdot m^{-2}\cdot h^{-1}$)	<1000（压差 250Pa），<2000（1000Pa）						

（3）防火风门和防烟风门。

防火风门是防火阀门与一般的风门结合形成的，可兼起调节风量的作用，又称为防火调节风门（FVD），结构图见图 3-59。GB 50045—1995《高层民用建筑设计防火规范》（2005年版）规定：通风、空气调节系统的送风、回风总管，在穿越机房和重要的或火灾危险性较大的房间的隔墙、楼板处以及垂直风管与每层水平风管交接处水平支管上，应均应设置防火阀。穿越防火墙处装有防火阀的风道，一般要用 1.5mm 厚的钢板制作，这样受热时不会变形；防火阀应设有单独支吊架，以防止风管变形而影响关闭，当风管须穿越变形缝时，在变形缝两侧均应设防火阀。

防烟风门（SD）是与烟感器联锁的风门，即通过能够探知火灾初期产生的烟气的烟感器来关闭风门，以防止其他防火分区的烟气侵入本区。这种风门是由电动机或电磁机构驱动的自动风门，它比防火阀门的价格要高。如果在这种阀门上加上易熔合金，则可使之兼起防火的作用。结构图见图 3-60。

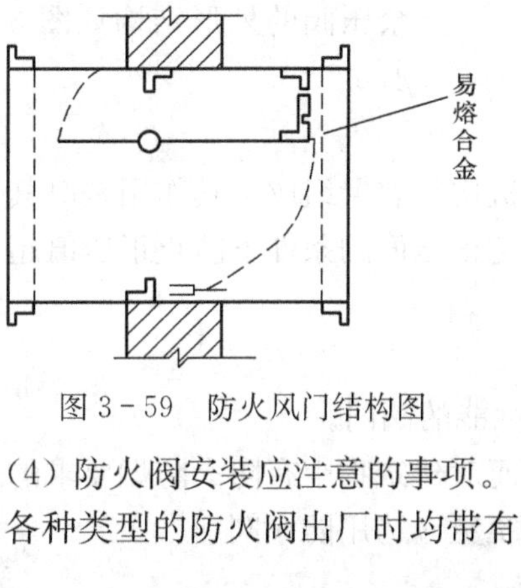

图 3-59　防火风门结构图

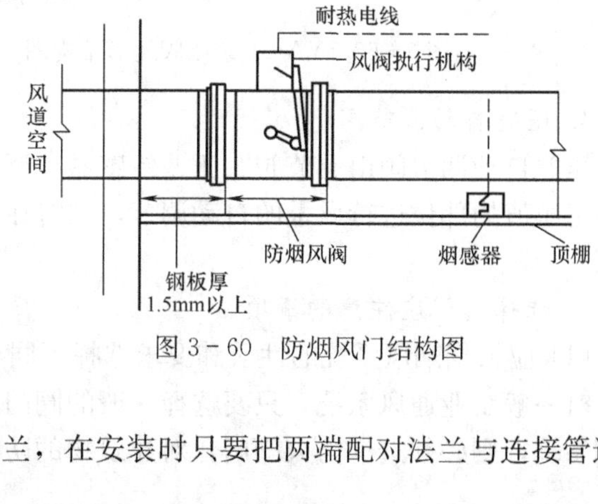

图 3-60　防烟风门结构图

（4）防火阀安装应注意的事项。

各种类型的防火阀出厂时均带有配对法兰，在安装时只要把两端配对法兰与连接管道连接起来即可，但防火阀的作用非常重要，为了防止在发生火灾时等非常条件下造成的管道变形、坍塌、或防火阀损坏、失灵、失控等，对防火阀的安装要求及安装工艺技术要求较高。尤其对远距离操作的防火类阀门，在安装施工时得特别注意。

1）设置防火阀时，从防火墙至防火阀的风道应采用厚度为 1.5mm 以上的钢板制作，以增加管道的刚度。

2）防火阀应单独吊装，以防止发生火灾时因管道变形而影响其性能。

3）对远距离控制的自动开启装置，控制缆绳的长度一般不超过 6m，弯曲处不应超过三处，弯曲半径 $R\geqslant300$mm。缆绳采用保护套管保护，且套管不应出现急转弯头、环形弯头、U 形弯头和连续弯头等。

2. 排烟阀

排烟阀是与烟感器连锁的阀门，即通过能够探知火灾初期发生的烟气的烟感器来开启阀门，是由电动机或电磁驱动机构驱动的自动阀门。

排烟阀一般用于排烟系统的风管上，平时常闭，发生火灾时，烟感探头发出火警警报，消防控制中心将阀门打开排烟，可手动打开阀门也可手动复位。阀门开启后可发出电信号至消防控制中心，也可与其他设备连锁。排烟阀外形结构形式如图 3-61 所示。

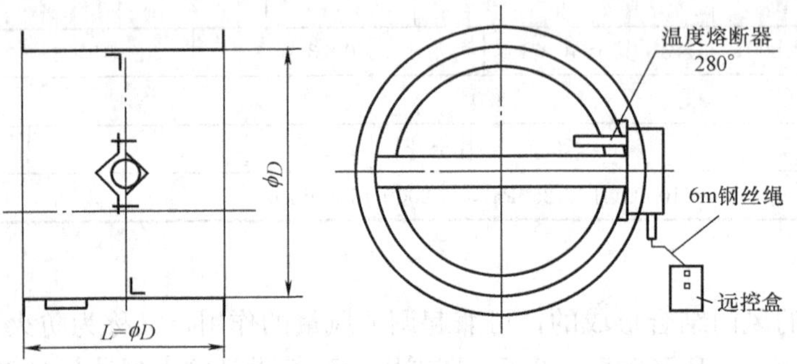

图 3-61 FPY-8 圆形远程排烟阀外形结构图

3. 余压阀

为了保证防烟楼梯间及其前室、消防电梯前室和合用前室的正压值，防止正压值过大而导致门难以推开，根据设计的需要有的在楼梯间与前室、前室与走廊之间设置余压阀。余压阀的外形结构如图 3-62 所示。

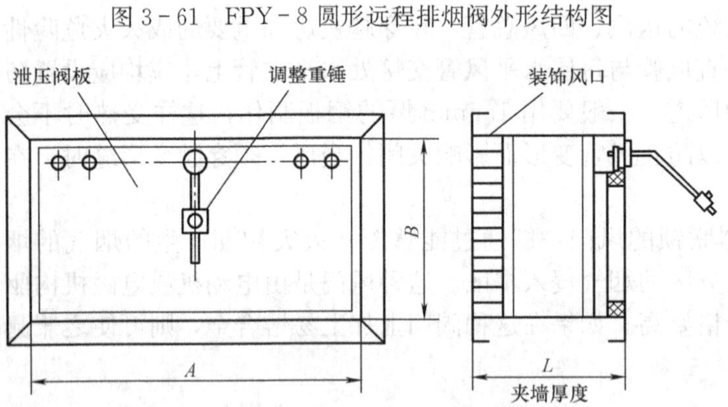

图 3-62 YA-1 余压阀外形结构图

4. 压差自动调节阀

压差自动调节阀由调节阀、压差传感器、调节执行机构等装置组成，其作用是对其需要保持正压值的部位进行风量的自动调节，同时在保证一定正压值的条件下防止正压值超压而泄压。

5. 选择阀门应注意的事项

(1) 应根据烟风系统的性质和要求选择不同类型和性能的阀门。

对一般工业通风系统，只要选择一般的阀门即可，而对建筑物中有防火防烟要求的通风空调系统，则必须选择防火阀门，对建筑物的防排烟系统更应选用防火阀门。

(2) 阀门的规格要与管道的管道规格相对应。

如前所述，无论是圆形或矩形阀门，其规格与管道通用规格相同，这为阀门规格的选定带来很大方便，所以，一旦烟风系统管道的形式和规格确定之后，阀门的规格也就随之确定了。

四、送风口、排烟口

通常把防排烟工程中的送风口和排烟口统称为气体的进出口。

1. 基本尺寸

对于自然排烟的送风口的面积应通过自然通风计算来确定；排烟口的面积为简化计算，通常也在有关规范中有明文规定："走道或房间采用自然排烟时，其排烟口的总面积不应小于该防烟分区面积的2%。"当然，这里所说的排烟口的面积是指有效排烟口面积。

对于机械排烟的系统来说，气体进出口的有效面积可根据系统的气体流量和进出口气流速度来确定，即

$$f_{xy}=\frac{Q}{V} \tag{3-82}$$

式中　f_{xy}——气体进出口的有效面积，m^2；

Q——通过进出口的气体容积流量，m^3/s；

V——通过气体进出口的气流速度，m/s。

系统的气体流量是根据送风或排烟的要求而确定的，一般是没有选择余地的，但进出口气流速度则可以选定，由式3-82可见，选择过小的气流速度，进出口面积将较大，布置有困难，造价也高；选择过大的气流速度，进出口的阻力将增大，需要有较高的压头的风机，且会增加运行的电能消耗。所以有关技术规范中作了推荐或规定，如我国有关消防规范规定："送风口的风速不宜大于7m/s，排烟口的风速不宜大于10m/s。"

2. 结构形式及基本规格

(1) 送风口。

防排烟系统中采用的送风口的形式很多，但用得最多的还是加压送风口，它主要靠烟感器控制，经电信号开启，也可手动开启。可设280℃温度熔断器开关，输出动作电信号，联动送风风机开启，用于加压送风系统的风口（如用于前室的加压送风），起赶烟防烟的作用。为便于工程设计，常用的加压送风系统风口尺寸可根据实际风量大小和控制风速由表3-22确定。

表3-22　加压送风口规格系列及送风量表

规格/(mm×mm) \ 送风风速/($m\cdot s^{-1}$)	4	5	6	7
200×200	576	720	864	1008
250×250	900	1125	1350	1575
250×320	1152	1440	1728	2016
300×300	1296	1620	1944	2268
250×400	1440	1800	2160	2520
300×400	1728	2160	2592	3024
250×500	1800	2250	2700	3150
300×500	2160	2700	3240	3780
250×630	2268	2835	3402	3969

续表

规格/(mm×mm) \ 送风风速/(m·s⁻¹)	4	5	6	7
400×400	2304	2880	3456	4032
300×600	2592	3240	3888	4536
400×500	2880	3600	4320	5045
400×600	3456	4320	5184	6048
500×500	3600	4500	5400	6300
500×600	4320	5400	6480	7560
400×800	4608	5760	6912	8064
600×600	5184	6480	7776	9072
500×800	5760	7200	8640	10 080
600×800	6912	8640	10 368	12 096
500×1000	7200	9000	10 800	12 600
600×1000	8640	10 800	12 960	15 120
800×800	9216	11 520	13 824	16 128
800×1000	11 520	14 400	17 280	20 160
1000×1000	14 400	18 000	21 600	25 200

(2) 排烟口。

为了使火灾时产生的烟气及时迅速地排出室外，在排烟系统的烟气吸入口处应安装排烟口。它平时处于关闭状态，当发生火灾时，自动控制系统使排烟口迅速开启或通过现场或远距离手动开启装置打开阀门。同时联动排烟风机等相关设备进行排烟，有的排烟口同时还具有当烟气温度达到280℃时重新关闭排烟防火阀的作用。

常见的排烟口根据外形可分为多叶排烟口和板式排烟口，它们主要适用于建筑物的墙面上、顶板上。结构形式如图3-63和图3-64所示，常用外形尺寸规格见表3-23和表3-24。

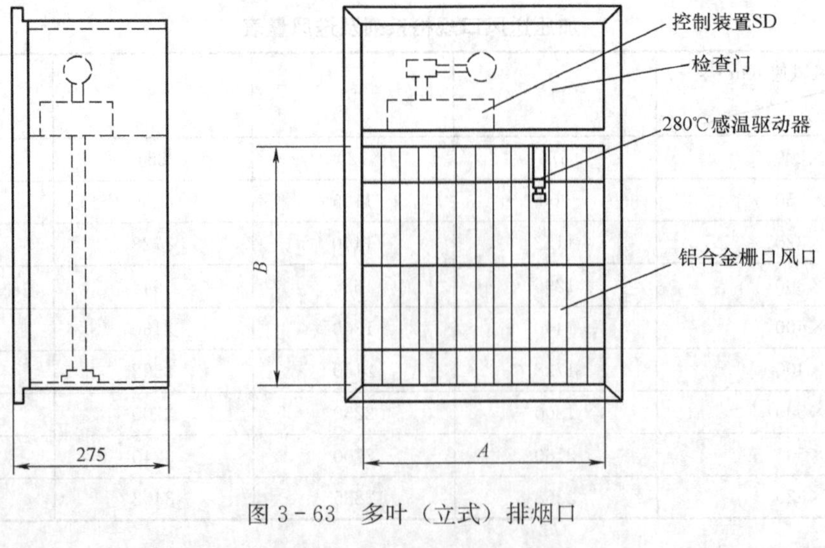

图3-63 多叶（立式）排烟口

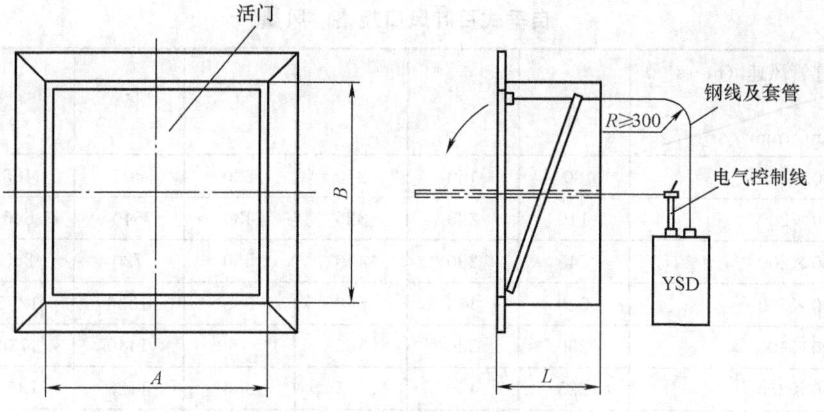

图 3-64 板式排烟口

表 3-23 多叶排烟口规格

规格 $A\times B$/(mm×mm)	500×500				
		630×630			
			700×700		
		800×630		800×800	
		1000×630		1000×800	
		1250×630		1000×1000	1250×1000
					1600×1000
操作机构数	1			2	
阀体厚度 L/mm	275				
阻力系数	≤0.5				
漏风量/($m^3\cdot h^{-1}$)	≤1000（压差 250Pa），≤2000（压差 1000Pa）				

表 3-24 板式排烟口规格

规格 $A\times B$/(mm×mm)	320×320	400×400	500×500	630×630	700×700	800×800
阀体厚度 L/mm	150	150	150	150	180	180
有效净面积/mm^2	0.07	0.125	0.203	0.306	0.421	0.563
操作机构数	1					
阻力系数	≤0.5					
漏风量/($m^3\cdot h^{-1}$)	≤150（压差 250Pa），≤300（压差 1000Pa）					

（3）其他形式的送风口和排烟口。

在防排烟工程中，常用的送风口和排烟口分别有自垂式百叶风口和自动排烟窗。

自垂式百叶风口竖直安装在墙面上，一般情况下靠风口的百叶因自重而自然下垂，隔绝在冬季供暖时楼梯间内的热空气在热压作用下上升，通过上部送风管和送风机逸出室外。当发生火灾进行机械加压送风时气流将百叶吹开而送风。它的常见规格见表 3-25。

表 3-25 自垂式百叶风口规格、风量

规格 $A\times B$/(mm×mm) \ 连管风速/($m\cdot s^{-1}$)	1	2	3	4	5	6	7
150×150	80	160	240	320	405	485	565
150×200	110	220	325	430	540	645	755
200×200	145	290	430	580	720	865	1005
200×300	220	430	650	865	1080	1295	1510
200×400	290	580	865	1150	1440	1730	2015
250×250	225	450	675	900	1125	1350	1575
250×300	270	540	810	1080	1350	1620	1890
250×400	360	720	1080	1440	1800	2160	2520
300×300	325	650	970	1300	1620	1945	2265
300×400	430	865	1300	1730	2160	2590	3025
300×500	540	1080	1620	2160	2700	3240	3780
300×600	650	1300	1945	2590	3240	3890	4535
350×350	440	880	1325	1765	2205	2645	3085
350×400	505	1010	1510	2020	2520	3025	3530
350×500	630	1260	1890	2520	3150	3780	4410
350×600	760	1510	2270	3025	3780	4535	5290
400×400	580	1150	1730	2305	2880	3455	4030
400×500	720	1440	2160	2880	3600	4320	5040
400×600	865	1730	2590	3460	4320	5185	6050
500×500	900	1800	2700	3600	4500	5400	6300

自动排烟窗主要适用于防烟楼梯间及其前室、消防电梯前室和合用前室及中厅等部位的自然排烟，该窗可装有与感烟探测器、感温探测器等探测器的联动装置，一旦发生火灾，探测器将报警，同时驱动自动排烟窗开启至最大角度（90°）。该窗同时也装有手动开启装置，可以将窗开启 0°～90°并固定。开启的方式有侧悬、中悬、下悬及平开等。

第五节 通风空调系统中的防排烟技术

一、通风空调系统的防火阀与火灾时的一般处理方法

1. 通风空调系统的防火

通风空调系统的防火是防止火势蔓延的重要措施，在进行通风空调系统设计时，应注意以下几个方面的问题。

(1) 空气中含有易燃、易爆物质的房间，其送、排风系统应采用相应的防爆型通风设备；当送风机设在单独隔开的通风机房内且送风干管上设有止回阀时，可采用普通型通风设备，其空气不应循环使用。

（2）通风、空气调节系统，横向应按每个防火分区设置，竖向不宜超过5层，当排风管道设有防止回流设施且各层设有自动喷水灭火系统时，其进风和排风管道可不受此限制。垂直风管应设在管井内。

（3）下列情况之一的通风、空气调节系统的风管道应设防火阀：

1）管道穿越防火分区处，如图3-65所示；

2）穿越通风、空气调节机房及重要的或火灾危险性大的房间隔墙和楼板处；

3）垂直风管与每层水平风管交接处的水平管段上；

4）穿越变形缝处的两侧，如图3-66所示。

（4）防火阀的动作温度宜为70℃。

（5）厨房、浴室、厕所等的垂直排风管道，应采取防止回流的措施或在支管上设置防火阀，如图3-67所示。

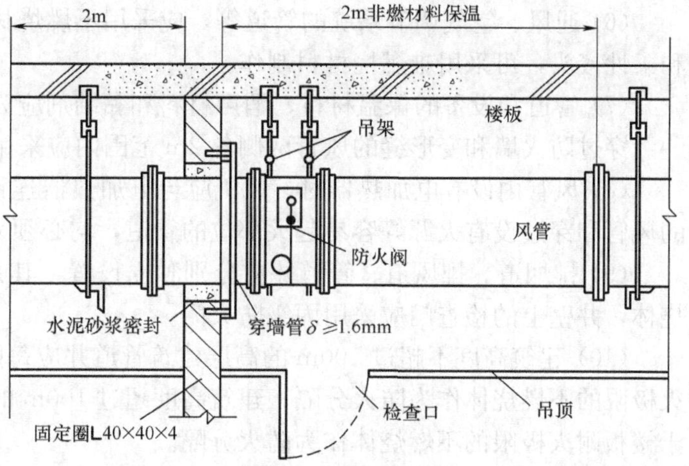

图3-65 防火墙处的防火阀示意图

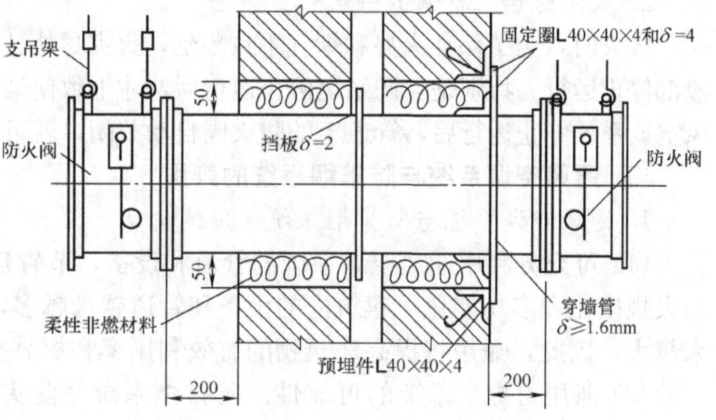

图3-66 变形缝处的防火阀示意图

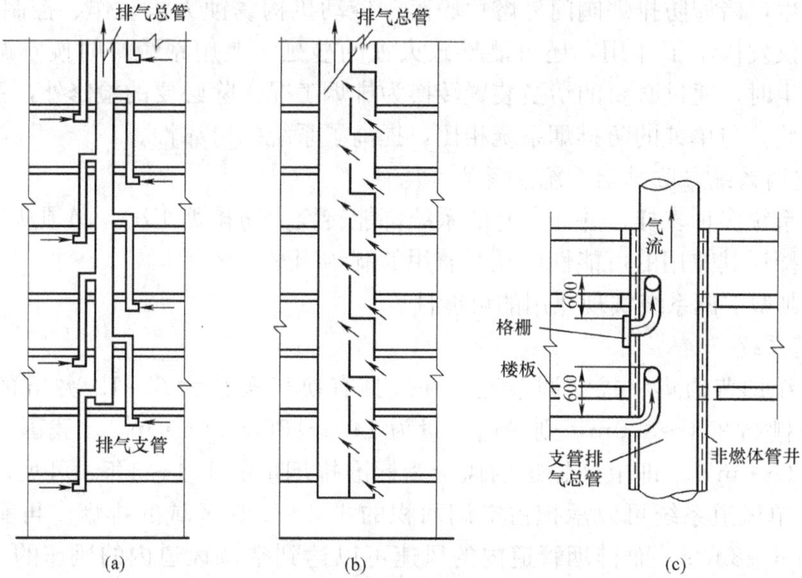

图3-67 排气管防止回流构造示意图

（a）支管穿过两层楼板；（b）竖管采用子母风道；（c）支管顺流方向插入支管内

(6) 通风、空气调节系统的管道等，应采用不燃烧材料制作，但接触腐蚀性介质的风管和柔性接头，可采用难燃烧材料制作。

(7) 管道和设备的保温材料、消声材料和黏结剂应为不燃烧材料或难燃烧材料。

穿过防火墙和变形缝的风管两侧各2m范围内应采用不燃烧材料及其黏结剂。

(8) 风管内设有电加热器时，风机应与电加热器连锁。电加热器前后各800mm范围内的风管和穿过设有火源等容易起火部位的管道，均必须采用不燃保温材料。

(9) 排烟道、排风道、管道井应分别独立设置，其井壁应为耐火极限不低于1h的不燃烧体，井壁上的检查门应采用丙级防火门。

(10) 建筑高度不超过100m的高层建筑管道井应每隔2～3层在楼板处用相当于楼板耐火极限的不燃烧体作为防火分隔；建筑高度超过100m的高层建筑，应在每层楼板处用相当于楼板耐火极限的不燃烧体作为防火分隔。

(11) 管道井与房间、走道相通的孔洞，其空隙处应用不燃材料填塞密实。

2. 火灾时通风空调的一般处置方法

火灾时，为了保证火势和烟气不致蔓延，火灾尽快扑灭，烟气顺利排走，通风空调系统一般都停止运行。特别是空调系统停止运行后，才不致使烟气温度通过降低而沉降到工作区。通风空调系统停止运行后，管道上的防火阀自动关闭，就可以切断火势和烟气的到处蔓延。

二、通风空调系统与防排烟系统的兼用

1. 通风空调系统与防排烟系统兼用的优点

(1) 可充分利用通风空调系统的管道和设备，节省建设费用，减少占用空间。由于建筑的大规模化和多功能化，建筑内的设备和管道越来越多，需要的竖向管道空间和吊顶空间越来越大，因此，兼用将提高建筑物的有效利用率和提高空间净高。

(2) 兼用可提高系统的可靠性。防排烟系统是防灾专用系统，只在火情发生时投入运转，平时仅维持一年一度的检修。有的建筑物投入使用后，其防排烟系统就没有运行过，导致各种事故发生，诸如防排烟阀门易熔片脱落、传动机构锈蚀无法动作、控制系统失灵等。防排烟系统不仅发挥不了作用，还可能导致火灾的蔓延。兼用系统平时按空调通风工况运行，在火灾发生时，通过必要的切换装置转换为排烟工况。除必要的检修外，系统始终处于运行状态，因此，与单纯的防排烟系统相比，提高了系统的可靠性。

2. 通风空调系统与防排烟系统兼用的可能性

通风空调系统多种多样，并非所有的系统都能转换为防排烟工况，必须从分析系统本身的特性入手，探讨其兼用的可能性以及对兼用的制约因素。

(1) 几种典型空调系统实现兼用的可能性。

1) 单风道系统。

单风道系统即普通集中式空调系统，一般具有换气次数为6～12次/h的空气输送能力。若假设顶棚高2.4～3.0m，则输送风量为14.4～36$m^3/(h \cdot m^2)$。我国目前的排烟量标准为60$m^3/(h \cdot m^2)$。即上述输送的风量为标准排烟量的1/4～3/5。可见，从输送风量的能力来看，单风道系统可以承担占空调面积的1/4～3/5区域的排烟。再有，一般空调干管内风速为6～8m/s，而排烟管道内的风速可以达到空调风道内的风速的2倍以上，只要不超过20m/s即可。因此，单从风道本身而论，普通空调管道尺寸完全可以满足排烟量的要求。

2）风机盘管系统。

单纯的风机盘管系统，由于不设风道，无法用于排烟，而风机盘管加独立新风系统，有输送新风的风道。以客房为例，其新风量一般为2.0～2.5次/h，若考虑房间净高2.8m，则新风量为5.6～7m³/(h·m²)，占标准排烟量的9%～12%，即新风系统可承担空调面积的9%～12%区域的排烟，可见利用价值不高。

3）变风量系统。

变风量系统中，变风量机构处于风道内，控制装置耐热性差，火灾时易受损害。故该系统不能用于排烟。由于该系统不会用在走廊、前室等疏散通道上，因此也不能用于加压送风，故不考虑变风量系统与防排烟系统兼用。

（2）通风系统实现兼用的可能性。

部分场所的换气量见表3-26。

表3-26　部分场所的换气量

场所	换气次数/h^{-1}	场所	换气次数/h^{-1}
卫生间、开水间	15～20	停车场	6～8
厨房	30～60	仓库、机械室	5～8

可见，通风系统换气次数一般均较空调系统大。卫生间等的换气仅为自身空间的小风量换气，用于排烟的价值不大。但是厨房、车库换气等输送的风量相当大，用于排烟的价值就比较大。

此外，通风系统简单，大多为排风系统，这与排烟系统是类似的，仅在耐热性能上差异大。如果均按排烟要求采用耐热材料与耐热措施，则排烟系统与排风系统完全可以兼用。

3. 通风空调系统与防排烟系统兼用的方式

这里的兼用主要是指将平时的通风空调系统在火灾时用于防排烟。其方式可分为积极地将烟排除的方式以及建立一定压力差以阻止烟气流入安全区的方式。前者称为排烟，后者称为防烟。从流体力学的观点来看，两者均是利用压力差来控制烟的流动。

（1）通风空调系统与排烟系统兼用。

1）对于诸如影剧院、演播厅、会议厅等大空间，一般均设置一套空调系统，这时只要在风道上加一定的切换阀门，便可以比较容易地将回风系统用于排烟。如图3-68所示，平时阀门a、b关闭，c、d、e开启，风路RA为回风，SA为送风；火情发生时a、b开启，c、d、e关闭，原来的送风回风管路均变为排烟管路。该类型因为是一个系统，对其他房间没有影响，故可靠性高。

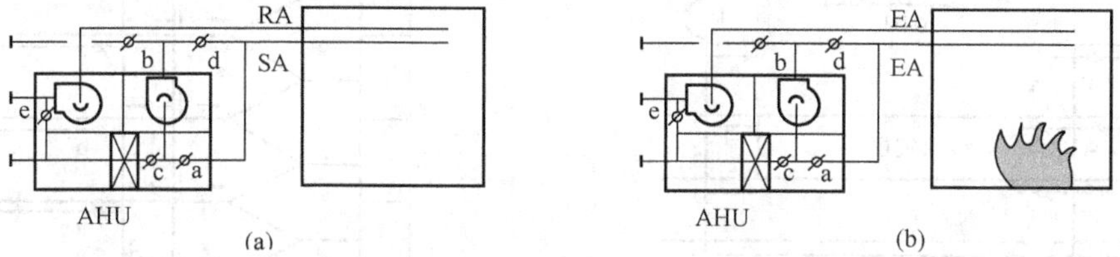

图3-68　空调系统与排烟系统兼用

(a) 平时；(b) 火灾时

2）图 3-69 表示一般的厨房排风系统，由于厨房排风量大，且所排空气本身就具有一定的高温，因此很适合向排烟工况转换。平时，阀门 a 开 b 闭，通过排气罩排气；火情发生时，阀门 a 闭 b 开，通过排烟口排烟。

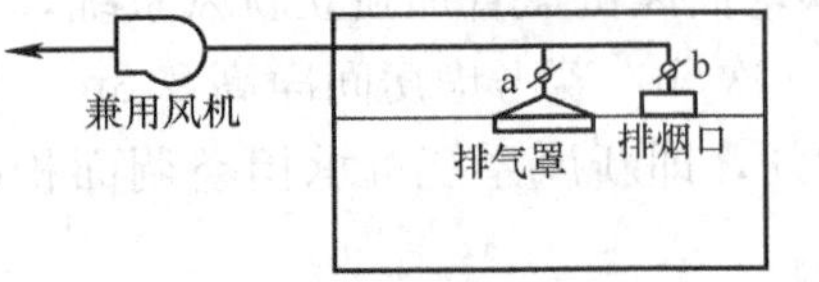

图 3-69 厨房排风系统与排烟系统兼用

厨房本身就容易成为火灾发生源，实际厨房失火的例子也不少，故其排风系统完全可以兼作为排烟。

3）地下车库排风系统。按照前述的分析方法，若车库的换气次数为 6 次/h，车库排烟量标准为 6 次/h，则上述排风量与排烟量一致。当然风机和排风道必须按排烟要求设计，或以排风口兼作排烟口，或另设专用排烟口等，均须按排烟规范进行。由此，排风系统与排烟统便能很好地实现兼用。

（2）通风空调系统与防烟兼用。

1）利用送风系统加压方式。

在图 3-70 所示的兼用方式中，平时各阀门均开启，系统按空调工况运行。火灾时，关闭回风总管阀门 e 和火灾层的送风阀门 c，但保持向其他非火灾层送风加压。该兼用系统能够用于加压的风量与通常的空调送风量相等，因此，该方式的加压是不充分的。该方式适用于单风道系统。同时加压防烟的效果还取决于建筑物的气密性，对于诸如百货商场等存在大开口的场合，不宜采用该方式。

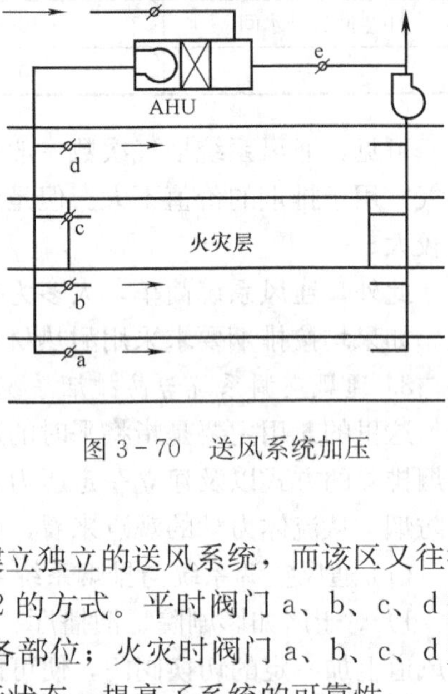

图 3-70 送风系统加压

图 3-71 表示利用空调系统向楼梯间等必要的最小空间加压的方式。平时，阀门 a、b、c、d 打开，正压 e、f、g、h 关闭，向楼梯间送风加压。由于加压风量取自室外空气，因此，不需要耐热性，直接将空调系统的送风管路用于加压。

2）利用楼梯间加压系统送风方式。

考虑到建筑物地下室的内区部分不便加设送风及以建立独立的送风系统，而该区又往往有配备加压送风系统的防烟楼梯间，这时可采用图 3-72 的方式。平时阀门 a、b、c、d 打开，正压 e、f、g、h 关闭，将竖井中的正压风送到内区各部位；火灾时阀门 a、b、c、d 关闭，系统转为向楼梯间加压。由于加压系统长期处于运行状态，提高了系统的可靠性。

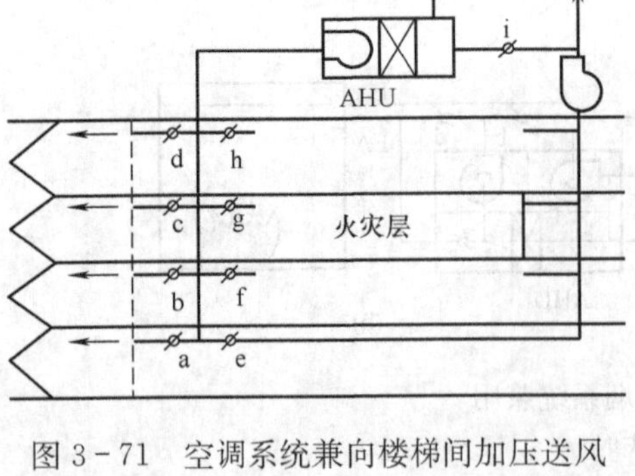

图 3-71 空调系统兼向楼梯间加压送风

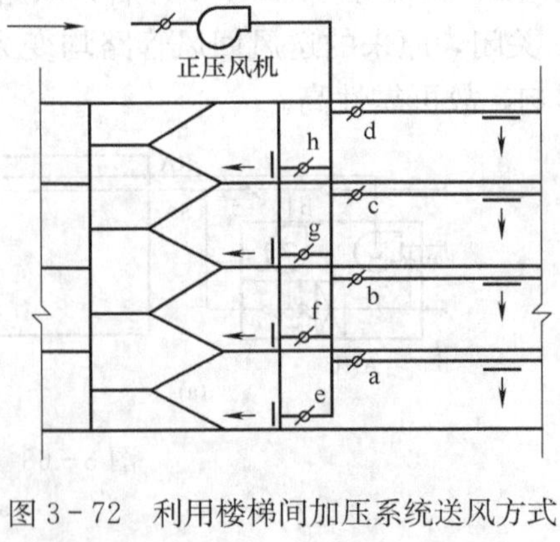

图 3-72 利用楼梯间加压系统送风方式

4. 通风空调系统与防排烟系统兼用的形式

常见的通风空调系统与防排烟系统的兼用形式主要有两种，一种是部分兼用形式，仅是管道兼用，风机单独设置，如图 3-73 所示；一种是全兼用形式，不仅管道兼用，风机也兼用，如图 3-74 所示。

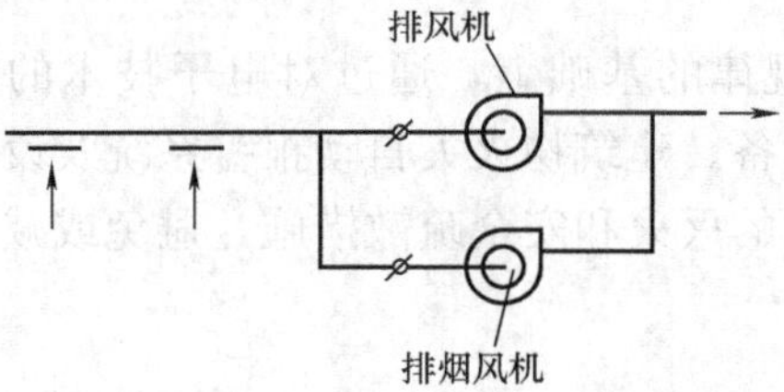

图 3-73 部分兼用形式

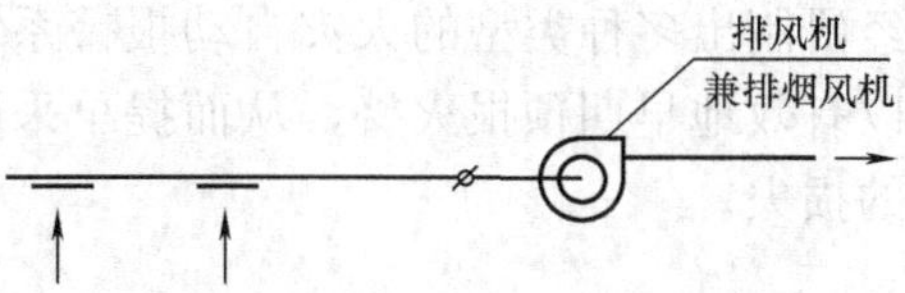

图 3-74 全兼用形式

部分兼用形式没有充分利用通风空调系统资源，投资较高。全兼用形式充分利用通风空调系统资源，投资节省，但必须解决通风量与排烟量不一致时的阻力问题。

练 习 题

1. 简述通风空调系统的风道应该设置防火阀的位置。
2. 简述通风空调系统与防排烟系统兼用的优点。
3. 试述烟控系统的原理与目的。
4. 试述防烟分区的含义及其划分原则。
5. 论述高层民用建筑加压送风的部位以及送风量的确定原则。

第四章 火灾自动报警系统

人们在分析和研究燃烧的发生、发展和蔓延规律的基础上，通过对电子技术的广泛应用，已经研制出多种类型的火灾自动报警系统及设备。建筑物火灾自动报警系统及设备的应用，可以有效地早期预报火警，从而提早采取有效的灭火和安全疏散措施，避免或减少火灾所造成的损失。

第一节 火灾自动报警系统的组成与类型

一、系统组成

简单的火灾自动报警系统是由火灾探测器、手动报警按钮、火灾警报装置、主电源和备用电源等组成，如图4－1所示。

复杂的火灾自动报警系统是集火灾报警、消防设施的联动控制与其他有关的设备监视于一体的多功能的火灾自动报警系统，其组成如图4－2所示。

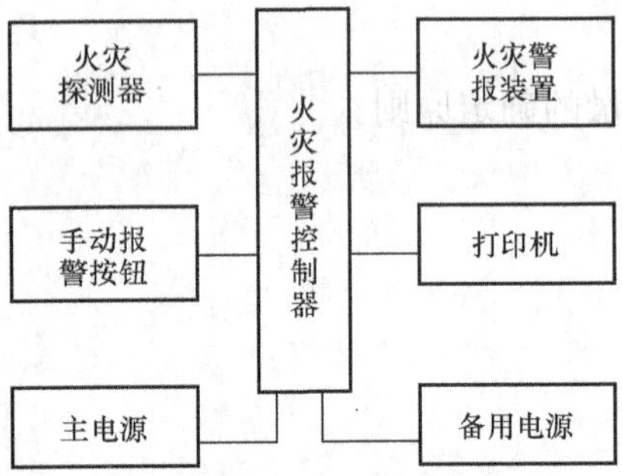

图4－1 简单的火灾自动报警系统

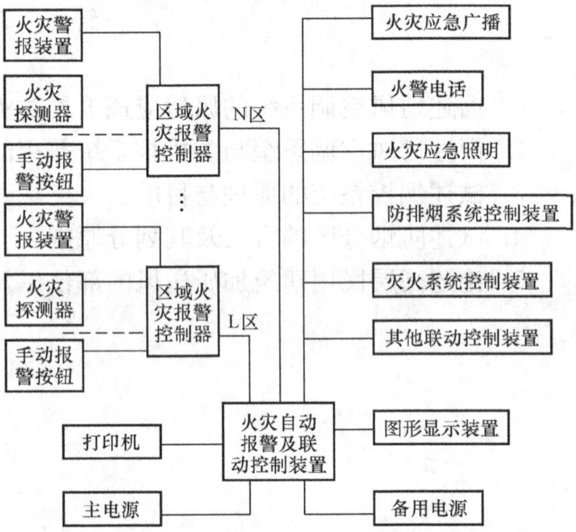

图4－2 复杂的火灾自动报警系统

复杂系统与简单系统的不同之处在于：简单系统只能完成火灾物理量的转换与火灾信号的传送，最终发出声、光火灾报警信号，告知火灾发生的任务；而复杂的火灾自动报警系统，具有先进和完善的“火灾报警事件”处理体系、完善的指令系统、全面开放的控制与信息处理能力，而且可以根据实际需要，进行现场编程，系统采用机器的智能处理与专职人员现场勘察相结合的方法，对于一个“火灾报警事件”的真伪及其危险程度进行综合判断处理，从而大大提高了火灾报警的可靠性和灭火的及时性。

二、系统类型

火灾自动报警系统的形式决定了火灾报警控制器的类别和工程的复杂程度。目前国内外工程所采用的火灾自动报警系统，其基本形式有下列三种：区域报警系统、集中报警系统、控制中心报警系统。

1. 区域报警系统

区域报警系统是由区域报警控制器和火灾探测器、手动报警按钮、警报装置等组成的火灾自动报警系统。区域报警系统比较简单，但使用很广泛。可独立用于单位的要害部位。区域报警系统框图见图 4－3。

2. 集中报警系统

集中报警系统是由集中报警控制器、区域报警控制器和火灾探测器等组成的火灾自动报警系统。集中报警系统应由一台集中报警控制器和二台以上的区域报警控制器组成。集中报警系统框图见图 4－4。

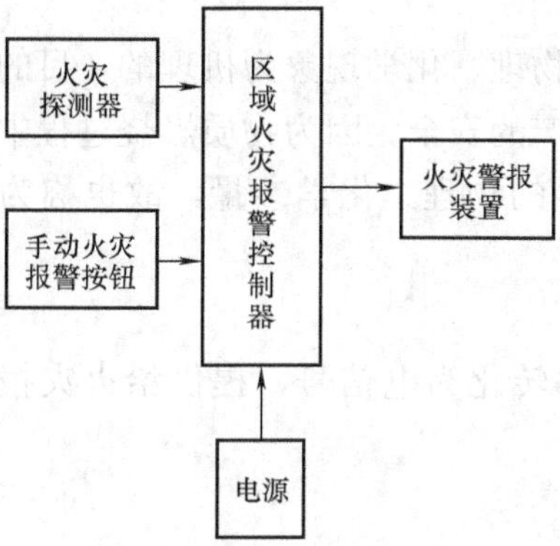

图 4－3 区域报警系统框图

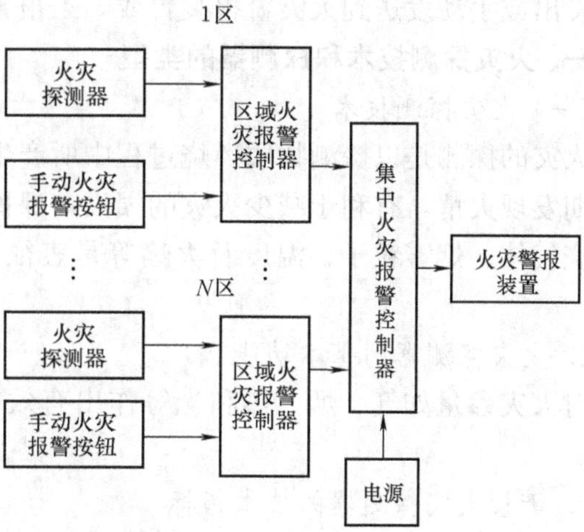

图 4－4 集中报警系统框图

3. 控制中心报警系统

控制中心报警系统是由设置在消防控制室的消防控制设备、集中报警控制器、区域报警控制器和火灾探测器等组成的火灾自动报警系统。其中消防控制设备主要是火灾警报装置，火警电话，火灾事故照明，火灾事故广播，防排烟、通风空调、消防电梯等联动控制装置，固定灭火系统控制装置等。控制中心报警系统框图见图 4－5。

三、适用范围

火灾自动报警系统是一种用来保护生命与财产安全的技术设施。除某些特殊场所，如生产和贮存火药、炸药、弹药、火工品等场所外，其余场所应该都能适用。对于建筑物，特别是工业与民用建筑，是人们主要的生产活动和生活场所，因而也就成为火灾自动报警系统的基本保护对象。

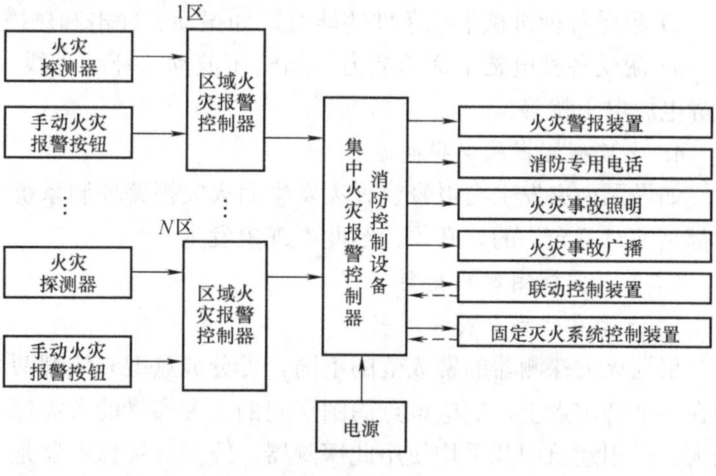

图 4－5 控制中心报警系统

第二节 火灾探测器

物质燃烧是一种伴随有烟、光、热的化学和物理过程，火灾探测就是以该过程中产生的各种现象为依据，获取火灾发生初期的信息，并把这种信息转化为电信号进行处理。

火灾探测器是火灾自动报警系统中的主要部件之一，其中至少含有一种传感器（敏感部件）能连续或按间隔时间周期地监视与火灾有关的物理或化学现象。火灾探测器能够给火灾报警控制器提供合适的信号以通报火警或操作自动消防设施，或者经火灾报警器判定，然后自动发出或手动发送到火灾警报装置或人工报警中心、消防队等。

一、火灾探测技术和探测器的类型

（一）火灾探测技术

火灾的探测是以探测物质燃烧过程中所产生的各种物理、化学现象为机理的，目的是实现早期发现火情，有利于减少火灾的损失，保护生命财产的安全。因为物质燃烧过程中产生的燃烧气体、烟雾粒子、温度及火焰等是表征火灾信号的物理、化学参量，故也称为火灾参量。

1. 火灾探测器的基本功能

对火灾参量如气、烟、热和光等作出有效响应，并转化为电信号，提供给火灾报警控制器。

2. 衡量火灾探测器的技术指标

1）火灾探测器的灵敏度（响应火灾参量的敏感程度）。

2）火灾探测器的可靠性（长期不间断工作、执行其指定功能的能力）。

3）火灾探测器的稳定性（在一个周期时间内探测能力的一致性）。

4）火灾探测器的可维修性（对产品可以修复的难易程度）。

3. 火灾探测器耐受各种环境条件的能力

衡量各种探测器优劣的因素还有其耐受各种环境条件的能力，其中包括以下几方面。

1）耐受各种规定气候条件的能力，如高温、低温、湿度和腐蚀等。

2）耐受各种机械干扰条件的能力，如振动、冲击和碰撞等。

3）耐受各种电磁干扰的能力，如电压波动、环境光线、辐射电磁场干扰、电瞬变干扰和静电放电干扰等。

4. 火灾探测器的误报问题

如果无火灾发生而报警或火灾发生而火灾报警控制系统该报而不报警或者延误报警，这些都是绝对不允许的，必须杜绝此类现象发生。

（二）火灾探测器的类型

1. 点型和线型火灾探测器

根据火灾探测器的警戒范围不同，可分成点型和线型两大类。点型探测器是探测元件集中在一个特定点上，响应该点周围空间的火灾参量的火灾探测器。目前，点型探测器生产量最大，民用建筑中几乎均使用此探测器。线型火灾探测器是一种响应某一连续线路周围的火灾参量的火灾探测器。线型探测器多用于工业设备及民用建筑中一些特定场合。

2. 感烟、感温、感光、可燃气体和复合型火灾探测器

根据探测火灾参量的不同，火灾探测器可以划分为感烟、感温、感光、可燃气体和复合型五类。不同类型的火灾探测器适用于不同的场合和不同的环境条件。

(1) 感烟式火灾探测器。

这种探测器是对警戒范围中火灾烟雾浓度参量作出响应的探测器。因为感烟式火灾探测器用于火灾过程的早期和阴燃阶段，所以是实现早期报警的主要手段。感烟式火灾探测器是使用一个小型传感器来响应悬浮在周围空气中的烟雾粒子和气溶胶粒子，随着烟雾粒子浓度的增大，传感器的物理效应发生变化，这种变化经电路处理后转化为电信号。由于传感器的形式原理不同，所以一般有以下不同形式的感烟火灾探测器。

点型的有离子感烟探测器，它有双源及单源两种；光电感烟探测器，它有遮光型及散光型两种；电容感烟探测器等。

线型的感烟探测器有红外光束型及激光光束型。

(2) 感温式火灾探测器。

这种探测器是对警戒范围中火灾热（温度）参量，即环境气流的异常高温或升温速率作出响应的探测器。感温火灾探测器的优点是结构简单，电路少，与感烟探测器相比可靠性高，误报率低。且可以做成密封结构，防潮防水防腐蚀性好，可在恶劣环境（风速大、多灰尘、潮湿等）中使用。它的缺点是灵敏度低，报警时间迟。

感温式火灾探测器的响应过程是环境气温温度的升高使探测器中的热敏元（器）件发生物理变化，这种变化经机械或电路处理后转化为电信号。由于热敏元（器）件的种类较多，所以感温火灾探测器的形式也较多。

点型的可分为定温式，如双金属型、易熔合金型、酒精玻璃球型、热电耦型、水银接点型、热敏电阻型、半导体型等；差温式，如膜盒型、热敏电阻型、双金属型等；差定温式，如膜盒型、热敏电阻型等。

线型的可分为定温式，如缆式线型、半导体线型等；差温式，如空气管线型等；差定温式，膜盒型、热敏电阻型和双金属型等。

(3) 感光式火灾探测器。

这种探测器是对警戒范围中火灾火焰光谱中的紫外或红外辐射作出响应的探测器，通常又称火焰探测器，且都是点型火灾探测器。工程中主要用的有两种，紫外火焰探测器（紫外辐射波长 $\lambda<400\text{nm}$）及红外火焰探测器（红外辐射波长 $\lambda>700\text{nm}$）。

火焰探测器的特点是响应速度快，一方面由于光辐射的传播速度快（$3\times10^8\text{m/s}$），另一方面火焰探测器的传感器件接收光辐射的响应时间极短（在毫秒数量级）。这类探测器对快速发生的火灾（特别是可燃液体火灾）或爆炸引起的火灾能及时响应，故适用于突然起火而又无烟雾的易爆易燃场所。尤其是紫外火焰探测器不受风雨、阳光、高湿度、气压变化、极限环境温度等影响，能在室外使用。一般紫外火焰探测器同快速灭火系统和抑爆系统联动，组成快速自动报警灭火系统和自动报警抑爆系统。

(4) 可燃气体火灾探测器。

这种探测器是对火灾早期阶段，由于预热和汽化作用所产生的燃烧气体作出响应和对可燃气体进行泄漏监测的探测器。

燃烧气体中一般包括的成分有一氧化碳（CO）、二氧化碳（CO_2）、氢气（H_2）、碳氢化

合物（C_xH_x）、水蒸气（H_2O）等。还可能有烃类、氰化物类、盐酸蒸气或其他特殊燃烧材料产生的分子化合物等。这些气体比烟雾粒子产生得早，在感烟火灾探测器尚未发出报警信号前已达到相当大的浓度。因此，利用气敏元（器）件实现对燃烧气体的探测在理论上是可行的，而且早期报警的效果应比感烟火灾探测器好。对煤气、液化石油气、甲烷、乙烷、丙烷、丁烷、汽油和氨等，用于预防潜在的爆炸或毒气危害的工业场所如炼油厂、化学实验室或车间、溶剂仓库、过滤车间、压气机站、汽车库和输油输气管道等以及民用建筑（煤气管道、液化气罐等），起到防爆、防火、监测环境污染的作用。

可燃气体探测器有催化型（如铂丝催化型、铂铑催化型）、气敏半导体型及固体电介质型、光电型。

（5）复合型火灾探测器。

同时具有两种或两种以上探测传感功能的火灾探测器为复合式火灾探测器。例如，把差温和定温两种功能组合起来的差定温探测器，既能对某个异常高温值作出响应，又能对异常升温速率作出响应。再如，把离子感烟和光电感烟两种功能组合起来的离子光电感烟复合探测器，是早期探测各类火灾的较理想的探测器，它既能探测开放性燃烧的小颗粒烟雾，又能探测阴燃火产生的大颗粒浓烟、黑烟。又如，把感烟和感温两种探测传感功能组合在一起的感烟感温复合式火灾探测器，可达到在探测早期火情的前提下，对后期火情也给予监视，这样的组合很有实际应用价值和发展潜力。红外光束线型感烟感温火灾探测器就是这样一种线型复合式火灾探测器，它由发射和接收装置组成，发射装置可发出红外光脉冲。以光束的形式经过保护空间，到达接收装置。应用烟雾粒子吸收或散射红外光以及热气流扰动作用使红外光束强度减弱的原理来作出响应。

复合式火灾探测器有复合式感温感烟探测器、红外光束感烟感温探测器、复合式感烟感光探测器及复合式感温感光探测器。

二、常用火灾探测器的工作原理

各种火灾探测器均对火灾发生时的至少一个适宜的物理或化学特征进行监测，信号传送至火灾自动报警器。由于所响应的火灾信号参量不同，其工作原理也各不相同。下面就常用的一些火灾探测器的工作原理及适用范围作简要介绍。

（一）感烟火灾探测器

感烟火灾探测器可分为离子型、光电型。

1. 离子型

离子型是利用烟雾粒子改变电离室电流的原理制成的火灾探测器。

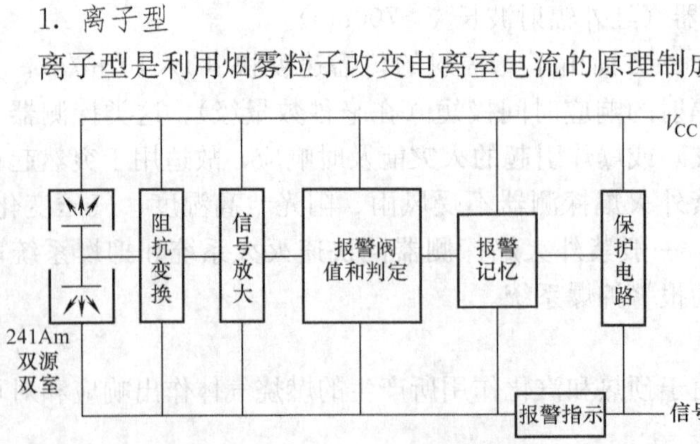

图 4-6 双源双室离子式感烟探测器工作原理框图

双源双室离子式感烟探测器的电路原理框图如图 4-6 所示。它由内电离室（参考电离室、补偿电离室）、外电离室（检测电离室、采样电离室）、阻抗变换信号放大、报警阀值和判定、报警记忆、报警指示、保护电路等组成。

当火灾发生时，烟雾离子进入外电离室（检测电离室），造成内外电离室等效阻抗发生变化，相应的分压比也发生变化，内外电离室相连点的电位升高，阻抗变换电路把高阻抗信号输出变换成低阻抗输出，低阻抗信号经放大后，达到或超过阈值电平，一方面会打通阈值电路，使报警指示电路工作并输出开关量报警信号，另一方面使报警记忆电路工作，使探测器保持报警状态。另外，保护电路防止由工作电源线进入的瞬间干扰和意外的强脉冲干扰。

目前，另一种单源双室式离子感烟火灾探测器正在逐步取代双源双室离子式感烟探测器，其工作原理与双源式基本相同，但结构形式则完全不同。它是利用一块放射源在同一平面（也有的不在同一平面）形成两个电离室，即单源双室。检测电离室与补偿电离室的比例相差很大，其几何尺寸也不相同。两个电离室基本是敞开的，气流是互通的，检测电离室直接与大气相通，而补偿电离室则通过检测电离室间接与大气相通。图 4-7 所示为单源双室离子感烟探测器的结构。

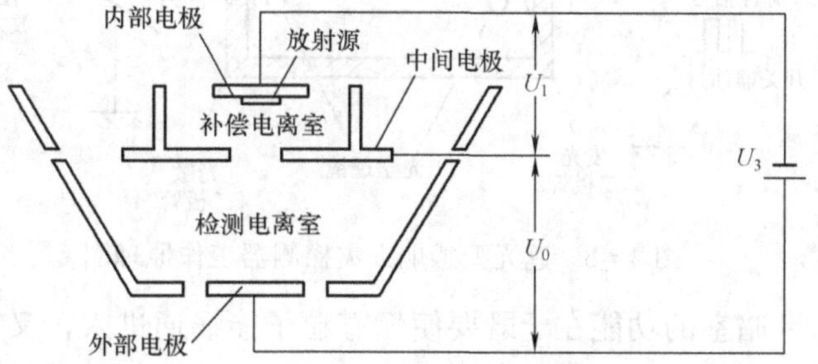

图 4-7 单源双室离子感烟探测器的结构

单源双室电离室与双源双室电离室相比，主要具有下列优点。

1）由于两电离室同处在一个相通的空间，只要两个电离室的比例设计合理，既能保证在火灾时烟雾顺利进入检测室迅速报警，又能保证在环境变化时两室同时变化。因此它工作稳定，环境适应能力强。不仅对环境因素（温度、湿度、气压和气流）的慢变化，也对快变化有更好的适应性，提高了抗潮、抗温性能。

2）增强了抗灰尘、抗污染的能力。当灰尘轻微地沉积在放射源的有效源面上，导致放射源发射的 e⁻ 粒子的能量和强度明显变化时，会引起工作电流变化，补偿室和检测室的电流均会变化，从而检测室分压的变化不明显。

3）一般双源双室离子感烟探测器是通过改变电阻的方式实现灵敏度调节的，而单源双室离子感烟探测器是通过改变放射源的位置来改变电离室的空间电荷分布，也即源极和中间极的距离连续可调，以比较方便地改变检测室的静态分压，实现灵敏度调节。这种灵敏度调节连续且简单，有利于探测器响应阈值一致性的调整。

4）因为单源双室只需一个更弱的放射源，这比双源双室的电离室放射源强度可减少一半，且也克服了双源双室电离室要求两放射源相互匹配的缺点。

总之，单源双室离子感烟探测器与双源双室离子感烟探测器相比，灵敏度高且连续可调，环境适应能力强，工作稳定，可靠性高，放射源活度小，特别是抗潮湿能力大大优于双源双室，在缓慢变化的环境中使用时不会发生误报。

2. 光电型

光电型是应用烟雾粒子对光线产生散射、吸收或遮挡的原理而制成的一种火灾探测器。根据烟粒子能对光产生吸收、散射的作用，光电探测器可分为遮光型和散射型两种，其结构主要由检测室、电路、固定支架和外壳等组成。

（1）遮光型感烟火灾探测器。

该探测器是由光束发射器、光束接收器和暗室组成，光束发射器由光源和透镜组成。

目前，通常用红外发光二极管作为光源，它具有可靠性高、功耗低、寿命长的特点，光源受脉冲发生器产生的电流控制，用球面式凸透镜将光源发出的光线变成平行光束，如图 4-8 所示。

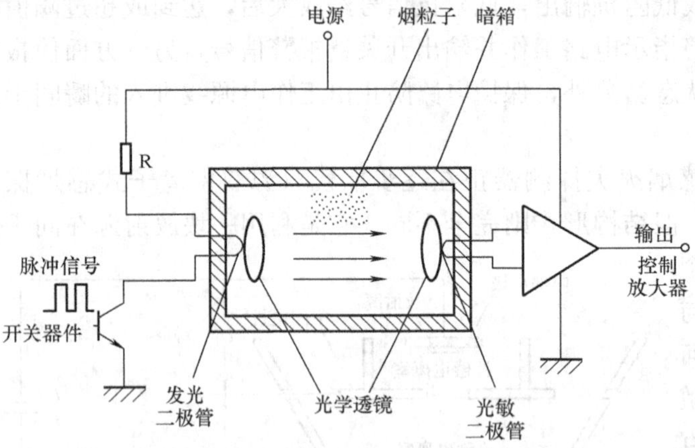

图 4-8 遮光型感烟火灾探测器工作原理图

光接收器由光敏二极管和透镜组成，光敏二极管将接收到的光能转换成电信号，光敏二极管通常用与红外发光二极管发射光的峰值波长相适应的光敏二极管。透镜的作用是将被烟粒子散射的光线聚焦后，准确、集中地被光敏二极管接收，并转换成相应的电信号。

暗室的功能在于既要使烟雾粒子能畅通进入，又不能使外部光线射入，通常制成多孔形状，内壁涂黑。

当发生火灾时，火灾烟雾进入检测暗室，烟粒子将光源发出的光线遮挡，到达光敏二极管上的光能减弱，其减弱程度与进入检测暗室内的烟雾浓度有关，当烟雾达到一定浓度时，光敏二极管接收到的光强度下降到预定值，经比较确认后，发出报警信号。

（2）散射型光电感烟探测器。

散射型光电感烟探测器是应用烟雾粒子对光的散射作用而制作的一种探测器，如图 4-9 所示，和遮光型感烟探测器的主要区别在暗室结构上。由于它是利用烟雾对光的散射原理，因此暗室机构要求光源发出红外光线时，不能直射到光敏二极管上，通常在光源与光敏二极管上加入框板，无烟雾时，红外光无散射作用，无光线射到二极管上，二极管不导通，无信号输出；当烟雾进入暗室时，由于烟雾粒子的散射，光敏二极管接收到一定的散射光线，散射光线的强度与烟雾浓度有关，当散射光的强度达到一定程度后，光敏二极管导通，输出电控信号。当抗干扰电路连续几次接到信号后，推动输出电路，输出报警信号。

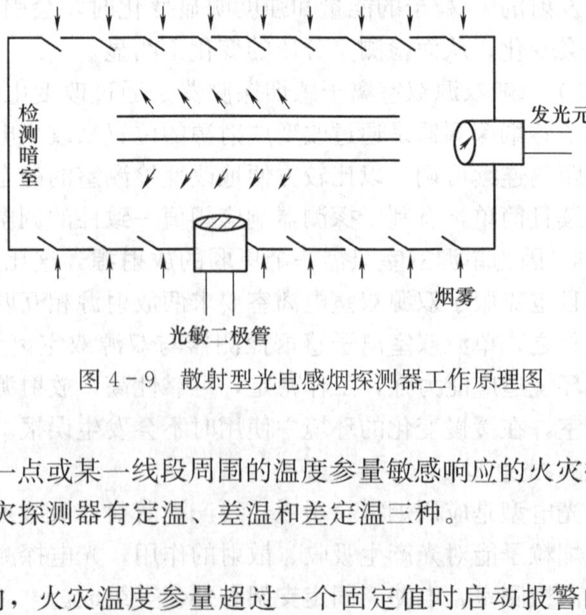

图 4-9 散射型光电感烟探测器工作原理图

（二）感温火灾探测器

感温火灾探测器是对警戒范围内某一点或某一线段周围的温度参量敏感响应的火灾探测器。根据监测温度参数的不同，感温火灾探测器有定温、差温和差定温三种。

1. 定温火灾探测器

定温火灾探测器是指在规定时间内，火灾温度参量超过一个固定值时启动报警的探测器。

（1）双金属型定温火灾探测器。

这是利用不同热膨胀系数的金属受热膨胀变化的原理制成的探测器，主要有双金属定温火灾探测器、翻转式碟形双金属定温火灾探测器和圆筒状双金属定温火灾探测器，其结构如图 4-10 所示。

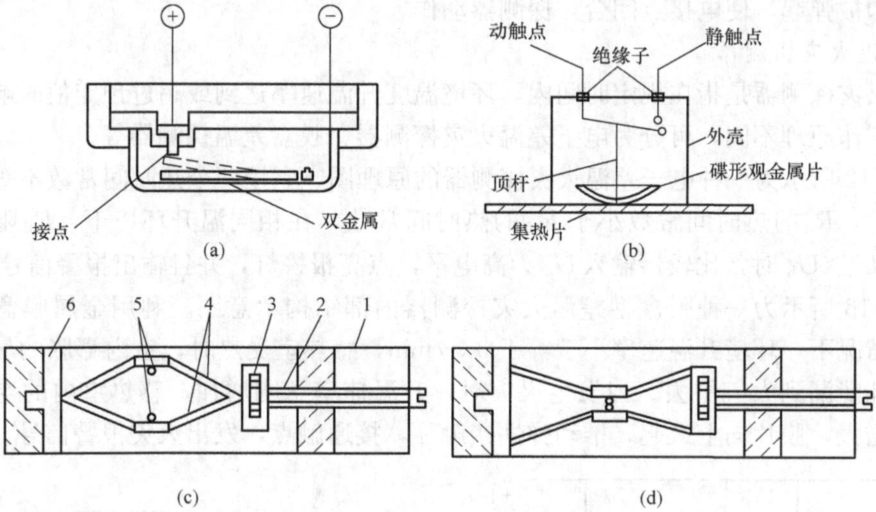

图 4-10 双金属型定温火灾探测器结构

1—不锈钢臂；2—调节螺栓；3，6—固定块；4—铜合金片；5—电接点

图 4-10（a）为利用双金属片受热时，膨胀系数大的金属就要向膨胀系数小的金属弯曲，如图 4-10（a）中虚线所示，使接点闭合，将信号输出。

图 4-10（b）为采用翻转式碟形双金属片结构形式，凹面选用膨胀系数大的材料制成，凸面选用膨胀系数小的材料制成，随着环境温度升高，碟形双金属片逐渐展平，当达到临界点（即定温值时）碟形双金属片突然翻转，凸形向上，通过顶杆推动触点，造成电气触点闭合，再通过后续电子电路发出火灾报警电信号。当环境温度逐渐恢复至原来温度时，碟形双金属片的变化过程恰好与升温时相反，恢复到凹面向上，电气触点脱开，使探测器回复到正常监控状态。

图 4-10（c）、（d）为圆筒结构的双金属定温火灾探测器。它是将两块磷铜合金片通过固定块固定在一个不锈钢的圆筒形外壳内，在铜合金片的中段部位各安装一个金属触头作为电接点。由于不锈钢的热膨胀系数大于磷铜合金的热膨胀系数，当探测器检测到的温度升高时，不锈钢外筒的伸长大于磷铜合金片，两块合金片被拉伸而使两个触头靠拢（或离开）。当温度上升到规定值时，触头闭合（或打开），探测器即动作，送出一个开关信号使报警器报警。当探测器检测到的温度低于规定值时，经过一段时间，两触头又分开，探测器又重新自动回复到监视状态。

（2）易熔金属型定温火灾探测器。

这是一种能在规定温度值时迅速熔化的易熔合金作为热敏元件的定温火灾探测器。图 4-11 是易熔合金定温火灾探测器的结构示意图。

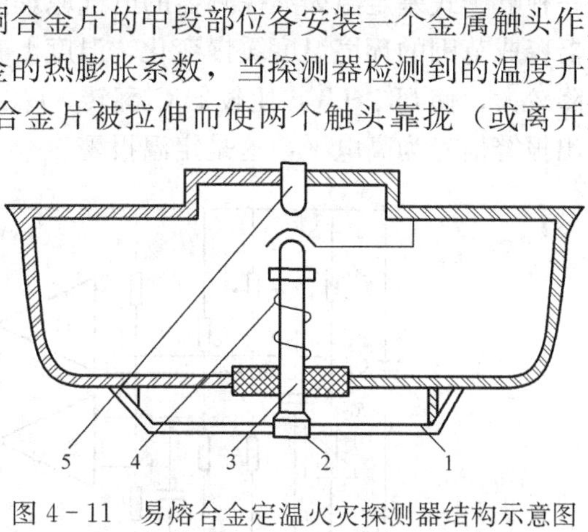

图 4-11 易熔合金定温火灾探测器结构示意图

1—吸热片；2—易熔合金；3—顶杆；4—弹簧；5—电接点

探测器下方吸热片的中心处和顶杆的端面用低熔点合金焊接，弹簧处于压紧状态，在顶杆的上方有一对电接点。无火灾时，电接点处于断开状态，使探测器处于监视状态。火灾发生后，只要它探测到的温度升到动作温度值，低熔点合金迅速熔化，释放顶杆，顶杆借助弹簧弹力立即被弹起，使电接点闭合，探测器动作。

2．差温火灾探测器

差温火灾探测器是指在规定时间内，环境温度升温速率达到或超过预定值时响应的探测器。根据工作原理不同，可分为电子差温火灾探测器、膜盒差温探测器等。

图4-12所示为一种电子差温火灾探测器的原理图，利用两个热时间常数不等的热敏电阻R_{t1}和R_{t2}，R_{t1}的热时间常数小于R_{t2}的热时间常数，在相同温升环境下，R_{t1}阻值下降比R_{t2}快，当$U_a>U_b$时，比较器输入U_c为高电平，点亮报警灯，并且输出报警信号。

图4-13所示为一种膜盒型差温火灾探测器内部结构示意图。利用金属膜盒作感热元件，一般情况下，环境升温速率小于等于3℃/min，感热室受热时，室内膨胀的气体可以通过气塞小孔泄漏到大气中去。当发生火灾时，升温速率急剧增加，感热室内的空气迅速膨胀，气压增大，膜片向上鼓起，推动弹性接触片，接通触点，发出火灾报警信号。

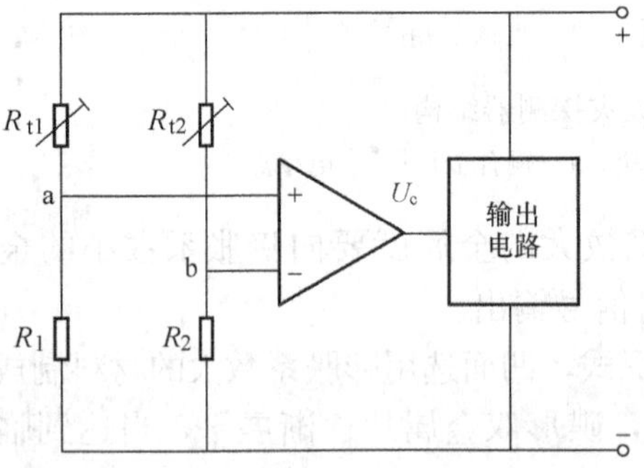

图4-12 电子差温火灾探测器原理图

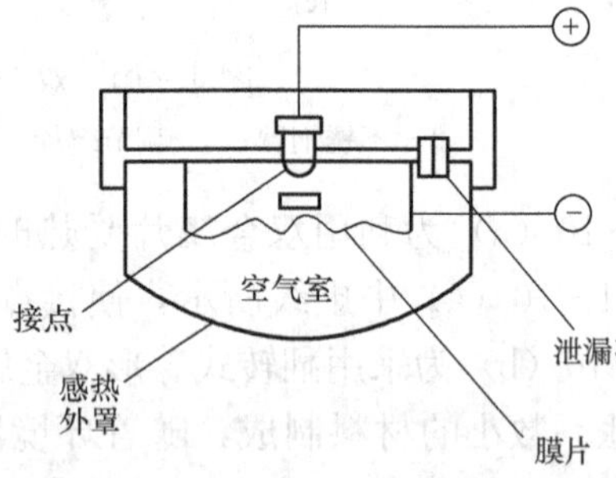

图4-13 膜盒型差温火灾探测器内部结构

3．差定温火灾探测器

差定温火灾探测器是指在一个壳体内兼有差温、定温两种功能的感温火灾探测器。图4-14是一种电子式差定温火灾探测器的电气原理图，它有三个热敏电阻和两个电压比较器。当探测器警戒范围的环境温度缓慢变化，温度上升到预定报警温度时，由于热敏电阻R_{t3}的阻值下降较大，使$U'_a>U'_b$，比较器C′翻转，$U_c>0$，使VT_2导通，K1动作，点亮报警灯HB，输出报警信号为高电平，这是定温报警。

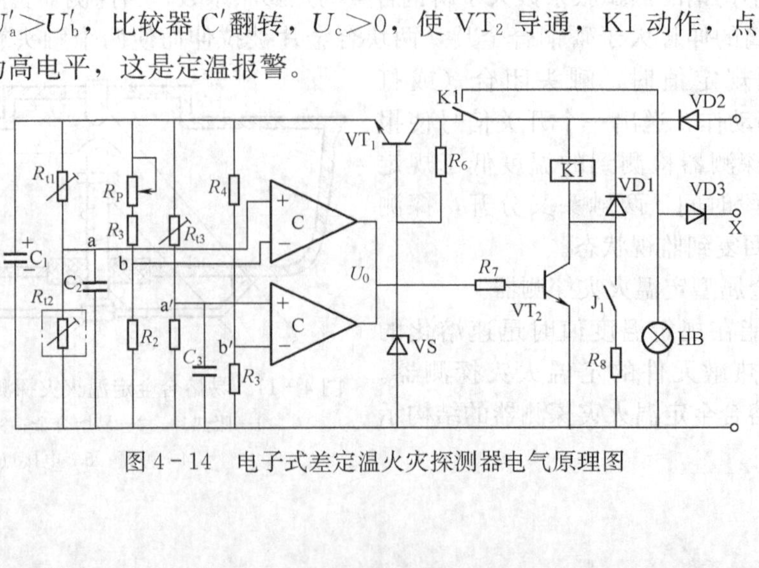

图4-14 电子式差定温火灾探测器电气原理图

当环境温度上升速率较大时，热敏电阻 R_{t1} 阻值比 R_{t2} 下降多，使 $U_a>U_b$ 时，比较器 C 翻转，$U_c>0$，使 VT_2 导通，K1 动作，点亮报警灯 HB，输出报警信号为高电平，这是差温报警。

（三）感光火灾探测器

感光火灾探测器又称为火焰探测器，它是一种能对物质燃烧火焰的光谱特性、光照强度和火焰的闪烁频率敏感响应的火灾探测器。它能响应火焰辐射出的红外、紫外和可见光，主要有红外火焰型和紫外火焰型两种。

1. 红外火焰探测器

红外火焰探测器是一种对火焰辐射的红外线敏感响应的火灾探测器。其结构如图 4－15 所示。它主要由外壳、红外滤光片和硫化铅红外敏感元件及相应电路组成。保护区发生火灾时，火焰辐射出红外光，并与红外滤光片频段相同，红外光透过红外滤色片，聚焦照射到滤光片后的敏感元件上，然后转换成交变电信号，经处理后使开关电路导通，送出报警信号。

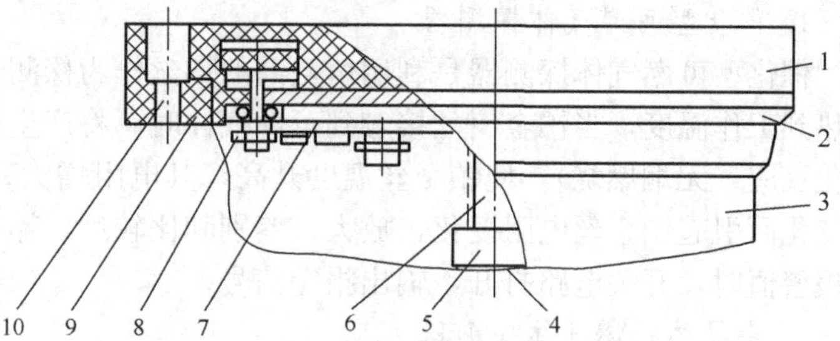

图 4－15 红外火焰探测器结构示意图

1—底座；2—上盖；3—罩壳；4—红外滤光片；5—硫化铅红外光敏元件；6—支架；7—印刷电路板；8—柱脚；9—弹性接触片；10—确认灯

滤光片兼作为敏感元件的保护层。由硫化铅组成的敏感元件前装有透镜，将通过红外滤光片分散的红外光聚集到敏感元件上，以增强敏感元件接收红外光辐射的强度，硫化铅经红外光照射后，析出正负离子，其在外电路作用下产生感应电势，其大小正比于光照强度。

硅光电池、硅光电管也经常用来作为红外光敏感元件。火焰燃烧时会发出 5～30Hz 的闪烁红外信号，能鉴别此闪烁信号是火焰燃烧探测器的主要特点，因此，它能对一些无变化的．恒定红外辐射进行鉴别，以免误报。

探测器电路增加了一个低通滤波器，滤波器将火焰闪烁频率以外的连续信号频率进行衰减，而对火焰的闪烁频率信号进行放大、延时，使探测器有鉴别、消除假信号的时间，通过相应电路去消除假信号造成的干扰。

红外火焰探测器对恒定的红外辐射，如白炽灯、太阳光及瞬时的闪烁现象均不反应，能在有烟雾场所和户外工作的优点，其抗干扰能力强，响应快，通常用在电缆沟、地下隧道、库房，特别适用于无阴燃阶段的燃料火灾（如醇类、汽油等易燃液体）的早期报警。红外火焰探测器主要用来探测低温产生的红外辐射，光波范围大于 0.76μm 。

2. 紫外火焰探测器

紫外火焰探测器是一种对火焰辐射的紫外线敏感响应的火灾探测器。通常用紫外火焰探测器探测光波 0.2～0.3μm 以下的火灾引起的紫外辐射。紫外火焰探测器主要探测高温火焰产生的辐射，紫外光波长短，对烟雾的穿透能力弱，所以常用于爆炸、燃烧和无烟燃烧的场所。但纯紫外光火焰探测器灵敏度特别高，对非火灾的紫外光鉴别能力差，容易引起误报。

紫外火焰探测器中通常用两种或三种敏感元件，合成组成一个波长范围较宽的感光探测器。如 Cerberus 生产的火焰探测器就选用了三种敏感元件，热感应器 A 用以探测 4～

4.8μm 的火焰气体，热感应器B用以探测 5.1～6μm 范围内的干扰源的红外辐射，硅光电二极管用来探测 0.7～1.1μm 范围内的太阳光辐射。用两个敏感元件来检测干扰辐射，一个敏感元件探测火焰燃烧的特定波长，以确保探测的高度可靠。

（四）可燃气体探测器

可燃气体火灾探测器是一种能对空气中可燃气体含量进行检测并发出报警信号的火灾探测器。它通过测量空气中可燃气体爆炸下限以内的含量，当空气中可燃气体浓度达到或超过爆炸浓度下限时，自动发出报警信号，所以，可燃气体火灾探测器主要用在易爆、易熔的场所中。而预报的报警点通常设在可燃气体爆炸浓度下限的 20%～25%。

可燃气体火灾探测器主要有催化型可燃气体探测器和半导体可燃气体探测器。

1. 催化型可燃气体探测器

催化型可燃气体探测器是利用熔点高的铂丝作为探测器的气敏元件。工作时，先把铂丝预热到工作温度，当铂金属丝接触到可燃气体时，将产生催化作用，并在其表面产生强烈的氧化反应（无烟燃烧），使铂金丝温度升高，其电阻增大；通过相应电路取出因可燃气体浓度变化而引起铂金丝电阻变化，放大、鉴别和比较后，输出相应电信号；当可燃气体浓度超过报警值时，开关电路打开，输出报警信号。

2. 半导体可燃气体探测器

半导体可燃气体探测器是一种用对可燃气体有高度敏感的半导体元件作为气敏元件的火灾探测器，可以对空气中散发的可燃气体，如甲烷、醛、醇、炔等或汽化的可燃气体，如一氧化碳、氧气、天然气进行有效监测。

气敏半导体内的一根电热丝先将气敏半导体预热到工作温度，若半导体接触到可燃气体时，其体电阻发生变化，电阻的变化反映了可燃气体浓度的变化，通过相应电路将其电阻的变化转换成电压变化。当可燃气体浓度达到预报警浓度时，其相应的电压值使开关电路导通，发出报警信号。

气敏半导体元件具有如下特点：灵敏度高，即使含量很低的可燃气体也能使半导体元件的电阻发生明显的变化，可燃气体的含量不同，其电阻值的变化也不同，在一定范围内成正比变化；检测线路很简单，用一般的电阻分压或电桥电路就能取出检测信号，制作工艺简单，价格低，适用范围广，对多种可燃性气体都有较高的敏感能力；选择性差，不能分辨混合气体中的某单一成分的气体。

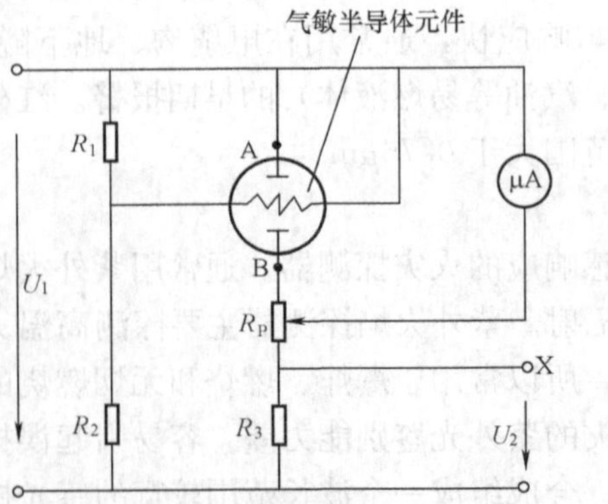

图 4-16 半导体可燃气体探测器电路原理图

图 4-16 是半导体可燃气体探测器的电路原理。U_1 为探测器的工作电压，U_2 为探测器检测部分的信号输出，由 R_3 取出作用于开关电路，微安表用来显示其变化。探测器工作时，气敏半导体元件的一根电热丝先将元件预热至它的工作温度，无可燃气体时，U_2 值不能产生报警信号，微安表指示为零。在可燃气体接触到气敏半导体时，其阻值（A、B间电阻）发生变化，U_2 亦随之变化，微安表有对应的气体含量显示，可燃气体含量一旦达到或超过预报警设定点时，U_2 的变化将使开关电路导通，发出报警信号。调节电位器 R_P

可任意设定报警点。

第三节 火灾报警控制器

火灾报警控制器由控制器和声、光报警显示器组成，接收系统给定输入信号及现场检测反馈信号，输出系统控制信号的装置。它是整个火灾报警控制系统的核心和“指挥中心”。

一、火灾报警控制器类型

1. 按容量分类

(1) 单路火灾报警控制器。

(2) 多路火灾报警控制器。

2. 按用途分类

(1) 区域火灾报警控制器。其控制器直接连接火灾探测器，处理各种来自探测点的报警信息，是各类自动报警系统的主要设备之一。

(2) 集中（中央）火灾报警控制器。一般不与火灾探测器直接相连，而与区域火灾报警控制器相连，处理区域火灾报警控制器送来的报警信号，主要使用于容量较大的火灾自动报警系统中。

(3) 通用火灾报警控制器。通过硬件及软件的配置，既可作区域机使用，直接连接火灾探测器，又可作集中（中央）机使用，连接区域火灾报警控制器。

3. 按使用环境分类

(1) 陆用型火灾报警控制器。即一般常用的火灾报警控制器，环境指标：温度 0～40℃，相对湿度小于等于 92%（40℃±2℃）。

(2) 船用型火灾报警控制器。其工作温度、相对湿度等环境要求均高于陆用型。

4. 按机械结构形式分类

(1) 台式火灾报警控制器。其连接火灾探测器的数量较多，控制功能较齐全复杂，常常把联动控制也组合在一起，操作使用较方便，消防控制室（中心）面积较大的工程可选用台式机形式。

(2) 柜式火灾报警控制器。与台式火灾报警控制器基本要求相同，一般用于大、中型工程系统。

(3) 挂式火灾报警控制器。其连接火灾探测器的数量相应少一些，控制功能较简单一些，一般区域火灾报警控制器常采用此形式。

5. 按防爆性能分类

(1) 防爆型火灾报警控制器。具有防爆性能，常用于石油化工企业、油库、化学品仓库等易爆场合。

(2) 非防爆型火灾报警控制器。无防爆性能，目前民用建筑中使用的绝大多数火灾报警控制器均属此形式。

二、火灾报警控制器的基本功能

(1) 能为火灾报警控制器供电，也可为其连接的其他部件供电。

(2) 能直接或间接地接收来自火灾探测器及其他火灾报警触发器件的火灾报警信号，发出声、光报警信号，指示火灾发生部位并予保持，光信号继续保持；声报警信号应能手动消除，但再次有火灾报警信号输入时，应能再启动。

(3) 当火灾报警控制器内部与火灾探测器、火灾报警控制器与起传输火灾报警信号作用的部件间发生下述故障时，应能在 100s 内发出与火灾报警信号有明显区别的声、光故障信号：

1) 火灾报警控制器与火灾探测器、手动报警按钮及起传输火灾报警信号功能的部件间连接线断开、短路（短路时发出火灾报警信号除外）；

2) 火灾报警控制器与火灾探测器或连接的其他部件间连接线的接地，出现妨碍火灾报警控制器正常工作的故障；

3) 火灾报警控制器与位于远处的火灾显示盘间连接线断开、短路；

4) 火灾报警控制器的主电源欠压；

5) 给备用电源充电的充电器与备用电源之间连接线断开、短路；

6) 备用电源与其负载之间连接线断开、短路或由备用电源单独供电时其电压不足以保证火灾报警控制器正常工作；

7) 仅使用打印机作为记录火灾报警时间手段的火灾报警控制器的打印机连接线断开、短路。

对于以上 7 类故障应指示出故障部位及类型，声故障信号应能手动消除（如消除后再来故障应能启动，应有消音指示），光故障信号在故障排除之前应能保持；故障期间，如非故障回路有火灾报警信号输入，火灾报警控制器应能发出火灾报警信号。

(4) 火灾报警控制器应有本机检查功能。火灾报警控制器在执行自检功能时，应切断受其控制的外接设备。如火灾报警控制器进行每次自检所需时间超过 1min 或其不能自动停止自检功能，自检期间，如非自检回路有火灾报警信号输入，火灾报警控制器应能发出火灾报警声、光信号。

(5) 火灾报警控制器应具有显示或记录火灾报警时间的计时装置，其日计时误差不超过 30s，仅使用打印机记录火灾报警时间时，应打印出月、日、时、分等信息。

(6) 火灾报警控制器的操作功能应按表 4-1 的规定划分级别。

表 4-1 火灾报警控制器的操作功能划分级别

序号	操作项目	Ⅰ级	Ⅱ级	Ⅲ级
1	复位火灾报警控制器	P	M	M
2	消除外声、光指示设备声、光指示	P	M	M
3	消除火灾报警控制器的声信号	O	M	M
4	隔离火灾探测器或其他部件	P	O	M
5	隔离向火灾报警受理站传输信号通路	P	O	M
6	开、关火灾报警控制器	P	M	M
7	隔离受其控制的外接设备	P	M	M
8	调整计时装置	P	M	M
9	输入或更改数据	P	O	M

注 P—禁止；O—可选择；M—本级操作人员可操作。Ⅰ级—允许每个人操作的功能；Ⅱ级—允许专门操作人员操作的功能；Ⅲ级—允许工程设计、维修人员操作的功能。

进入Ⅱ、Ⅲ级操作功能状态应采用钥匙、操作号码，用于进入Ⅲ级操作功能状态的钥匙或操作号码可用于进入Ⅱ级操作功能状态，但用于进入Ⅱ级操作功能状态的钥匙或操作号码不能用于进入Ⅲ级操作功能状态。

(7) 火灾报警控制器应能对其面板上的所有指示灯、显示器进行功能检查。

(8) 通过火灾报警控制器可改变与其连接火灾探测器的响应阈值时，火灾报警控制器应能指示已设定的火灾探测器的响应阈值。

(9) 火灾报警控制器在按其设计允许的最大容量及最长布线条件接入火灾探测器及其他部件时，不应出现信号传输上的混乱。

(10) 火灾报警控制器应具有电源转换装置。当主电源断电时，能自动转换到备用电源；当主电源恢复时，能自动转换到主电源；主、备电源的工作状态应有指示，主电源应有过流保护措施。主、备电源的转换应不使火灾报警控制器发出火灾报警信号。主电源容量应能保证火灾报警控制器在下述最大负载条件下，连续正常工作4h。

1) 火灾报警控制器容量不超过10个构成单独部位号的回路（以下简称回路）时，所有回路均处于报警状态。

2) 火灾报警控制器容量超过10个回路时，20%的回路（不少于10个回路，但不超过30个回路）处于报警状态。

(11) 火灾报警控制器内或由其控制进行的查询、中断、判断及数据处理等操作，对于接收火灾报警信号的延时应不超过10s。在某些情况下，为减少误报警，可对接收到的来自感烟火灾探测器的火灾报警信号延时响应，但延时时间应不超过1min。延时期间应有延时指示。

(12) 具有可隔离所连接部件功能的火灾报警控制器，应设有部件隔离状态光指示，并能查寻或显示被隔离部件的部位。

(13) 火灾报警控制器应备有用作控制自动消防设备或作其他用途的输出接点，其容量及参数应在有关技术文件中说明。

(14) 采用总线传输信号的火灾报警控制器，应在其总线上设有隔离器，当某一隔离器动作时，火灾报警控制器应能指示出被隔离的火灾探测器、手动报警按钮等部件的部位信号。

三、区域火灾报警控制器

区域火灾报警控制器是一种能直接接收火灾探测器或中继器发来的报警信号的多路火灾报警控制器。

(一) 区域火灾报警控制器的组成及工作原理

区域火灾报警控制器是由输入回路、光报警单元、声报警单元、自动监控单元、手动检查试验单元、输出回路和稳压电源、备用电源等组成，如图4-17所示。

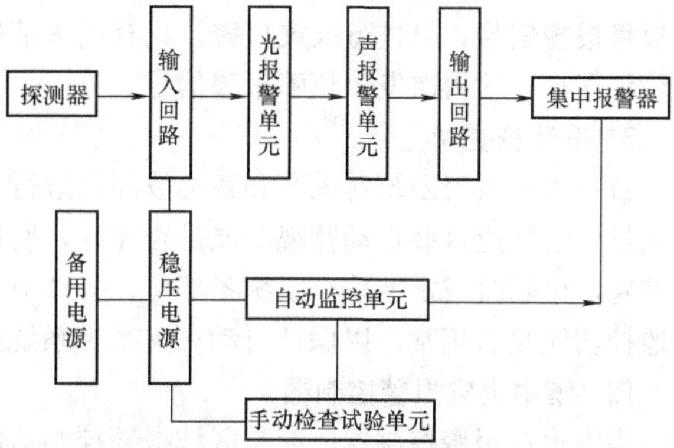

图4-17 区域火灾报警控制器电路原理图

输入回路接收各火灾探测器送来的火灾报警信号或故障报警信号，由声光报警单元转换为报警信号，即发出声响报警，并在显示器上显示着火部位，通过输出回路一方面控制有关的消防设备，另一方面向集中火灾报警控制器传送报警信号。自动监控单元起着监控各类故障的作用，当线路出现故障，故障显示黄灯亮，故障报警同时动作。通过手动检查试验单元，可以检查整个火灾报警系统是否处于正常工作状态。

(二) 区域火灾报警控制器的主要技术指标及功能

1. 供电方式

交流主电源为AC 220 (1±10%)V，频率 (50±1)Hz；直流备用电源为DC 24V，全封闭蓄电池。

2. 火警记忆功能

接受火灾探测器探测到火灾参数后发来的火灾报警信号，迅速准确地进行转换处理，以声、光形式报警，指示火灾发生的具体部位，并满足下列要求。

(1) 火灾报警控制器接受到火灾探测器发出的火灾报警信号后，应立即予以记忆或打印，以防止随信号来源的消失（如感温火灾探测器自行复原、火势大后烧毁火灾探测器或烧断传输线等）而消失。

(2) 在火灾探测器的供电电源线被烧结短路时，亦不应丢失已有的火灾信息，并能继续接受其他回路中的手动按钮或机械火灾探测器送来的火灾报警信号。

3. 消声后再声响功能

在接受某一回路火灾探测器发来的火灾报警器信号，发出声光报警信号后，可通过火灾控制器上的消声按钮人为消声。如果火灾报警控制器此时又接收到其他回路火灾探测器发来的火灾报警信号时，它仍能产生声光报警。

4. 外控功能

区域报警控制器一般都设有若干对常开（或常闭）控制接点。外控接点动作，可驱动相应的灭火设备。

5. 故障自动监测功能

当任何回路的探测器与报警控制器之间的连线断路或短路，探测器与底座接线接触不良，以及探测器被取走等，报警器都能自动地发出声光报警。

6. 火灾报警优先功能

火灾报警控制器接受到与故障同时发生火灾报警信号时，能自动切除原先可能存在的其他故障报警信号，只进行火灾报警。只有当火情排除后，人工将火灾报警控制器复位时，若故障仍存在，才再次发出故障报警信号。

7. 手动检查功能

自动火灾报警系统对火警和各类故障均进行自动监视。但平时在无火警、无故障时，使用人员无法知道这些自动监视功能是否完好，所以在火灾报警控制器上都设置了手动检查试验装置，可随时或定期检查系统各部位、各环节的电路及元器件是否完好无损，系统各种自动监控功能是否正常，以保证自动火灾报警系统处于正常工作状态。

四、集中火灾报警控制器

集中火灾报警控制器一般是区域报警控制器的上位控制器，能接收区域火灾报警控制器发来的报警信号。

（一）集中报警控制器的组成及工作原理

集中火灾报警控制器是由输入单元、光报警单元、声报警单元、自动监控单元、手动检查试验单元和稳压电源、备用电源等电路组成。

集中火灾报警控制器的电路除输入单元和显示单元的构成和要求与区域火灾报警控制器有所不同外，其余部分与区域火灾报警控制器大同小异。

输入单元的构成和要求，是与信号的采集与传递方式密切相关的。目前国内火灾报警控制器的信号传输方式主要有四种：对应的有线传输方式、分时巡回检测方式、混合传输方式、总线制编码传输方式。

1. 对应的有线传输方式

这种方式简单可靠。但在探测报警的回路数多时，传输线的数量也相应增多，就带来工程投资大、施工布线工程工作量大等问题，故只适用于范围较小的报警系统使用。

当集中报警控制器采用这种传输方式时，它只能显示区域号，而不能显示探测部位号。

2. 分时巡回检测方式

采用脉冲分配器，将振荡器产生的连续方波转换成有先后顺序的选通信号，按顺序逐个选通每一报警回路的探测器，选通信号的数量等于巡检的点数，从总的信号线上接收被选通探测器送来的火警信号。这种方式减少了部分传输线路，但由于采用数码显示火警部位号，在几个火灾探测回路同时送来火警信号时，其部位号的显示就不能一目了然了，而且需要配接微型机或复示器来弥补无记忆功能的不足。

3. 混合传输方式

这种传输方式又可分为两种形式。

(1) 区域火灾报警控制器采用一一对应的有线传输方式，所有区域火灾报警控制器的部位号与输出信号并联在一起，与各区域火灾报警控制器的选通线，全部连接到集中火灾报警控制器上；而集中火灾报警控制器采用分时巡回检测方式，逐个选通各区域火灾报警控制器的输出信号。这种形式的信号传输原理较为清晰，线路适中，在报警速度和可靠性方面能得到较好的保证。

(2) 区域火灾报警控制器采用分时巡回检测方式，区域火灾报警控制器到集中火灾报警控制器的传输。采用区域选通线加几根总线的总线电气传输方法。这种形式使区域火灾报警控制器到集中火灾报警控制器的集中传输线大大减少。

4. 总线制编码传输方式

近年来国内一些单位研制的总线制地址编码传输方式的火灾报警控制器，其信号传输方式的最大优点是大大减少了火灾报警控制器和各火灾探测器的传输线。区域火灾报警控制器到所有火灾探测器的连线总共只有 2～4 根，连接上百只火灾探测器，能辨别是哪一个火灾探测器处于火灾报警状态或故障报警状态。

这种传输方式使火灾报警控制器在接受某个火灾探测器的状态信号前，先发出该火灾探测器的串行地址编码。该火灾探测器将当时所处的工作状态（正常监视、火灾报警或故障告警）信号发回，由火灾报警控制器进行判别、报警显示等。

在区域火灾报警控制器和集中火灾报警控制器信号传输上，采用数据总线方式或 RS232、RS424 等标准串行接口，用几根线就满足了所有区域火灾报警控制器到集中火灾控制器的信号传输。

这种传输方式使传输线数量大大减少，给整个火灾自动报警系统的施工安装带来了方便，降低了传输线路的投资费用和安装费用。

（二）集中火灾报警控制器的主要技术指标及功能

集中火灾报警控制器在供电方式、使用环境要求、外控功能、监控功率与额定功率、火灾优先报警功能等与区域报警控制器类似。不同之处有以下几方面。

（1）容量。

容量是指集中报警控制器监控的最大部位数及所监控的区域报警控制器的最大台数。如某集中报警控制器控制的区域报警控制器为 60 个，而每个区域报警控制器监控的部位为 60 个，则集中报警控制器的容量为 60×60＝3600 个部位，基本容量为 60。

（2）系统布线数。

系统布线数指集中报警控制器与区域报警控制器之间的连线数。

（3）巡检速度。

巡检速度指集中报警控制器在单位时间内巡回检测区域报警控制器的个数。

（4）报警功能。

集中报警控制器接收到某区域报警控制器发送的火灾或故障信号时，便自动进行火警或故障部位的巡检并发出声光报警。可手动按钮消声，但不影响光报警信号。

（5）故障自动监测功能。

能检查区域报警控制器与集中报警控制器之间的连线是否连接良好，区域报警控制器接口电子电路与本机工作是否正常。若发现故障，则集中报警控制器能立即发出声光报警。

（6）自检功能。

与区域报警控制器类似，当检查人员按下自检按钮，即把模拟火灾信号送至各区域报警控制器。若有故障，显示这一组的部位号，不显示的部位号为故障点。对各区域的巡检，有助于了解和掌握各区域报警控制器的工作情况。

第四节　火灾自动报警系统设计

火灾自动报警系统是建筑电气系统的一部分，系统设计首先应当符合建筑电气设计的一般要求。同时，火灾自动报警系统又是一种消防安全设备，必须符合消防安全方面的有关规定。根据 GB 50116—2008《火灾自动报警系统设计规范》规定，火灾自动报警系统设计应当符合以下要求。

一、一般要求

（1）火灾自动报警系统应设有自动和手动两种触发装置。自动触发装置，即火灾探测器，是系统中最基本的触发装置，它自动探测火灾，产生和发出火灾报警信号并将火灾报警信号传输给火灾报警控制器。手动触发装置，即手动火灾报警按钮，是系统中必不可少的组成部分，它与火灾探测器相辅相成，有利于提高系统报警的可靠性。

（2）火灾报警控制器容量和每一总线回路所连接的火灾探测器及控制模块（或信号模块）的地址编码总数均宜留有一定余量。这就是说，在设计火灾自动报警系统时，所选用的火灾报警控制器的额定容量，即其可以接收和显示的探测部位地址编码总数，应当大于系统保护对象实际需要的探测部位地址编码总数。而且，火灾报警控制器每一总线回路所连接的火灾探测器和控制模块或信号模块的编码总数的额定值，应大于该总线回路中实际需要的地址编码总数。所留余量大小，应根据保护对象的具体情况，如工程规模、重要程度等合理掌握，一般可控制在15%～20%。这对于保证系统正常可靠运行及系统扩展等都是必要的。

(3) 火灾自动报警系统的设备，应采用经国家有关产品质量监督检测中心检验合格的产品。这是保证系统正常可靠运行的基本要求，任何时候、任何情况下，都不可忽视。

二、设置原则

民用建筑物的火灾自动报警系统的设置，应该按照国家现行的有关建筑设计防火规范的规定执行。首先应按照建筑物的使用性质、火灾危险性划分的保护等级来设置，即根据建筑物保护等级不同而选用不同的火灾自动报警系统。根据规范规定，建筑对象分为特级、一级和二级保护要求。一般情况下，特级保护对象宜采用控制中心报警系统，并设有专用消防控制室；一级保护对象宜采用集中报警系统；二级保护对象宜用区域报警系统。在具体工程设计中，还需按工程实际要求进行综合考虑，并取得当地主管部门的认可，在系统的选择上不一定拘泥于上述的一般情况。

三、主要设计内容

1. 探测区域和报警区域的划分

火灾探测区域是由一个或多个火灾探测器并联组成的一个有效探测报警单元，可以占有区域火灾报警控制器的一个部位号。而火灾报警区域是由多个火灾探测器组成的火灾警戒区域范同。

火灾报警区域的划分一般应按照防火分区或楼层来划分。一个火灾报警区域宜由一个防火分区或同一楼层的几个防火分区组成。同一火灾报警区域的同一警戒分路不应跨越防火分区。当不同楼层划分为同一个火灾报警区域时，应该在未装设火灾报警控制器的各个楼层的各个主要楼梯口或消防电梯前室明显部位设置灯光及音响警报装置。

2. 火灾探测器数量的确定

在一个火灾探测区域内所需的火灾探测器数量应根据现行《火灾自动报警系统设计规范》确定。火灾探测器的保护面积一般由生产厂家提供。但是，在实际应用中由于各种因素的影响往往相差较大。火灾探测器的影响因素一般有下列几个方面。

(1) 火灾探测器的灵敏度越高，其响应阈值越灵敏，保护空间越大。

(2) 火灾探测器的响应时间越快，保护空间越大。

(3) 建筑空间内发烟物质的发烟量越大，感烟火灾探测器的保护空间面积越大。

(4) 燃烧性质不同时，阴燃比爆燃的保护空间大。

(5) 建筑结构及通风情况：烟雾越易积累，并且越容易到达火灾探测器时，则保护空间越大；空间越高，保护面积越小；如果由于通风原因及火灾探测器布点位置不当，致使烟雾无法积累或根本无法达到火灾探测器时，则其保护空间几乎接近于零。

(6) 允许物质损失的程度：如果允许物质损失较大，发烟时间较长甚至出现明火，烟雾可以借助火势迅速蔓延，则保护空间更大。

上述各种因素，有的可以预计其影响程度，有的无法考虑。因此，通常采用修正系数来综合考虑有关因素的影响。

3. 梁对探测器保护面积的影响

梁对火灾探测器保护面积的影响，可分为平整顶棚和不平整顶棚两种情况来考虑。对于平整顶棚情况而言，梁对火灾探测器保护面积的影响按照现行《火灾自动报警系统设计规范》的具体要求来判断处理和确定探测器数量。对于不平整顶棚情况，确定梁对火灾探测器保护面积的影响时，应该综合考虑房间顶棚的形状、坡度大小以及安装情况。

4. 火灾探测器的设置要求

火灾探测器的设置位置可以按照下列三项基本原则确定：

(1) 设置位置应是火灾发生时烟、热最易到达之处，并且能在短时间内聚积的地方；

(2) 消防管理人员易于检查、维修，而一般人员应不易触及火灾探测器；

(3) 火灾探测器不易受环境干扰，布线方便，安装美观。

对于常用的感烟和感温探测器来讲，其安装时还应符合下列要求：

(1) 探测器距离通风口边缘不小于 0.5m，如果顶棚上设有回风口时可以靠近回风口安装；

(2) 顶棚距离地面高度小于 2.2m 的房间、狭小的房间（面积不大于 $10m^2$），火灾探测器宜安装在入口附近；

(3) 在顶棚或房顶坡度大于 45°斜面上安装火灾探测器时，应该采取措施使安装面成水平；

(4) 在楼梯间、走廊等处安装火灾探测器时，应该安装在不直接受外部风吹的位置；

(5) 在与厨房、开水间、浴室等房间相连的走廊安装火灾探测器时应该避开其入口边缘 1.5m 内处安装；

(6) 建筑物内无防排烟要求的楼梯间，可以每隔 3 层装设一个火灾探测器；倾斜通道安装火灾探测器的垂直距离不应大于 15m；

(7) 安装在顶棚上的火灾探测器边缘与照明灯具的水平间距不小于 0.2m；距离电风扇不小于 1.5m；距嵌入式扬声器罩间距不小于 0.1m；与各种水灭火喷头间距不小于 0.3m；与防火门、防火卷帘门的距离一般为 1～2m；感温火灾探测器距离高温光源（碘钨灯、容量大于 100W 的白炽灯等）不小于 0.5m。

必须指出，在下列场所可以不安装感烟、感温火灾探测器：

(1) 火灾探测器安装位置与地面间的高度大于 12m 者；

(2) 因受气流影响，火灾探测器不能有效检测到烟、热的场所；

(3) 顶棚与上层楼板间距、地板与楼板间距小于 0.5m 的场所；

(4) 闷顶及相关的吊顶内的构筑物及装饰材料为难燃型，并且已安装有自动喷淋灭火系统的闷顶及吊顶的场所；

(5) 电梯井上有机房，且机房地面与电梯井有大于 $0.25m^2$ 的开孔，并且在开孔附近装有火灾探测器的电梯井道；

(6) 隔断板高度在 3 层以下，并且完全处于水平警戒范围内的各种竖井及类似场所；

(7) 长度小于 10m 的独立走廊、通道或开敞式走廊与通道。

四、系统工程设计要点

对于具体的自动消防工程而言，采用哪一种形式的火灾自动报警系统应该根据工程的建设规模、被保护对象的性质、火灾监控区域的划分和消防管理机构的组织形式，以及火灾自动报警产品的技术性能等因素综合确定，并应符合下面一些共同设计要点。

1. 自动控制与手动控制设置

为了提高火灾自动报警系统的可靠性，在主要消防设备设置自动控制的同时，必须设置相应的手动控制装置，如手动报警按钮、手动启动开关、手动切换开关等，以确保人工直接启动消防设备或停止设备运行。

2. 区域报警系统设计

当消防工程设计中采用区域报警系统形式时，火灾自动报警系统中设置的区域火灾报警控制器（或装置）台数不能多于3台。这是因为在没有设置集中火灾报警装置的区域报警系统中，区域火灾报警装置台数过多，则不便于操作及管理。

3. 集中报警系统设计

当采用集中报警系统形式时，火灾自动报警系统中应该设置一台集中火灾报警装置和至少两台及其以上的区域火灾报警装置。集中火灾报警装置应该设置在有人值班的专用房间或消防值班室内；凡是集中火灾报警装置不是设置安装在消防控制中心时，则必须将集中火灾报警装置的总输出信号送至消防控制中心，以利于消防控制中心对整个火灾自动报警系统进行统一管理和统一监控。

4. 消防控制中心设计

消防控制中心或消防控制室平时是监测各个被保护区域火情、检查监控系统设备运行情况和积累火灾情报的中心；发生火灾时，它又是扑灭火灾的控制、操作、指挥中心。凡是采用集中火灾报警系统或控制中心报警系统并具有消防联动控制功能的建筑物，都应设置消防控制室即消防控制中心。消防控制室的基本设计要点如下。

(1) 消防控制室的设置范围、建筑结构、耐火等级、设置位置及室内照明等，都必须符合现行的《建筑设计防火规范》中的规定。如果消防控制室设在建筑物的首层，其门的上方应设标志牌或标志灯；设在地下时，门上的标志必须是带灯光的装置，且标志灯电源应从消防电源接入，以保证供电的可靠性。消防控制室的门应有一定的耐火能力，并应向疏散方向开启，以防止烟、火危及室内人员的安全。

(2) 消防控制室对被保护建筑的重要部位、消防通道和消防器材放置位置要全面掌握，可根据消防控制室设备情况来具体确定显示方式。如果消防控制室的总控制台上有模拟显示盘或电视屏幕显示，可不另设显示图表。

(3) 消防控制室的送、回风管道在其穿墙处应设置消防防火阀，以确保消防控制室在火灾时免受影响。

(4) 消防控制室严禁与其无关的电气线路及管道穿进，以确保消防控制设备安全运行，避免相互干扰造成混乱。

(5) 消防控制室的功能包括火灾监测保护、火灾扑救操作、设备管理和情报积累四大块，重要的是应该把建筑物内的火灾报警子系统和其他连锁、联动控制设备集中于消防控制室内，即使控制设备分散在外，各种操作信号也应反馈到消防控制室。

(6) 消防控制室对室内消火栓系统应具备控制与显示功能：控制消防泵的启停，显示启泵按钮的位置，显示消防泵的工作状态、故障状态。

(7) 消防控制室应对自动喷水灭火系统具备控制与显示功能：控制系统的启停，显示报警阀、闸阀及水流指示器的工作状态，显示喷淋泵的工作状态、故障状态。

(8) 消防控制室应对管网式卤代烷、二氧化碳等气体灭火系统具备控制与显示功能：控制灭火系统的紧急启动和紧急切断；当灭火系统直接由火灾探测器联动启动时，应具备延时0～45s的延时装置；显示系统的手动、自动工作状态；在报警、喷射灭火各个阶段，控制室应有相应的声光报警信号，并能手动切除声响警报；在延时期间能启动连锁系统，如自动关闭防火门，停止通风、关闭空调系统等。

(9) 消防控制室应该对泡沫、干粉灭火系统具备控制系统启、停的功能，能显示系统工作状态的功能。

(10) 火灾报警后及火灾侵入后，消防控制室对连锁（系统）装置应该具备以下功能。

火灾报警后——停止有关部位风机，关闭防火阀，接收和显示相应的反馈信号；启动有关部位防烟、排烟风机（包括正压送风机）和排烟阀，接收并显示其反馈信号。

火灾确认后——关闭有关部位的防火门、防火卷帘、接收、显示其反馈信号；强制控制非消防电梯降至首层停靠，接收、显示其反馈信号；接通火灾事故照明灯和疏散指示灯；切断有关部位的非消防电源。

(11) 火灾确认后，消防控制室应按照疏散顺序接通火灾（现场）警报装置和火灾事故广播，并应确保设置的对内外的消防通信设备良好有效。

(12) 消防控制室内应设置完成控制操作和显示指挥等功能的火灾监视盘与综合操作台，用以指挥和实施一系列消防紧急措施。

5. 系统接地问题

火灾自动报警系统的接地，一般是利用专用接地装置在消防控制中心接地，并规定工作接地电阻值应小于4Ω。有些高层建筑工程中，建筑物四周已被避雷保护接地体封闭，或建筑物已采用了利用建筑物结构基础的钢筋作为防雷保护接地方式，则火灾自动报警系统也可以利用该防雷保护接地方式进行接地，即联合接地。联合接地时，接地电阻应小于1Ω。

6. 系统供电（消防设备供电）问题

火灾自动报警系统是建筑物中的安全保护设备，其工作特点是连续、不间断。为了保证其供电的可靠性，主电源应采用消防专用电源，其负荷等级应按照有关符合规范划分，并按电力系统设计规范规定的负荷级别要求供电。一般消防设备供电系统应能充分保证设备的工作性能，在发生火灾时能发挥设备的功能，将损失减少到最低限度。

7. 系统布线问题

火灾自动报警系统的布线直接影响到系统的可靠性，一般在消防工程设计中按照以下情况考虑。

(1) 火灾自动报警系统的传输线路应该采用铜芯绝缘导线或铜芯电缆，其电压等级不应低于250V。

(2) 火灾自动报警系统传输线路的线芯截面选择，除满足自动报警装置的技术条件外，还应满足机械强度的要求，即绝缘导线、电缆线芯的最小截面不应小于规范规定。

(3) 火灾自动报警系统传输线路采用绝缘导线时，应该采用穿金属管、硬质塑料管、半硬质塑料管或封闭式线槽保护方式布线。

(4) 消防控制、通信和报警的线路应采用金属管保护，并应敷设在不燃烧体结构内，其保护层厚度不应小于3cm。当必须明敷时，应该在金属管上采取防火保护措施。采用绝缘和保护套为非延燃性材料的电缆时，可不穿金属管保护，但应该敷设在电缆井内。

(5) 不同系统、不同电压、不同电流类别的线路不应穿于同一根管内或线槽的同一槽孔内。

(6) 建筑物内横向敷设的火灾自动报警系统传输线路如果采用穿管布线时，不同防火分区的线路不宜穿入同一根管内。

(7) 弱电线路的电缆竖井宜与强电线路的电缆竖井分开设置，如果受条件限制必须合用时，弱电线路与强电线路分别布置在竖井的两侧。

(8) 火灾探测器的传输线宜选择不同颜色的绝缘导线，同一工程中相同线别的绝缘导线颜色应该一致，接线端子应有标记。

(9) 穿管绝缘导线或电缆的总截面面积不宜超过管内截面积的40%；敷设于封闭式线槽内的绝缘导线或电缆的总截面面积不应大于线槽净面积的60%。

(10) 配线使用的非金属管材、线槽及其附件应该采用不燃或非延燃性材料制造。

8. 室内配线的防火、耐热措施

当发生火灾时，由于温度上升对消防设备配线有影响，为了保证消防设备可靠工作，线路必须具有耐火耐热性能，并且应该采用防止延燃措施。耐火耐热构成的因素有：导线（电缆）选择、保护导线材料、线路敷设部位和方法。一般耐火耐热配线应该根据消防设备及系统的不同情况考虑。此外，耐火耐热配线还应考虑以下措施。

(1) 敷设有线路的电缆井、管道井以及排烟道、排气道、垃圾道等竖向管道间，其井壁应为耐火极限不低于1h的不燃烧体，井壁上的检查门应采用丙级防火门。

(2) 配线为了达到耐火耐热，对金属管端头接线应有一定的余度，配管中途接线盒不应埋设在易于燃烧部位，且盒盖应加套石棉布等耐热材料。

(3) 电线管穿越墙体、地板时应使用非燃烧体材料充填。

9. 设计项目与火灾监控系统的配合

从建筑电气设计角度考虑，火灾自动报警系统应与建筑消防工程中的其他专业设计项目相配合，才能避免盲目布置火灾监控系统中的电气设备及消防设备，达到消防要求。消防工程设计项目与火灾监控系统应考虑的配合内容见表4-2。

表4-2　消防工程设计项目与火灾监控系统配合内容

序号	设计项目	火灾监控系统配合措施
1	建筑物高度	确定电气防火设计范围
2	建筑防火分类	确定电气消防设计内容和供电方案
3	防火分区	确定区域报警范围、选用探测器种类
4	防烟分区	确定防排烟系统控制方案
5	建筑物室内用途	确定探测器形式类别、安装位置
6	构造耐火极限	确定电气设备设置部位
7	室内装修	选择探测器形式类别、安装方法
8	家具	确定保护方式、采用探测器类型
9	屋架	确定屋架探测方法和灭火方式
10	疏散时间	确定紧急和疏散标志、事故照明时间
11	疏散连线	确定事故照明位置和疏散通路方向
12	疏散出口	确定标志灯位置指示出口方向

续表

序号	设计项目	火灾监控系统配合措施
13	疏散楼梯	确定标志灯位置指示出口方向
14	排烟风机	确定控制系统与连锁装置
15	排烟口	确定排烟风机连锁系统
16	排烟阀门	确定排烟风机连锁系统
17	防火卷帘门	确定探测器连锁方式
18	电动安全门	确定探测器连锁方式
19	送回风口	确定探测器位置
20	空调系统	确定有关设备的运行显示及控制
21	消火栓	确定人工报警方式与消防泵连锁控制
22	喷淋灭火系统	确定运行显示方式
23	气体灭火系统	确定人工报警方式、安全启动和运行显示方式
24	消防水泵	确定供电方式及控制系统
25	水箱	确定报警与控制方式
26	电梯机房及电梯井	确定供电方式、探测器的安装位置
27	竖井	确定使用性质、采取隔火措施，必要时设探测器
28	垃圾道	设置探测器
29	管道竖井	按其结构及性质、采取隔火措施，必要时设探测器
30	水平运输带	穿越不同防火区、采取封闭措施

练　习　题

1. 衡量火灾探测器的技术指标有哪些？
2. 简述感烟火灾探测器的工作原理及适用范围。
3. 简述感温火灾探测器的工作原理及适用范围。
4. 试述火灾报警控制器的基本功能。

第五章　消防设备的电气控制技术

第一节　消防供配电系统

一、消防供电的要求

建筑物中火灾自动报警及消防设备联动控制系统的工作特点是连续、不间断。为了保证消防系统的供电可靠性及配线的灵活性，根据《建筑设计防火规范》和《高层民用建筑设计防火规范》应满足下列要求。

(1) 火灾自动报警系统应设有主电源和直流备用电源。

(2) 火灾自动报警系统的主电源应采用消防电源，直流备用电源宜采用火灾报警控制器专用蓄电池。当直流电源采用消防系统集中设置的蓄电池时，火灾报警控制器应采用单独的供电回路，并能保证消防系统处于最大负荷状态下不影响报警器的正常工作。

(3) 火灾自动报警系统中的CRT显示器、消防通信设备、计算机管理系统、火灾广播等的交流电源应由UPS装置供电。其容量应按火灾报警器在监视状态下工作24h后，再加上同时有两个分路报火警30min用电量之和来计算。

(4) 消防控制室、消防水泵、消防电梯、防排烟设施、自动灭火装置、火灾自动报警系统、火灾应急照明和电动防火卷帘、门窗、阀门等消防用电设备，一类建筑应按现行国家电力设计规范规定的一类负荷要求供电，二类建筑的上述消防用电设备，应按二级负荷的两回线要求供电。

(5) 消防用电设备的两个电源或两回路线路，应在最末一级配电箱处自动切换。

(6) 对容量较大或较集中的消防用电设施（如消防电梯、消防水泵等）应自配电室采用放射式供电。

(7) 对于火灾应急照明、消防联动控制设备、报警控制器等设施，若采用分散供电时，在各层（或最多不超过3～4层）应设置专用消防配电箱。

(8) 消防联动控制装置的直流操作电压，应采用24V。

(9) 消防用电设备的电源不应装设漏电保护开关。

(10) 消防用电的自备应急发电设备，应设有自动启动装置，并能在15s内供电，当由市电转换到柴油发电机电源时，自动装置应执行先停后送程序，并应保证一定时间间隔。

(11) 在设有消防控制室的民用建筑工程中，消防用电设备的两个独立电源（或两回路线路）宜在下列场所的配电箱处自动切换：消防控制室、消防电梯机房、防排烟设备机房、火灾应急照明配电箱、各楼层配电箱、消防水泵房。

二、消防设备供电系统

消防设备供电系统应能充分保证设备的工作性能，当火灾时能充分发挥消防设备的功能，将火灾损失降到最小。这就要求对电力负荷集中的高层建筑或一、二级电力负荷（消防负荷）一般采用单电源或双电源的回路供电方式，用两个10kV电源进线和两台变压器构成消防主供电电源。

1. 一类建筑消防供电系统

一类建筑（一级消防负荷）的供电系统如图 5－1 所示。图 5－1（a）表示采用不同电网构成双电源，两台变压器互为备用，单母线分段提供消防设备用电源；图 5－1（b）表示采用同一电网双回路为备用，单母线分段，设置柴油发电机组作为应急电源向消防设备供电，与主供电电源互为备用，满足一级负荷要求。

2. 二类建筑消防供电系统

二类建筑（二级消防负荷）的供电系统如图 5－2 所示。

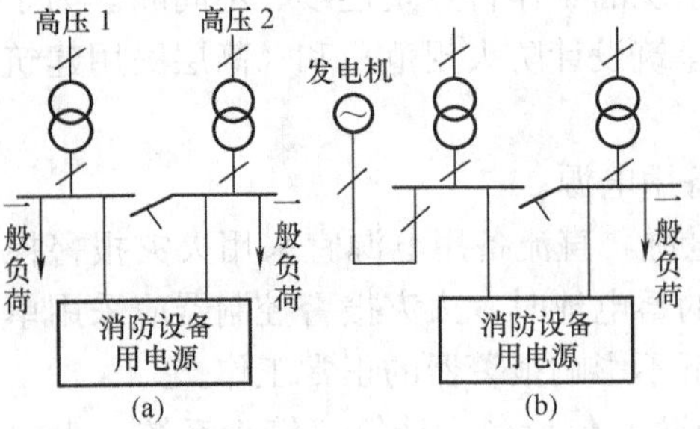

图 5－1 一类建筑消防供电系统

(a) 不同电网；(b) 同一电网

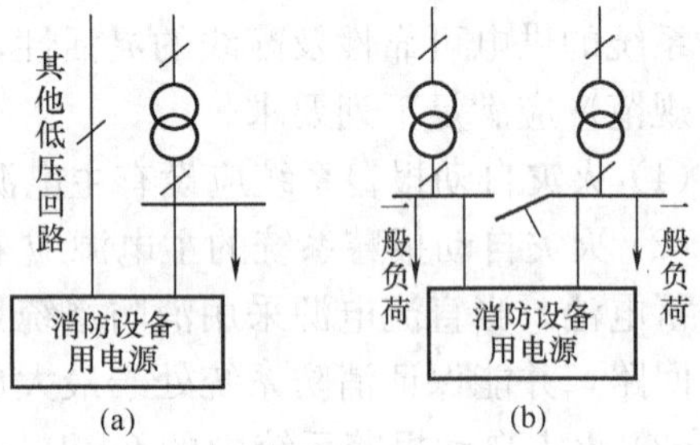

图 5－2 二类建筑消防供电系统

(a) 一路为低压电源；(b) 双回路电源

从图 5－2（a）中可知，表示由外部引来的一路低压电源与本部门电源（自备柴油发电机组）互为备用，供给消防设备电源；图 5－2（b）表示双回路供电，可满足二级负荷要求。

三、备用电源的自动投入

备用电源的自动投入装置（BZT）可使两回路供电互为备用，也可用于主供电电源与应急电源（如柴油发电机组）的连接和应急电源自动投入。

1. 备用电源自动投入线路组成

备用电源自动投入线路由两台变压器，交流接触器 KM1、KM2、KM3，自动开关 QF，手动开关 SA1、SA2、SA3 组成，如图 5－3 所示。

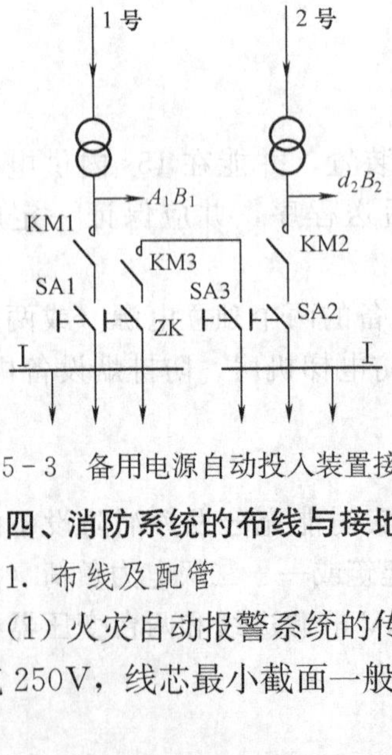

图 5－3 备用电源自动投入装置接线

2. 备用电源自动投入原理

正常时，两台变压器分列运行，自动开关 QF 出入闭合状态，将 SA1、SA2 先合上后，再合上 SA3，接触器 KM1、KM2 线圈通电闭合，KM3 线圈断电头释放。若母线失压（或 1 号回路掉电），KM1 失电断开，KM3 线圈通电其常开触开闭合，使母线通过Ⅱ断母线接受 2 号回路电源供电，以实现自动切换。

应当指出：两路电源在消防电梯、消防泵等设备端实现切换（末端切换）常采用备用电源自动投入装置。

四、消防系统的布线与接地

1. 布线及配管

（1）火灾自动报警系统的传输路线采用铜芯绝缘导线或铜芯电缆，其电压等级不应低于交流 250V，线芯最小截面一般应符合表 5－1 的规定。

表 5-1　**火灾自动报警系统用导线最小界面**

类别	线芯最小截面/mm²	备注
穿管敷设的绝缘导线	1.00	
线槽内敷设的绝缘导线	0.75	
多芯电缆	0.50	
由探测器到区域报警器	0.75	多股铜芯耐热线
有区域报警器到集中报警器	1.00	单股铜芯线
水流指示器控制线	1.00	
湿式报警阀及信号阀	1.00	
排烟防火电源线	1.50	控制线＞1.00mm²
电动卷帘门电源线	2.50	控制线＞1.50mm²
消火栓控制按钮线	1.50	

(2) 火灾探测器的传输线路宜采用不同颜色的绝缘导线，以便于识别，接线端子应有标号。

(3) 配线中使用的非金属管材、线槽及其附件，均采用不燃或非延燃性材料制成。

(4) 火灾自动报警系统的传输线，当采用绝缘电线时，应采取穿管（金属管或不燃、难燃型硬质、半硬质塑料管）或封闭式线槽进行保护。

(5) 不同电压、不同电流类别、不同系统的线路，不可共管或线槽的同一槽孔内敷设。横向敷设的报警系统传输线路，若采用穿管布线，则不同防火分区的线路不可共管敷设。

(6) 消防联动控制、自动灭火控制、事故广播、通信、应急照明等线路，应穿金属管保护，并宜暗敷设在非燃烧体结构内，其保护层厚度不宜小于3cm。当必须采用敷设时，则应对金属管采取防火保护措施。当采用具有非延燃性绝缘和护套的电缆时，可以不穿金属保护管，但应将其敷设在电缆竖井内。

(7) 弱电线路的电缆宜于强电线路的电缆竖井分别设置。若因条件限制，必须合用一个电缆竖井时，则应将弱电线路与强电线路分别布置在竖井两侧。

(8) 横向敷设在建筑物的暗配管，钢管直径不宜大于25mm，水平或垂直敷设在顶棚内或墙内的暗配管，钢管直径不宜大于20mm。

(9) 从线槽、接线盒等处引至火灾测控器的底座盒、控制设备的接线盒、扬声器等的线路应穿金属软管保护。

2. 消防系统的接地

为了保证消防系统正常工作，对系统的接地规定如下。

(1) 火灾自动报警系统应在消防控制室设备专用接地板，接地装置的接地电阻值应符合下列要求：当采用专用接地装置时，接地电阻值不大于4Ω。当采用共用接地装置时，接地电阻值不应大于1Ω。

(2) 火灾自动报警系统应设专用接地干线，由消防控制室引至接地体。

(3) 专用接地干线应采用铜芯绝缘导线，其芯线截面积不应小于25mm²，专用接地干线宜穿硬质型塑料管埋设至接地体。

(4) 有消防控制室接地板引至消防电子设备的专用接地线应选用铜芯塑料绝缘导线，其芯线截面积不应小于 $4mm^2$。

(5) 消防电子设备凡采用交流供电时，设备金属外壳和金属支架等应作保护接地，接地线应与电气保护接地干线（PE 线）相连接。

(6) 区域报警系统和集中报警系统中各消防电子设备的接地亦符合上述（1）～（5）条的要求。

第二节 消防灭火设备的电气控制

一、消火栓泵的电气控制

1. 消防水泵的起、停控制方式及其控制电路

(1) 由消防控制中心发出主令控制信号控制消防水泵的起停。设置在火灾现场的探测器将测得的火灾信号送至设置在消防控制中心的火灾报警控制器，然后再由报警控制器发出联动控制信号，起、停消防水泵。

(2) 由消火栓报警按钮控制消防水泵的起停。消火栓箱内设有按钮盒，如前所述，火灾时用消防专用小锤击碎消火栓箱上的玻璃罩，按钮盒中按钮自动弹出，接通消防水泵启动线路。或用手按下设置在消火栓箱旁边的消防按钮，同样可以接通消防水泵启动线路。

(3) 由水流报警启动器控制消防水泵的起停。现代消防系统中，常在高位水箱消防出水管上安装水流报警启动器。火灾时，当高位水箱向管网供水时，水流冲击水流报警启动器，一方面发出火灾报警，同时又快速发出控制信号，启动消防水泵。

以上三种方法实现了消防水泵的远距离自动控制，同时也能实现将消防水泵的起、停状态信号返送至消防控制中心，以便消防人员及时掌握消防水泵的运转情况。

(4) 消防水泵的就地控制。为确保消防水泵的可靠启动，在消火栓灭火系统中，消防水泵的就地控制作为远距离控制的辅助手段是十分必要的。这种控制方法简单易行、安全可靠、直观，尤其是作为现代消防系统远距离高度自动化控制方式的最后保护措施，将显得更加重要。

消防水泵控制电路设计是否合理、安全可靠，操作控制是否灵活方便，关系到室内消火栓灭火系统的灭火能力及灭火效果。现代消防系统中消防水泵的控制电路形式不一，但对其基本要求是一样的。下面就以常用控制电路为例，介绍消防水泵控制电路的构成及控制过程。

消防水泵控制电路如图 5-4 所示。

图 5-4 为二台消防泵互为备用，直接启动控制。放 SA 于左边，则 1 号消防泵工作，2 号消防泵备用。a、b 两点之间接入火警联动接点，火警信号使 a、b 两点接通，经 KT 时间继电器延时，最多不超过 15s，接通中间继电器 KA 并自锁，同时开断 KT。KA 常开接点闭合使 KM1 通电，1 号消防泵投入运行。当其故障时，KM1 的常闭辅助接点使 KT1 时间继电器通电，经短延时 KT1 延时常开接点闭合 KM2，使 2 号消防泵代替 1 号消防泵投入运行。火警解除，a、b 两点断开，KA 失电，停泵。

放 SA 于右边，则 2 号消防泵工作。1 号消防泵备用。放 SA 于中间，则两泵可就地操作和维修。

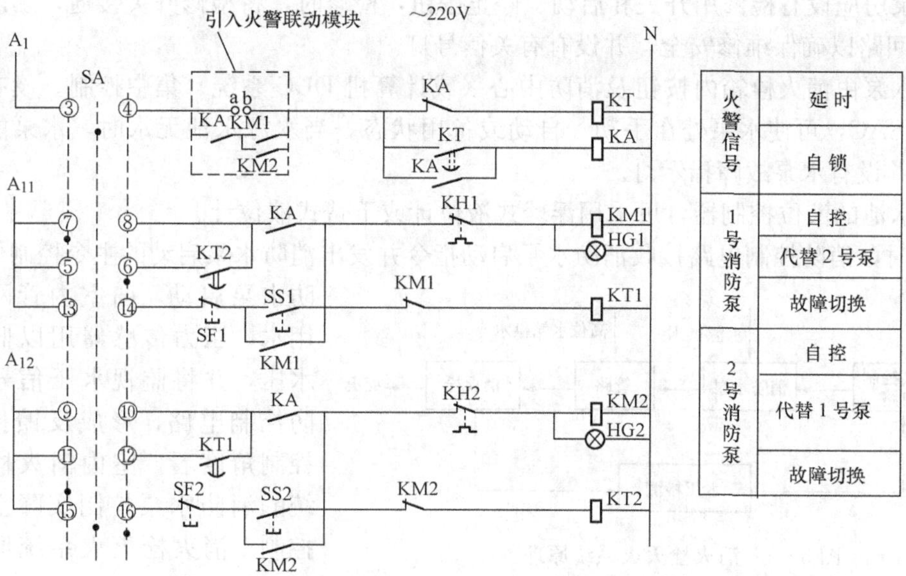

图5-4 二泵互为备用，直接启动的消防水泵控制接线

1号、2号消防泵的接触器常开辅助接点并接后串入KA接点，经火警联动模块送入消防控制中心，凡是由于火警启动的运行信号才能送入消防控制中心，不是火警启动的运行信号不应进入消防控制中心，以防混淆，因此串入KA接点。

2. 消火栓灭火系统的设计要求

（1）消火栓按钮必须设置在消火栓箱旁，有的将消火栓按钮和警铃设计成内藏式。消火栓按钮为红色塑料小方盒，一般隔25m一个。消火栓按钮在发生火灾时可用于启动消火栓水泵，保证消防用水。

（2）消火栓按钮必须是选用打碎玻璃启动的按钮，火灾时，要击碎按钮面板的玻璃，通过其触点（一对常开，一对常闭）动作启动消防水泵，其动作发出的信号是确认火灾发生的信号，这个信号直接置于泵房的控制箱中，启动消防水泵。工程中应保证每一个按钮都能起泵，即各按钮以“或”逻辑条件去启动消防水泵。串并联接法都可以实现“或”逻辑关系。但建议各按钮之间优先采用串联接法，原因是：消火栓按钮有长期不用也不检查的现象，采用串联接法通过中间继电器的失电去发现因按钮接触不好或故障的情况而及时处理。

消火栓系统由“一用一备”两台水泵组成，互为备用，工作泵发生故障备用泵自动投入，也可以手动强投。只有当两台泵都不能工作时，才显示为故障。故障一般是指水泵电机断电、过载及短路。工作状态显示，由启动接触器的辅助触点回馈到消防控制室，对于消火栓泵设置有指示灯的还要回馈给指示灯，表示泵已启动。故障显示，通常由空气开关或热继电器的触点回馈到消防控制室。消防按钮启动后，消火栓泵应自动启动投入运行，同时应在建筑物内部发出声光报警，通告住户。在控制室的信导盘上也应有声光显示，并应能表明火灾地点和消防泵的运行状态。

（3）为防止消防泵误启动使管网水压过高而导致管网爆裂，需加设管网压力监视保护。当水压达到一定压力时，压力继电器动作，使消火栓停止运行。

(4) 泵房应设有检修用开关和启动、停止按钮，检修时，将检修开关接通，切断消火栓泵的控制回路以确保维修安全，并设有有关信号灯。

(5) 水泵由消火栓箱内按钮及消防中心（或计算机 DDC 系统）集中控制。设有工作状选择开关 SAC，可使水泵处在手动、自动或备用状态。当水源水池无水时，水泵能自动停止运转，并设有水泵故障指示灯。

(6) 水池的液位控制器，可采用浮球式液位计或干簧式液位计。

火灾时，消防控制电路接收消防水泵启动指令并发出消防水泵启动的主令控制信号，消防水泵启动，向室内管网供消防用水，压力传感器用以监视管网水压，并将监视水压信号送至消防控制电路，形成反馈控制。从控制角度看，室内消火栓灭火系统的消防水泵控制实际上是闭环控制。消火栓灭火系统原理图如图 5-5 所示。

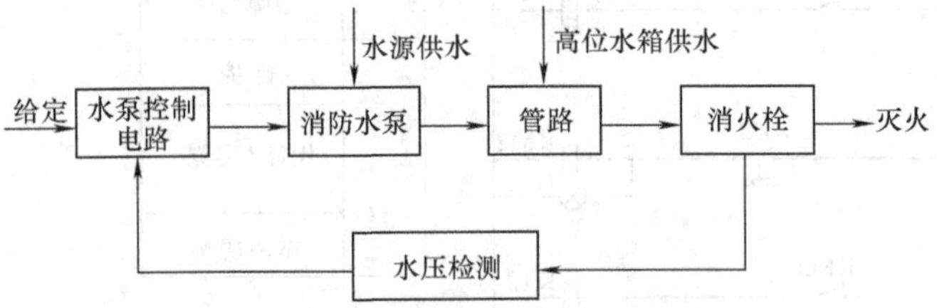

图 5-5　消火栓灭火系统原理图

二、自动喷水灭火系统

湿式自动喷水灭火系统的原理是：当发生火灾时，由于着火现场温度急剧升高，当温度上升到一定值时，使闭式喷头中玻璃球体内的热敏液体受热膨胀而导致玻璃球炸裂，喷头打开，喷出压力水灭火。喷水后管网压力下降，湿式报警阀自动打开，接通管网和水源以供水灭火。管网中设置的水流指示器感应到水流动时，发出电信号。管网中压力开关在管网压力下降到一定值时，也发出电信号，启动喷淋泵，当水压超过某一规定值时，停止喷淋泵。消防控制室同时接到信号。

压力继电器的动作及消防控制室主机在收到水流开关信号后发出的指令均可启动喷淋泵。从喷淋泵控制过程看，它是一个闭环控制过程。平时无火灾时，管网压力水由高位水箱提供，使管网内充满压力水。自动喷水灭火系统控制框图见图 5-6。

图 5-7 为两台互备自投消火栓给水泵全压启动控制电路图。该图为两台水泵互为备用，工作泵故障时备用泵适时自动投入运行。

当发生火灾时，自动喷头喷水，设在水管上的水流开关及压力开关动作。将该接点接入图中 SP 位置，则继电器 3KT 经 3～5s 适时闭合，水泵自动启动，或由消防中心控制水泵起、停。水泵工作方式由开关 SAC 确定。当水池无水时，水泵能自动停止运行，并设有水泵故障指示灯。水泵由两种电源供电，当 1 号电源断电时，2 号电源自动投入。

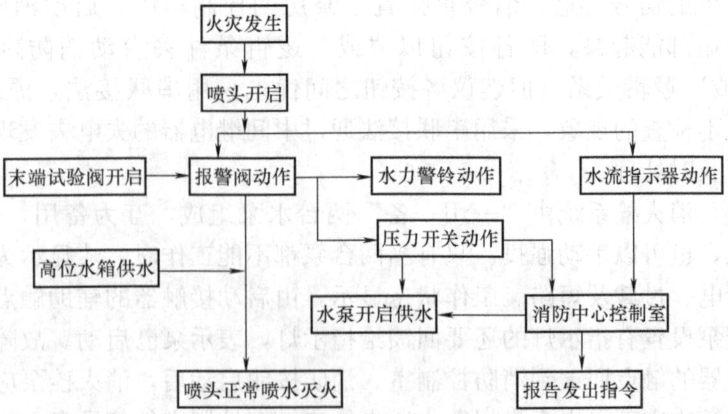

图 5-6　自动喷水灭火系统控制框图

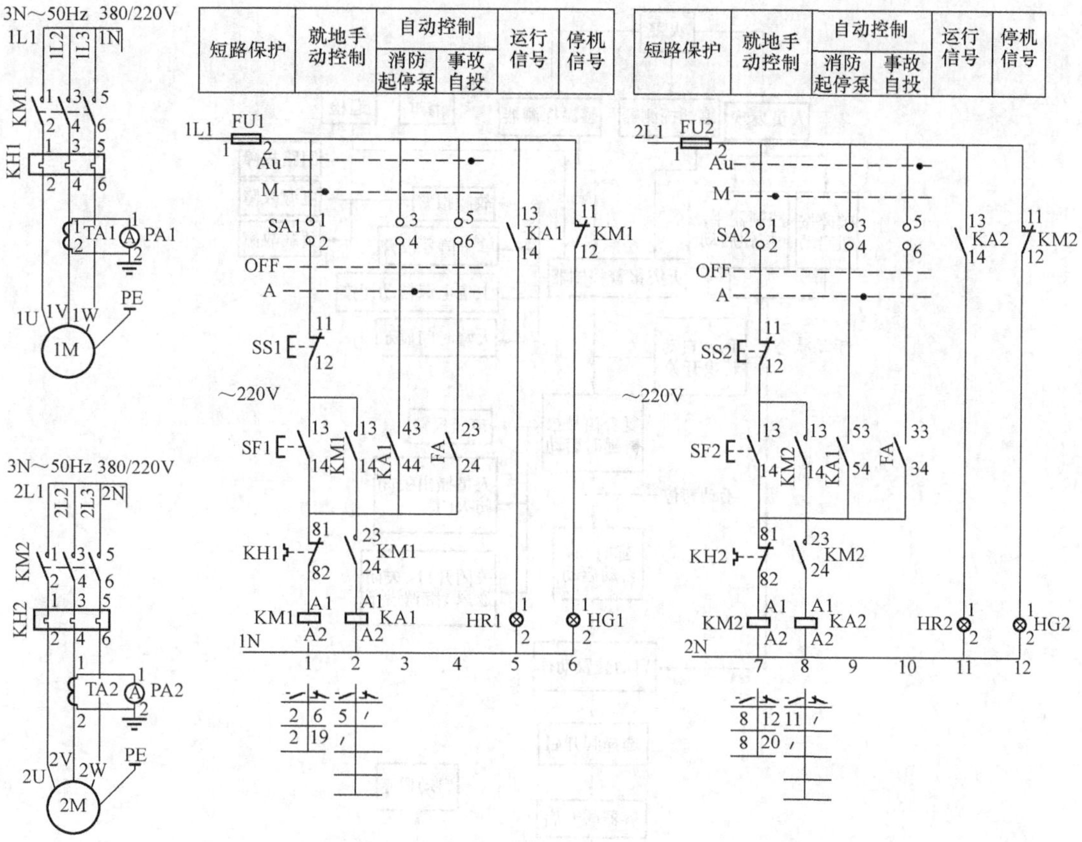

图 5－7　两台互备自投消火栓给水泵全压启动控制电路图

三、二氧化碳自动灭火系统

二氧化碳在常温下无色无臭，是一种不燃烧、不助燃的气体，便于装罐和储存，应用较广。它具有对保护物体不污损、灭火迅速、空间淹没性能好等优点。

当防护区发生火灾时，探测器动作，将火警信号发送到消防中心，发出报警信号，延时30s以后，发出指令启动二氧化碳储存容器。贮存的二氧化碳灭火剂通过管道输送到防护区，经喷嘴释放灭火。在气体释放的同时，管道上的压力继电器动作，通过控制器显示气体放出的信号，同时告知人们切勿入内。此外，设备还具有音响报警功能。如果手动控制，可按下启动按钮，其他同上。

图 5－8 为二氧化碳自动灭火系统工作原理框图。

装有二氧化碳自动灭火系统的场所（如变电所或配电室），一般都在门口加装自动或手动选择开关。当有工作人员进入里面工作时，为了防止意外事故，避免有人在里面工作时喷出二氧化碳，影响健康，必须在入室之前把开关转到手动位置，离开时关门之后复归自动位置。为了避免无关人员乱动选择开关，宜用钥匙形的转换开关。

消防监控设备控制联动装置（如关闭开口、停止机械通风等）动作，在喷射灭火剂之前将保护区的空调系统送风口、通风百叶窗等自动封堵，确认达到良好的灭火效果。

二氧化碳适用于气体火灾、电气火灾、液体或可熔化固体、固体表面火灾及部分固体的深位火灾等。二氧化碳不能扑救的火灾有金属氧化物、活泼金属、含氧化剂的化学品火灾等。

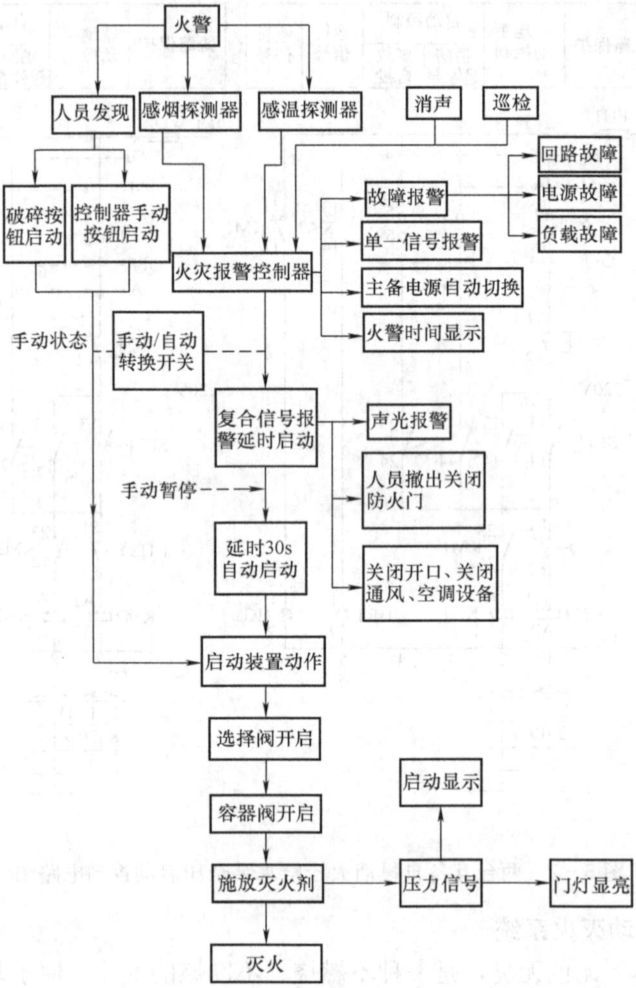

图 5-8 二氧化碳自动灭火系统工作原理框图

二氧化碳自动灭火系统应用场所有易燃可燃液体贮存容器、易燃蒸气的排气口、可燃油油浸电力变压器、高低压配电室、机械设备、实验设备、反应釜、淬火槽、图书档案室、精密仪器室、贵重设备室、电子计算机房、电视机房、广播机房、通信机房等。

第三节 防、排烟设备的电气控制

一、正压风机控制

排烟机、送风机一般由三相异步电动机控制。其电气控制应按防排烟系统的要求进行设计，通常由消防控制中心、排烟口及就地控制组成。高层建筑中的送风机一般装在下技术层或2～3层，排烟机构均装在顶层或上技术层。

正压风机按防火分区的火警信号（见图5-9中的K），当发生火灾时，K闭合，接触器KM线圈通电，直接开启相应分区楼梯间或消防电梯室的正压风机，对各层前室都送风，使前室中的风压为正压，周围的烟雾进不了前室，以保证垂直疏散通道的安全。由于它不是送风设备，高温烟雾不会进入风管，也不会危及风机，所以风机出口不设防火阀。除火警信号联动外，还可以通过联动模块在消防中心直接点动控制；另外设置就地启停控制按钮，以供调试及维修用，这些控制组合在一起，不分自控和手控，以免误放手控位置而使火警失控。火警撤销，则由火警联动模块送出K停机信号，使正压风机停。

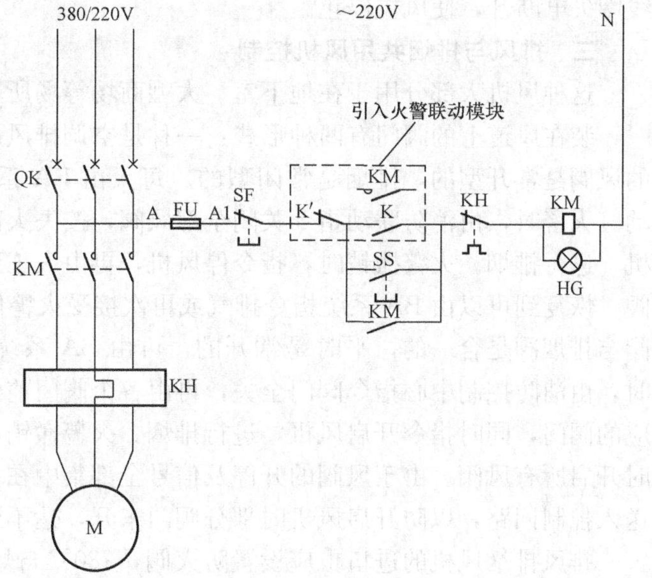

图5-9　正压风机控制

二、排烟风机控制

排烟风机的风管上设排烟阀，这些排烟阀可以伸入几个防火分区。火警时，与排烟阀相对应的火灾探测器探得火灾信号，由消防控制中心确认后，送出开启排烟阀信号至相应排烟阀的火警联动模块，由它开启排烟阀，排烟阀的电源是直流24V。消防控制中心收到排烟阀动作信号，就发指令给装在排烟风机附近的火警联动模块，启动排烟风机，由排烟风机的接触器KM常开辅助接点送出运行信号至排烟机附近的火警联动模块。火警撤销由消防控制中心通过火警联动模块停排烟风机、关闭排烟阀。

排烟风机吸取高温烟雾，当烟温度达到280℃时，按照防火规范应停排烟风机，所以在风机进口处设置防火阀，烟温达到280℃时，防火阀自动关闭，可通过触点开关（串入风机启停回路）直接停风机，但收不到防火阀关闭的信号。也可在防火阀附近设置火警联动模块，将防火阀关闭的信号送到消防控制中心，消防中心收到此信号后，再送出指令至排烟风机火警联动模块停风机，这样消防控制中心不但收到停排烟风机信号，而且也能收到防火阀的动作信号。

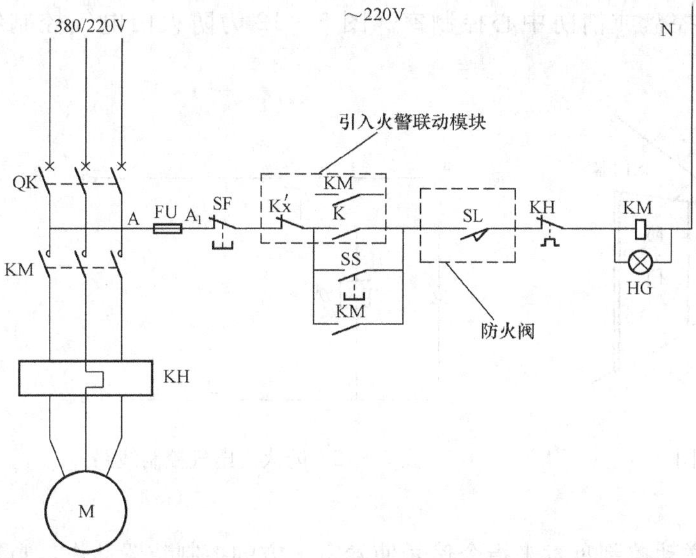

图5-10　排烟风机控制

排烟系统控制原理如图5-10所示。就地控制启停与火警控制启停合在一起，排烟阀直接由火警联动模块控制，每个火警联动模块控制一个排烟阀。发生火警时，消防控制中心收到排烟阀动作信号，即发出指令Kx闭合，使KM线圈通电自锁。火警撤销时，另送出K_x'闭合指令停风机。当烟温达到280℃时，防火阀关闭后，KM

线圈失电断开，使风机停止。

三、排风与排烟共用风机控制

这种风机大部分用于在地下室、大型商场等场所，平时用于排风，火警时用于排烟。

装在风道上的阀门有两种形式：一种是空调排风用的风阀与排烟阀是分开的，平时排风的风阀是常开型的，排烟是常闭型的。每天由BA系统按时启停风机进行排风，但风阀不动。火警时，由消防联动指令关闭全部风阀，按失火部位开启相应的排烟阀，再指令开启风机，进行排烟。火警撤销时，指令停风机，再由人工到现场手动开启排风阀，手动关闭排烟阀，恢复到可以由BA系统指令排气或再次接受火警信号的控制。另一种是空调排风用的风阀与排烟阀是合一的，平时是常开的，可由BA系统按时指令风机开停，作排风用。火警时，由消防控制中心指令阀门全关，再由各个阀门前的感烟探测器送出火警信号后，开启相应的阀门，同时指令开启风机，进行排烟。火警撤销，由消防控制中心发出指令停风机，同时开启所有风阀。由于风阀的开停及信号全部集中在消防控制中心，因此将阀门全开的信号送入控制回路，以防开启风机时部分阀门未开，达不到排风的要求。

排风排烟风机的进口也应设置防火阀，280℃自熔关闭，关闭信号送消防控制中心，再由消防控制中心发出指令停风机。

四、防火门和防火卷帘

1. 防火门

防火门由防火门锁、手动及自动环节组成，如图5-11所示。

防火门按门的固定方式可分为两种：一种是防火门被永久磁铁吸住，平时呈开启状态，当发生火灾时通过自动或手动将其关闭。自动控制时，内探测器或联动控制盘发来指令信号，使DC 24V、0.6A电磁线圈产生的吸力克服永久磁铁的吸着力，从而靠弹簧将门关闭。手动操作是只要把防火门或永久磁铁的吸着板拉开，门即关闭。另一种是防火门被电磁锁的固定销扣住，平时呈开启状态。火灾时由探测器或联动控制盘发出指令信号使电磁锁固定销动作，锁扣被解开，靠弹簧将门关闭，或用手动拉防火门使固定销掉下，门被关闭。防火门关闭后，应有关闭信号反馈到区控盘或消防中心控制室。图5-12为防火门电气控制线路图。

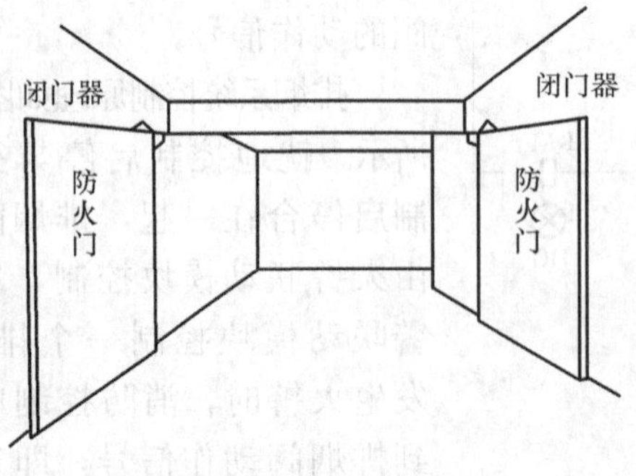

图5-11 防火门示意图

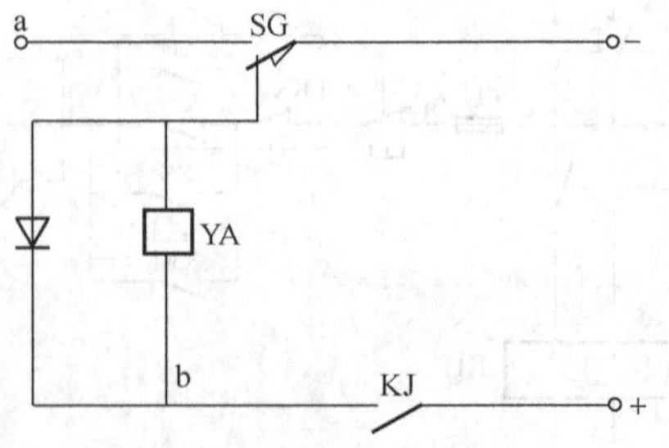

图5-12 防火门电气控制线路

2. 防火卷帘

当发生火灾时，由探测器或联动控制盘发来指令信号使卷帘上方的控制装置动作，自动将卷帘降下至预定位置。

根据 GB 50116—2008《火灾自动报警系统设计规范》规定，对防火卷帘的控制，应符合下列要求：

(1) 疏散通道上的防火卷帘两侧，应设置火灾探测器组及其警报装置，且两侧应设置手动控制按钮；其自动控制要求感烟探测器动作后，卷帘降至距地（楼）面 1.8m；感温探测器动作后，卷帘下降到底。

(2) 用作防火分隔的防火卷帘，火灾探测器动作后，卷帘应下降到底。

(3) 感烟、感温火灾探测器的报警信号及防火卷帘的关闭信号应送到消防控制室。

防火卷帘门控制程序如图 5-13 所示。

防火卷帘门控制电路图如图 5-14 所示。

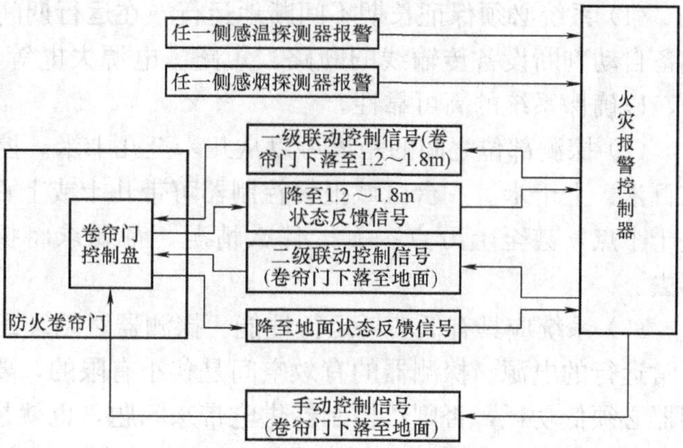

图 5-13　防火卷帘门控制程序

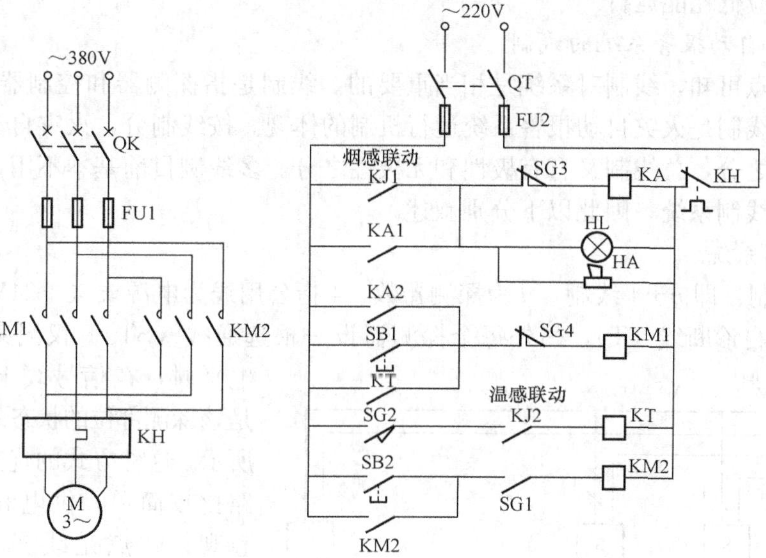

图 5-14　防火卷帘门控制电路

第四节　火灾探测及报警设备的电气控制

一、探测器的线制

在消防业快速发展的今天，探测器的接线形式变化很快，即从多线向少线至总线发展，给施工、调试和维护带来了极大的方便。我国采用的线制有四线、三线、两线制及四总线、二总线制等几种。不同厂家生产的不同型号的探测器线制各异，从探测器到区域报警器的线数也有很大的差别。

（一）火灾自动报警系统的技术特点

火灾自动报警系统包括四部分：火灾探测器、配套设备（中继器、显示器、模块总线隔离器、报警开关等）、报警控制器（又叫报警主机）及导线，这就形成了系统本身的技术特点。

（1）系统必须保证长期不间断地运行，在运行期间不但发生火情能报出着火点，而且应具备自动判断设备传输线的断路、短路、电源失电等情况的能力，并给出有相应的声光报警，以确保系统的高可靠性。

（2）探测部位之间的距离可以从几米至几十米。控制器到探测器部位间可以从几十米到几百米、上千米。一台区域报警控制器可带几十或上百只探测器，有的通报控制器做到了带上千个点，甚至上万点。无论什么情况，都要求将探测点的信号准确无误地传输到控制器去。

（3）系统应具有低功耗运行性能。探测器对系统而言是无源的，它只是从控制器上获取正常运行的电源。探测器的有效空间是狭小有限的，要求设计时电子部分必须是简练的。探测器必须低功耗，否则给控制器供电带来问题，也就是给控制探测点的容量带来限制。主电源失电时，应有备用电源可连续供电 8h，并在火警发生后，声光报警能长达 50min，这就要求控制器亦应低耗能运行。

（二）火灾自动报警系统的线制

由技术特点可知，线制对系统是相当重要的。线制是指探测器和控制器间的导线数量。更确切地说，线制是火灾自动报警系统运行机制的体现。按线制分，火灾自动报警系统有多线制和总线制之分，总线制又有有极性和无极性之分。多线制目前基本不用，但已运行的工程大部分为多线制系统，因此以下分别叙述。

1. 多线制系统

（1）四线制：即 $n+4$ 线制，n 为探测器数，4 指公用线为电源线（+24V）、地线（G）、信号线（S）、自诊断线（T），另外每个探测器设一根选通线（ST）。仅当某选线处于有效电平时，在信号线上传送的信息才是该探测部位的状态信号，如图 5-15 所示。这种方式的优点是探测器的电路比较简单，供电和取电信息相当直观；缺点是线多，配管直径大，穿线复杂，线路故障也多，故已不用。

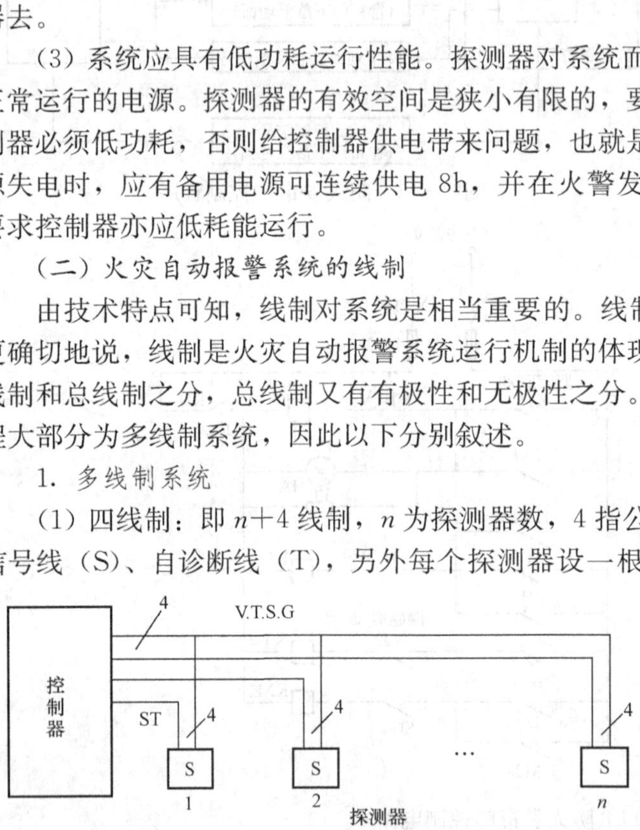

图 5-15 多线制（四线制）接线方式

（2）两线制：也称 $n+1$ 线制，即一条为公用地线，另一条则承担供电，选通信息与自检的功能，这种线制比四线制简化得多，但仍为多线制系统。

探测器采用两线制时，可完成电源供电故障检查、火灾报警、断线报警（包括接触不良、探测器被取走）等功能。

火灾探测器与区域报警器的最少接线是 $n+n/10$，其中 n 为占用部位号的线数，即探测器信号线的数量，$n/10$（小数进位取整数）为正电源线数（采用红线导线），也就是每 10 个部位合用一根正电源线。

另外也可以用另一种算法，即 $n+1$，其中 n 为探测器数目（准确地说是房号数），如探

测器数 $n=50$，则总线为 51 根，前一种计算方法是 $50+50/10=55$ 根，这是已进行了巡检分组的根数，与后一种分组后是一致的。

每个探测器各占一个部位时底座的接线方法如下。

例如有 10 只探测器，占 10 个部位，无论采用哪种计算方法其接线及线数均相同，如图 5－16 所示。

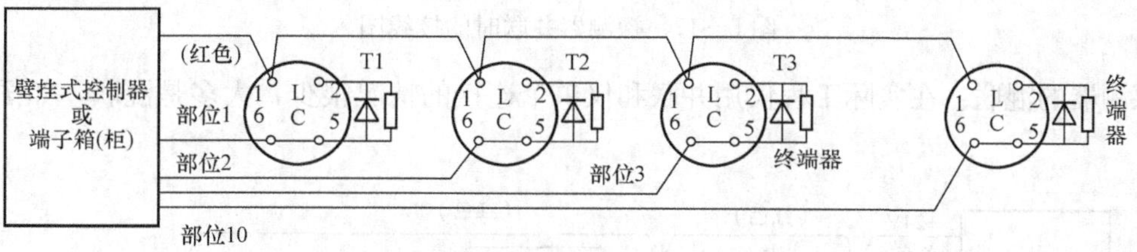

图 5－16　探测器各占一个部位时的接线方法

在施工时注意：为保证区域控制器的自检功能，布线时每根连接底座 L1 的正电源红色导线不能超过 10 部位数的底座（并联底座时作为一个处理）。

每台区域报警器允许引出的正电源线数为 $n/10$（小数进位取整数），n 为区域控制器的部位数。当管道较多时，要特别注意这一情况，以每 10 个部位分成一组，有时某些管道要多放一根电源正线，以便分组。

探测器底座安装好并确定接线无误后，将终端器接上，然后用小塑料袋罩紧，防止损坏和污染，待装上探测器时才除去塑料罩。

终端器为一个半导体硅二极管（2CK 或 2CZ 型）和一个电阻并联，安装时注意二极管负极接＋24V 端于或底座 L2 端，其终端电阻值大小不一，一般取 5～36kΩ 之间。凡是没有接探测器的区域控制器的空位，应在其相应接线端子上接上终端器，如设计时有特殊要求可与厂家联系解决。

同一部位上，为增大保护面积，可以将探测器并联使用，这些并联在一起的探测器仅占用一个部位号，不同部位的探测器不宜并联使用。

如比较大的会议室，使用一个探测器保护面积不够，假如使用 3 个探测器并联才能满足时，则这 3 个探测器中的任何一个发出火灾信号时，区域报警器的相应部位信号灯燃亮，但无法知道哪一个探测器报警，需要现场确认。

某些虽然同一部位但情况特殊时，探测器不应并联使用。如大仓库，由于货物堆放较高，当探测器发生火灾信号后，到现场确认困难。所以从使用方便、准确角度看，应尽量不使用并联探测器为好。不同的报警控制器所允许探测器并联的只数也不一样，如 JB－QB(T)－10～50－101 报警控制器只允许并联 3 只感烟探测器和 7 只感温探测器；JB－QB(T)－10～50－101A 允许并联感烟、感温探测器分别为 10 只。

探测器并联时，其底座配线是串联式配线连接，这样可以保证取走任何一只探测器时，火灾报警控制器均能报出故障。当装上探测器后，L_1 和 L_2 通过探测器连接起来，这时对探测器来说就是并联使用了。

探测器并联时，其底座应依次接线，如图 5－17 所示，不应有分支线路，这样才能保证终端器接在最后一只底座的 L_2～L_5 两端，以保证火灾报警拧制器的自检功能。

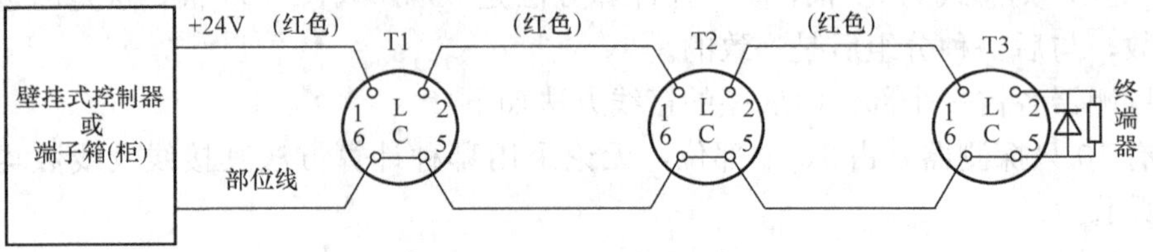

图 5－17 探测器并联时的接线图

探测器的混联：在实际工程仅用并联和仅单个连接的情况很少，大多是混联，如图 5－18 所示。

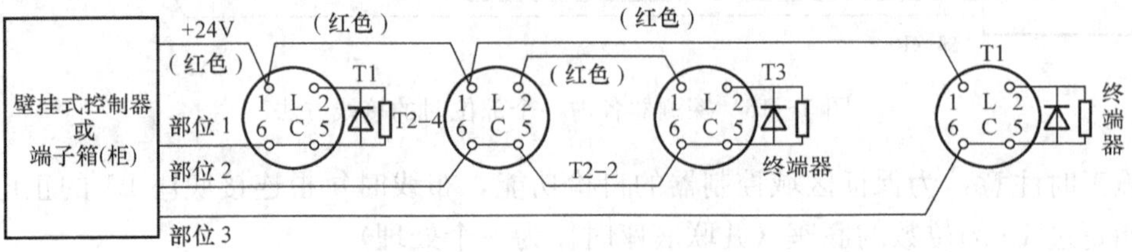

图 5－18 探测器混合连接

2. 总线控制系统

总线控制系统采用地址编码技术，整个系统只用几根总线，建筑物内布线极其简单，给设计、施工及维护带来了极大的方便，因此被广泛采用。

(1) 四总线制。四条总线为：P 线给出探测器的电源、编码、选址信号；T 线给出自检信号以判断探测部位传输线是否有故障；控制器从 S 线上获得探测部位的信息；G 为公共地线。P、T、S、G 均为并联方式连接，S 线上的信号对探测部位而言是分时的，如图 5－19 所示。由图可见，从探测器到区域报警器只用四根全总线，另外一根 V 线为 DC 24V，也以总线形式由区域报警控制器接出来，其他现场设备也可使用（见后述）。这样控制器与区域报警器的布线为 5 线，大大简化了系统，尤其是在大系统中，这种线制的优点尤为突出。

(2) 二总线制。这是一种最简单的接线方法，用线量更少，但技术的复杂性和难度也提高了。二总线中的 G 线为公共地线，P 线则完成供电、选址、自检、获取信息等功能。目前，二总线制应用最多，新型智能火灾报警系统也建立在二总线的运行机制上。二总线系统有树枝型和环型、链接式及混合型几种方式，同时又有有极性和无极性之分。相比之下无极性二总线技术最先进。

① 树枝形接线：图 5－20 为树枝型接线方式，这种方式应用广泛，这种接线如果发生断线，可以报出断线故障点，但断点之后的探测器不能工作。

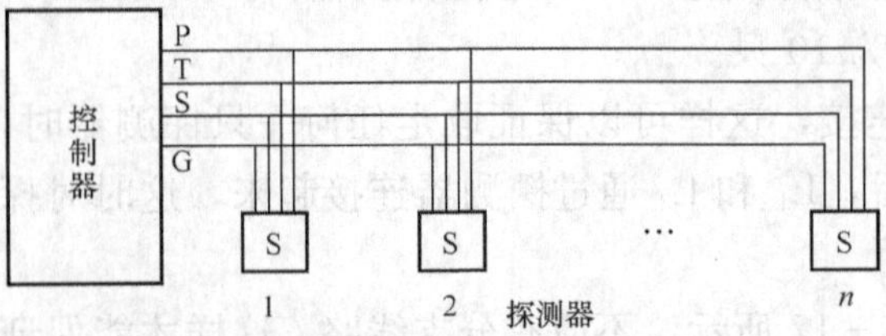

图 5－19 四总线制连接方式

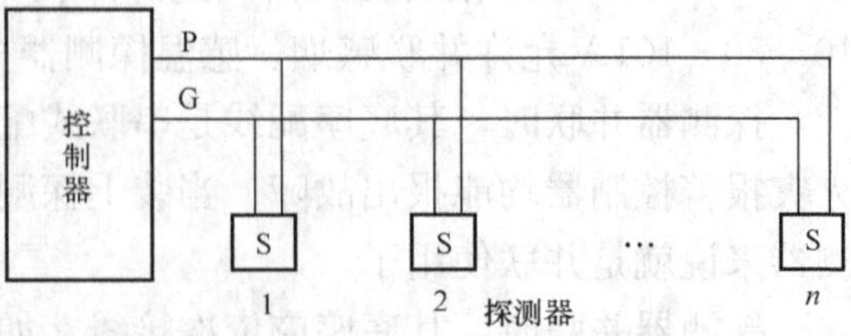

图 5－20 树枝形接线（二总线制）

② 环形接线：图 5-21 为环形接线方式。这种系统要求输出的两根总线再返回控制器另两个输出端子，构成环形。这种接线方式如中间发生断线不影响系统正常工作。

③ 链式接线：这种系统的 P 线对各探测器是串联的，对探测器而言，变成了三根线，而对控制器还是两根线，如图 5-22 所示。

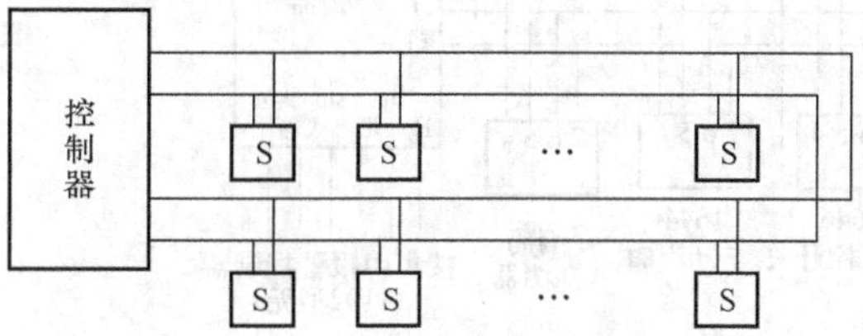

图 5-21 环形接线（二总线制）

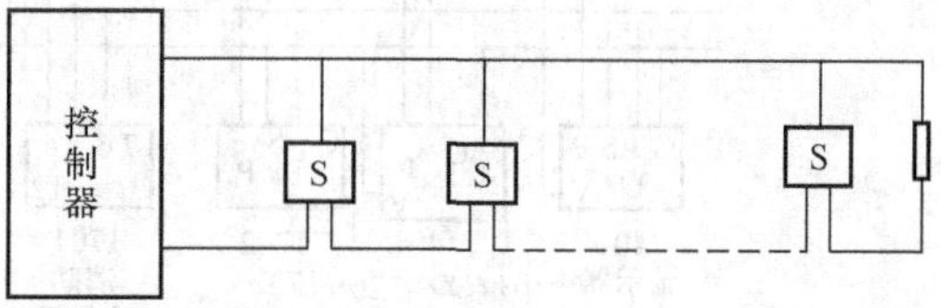

图 5-22 链式接线

在实际工程设计中，应根据情况选用适当的线制。

二、火灾报警控制器的线制

接线形式根据不同产品有不同线制，如三线制、四线制、两线制、全总线制及二总线制等。这里仅介绍传统的两线制、全总线制及现代的二总线制。

1. 两线制

两线制的接线计算方法因不同厂家的产品有所区别，以下介绍的计算方法具有一般性。区域报警器的输入线数等于 $n+1$ 根，n 为本区域报警部位数。

区域报警器的输出线数等于是 $10+n/10+4$，式中：n 为区域报警器所监视的部位数目：10 为部位显示器的个数；$n/10$ 为巡检分组的线数，4 包括：地线 1 根，信号线 1 根，故障线 1 根，总检线 1 根。

集中报警的输入线数为 $10+n/10+S+3$，式中：S 为集中报管器所控制区域报警器的台数；3 为故障线 1 根、总检线 1 根、地线 1 根。

【例 5-1】 某高层建筑的层数为 50 层，每层一台区域报警器，每台区域报警器带 50 个报警点，每个报警点有一只探测器，试计算报警器的线数。

解 区域报警器的输入线数为 $50+1=51$ 根；区域报警器的输出线数为 $10+50/10+4=19$ 根；集中报警器的输入线数为 $10+50/10+50+3=68$ 根。

这种接线大多在小系统中应用，目前已很少使用。

2. 全总线制

这种接线方式在大系统中能显示出其明显的优势，接线非常简单，给设计和施工带来了较大的方便，大大减少了施工工期。

区域报警器输入线为 5 根，即 P、S、T、G 及 V 线，即电源线、信号线、巡检控制线、回路地线及 DC 24V 线。

区域报警器输出线数等于集中报警器接出的 6 条总线，即 P_0，S_0，T_0，G_0，C_0，D_0，其中 C_0 为同步线，D_0 为数据线。所以称之为四全总线（或称总线）是因为该系统中所使用的探测器、手动报警按钮等设备均采用 P、S、T、G 四根出线引至区域报警器上。其布线如图 5-23 所示。

3. 二总线制

因为是无极性二总线安装接线，因此这种接线方式使用更加简便，需要 24V 电源的部

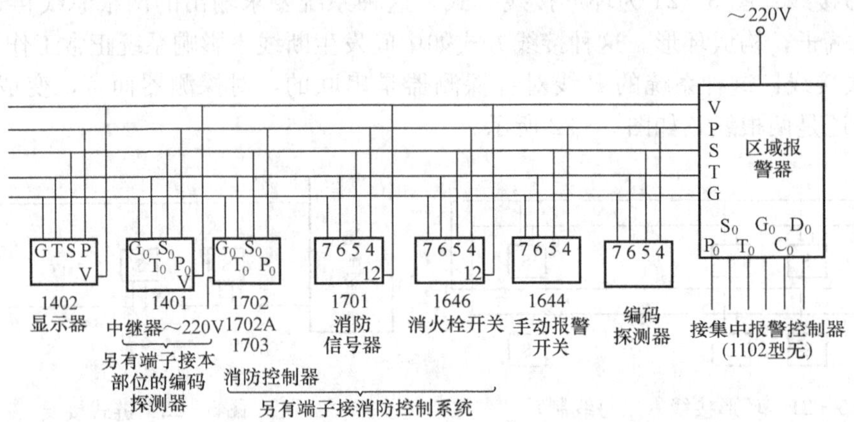

图 5-23 采用四全总线的接线示意

位可引入无极性 24V 电源总线即可。因为整个火灾报警系统中主要以报警设备为主，所以在施工布线中一般只敷设一对电线即可。其布线如图 5-24 示。

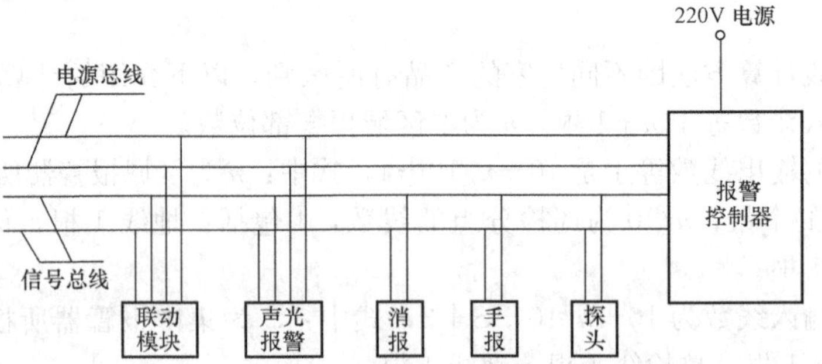

图 5-24 采用二总线布线的接线示意图

第五节 其他设备的电气控制

一、火灾应急广播与报警装置

火灾报警装置（包括警铃、警笛、警灯等）是发生火灾时向人们发出警告的装置，即告诉人们着火了，或者有什么意外事故。火灾应急广播，是火灾时（或意外事故时）指挥现场人员行进疏散的设备。由于两种设备各有所长，在火灾发生初期，两者交替使用效果较好。虽然在设置范围上有些差异，使用起来应该是统一的，为了及时向人们通报火灾，指导人们安全、迅速地疏散，火灾事故广播和警报装置按要求设置是非常必要的。

（一）火灾应急广播的设置范围和技术要求

《火灾自动报警系统设计规范》规定：控制中心报警系统应设置火灾应急广播系统，集中报警系统宜设置火灾应急广播系统。

技术要求：按照《火灾自动报警系统设计规范》的规定，火灾应急广播系统在技术上应符合以下要求。

1. 扬声器设置的要求

在民用建筑里，扬声器在设置在走道和大厅等公共场所，每个扬声器的额定功率不小于3W，其间距应保证从一个防火区的任何部位到最近一个扬声器的步行距离不大于25m，走道末端扬声器距墙不大于12.5m。

在环境噪声大于60dB（A）的工业场所，设置的扬声器在其播放范围内最远点的声压级应高于背景噪声的15dB（A）。

客房独立设置的扬声器，其功率一般不小于1W。

2. 火灾应急广播与其他广播（包括背景音乐等）合用时应符合的要求

火灾时，应能在消防控制室将火灾疏散层的扬声器和公共广播扩音机强制转化为火灾应急广播状态。

消防控制室应能监控用于火灾应急广播时的扩音机的工作状态，并能开启扩音机进行广播。

床头控制柜设有扬声器时，应有强制切换到应急广播的功能。

火灾应急广播设置备用广播，其容量不应小于火灾应急广播扬声器最大容量总和的1.5倍。

3. 火灾报警装置的设置范围和技术要求

《火灾自动报警系统设计规范》规定：设置区域报警系统的建筑，应设置火灾报警装置，设置集中报警系统和控制中心报警系统的建筑，宜装置火灾报警装置。同时还规定：在报警区域内，每个防火区至少安装一个报警装置。其安装位置宜设在各楼层走道靠近楼梯出口处。

为了保证安全，应在火灾确认后，由消防中心按疏散顺序统一向有关区域发出报警，以便有次序地组织人员疏散。在环境噪声大于60dB场所设置火灾报警装置时，其声压级应高于背景15dB。

（二）火灾应急广播控制

当火灾发生时，报警控制器接收到火警信号，并确认是火警后，经延时发出联动控制信号，通过输出模块将指定的若干扬声器切换到火灾应急广播线路上，进行事故广播，如图5-21所示。当若干只扬声器正好是某楼层所有扬声器，那么可将这些扬声器作为一个点来处理，使得设计和布线大大简化。图5-25是火灾应急广播与广播音响系统互用的情况。当只有火灾应急广播系统或两个系统同时独立存在时，只要将图中广播音响系统的线路去掉即可。

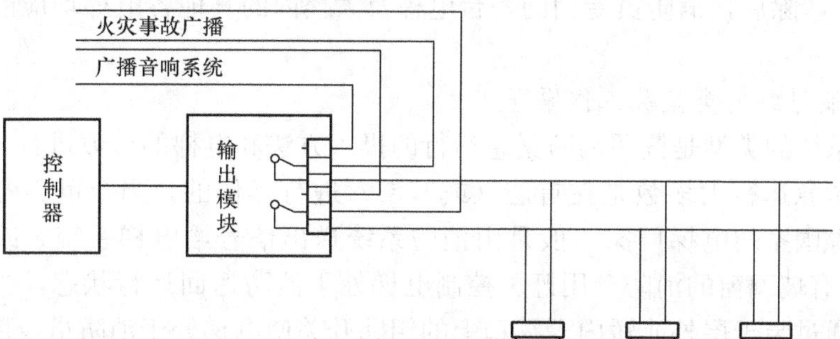

图5-25　火灾应急广播方框图

应急广播控制有自动和手动两种工作方式。自动方式下，控制器可将本层和上下两个相关层的扬声器切换到火灾应急广播线路上。手动方式下，控制器的自动联动指令失效，这时，可单点控制输出模块，使该输出模块所连扬声器切换到火灾应急广播线路上。

二、电梯的消防控制系统

凡是有人员工作、学习、居住、娱乐的所有公共场所，各种建筑楼房、车辆及其他运输设备等均应设置消防灭火装置；尤其对于一幢高层建筑大楼内的电梯必须能适应大楼火灾时有利于消防人员进行灭火抢救工作。为此，我国消防部门规定：一幢高层建筑大楼内无论电梯台数多少，必须要有一台电梯能供消防人员灭火专用，其他台电梯也应有利于火灾时的人员疏散。所以在电梯控制系统中必须考虑在火灾时供消防人员专用控制的情况，即所有各类电梯不论其自动化程度如何，速度多大，适应消防专用控制的要求是一样的。

1. 电梯控制系统中适应消防控制的几个基本要求

(1) 当大楼发生火警时，应使可供消防员专用的电梯（通常称“消防梯”）无论当时处于什么状态均应立即返回首层（基站），为此必须做到：

① 接到火警信号后，消防梯不应答轿内指令信号和厅外的召唤信号。

② 正在上行的电梯紧急停车，但电梯速度≥1m/s时，先强行减速，后停车。

③ 在上述①、②情况下，电梯停车不开门。

④ 正在下行的电梯直达至首层（或基站）大厅，而不应答任何内外召唤指令信号。

⑤ 对其他非消防梯，根据《火灾自动报警系统设计规范》规定，也应在发生火警时，令大楼内的所有非消防员专用电梯立即返回首层（或基站）大厅，开门放客。

(2) 待电梯返回首层（或基站）大厅，而不应答任何内外召唤指令信号。

① 电梯自动处于专用状态，只应答轿内指令信号，仍不应答外召唤信号。且轿内指令信号的登记，只能逐次进行，运行一次后将全部消除轿内指令信号，第二次运行又要再一次按消防人员欲去层楼的指令按钮。

② 在消防紧急运行情况下，电梯的关门是通过按操纵箱上的关门按钮关门，且关门速度约为正常的0.5。如门未全部闭合前，松开关门按钮，电梯立即开门，不再关门。因此电梯门的安全触板、光幕保护等不起作用。而当电梯到达某一层楼停车后，电梯也不自动开门，而需连续按开门按钮后方能开门；一松开开门按钮后电梯不再开门而变成自动关门。

③ 消防紧急运行仍应在至关重要的各类保护起作用，且有效的情况下进行。

(3) 当火警解除后，消防员专用的一台电梯及大楼内的其他各电梯均应能很快地转入正常运行。

2. 消防控制系统的类型及工作原理

消防控制系统的类型是按照消防紧急运行的投入方法和电梯的台数进行分类的。过去国内消防电梯的紧急运行大多数是在首层（或基层）进行操作的，当今世界各先进的工业国家，例如欧美等国家的电梯厂家一般是由消防系统送出信号给电梯系统，或是操作于首层（或基站）的带有玻璃窗的消防专用开关控制电梯处于消防返回运行状态，当返回首层（或基站）后，再通过装于层外或轿内操纵箱上的钥匙开关使电梯处于消防员专用控制的消防紧急运行状态。而按消防专用电梯台数的多少可分为单台梯或两台以上多台梯，类型有BR1、BR2、BR3和BR4。

（1）BR1 消防控制类型的工作原理。

这种控制类型是在电梯的首层（或基站）设置有供消防火警时用的带有玻璃窗的专用消防开关箱。在火警时，敲碎玻璃窗，搬动箱内开关，即可使处于下列运行状态的电梯立即返回首层（或基站）。

① 正在向上运行的电梯立即停车（对于电梯速度小于等于 1m/s 的电梯），或立即制动减速就近停车（对于电梯速度大于 1m/s 的电梯），同时切除轿内原先登记的轿内指令信号和厅外召唤信号（厅外召唤信号的切除一直保持到消防运行控制状态的结束）。另一方面在电梯停车后，电梯绝不能开门，以免引起层楼厅外乘客的涌入和轿厢乘客的慌忙逃离。这样电梯朝向下方向运行且直接驶向首层（或基站），到达首层停车后，电梯开门放客，以后电梯门开着停在首层（或基站），不再投入使用。

② 向在向下运行的电梯，接受消防控制命令再不停车，也不开门，直接驶向首层（或基站），因为在使电梯进入消防控制时与①中所述一样，也同时切除了所有轿内指令信号和厅外召唤信号。当电梯到达首层后开门放客。开着门停在首层，不再投入使用。

③ 若电梯正停于某层或关着门等待或开着门正在进客，则不论电梯是准备向上运行或是向下运行，此时接到消防控制命令后立即向下直接驶向首层（或基站）后开门放客。

④ 如若电梯刚离开首层（或基站）而尚未离开首层（或基站）区段时，则电梯停车，不开门，并以慢速向下运行至首层楼平面处，开门放客，电梯不再投入使用。

（2）BR2 消防控制类型的工作原理。

这种控制类型是在电梯的底层（或基站）除了设置有供消防火警时用的带有玻璃窗的专用消防开关箱外，还有供电梯返回底层（基站）后，有可供消防员操作的专用钥匙开关，只要接通该钥匙开关就可使已返回底层（基站）的电梯供消防员使用。在使用过程中，需连续按关门按钮，直至把电梯门关好。同时在运行过程中，只能逐层运行，如同连续登记几个指令信号，电梯在运行到最近的一个层楼后即把全部已登记好的信号消除，下一次再运行，必须重新再登记指令信号。

其运行及情况与前述的 BR1 类型一样。BR1 和 BR2 两种类型一般常用于单台电梯中。

（3）BR3 消防控制类型的工作原理。

这种类型与 BR2 制类型相同，所不同的是在电梯返回底层（或基站）后，供消防员控制操作的专用钥匙开关设置位置不同，BR2 专用钥匙开关设置在底层（或基站）厅外召唤按钮箱中，而 BR3 的专用钥匙开关设置在电梯轿厢内的操纵箱上。在电梯按消防命令返回底层（基站）开门放客后，消防人员进入轿厢内用专用钥匙操作操纵箱下部刻有“消防（Firman’s）”字样的钥匙开关即可使电梯进入消防紧急运行状态，消防人员可以令电梯至某一层救人和灭火。电梯的运行全过程与 BR1、BR2 完全一样。

（4）BR4 消防控制类型的工作原理。

这样控制类型与 BR3 的控制类型相同。所不同的是电梯返回底层（或基站）后，可供消防员控制操作的专用钥匙开关不是设在轿内操纵箱内，而是设置在底层（或基站）厅外多个召唤按钮箱中的某一个按钮箱上。BR4 和 BR3 两种消防控制类型一般均应用于多台电梯群管理控制（或是并联控制）的情况下；而 BR3 是令一组电梯中的若干台电梯投入消防紧急运行状态。而 BR4 是使一组电梯中的所有电梯均投入消防紧急运行状态。BR4 型的消防返回及其紧急运行状态与 BR1、BR2 型完全一样。

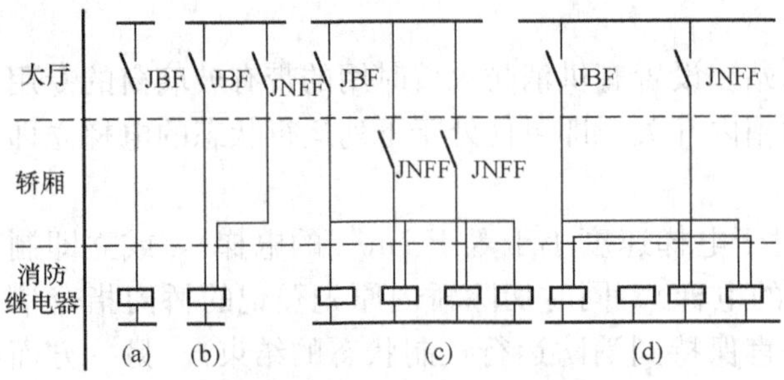

图 5-26 某电梯的各种消防控制类型及其消防开关、消防紧急运行开关接线示意图

现将 BR1～BR4 各种类型的消防开关（JBF）和消防紧急运行的钥匙开关（JNFF）设置示于图 5-26 中。

三、应急照明系统

1. 应急照明系统简介

应急照明也称事故照明，其作用是当正常照明因故熄灭的时候，供人员继续工作、保障安全或疏散用的照明。火灾应急照明包括：

（1）正常照明失效时，为继续工作（或暂时继续工作）而设的备用照明；

（2）为了使人员处于火灾情况下，能从室内安全撤离至室外（或某一安全地区）而设置的疏散照明；

（3）正常照明突然中断时，为确保处于潜在危险的人员安全而设置的安全照明。

火灾应急照明包括火灾事故工作照明及火灾事故疏散指示照明，而疏散指示标志包括通道疏散指示灯及出入口标志灯。

2. 火灾应急照明应设置场所

（1）按《火灾自动报警系统设计规范》下列部位应设置火灾事故备用照明：

① 疏散楼梯（包括防烟楼梯间前室）、消防电梯及其前室；

② 消防控制室、自备电源室（包括发电机房、UPS 室和蓄电池室等）、配电室、消防水泵房、防烟排烟机房等；

③ 观众厅、宴会厅、多功能厅及建筑面积超过 $1500m^2$ 的展览厅、营业厅等；

④ 每层人员密集的公共活动场所和疏散走道以及病房楼、旅馆、居住建筑内的长度超过 20m 的内走道等；

⑤ 建筑面积超过 $200m^2$ 的演播室、人员密集建筑面积超过 $300m^2$ 的地下室等；

⑥ 通信机房、大中型电子计算机房、BAS 中央控制室以及发生火灾时需坚持工作的其他房间。

（2）建筑物（二类建筑的住宅除外）的疏散走道和公共出口处，应设疏散照明。

（3）凡是在火灾时因正常电源突然中断将导致人员伤亡的潜在危险场所（如医院手术室、急救室等），应设安全照明。

3. 应急照明的表达方式

事故照明灯的工作方式可分为专用和混用两种：前者平时不点燃，事故时强行启点；后与正常工作照明一样，平时即点燃作为工作照明的一部分。

4. 应急照明为专用照明的控制电路

这种控制电路，平时光源不点燃，接触器触头 KM1、KM2 都是断开的，应急照明光源 LD1～LD3 均熄灭，如图 5-27 所示。在事故状态下，正常照明的电源被切断，KM1 自动闭合（KM2 仍断开），工作电源 L1 将应急光源 LD1～LD3 强行点燃；一旦工作电源 L1 因故断电时，KM1 自动断开，同时 KM2 自动闭合，改由备用电源 L2 向应急光源 LD1～LD3 供电，使其继续发光。图中 KM1 和 KM2 是两个接触器的动合触头，二者有可靠的联锁，即当 KM1 闭合时，KM2 在任何情况下都不能闭合；反之亦然。该电路从切换箱出来仅用两根导线。

5. 应急照明为混用照明的控制电路

一种是仅在电源切换箱内有开关控制，导线从开关出来后直接接到应急光源上（不再通过开关）。其控制电路和线路敷设形式与专用的情况相同，不同的是 LD1～LD3 平时点燃，因此要求 KM1 平时也是闭合的（KM2 断开）。由工作电源 L1 供电。事故时，KM1 仍然闭合（KM 2 断）。L1 继续向 LD1～LD3 供电；一旦 L1 因故断电时，则 KM1 自动断开切断电源 L1，与此同时 KM2 自动闭合，改由备用电源 L2 向光源 LD1～LD3 供电。

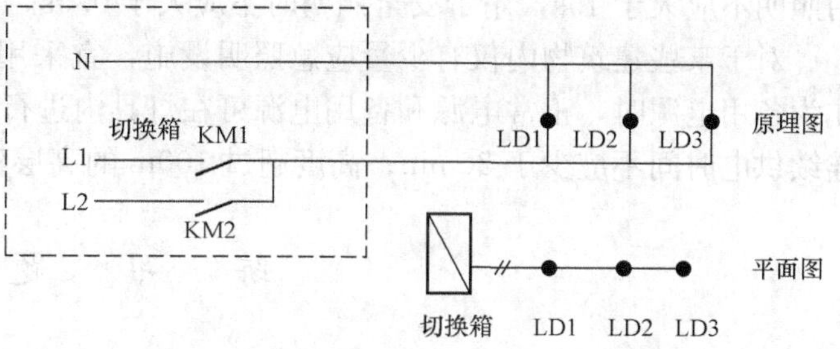

图 5-27　应急照明为专用照明的控制电路

另一种是不仅在切换箱内有开关控制，而从切换箱出来的导线仍需通过开关控制再接到应急光源上。

6. 疏散用火灾应急照明

(1) 疏散用的火灾应急照明，其地面最低照度不应低于 0.5lx。消防控制室、消防水泵房、防烟排烟机房、配电室和自备发电机房、电话总机房以及发生火灾时仍需坚持工作的其他房间的应急照明，应保证正常照明的照度。

(2) 除二类居住建筑外，高层建筑的疏散走道和安全出门处应设灯光疏散指示标志。

(3) 疏散应急照明灯宜设齐墙上或顶棚上。安全出口标志宜设在出口的顶部；疏散走道的指示标志宜设在疏散走道及其转角处距地面 1.00m 以下的墙面上。走道疏散标志灯的间距不应大于 20m。

(4) 应急照明灯和灯光疏散指示标志，应设玻璃或其他不燃烧材料制作的保护罩。

7. 应急照明光源防火要求

应急照明光源防火要求见表 5　2。

表 5-2　应急照明光源防火要求

名称	保护措施
开关、插座、照明器具	靠近可燃物时应采取隔热、散热等
卤钨等、大于 100W 白炽灯泡的吸顶灯、槽灯、嵌入式灯	引入线应采取瓷管、石棉、玻璃丝等隔热
白炽灯、卤钨灯、荧光高压汞灯、镇流器	不应安装在可燃构件或可燃装修材料上
卤钨灯	不应安装在可燃物品库房

应急照明供电方式：应急照明一般供给一路正常工作电源，一路备用电源。且两电源应在末端配电箱内自动切换，这种配电相称为切换箱。然后以放射式配出到各灯具。配电箱按楼层或防火分区装设，照明支路不应跨越防火分区，每一单项回路容量不宜超过 15A，单项回路连接的灯具出线口数量不宜超过 20 个（最多不超过 25 个）。

应急照明的正常供电电源应由本层（本防火分区）配电盘的专用回路引接。除正常电源外，必须设置备用电源。

正常电源和备用电源其切换时间应视应急照明种类或应用场所确定。一般疏散照明和备用照明不应大于 15s，用于安全照明时不应大于 0.5s。

对于某些建筑物内仅有少量应急照明设施，宜采用灯具内自带蓄电池（全封闭免维护）作为备用电源时，正常电源和备用电源可在灯具内进行切换即可。用蓄电池作备用电源，且连续供电时间不应少于 20min；高度超过 100m 的高层建筑连续供电时间不应少于 30min。

练　习　题

1. 对消防供电有哪些要求？一、二类消防供电系统有何区别？
2. 消防系统布线有哪些要求？
3. 简述室内消火栓灭火系统的灭火过程，并说明该系统中有哪些自动控制。
4. 简述湿式自动喷水灭火系统的控制过程。
5. 简述二氧化碳自动灭火系统的工作过程。
6. 简述正压风机控制过程和排烟风机控制过程，二者有何不同？
7. 在消防设计中，防火卷帘的电气设计有哪些内容？
8. 火灾探测器有哪些接线方式？各有什么特点？
9. 火灾事故广播的设置场所及有关要求有哪些？
10. 电梯控制系统中适应消防控制有哪些要求？
11. 消防控制系统的类型有哪些？各个类型的工作原理是什么？

第六章　智能化消防联动控制系统

第一节　智能化消防联动控制系统概述

随着现代化、智能化建筑的发展，建筑规模越来越大，层次越来越高，建筑的标准也越来越高，新建的各类大楼都具备人员密集、设备先进、功能多、装饰豪华等特点，火灾的危害性也越来越大。

建筑火灾给人类造成的损失是巨大的。火灾往往发生在人群稠密和物资集中的地方，扩展的速度较快，而这些地区的消防通道又常常拥堵，消防车难以进入，消防灭火工作难以展开，往往小的火灾却酿成大的灾祸。

联动控制器与火灾报警控制器配合，通过数据通信，接收并处理来自火灾报警器的报警点数据，然后对其配套执行器件发出控制信号，实现了对各类消防设备的控制，因此，在现代高层内部均要求设置火灾自动报警及联动控制系统。可以说联动控制器及其配套执行器件相当于整个火灾自动报警器系统的基本功能执行者，因此消防联动控制系统的设计、施工质量的合格与否直接影响整个消防工程系统灭火的成败。正由于消防控制联动控制系统在整个灭火过程中的重要作用，它越来越被广大安全工作者所关注。

一、智能消防联动控制系统的定义

智能消防联动控制系统是具有自动捕捉火灾探测区域内火灾发生时的烟雾或热气，从而能发出声光报警并控制自动灭火系统，同时联动其他设备的输出触点，控制事故照明及疏散指挥、事故广播及通信、消防给水和防排烟设施，以实现监测、报警和灭火的自动化的系统。比如，当它接收到某区域探测器发送来的火灾信号后，经过判断确认后，自动停掉空调器的送风机，关闭除消防电源以外的电源，关闭防火门，电梯迫降基站，打开排烟阀，启动消防水泵和灭火设施。

二、智能消防联动控制的对象与方式

1. 消防联动控制的对象

消防联动控制的对象有：灭火设施，防排烟设施，防火卷帘、防火门、水幕，电梯，非消防电源的断电控制等。

2. 消防联动控制的控制方式

根据工程规模、管理体制、功能要求，消防联动控制一般可采取的控制方式有以下两种。

(1) 集中控制。指消防联动控制系统中的所有控制对象，都是通过消防控制室进行集中控制和统一管理的。此控制方式特别适用于采用计算机控制的楼宇自动化管理系统。

(2) 分散与集中控制相结合。指在消防联动控制系统中，对控制对象多且控制位置分散的情况下采取的控制方式。该方式主要是对建筑物中的消防水泵、送排风机、排烟防烟风机，部分防火卷帘和自动灭火控制装置等进行集中控制、统一管理。对大量而又分散的控制对象，一般是采用现场分散控制，控制反馈信号传送到消防控制室集中显示并统一进行管理。如果条件允许，亦可考虑集中设置手动应急控制装置。

三、智能化消防联动控制系统的功能要求

智能化消防联动控制系统功能示意图如图 6－1 所示。

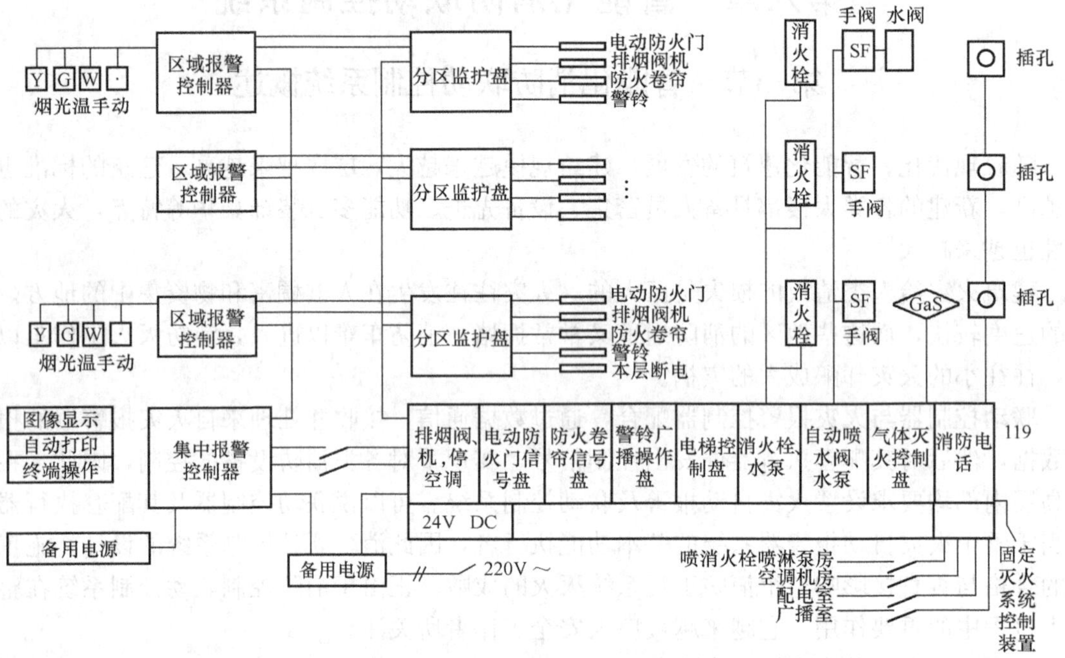

图 6－1 消防联动控制系统功能示意图

1. 消防控制室的控制设备的控制及显示功能

(1) 控制消防设备的起、停，并应显示其工作状态。

(2) 消防水泵、防烟排烟风机的起、停，除自动控制外，还应能手动直接控制。

(3) 显示火灾报警、故障部位。

(4) 显示保护对象的重点部位、疏散通道及消防设备所在位置的平面团或模拟图等。

(5) 显示系统供电电源的工作状态。

(6) 消防控制室应设置火灾警报装置与应急广播的控制装置，其控制程序应符合下列要求：

① 二层及二层以上的楼房发生火灾，应先接通着火层及其相邻的上下层；

② 首层发生火灾，应先接通本层、二层及地下各层；

③ 地下室发生火灾，应先接通地下各层及首层；

④ 含多个防火分区的单层建筑发生火灾，应先接通着火的防火分区及其相邻的防火分区。

(7) 消防控制室的消防通信设备主要是指消防专用电话，应符合消防专用电话的有关规定。

(8) 消防控制室在确认火灾后应能切断有关部位的非消防电源，并接通警报装置及火灾应急照明灯和标志灯。

(9) 消防控制室在确认火灾后应能控制电梯全部停于首层，并接收其反馈信号。

2. 消防控制设备对室内消火栓系统的控制、显示功能

(1) 控制消防水泵的起、停。

（2）显示消防水泵的工作、故障状态。

（3）显示起泵按钮的位置。

3. 消防控制设备对自动喷水和水喷雾灭火系统的控制、显示功能

（1）控制系统的起、停。

（2）显示消防水泵的工作、故障状态。

（3）显示水流指示器、报警阀、安全信号阀的工作状态。

4. 消防控制设备对管网气体灭火系统的控制、显示功能

（1）显示系统的手动、自动工作状态。

（2）在报警、喷射各阶段，控制室应有相应的声、光警报信号，并能手动切除声响信号。

（3）在延时阶段，应自动关闭防火门、窗，停止通风空调系统，关闭有关部位防火阀。

（4）显示气体灭火系统防护区的报警、喷放及防火门（帘）、通风空调等设备的状态。

5. 消防控制设备对泡沫灭火系统的控制、显示功能

（1）控制泡沫泵及消防水泵的起、停。

（2）显示系统的工作状态。

6. 消防控制设备对干粉灭火系统的控制、显示功能

（1）控制系统的起、停。

（2）显示系统的工作状态。

7. 消防控制设备对常开防火门的控制功能

消防控制设备对常开防火门的控制应符合下列要求：

（1）门任一侧的火灾探测器报警后，防火门应自动关闭；

（2）防火门关闭信号应送到消防控制室。

8. 消防控制设备对防火卷帘的控制功能

消防控制设备对防火卷帘的控制应符合下列要求：

（1）疏散通道上的防火卷帘两侧应设置火灾探测器组及其报警装置，且两侧应设置手动控制按钮。

（2）疏散通道上的防火卷帘应按下列程序自动控制下降：

① 感烟探测器动作后，卷帘下降距地（楼）面 1.8m。

② 感温探测器动作后，卷帘下降到底。

（3）在火灾探测器动作后，用作防火分隔的防火卷帘应下降到底。

（4）感烟、感温火灾探测器的报警信号及防火卷帘的关闭信号应送至消防控制室。

9. 消防控制设备对防烟、排烟设施的控制、显示功能

火灾报警后，消防控制设备对防烟、排烟设施应有下列控制、显示功能：

（1）停止有关部位的空调送风，关闭电动防火阀，并接收其反馈信号；

（2）启动有关部位的防烟、排烟风机、排烟阀等，并接收其反馈信号；

（3）控制挡烟垂壁等防烟设施。

四、报警系统与消防联动系统的关系

一套完整的控制中心报警系统应有三部分组成：火灾探测、报警控制和联动控制，从而实现从火灾探测、报警至控制现场消防设备，实现防火、灭火和组织人员火灾避难等完整的系统控制功能。

联动控制器与火灾报警控制器配合，通过数据通信，接收并处理来自火灾报警器的报警点数据，然后对其配套执行器件发出控制信号，实现了对各类消防设备的控制，在实际工程中，报警系统与消防联动系统的配合有以下几种形式。

(1) 区域—集中报警、横向联动控制系统。此系统每层有一个复合区域报警控制器，具有火灾自动报警功能，能接收一些设备的报警信号，如手动报警按钮、水流指示器、防火阀等，联动控制一些消防设备，如防火门、卷帘门、排烟阀等，并向集中报警器发送报警信号及联动设备动作的回授信号。此系统主要适用于高级宾馆建筑，每层或每区有服务人员值班，全楼有一个消防控制中心，有专门消防人员值班。

(2) 区域—集中报警、纵向联动控制系统。此系统主要适用于高层“火柴盒”式宾馆建筑。这类建筑物标准层多，报警区域划分比较规则，每层有服务人员值班，整个建筑物设置一个消防控制中心。

(3) 大区域报警、纵向联动控制系统。此系统主要适用于没有标准层的办公大楼，如情报中心、图书馆、档案馆等。这类建筑物的每层没有服务人员值班，不宜设区域报警器，而在消防中心设置大区域报警器，有专门消防人员值班。

(4) 区域—集中报警、分散控制系统。此系统在联动设备的现场安装有“控制盒”，以实现设备的就地控制，而设备动作的回授信号送到消防中心。消防中心的值班人员也可以手动操作联动设备。此系统主要适用于中、小型高层建筑及房间面积大的场所。

第二节　智能化消防联动控制系统组成及主要系统

一、智能化消防联动控制系统的组成

智能化消防控制系统主要由灭火系统、辅助灭火系统、防灾系统和通信广播系统组成。辅助灭火系统主要包括防火卷帘门、自动防火门、防排烟系统、空调系统、电源控制、自备发电机等组成。

实际使用时，根据工程的需要，确定部分选用或全部选用。

1. 消防泵控制系统

在每个消火栓箱内均没有起泵按钮，当任一按钮被敲击后，有信号返回消防中心，确认后自动启动消火栓泵，也可手动远程控制，并显示消防泵的工作状态等信号。

2. 消防喷淋灭火控制系统

当水流报警器及压力开关信号动作后，有信号返回消防中心，由控制机给出逻辑编程信号，通过联动控制柜发出起泵控制指令。

3. 防排烟控制系统

(1) 排烟系统：当楼层火灾报警后，自动开启该楼层、该区排烟阀，启动相应的排烟风机，有信号返回消防中心，也可通过联动台直接手动控制。

(2) 加压送风系统：当楼层火灾报警后，自动开启该楼层、该区正压送风阀，启动相应

的正压送风机，有信号返回消防中心，也可通过联动台直接手动控制。

4. 防火卷帘控制系统

防火卷帘门两侧设有感烟、感温式探测器，当感烟式探测器报警时，卷帘门下降至距地面1.8m处停止，当感温式探测器报警时联动卷帘门下降到底，其动作信号返回消防中心，也可通道联动台直接手动控制。

5. 电梯迫降控制系统

火灾确认后，消防控制室内的主控机通过现场控制模块控制全部电梯迫降至首层，如果首层火灾，则控制电梯到其他指定的楼层。

6. 非消防电源强切及紧急启动控制系统

当火警确认后，主控制机发出指令通过现场控制模块切断非消防电源（相关层动力、照明、空调机、新风机、通风机），同时应急照明强行点燃。

7. 消防通信

在消防中心设有消防专用电话总机；在消防水泵房、变电室、发电机房、冷水机房、排烟机房、空调机房、电梯机房等场所设有固定式消防通信分机；在各层设有消防电话插孔；在消防中心安装城市119火警专用电话。

8. 火灾事故广播

当火灾报警后，由消防控制中心发出指令，接通紧急事故广播控制机，启动火灾层及其上、下相邻层的事故广播。

9. 气体灭火控制系统

具有独特的气体灭火控制系统（包括系统内探测器及其线路），可与火警控制机连接，其动作信号等可在控制机上显示。

10. 中央手动操作控制

在消防控制中心设一手动操作控制台。通过可编程逻辑控制器连入整个中央消防系统。对消防设备进行操作控制和接收其动作信号。

中央控制柜的主要作用是：

(1) 当火警发生并得到确认后，可通过火警控制机控制相应的消防设备，设备动作信号可反馈至中控柜，并有信号指示灯；

(2) 在紧急情况下，也可通过设在消防中心的手动操作控制柜直接启动有关消防设备。

二、智能化消防联动控制系统的主要系统

（一）灭火系统的智能联动控制

1. 消防给水系统的智能联动控制

消防给水系统由消防给水设备（包括给水管网、加压泵及阀门等）和电控部分（包括启泵按钮、消防中心启泵装置及消防控制柜等）组成。当手动消防按钮的报警信号送入系统的消防控制中心后，消防泵控制装置产生手动或自动信号直接控制消防泵，同时接收水位信号器返回的水位信号。

(1) 消防控制设备对消防给水系统应具备的控制、显示功能。

① 控制消防水泵的启、停。

② 显示消防水泵的工作、故障状态。

③ 显示启泵按钮的位置。

(2) 消防给水系统消防泵的智能联动系统。

消防泵的联动控制一般具有分散（现场）控制、集中（消防中心）管理的功能，只要建筑物内任意一个区域出现火灾，驱动消防按钮就可以使消防泵启动。消防泵启动流程见图 6-2。当建筑物超过一定高度时，消防给水系统将采用分区给水的方式，每个供水区都设置独立的消火栓给水系统。启动消防泵有消防栓旁边的远距离启泵按钮、控制中心的启泵按钮、水泵房的控制柜启泵按钮。停止消防水泵工作时可以使用控制中心的停泵按钮和水泵房的控制柜停泵按钮。消防泵一般分为工作泵和备用泵，工作泵故障时可以及时启动备用泵，原工作泵报故障，并进行及时修理。

GB 50116—2008《火灾自动报警系统设计规范》及 JGJ 16—2008《民用建筑电气设计规范》都规定消防控制室内应有"控制消防水泵的起、停"功能，即在消防控制室装设消防水泵的手动起、停按钮。当带有地址编码的消火栓按钮破碎后，消防控制室可显示出消火栓按钮的报警部位，值班人员确认后，利用手动控制按钮启动消防水泵。

(3) 消防栓灭火系统中途接力泵的联动控制。

在智能化建筑或高层建筑，尤其是超高层建筑中，为了弥补室内消火栓灭火系统消防水泵扬程有限的不足，或为了达到降低消防水泵单台容量以减少自备应急柴油发电机组的额定容量，常在消防给水灭火系统中设置中途接力泵，其级数视建筑物高度而定。火灾发生时，消防按钮能够立即启动顶层加压泵并向消防控制中心和就地发出声光报警信号。此时喷出的消防水由上层水箱经顶层加压泵供给，上层消防水箱水位将很快下降，当降低到危险水位时，则由水位信号检测器启动底层消防泵，并经短暂延时后启动中途接力泵。当底层消防泵及中途接力泵投入运行后，顶层加压泵随即停止运转，消防栓系统用水由底层消防泵和中途接力泵直接注入。一般在水泵接合器旁应设有消防按钮，用于打碎玻璃后能够直接启动中途接力泵。

2. 自动喷水灭火系统的联动控制

自动喷水灭火系统是目前世界上采用最广泛的一种固定灭火消防设备，其最大特点是价格比较低廉，灭火效率高。据美国、澳大利亚等发达国家的统计，其灭火成功率都在 96% 以上，有的已达 99%。在一些发达国家如美、英、日、德等国，在它们的消防规范中，几乎所有的建筑都要求安装自动喷水灭火系统，美、日等国已将这种灭火设备发展到家庭住宅中去了。我国自改革开放以来，随着工业民用建筑的飞速发展和消防法规的逐步完善，自动喷水灭火系统在高层建筑、石油化工、宾馆、公寓中得到广泛应用。在自动喷水灭火系统中，湿式系统即充水式闭式自动喷水灭火系统是应用最为广泛的一种。

(1) 自动喷水灭火系统的联动控制原理。

自动喷水灭火系统的联动控制原理：当发生火灾、水喷头的温度元件达到额定温度时，水喷头动作，系统支管的水流动，水流指示器动作，湿式报警阀动作，压力开关动作，这三个部件的动作信号均送到消防控制室；随后，消防水泵启动，启动信号送到消防控制室，且水力警铃报警；当支管末端防水阀或试验阀动作时，也将有相应的动作信号送入消防控制室。这样既保证了火灾时动作无误，又方便平时维修检查。

在正常情况下，手动信号阀是常开的，支管里充水，末端保持规定的最低压 0.5MPa，其工作原理如图 6-2 所示。

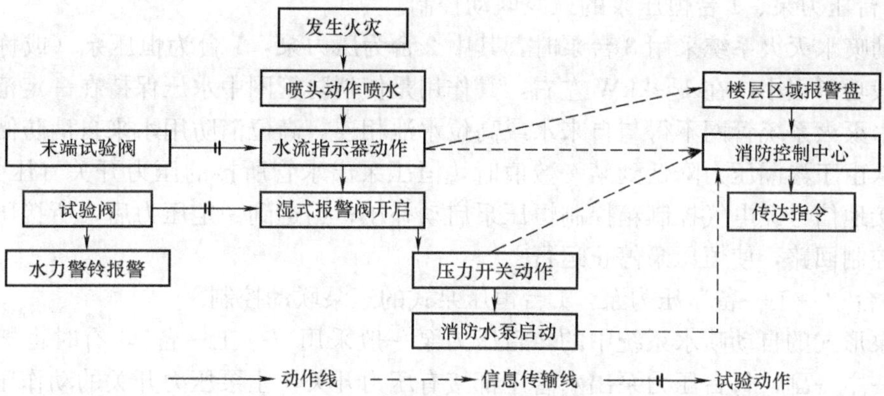

图 6-2　湿式系统工作原理方框图

充水式自动喷水灭火系统中喷淋泵的联动控制原理：水流信号和闸阀关闭动作信号送入系统后，喷淋泵控制器产生手动或自动信号直接控制喷淋泵，并同时接收返回的水位信号，监测喷洒泵工作状态，实现集中联动控制。自控式喷淋泵启动流程见图 6-3。

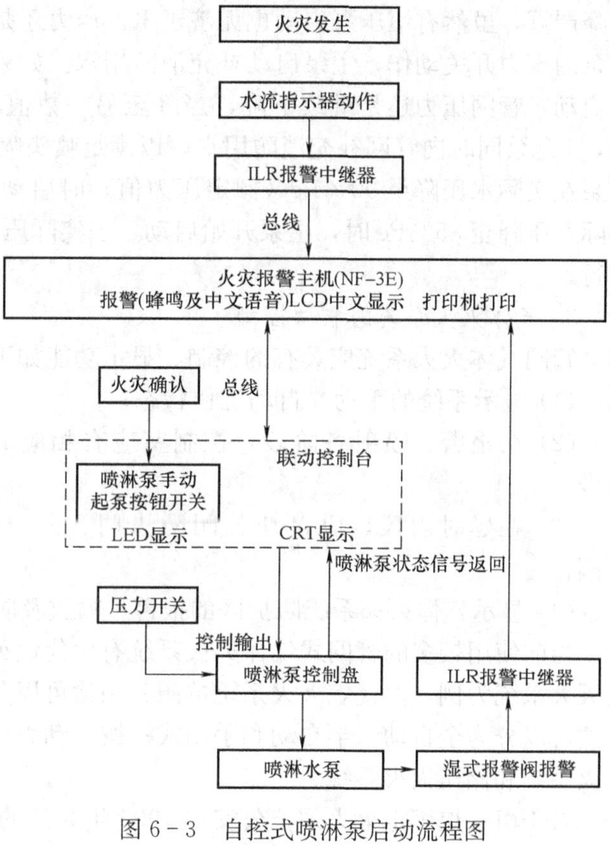

图 6-3　自控式喷淋泵启动流程图

(2) 消防控制设备对自动喷水和水喷雾灭火系统应具有的控制、显示功能。

① 控制系统的启、停。

② 显示消防水泵的工作、故障状态。

③ 显示水流指示器、报警阀、信号阀的工作状态。

④ 如果使用干式喷水灭火系统，消防控制室还应显示系统最高和最低气压；预作用系统还应显示系统的最低气压。如果高层建筑采用高、中、低分区给水系统，则在消防控制室中应该分区实现自动喷水灭火系统的控制、显示功能。

(3)“一工一备”喷淋泵的联动控制。

在智能建筑或高层建筑中，自动喷水灭火系统所有的喷淋泵组一般为 2～3 台泵。当采用 2 台泵时，平时配水管网中的压力水来自高位水池；一旦水喷头喷水，管道内有消防水流动，水流指示器启动消防喷淋泵，向管网补充压力水；平时 1 台工作，1 台备用，当 1 台因故障停转，接触器断开时，备用喷淋泵应立即投入运行。这种“一工一备”喷淋泵组电机主回路及控制回路的电气控制实现方式类似于消防系统中消防泵情况。

（4）2台压力泵、1台恒压泵的三泵联动控制。

当自动喷水灭火系统采用3台泵时，其中2台为压力泵，1台为恒压泵（或称补压泵）。恒压泵一般功率很小，在1～2kW左右，其作用是使消防管网中水压保持在一定范围内，此时自动喷水灭火系统管网不得与自来水或高位水池相连，高位消防用水来自消防储水池。当管网中的水由于渗漏压力降低到某一数值时，恒压泵出水管所接的压力开关（压力继电器）动作，其接地信号经电气控制箱控制恒压泵启动补压；当达到一定压力后，所接压力开关断开恒压泵控制回路，使恒压泵停止运行。

（5）2台“一工一备”压力泵，1台恒压泵式的三泵联动控制。

在三泵形式的自动喷水系统中的2台压力泵一般采用“一工一备”，有时也把2台压力泵处理成一主一副，每台压力泵出水管中都接有压力开关，主泵压力开关的动作压力调整在较高数值，副泵的压力开关调到最低。即压力开关整定压力大小顺序是：恒压泵＞压力泵＞副压力泵。平时管网内水压由恒压泵维持，但火灾发生后，由于水喷头爆裂喷水，管网压力下降严重，虽然有恒压泵启动也无济于事，压力还是迅速下降，当降低到一定数值时，控制主泵的压力开关动作，主泵启动补充消防用水。如果火势大，喷头爆裂多、喷水多，虽然主泵启动，管网压力还是继续下降，当降至另一数值时，控制副泵的压力开关动作，副泵启动，3台泵同时向管网补充消防用水，以满足喷头喷水的需要。在这种运行方式下，一般恒压泵在实际水压降至90%Pe（额定压力值）时启动，当压力达到100%Pe时停止工作。当实际水压降至85%Pe时，主泵开始启动，当实际压力继续降至80%Pe以下时，副泵也投入运行。

3. 气体灭火系统的联动控制

管网气体灭火系统应具有的控制、显示功能如下：

（1）显示系统的手动、自动工作状态；

（2）在报警、喷射各阶段，控制室应有相应的声、光警报信号，并能手动切除声响信号；

（3）在延时阶段，应自动关闭防火门、窗，停止通风空调系统，关闭有关部位防火阀；

（4）显示气体灭火系统防护区的报警、喷放及防火门（帘）、通风空调等设备的状态。

当前使用较多的管网式气体灭火系统有卤代烷灭火系统、二氧化碳灭火系统等。以卤代烷灭火系统为例，卤代烷灭火系统按照其用途可以分为全淹没式和局部应用式；按照其操作方式可以分为全自动、半自动和手动式；按照动力气体和灭火剂储存方式分为高压气体储罐灭火系统和储压灭火系统。

对于卤代烷固定灭火系统公安部1996年8月的通知中对卤代烷固定灭火系统的设计使用问题说得很清楚，在必须使用卤代烷的场所严格按规范设计，不得扩大范围；在需要使用气体灭火的场所，可优先推荐二氧化碳等惰性气体。据了解，我国在2010年以前，不会引进什么新的替代产品的技术。卤代烷1301、1211固定灭火系统在2010年以前应该得到正常的应用，这是国家消防法明确规定的。

对于卤代烷灭火设备，GB 50116—2008《火灾自动报警系统设计规范》已颁布修改稿中，对卤代烷、二氧化碳等网管气体灭火系统的控制、显示功能作了明确规定。按照规范要求和国内实际情况，在大、中型计算机房、通信机房、变配电室等重要设备间，不能用水灭火的场所应按规范规定的范围进行设计卤代烷灭火系统。卤代烷灭火系统一般分为单元独立系统和管网系统。独立系统比较简单，有一个现场控制盘，直接由灭火信号指令打开瓶头阀，放出卤化物至喷嘴灭火。管网灭火系统使用于各灭火区相距很近，甚至相邻的情况。气体钢瓶集中设置。灭火系统由探测器、自动灭火控制装置、灭火喷洒设备、消防联动设备组成。

一般卤代烷管网灭火系统采用火灾自动报警系统对灭火装置进行联动控制，在发出可靠火警信号后，经值班人员观察确认后驱动或自动通过气动、电动或液压装置打开卤代烷灭火设备。气体灭火系统一般采用双报警装置，例如设置感烟和感温报警设备，当两种报警均发生报警时，气体灭火系统才开始启动，当发生火灾时，自动监控装置开始动作，在消防控制室和被保护房间发出声光报警，同时计时钟开始计时。在延时 30s 后，氮气瓶的自动电动减压阀、储气瓶瓶头阀、选择阀到达喷头喷出灭火。如果自动控制系统失灵，可由操作人员使用手动装置打开气体灭火系统。

（二）防火救援系统的自动联动控制

1. 防排烟设备的联动控制

防烟、排烟以防烟楼梯间及其前室为例：在无自然防烟、排烟的条件下走廊作机械排烟；前室要作送、排烟；楼梯间作正压送风。其压力差要符合规范的要求。防烟楼梯间及其前室（包括合用前室）防烟排烟设施的安装示意图见图 6-4。

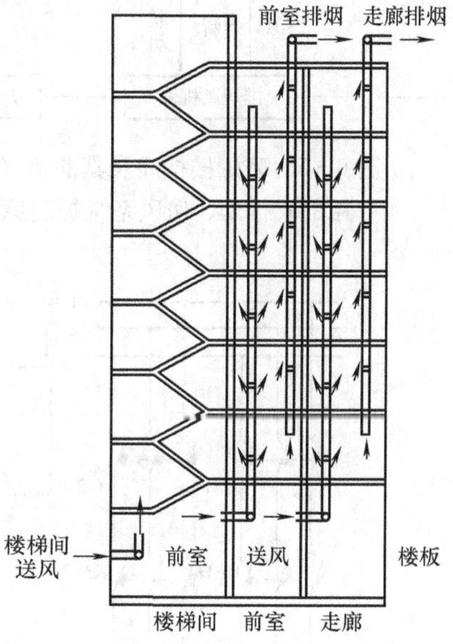

图 6-4　防烟楼梯间及其前室放排烟设备安装示意图

在 GB 50116—2008《火灾自动报警系统设计规范》中，对火灾报告后，消防控制设备对机械防烟、排烟设施的控制、显示功能作了明确规定：

(1) 停止有关部位的空调送风，关闭电动防火阀，并接收其反馈信号；

(2) 启动有关部位的防烟、排烟风机、排烟阀等，并接收其反馈信号；

(3) 控制挡烟垂壁等防烟设施。

智能建筑中防烟设备的作用是防止烟气侵入疏散通道，而排烟设备的作用是消除烟气大量并防止烟气扩散到疏散通道。

送风机及排烟机一般由三相异步电动机驱动。智能建筑或高层建筑中的送风机通常装在建筑物的下技术层或 2～3 层，排烟机均装在建筑物顶层或上技术层。

送风机及排烟机的电气控制电路中控制送风机或排烟机的启动继电器灯和风机信号灯均装在消防控制中心。送风阀或排烟阀装在建筑物的过道、排烟前室或无窗房间的防排烟系统中，用作排烟口或正压送风口。平时阀门关闭，当发生火灾时阀门接收电动信号打开。送风阀或排烟阀的电动操作机构一般采用电磁铁，当电磁铁通电时即执行开阀操作。

防烟楼梯及其前室排烟送风系统的控制原理如图 6-5 所示。火灾发生时，消防控制室接到火灾报警信号后，火灾探测器发出联动信号，打开排烟口（也可以是排烟阀或排烟防火

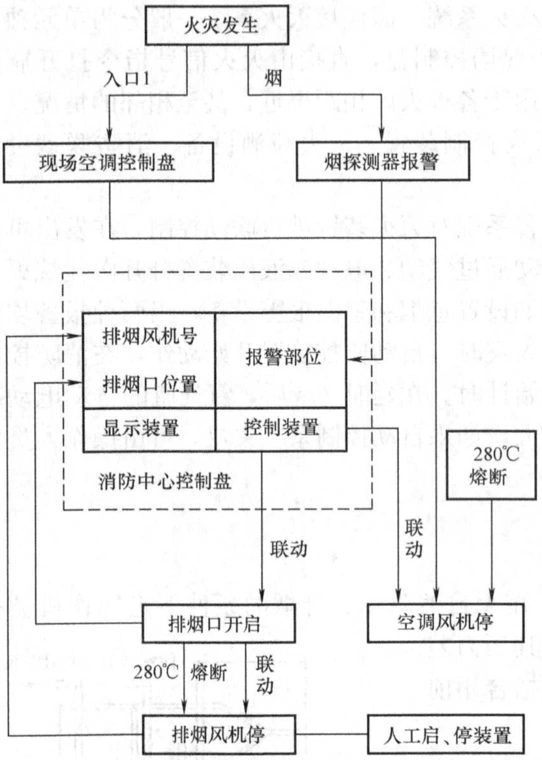

图 6-5 防烟楼梯间及其前室（包括合用的）排烟、送风系统控制原理图

阀），联动排烟风机启动，进行排烟，同时关掉空调风机、防火门，并接收各个设备的返回信号和防火阀动作信号，监测各个设备运行状态。当温度达到 280℃后，易熔金属熔化，阀门关闭，风机停止运行，以防引起二次火灾。排烟风机还可以人工启停。从图中可见风机和排烟口的动作信号都应回消防中心。个别单位认为排烟数量多，太麻烦，不送信号到中心，这里要特别强调，不能这样省事。第一，很多火场的实例证明，火场上人们逃到出口附近，因为烟气熏倒致死而阻塞了出口，后面的人也被熏死，防烟楼梯不防烟，会造成后患；第二，规范规定，信号返回消防中心，设计中不送信号回去，本身就违犯法规。设计的时候一定要转变观念，认真做好设计。

从目前工程设计、施工情况看，设计单位对防烟、排烟系统的设计抓得比较好，建筑电气专业对防烟、排烟系统已编制了图册，在建筑电气的图册上可以查到，其控制装置的接线原理如图 6-6 所示。

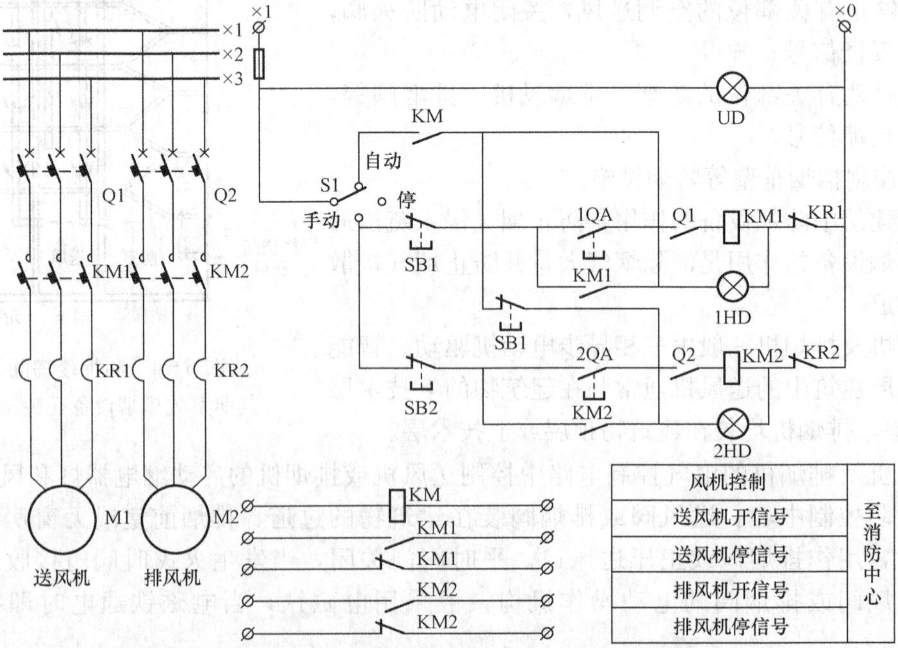

图 6-6 高层建筑消防送风机或排烟机控制装置原理接线图

Q—自动开关；KM—交流接触器；KR—热继电器；S—主令开关；

SB—控制按钮（红）；SA—控制按钮（绿）；KM—中间继电器

防、排烟系统控制装置适用于高层建筑对消防防烟（送风）和排烟机的控制。图 6-7 中，KM 的输入电源信号来自消防控制中心，当接到报警后 KM 动作。KM1 通电，送风机 M1 启动，同时 KM2 通电，M2 排烟机启动。送风排烟机的启、停信号均反馈到消防中心。当然，在消防中心可人工通过 1QA、2QA 启动，也可通过 SB1、SB2 停机，启停信号均送消防中心。

2. 防火门的控制

防火门在建筑中的状态：平时（无火灾时）处于开启状态，火灾时控制其关闭。防火门的控制可用手动控制或电动控制（即现场感烟、感温火灾探测器控制，或由消防控制中心控制）。当采用电动控制时，需要在防火门上配有相应的闭门器及释放开关。防火门的工作方式按其固定方式和释放开关分为两种：一种是平时通电、火灾时断电关闭方式，即防火门释放中开关平时通电吸合，使防火门处于开启状态，火灾时通过联动装置自动控制加手动控制切断电源，由装在防火门上的闭门器使之关闭；另一种是平时不通电、火灾时通电关闭方式，即通常将电磁铁、油压泵和弹簧制成一个整体装置，平时不通电防火门被固定销扣住呈开启状态，火灾时受联锁信号控制，电磁铁通电将销子拔出，防火门靠油压泵的压力或弹簧力作用而慢慢关闭。

消防控制设备对常开防火门的控制应符合下列要求：

(1) 防火门任一侧的火灾探测器报警后，防火门应自动关闭；

(2) 防火门关闭信号应送到消防控制室。

防火门的电气控制电路与排烟阀类似，比较简单，不再赘述。应指出，现代建筑中经常可以看到电动安全门，它是疏散通道上的出入口，其状态是：平时（无火灾时）处于关闭或自动状态，火灾时呈开启状态。其控制目的与防火门相反，控制电路却基本相同。

3. 防火卷帘的控制

对于一个大的建筑群或高层建筑，为了将火灾限制在一个小的范围，尽快将火灾扑灭，往往用木质防火门和钢结构的防火卷帘将它分成若干区。这里讨论防火卷帘的控制问题。一般在每个防火卷帘的两侧各安装一只感烟探测器和一只感温探测器。当火灾发生时，当两侧的任何一只感烟探测器报警时，消防联动控制器发出控制信号给输出模块，由输出模块输出 DC 24V 电信号给防火卷帘控制箱，使防火卷帘降至离地面约 1.8m 处，并返回一个信号到控制器。当火灾蔓延、温度上升，两侧的任一只感温探测器亦报警时，消防联动器再发出控制信号，经输出模块使防火卷帘降到底，隔离成为防火分区，并再次将反馈信导送到控制器。两个控制信号既可以通过各自的引线到达输出模块，也可以用地址编码来区别，后者的原理方框图如图 6-7 所示。

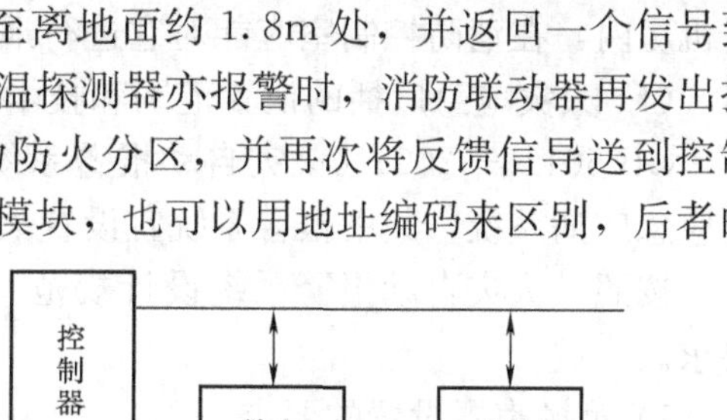

图 6-7 防火卷帘控制系统原理图

在控制器上，有自动和手动两种工作方式供选择。在自动方式下，在火警事件满足条件时，控制器自动控制卷帘下降。在自动方式下，手动操作有效。在手动方式时，控制器的自动控制无效，仅手动启动指令有效。

除了控制器能控制防火卷帘升降外，在防火卷帘的两侧各按一组手动开关，这个开关可手动控制防火卷帘的升或降或停在中间某个位置。此外还可以通过链条人工将防火卷帘升起来。这个功能当防火卷帘误动作用，且控制失灵时，对打开通道也有一定的作用。

防火卷帘动作时，特有一个返回信号经输入模块到控制器，于是控制室能知道防火卷帘的状态。防火卷帘的下侧是不准存放东西的，否则防火卷帘下降不到底部，起不到防火分隔的目的。

常用的一种防火卷帘门控制箱原理图如图 6－8 所示。当控制模块动作，接通 DC 24V 时，中间继电器 KM 动作，XC 通电，卷帘门下降；当下降至距地 1.8m 时，中限位行程开关 ZXK 动作，XC 断电，卷帘门停止，同时时间继电器 KT 线圈通电，其常开触点延时 30s（时间可以调节）后闭合，XC 通电，卷帘门继续下降直至到底后下限位行程开关 XXK 跳动作，卷帘门停止。XXK 的另一副触点作为卷帘门落底反馈信号，提供给控制模块供联动控制器显示。

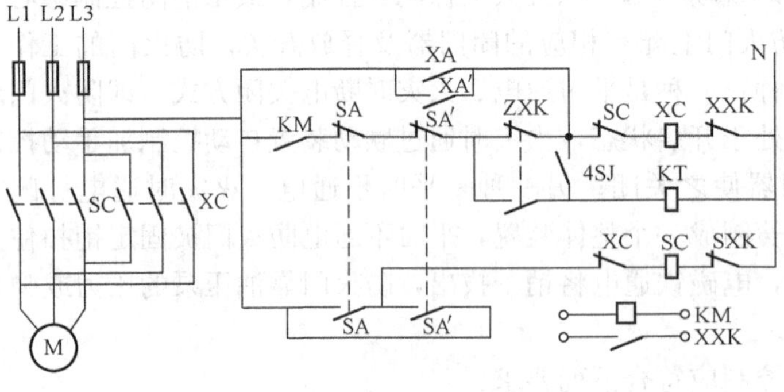

图 6－8　防火卷帘门控制图

4. 火灾事故广播的控制

火灾警报装置（包括警钟、警笛、警灯等）是发生火灾时向人们发出警告的装置，即告诉人们着火了，或者有什么意外事故。火灾应急广播，是火灾时（或意外事故时）指挥现场人员进行疏散的设备。由于两种设备各有所长，在火灾发生初期，两者交替使用，效果较好。虽然在设置范围上有些差异，使用起来应该是统一的。为了及时向人们通报火灾，指导人们安全、迅速地疏散，火灾事故广播和警报装置按要求设置是非常必要的。

在智能建筑和高层建筑内或已装有广播扬声器的建筑物内设置火灾应急广播时，要求原有广播音响系统具备火灾应急广播功能，即当火灾发生时，无论扬声器当时处于何种工作状态，都应能紧急切换到火灾事故广播线路上。火灾应急广播的扩音机需专用，但可放置在其他广播机房内，在消防控制室应能对它进行遥控自动开启，并能在消防控制室直接用话筒播音。

（1）火灾应急广播的设置范围和技术要求。

GB 50116—2008《火灾自动报警系统设计规范》规定：控制中心报警系统，应设置火灾应急广播系统，集中报警系统宜设置火灾应急广播系统。

按照《火灾自动报警系统设计规范》的规定，火灾应急广播系统在技术上应符合以下要求。

1）对扬声器设置的要求。

① 在民用建筑里，扬声器应设置在走道和大厅等公共场所，每个扬声器的额定功率不小于 3W，其间距应保证从一个防火区的任何部位到最近一个扬声器的步行距离不大于 25m，走道末端扬声器距墙不大于 12.5m。

② 在环境噪声大于 60dB（A）的工业场所，设置的扬声器在其播放范围内最远点的声压级应高于背景噪声 15dB（A）。

③ 客房独立设置的扬声器，其功率一般不小于 1W。

2）火灾应急广播与其他广播（包括背景音乐等）合用时应符合的要求。

① 火灾时，应能在消防控制室将火灾疏散层的扬声器和公共广播扩音机强制转化为火灾应急广播状态。

② 消防控制室应能监控用于火灾应急广播时的扩音机的工作状态进行广播。

③ 床头控制柜设有扬声器时，应有强制切换到应急广播的功能。

④ 火灾应急广播设置备用广播，其容量不应小于火灾应急广播扬声器最大容量总和的1.5倍。

3）火灾报警装置的设置范围和技术要求。

GB 50116—2008《火灾自动报警系统设计规范》规定：设置区域报警系统的建筑，应设置火灾报警装置，设置集中报警系统和控制中心报警系统的建筑，宜装置火灾报警装置。同时还规定：在报警区域内，每个防火区至少安装一个火灾警报装置。其安装位置宜设在各楼层走道靠近楼梯出口处。

为了保证安全，火灾报警装置，应在火灾确认后，由消防中心按疏散顺序统一向有关区域发出警报，以便有次序地组织人员疏散。在环境噪声大于60dB场所设置火灾警报装置时，其声压级应高于背景噪声15dB。

(2) 火灾应急广播控制。

当火灾发生时，报警控制器接收到火警信号，并确认是火警后，经延时发出联动控制信号通过输出模块将指定的若干扬声器切换到火灾应急广播线路上，进行事故广播，如图6-9所示。

当若干只扬声器正好是某楼层所有扬声器，那么可将这些扬声器作为一个点来处理，使得设计和布线大大简化。图6-9是火灾应急广播与广播音响系统合用的情况。当只有火灾应急广播系统或两个系统同时独立存在时，只要将图中广播音响系统的线路去掉即可。有自动和手动两种工作方式，自动方式下，控制器的自动联动指令失效时，可单点控制输出模块，使该输出模块所连扬声器切换到火灾应急广播线路上。

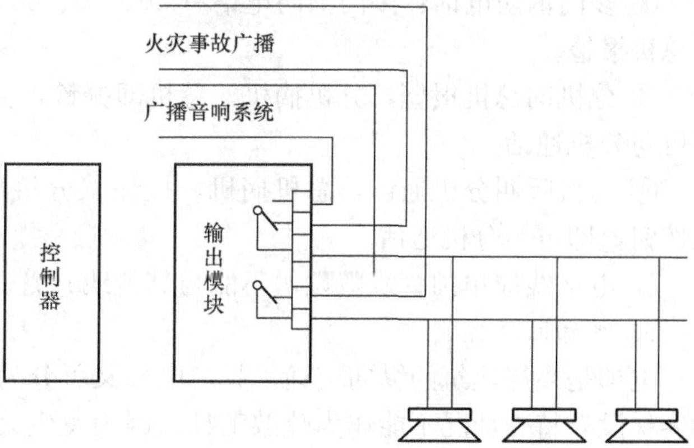

图6-9 火灾应急广播示意图

5. 消防专用电话

根据近几年来火灾现场的教训，消防电话是否及时可靠地通畅，对能否及时报案，消防指挥系统能否通畅，起着关键作用。很多血的教训告诉我们，消防电话是十分必要的。为保证消防报警和灭火指挥通畅，《火灾自动报警系统设计规范》对消防专用电话的安装和使用作了如下规定。

(1) 消防专用电话安设原则

① 消防专用电话，应建成独立的消防通信网络系统。

② 消防控制室、消防值班室或工厂消防队（站）等处应装设向公安消防部门直接报警的外线电话或119专用电话分机。

③ 消防值班室应设有消防专用电话总机。

(2) 民用建筑的下列部位应设有消防专用电话分机和塞孔。

① 消防水泵房、变配电室、防排烟机房、自备发电机房等与消防联动有关的值班室设分机。

② 灭火系统控制操作处或控制室设分机。

③ 民用建筑中手动报警按钮及消火栓启泵按钮等处应设消防电话塞孔。

④ 特级保护建筑各避难层应设置消防电话分机或消防电话塞孔。

(3) 工业建筑的下列部位应设有消防专用电话分机。

① 总变电站、配电站及车间变、配电所。

② 工厂消防电站，总调度室。

③ 保卫部门总值班室。

④ 消防泵房、取水泵房（处）、电梯机房。

⑤ 车间送、排风及空调机房等处。

⑥ 工业建筑中手动报警按钮、消火栓启泵按钮等处宜设消防电话塞孔。

消防控制室应设置向当地公安消防部门直接报警的外线电话。

(4) 消防电话的使用。

① 二线直线电话：只需要将手提式电话机的插头插入消防电话塞孔内，即可向消防控制室的总机通话。

② 多门消防电话：多门消防电话有 20、40、60 门等。总机可呼叫分机通话，分机也可向总机报警。

③ 分机向总机报警，分机摘机，总机即振铃，分机指示灯亮，总机摘机后，停止振铃，即可与分机通话。

④ 总机呼叫分机通话，总机摘机，按住某分机号按钮可看到分机指示灯亮，停止按分机按钮，即可与分机通话。

⑤ 电话线应单独管线敷设，不能与其他线共管。

6. 电梯回降控制

电梯是高层建筑的纵向交通工具，电梯又可分为普通客梯和消防电梯两种。火灾时，普通客梯没有特殊情况不能作为疏散工具，因为发生火灾时，由于周围高温电梯门被展开，火使电梯门的联锁装置损坏，电梯机房可能出现着火、断电、熔断器烧断等事故，导致电源没有保证。因此火灾时普通客梯停止使用，并且强停于首层，其控制图如图 6-10 所示。这时平时不运行的消防电梯开始工作。消防电梯是高层建筑特有的消防设施。如不设置消防电梯，一旦高层建筑高处起火，消防队员若靠攀登楼梯进行扑救，会因体力不支和运送器材困难而贻误战机。且消防队员经楼梯奔向起火部位进行扑救火灾工作，势必和向下疏散的人员产生“对撞”情况，也会延误灭火战机。另外未疏散出来的楼内受伤人员不能利用消防电梯进行及时的抢救，容易造成不应有的伤亡事故。因此，设置消防电梯可为控制火势蔓延和扑救赢得时间，所以，高层建筑设置消防电梯是十分必要的。

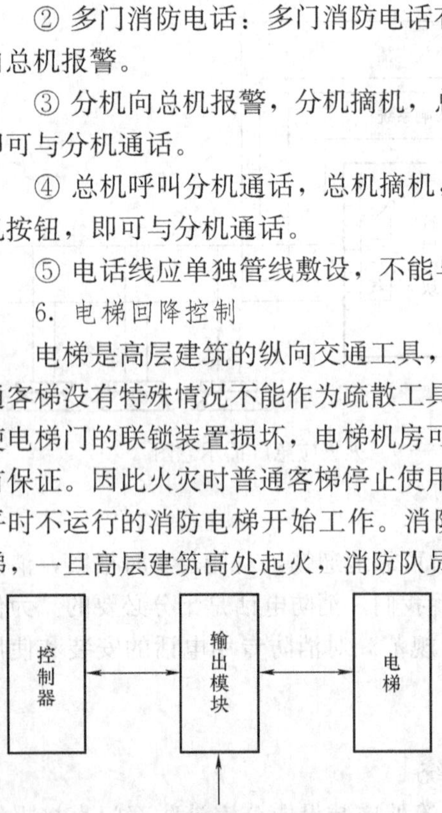

图 6-10 电梯控制方框图

消防电梯的设置除了满足前面消防电梯的要求外还应符合下列规定。

(1) 消防电梯轿厢内应设专用电话，并应在首层设供消防队员专用操作按钮。专用操作按钮是消防电梯特有的装置。它设在首层靠近电梯轿厢门的开锁装置内。火灾时，消防队员使用此钮的同时，常用的控制按钮失去作用。专用操作按钮使电梯降到首层，以保证消防队员的使用。消防专用电话能使消防电梯内消防队员随时同消防控制室保持联系，保证灭火工作顺利进行。

(2) 消防电梯井线路的敷设：消防电梯井要与其他（如电缆井、管道井）竖向管井分开单独设置，向电梯机房供电的电源线路不应敷设在电梯井道内。电梯井道易成为火灾的通道，将电梯的电源程序线路敷设在井道中不利于线路安全，电源线路本身起火也会危及电梯井道安全。因此，在电梯井道内除电梯的专用线路（控制、照明、信号及井道的消防需用的线路等）外，其他线路不得沿电梯井道敷设。在电梯井道敷设的电缆和电线应是阻燃的，且应采取防火措施，穿线管槽应为阻燃型。

(3) 消防电梯的应急电源转换。当电梯在市电停电时，采用应急备用发电机组作为电梯的备用电源是救出轿厢里的乘客的有效措施。当出现灾情（地震、火警）时，电梯必须进行应急操作，如果采用电脑群控电梯，电梯将会自动转入灾情服务。当采用集选控制方式时，除消防电梯保证连续供电外，其余的普通电梯应在备用电源的配电系统中采取措施分批依次短时反馈给指定电梯，以保证它们返回指定层（首层）将乘客放出，关门停运。上述操作应在几分钟内进行完毕，然后断开所有普通电梯的电源。

7. 火灾应急照明供电与配电

在火灾发生时，无论是在事故停电还是在人为切断电源的情况下，为了保证火灾时消防队员的正常工作和居民的安全疏散，都必须保持一定的电光源，由此设置的照明总称为火灾应急照明。应急照明供电电源可以是柴油发电机组、蓄电池或城市电网电源中的任意两个的组合，以满足双电源双回路供电的要求。

对于火灾应急照明和疏散指示标志可以集中供电，也可以分散供电。集中布置的大中型建筑中多采用集中式，总配箱设在底层，以干线向各层照明配电供电，各层照明配电箱装于楼梯间或附近，每回路干线上连接的配电箱不超过 3 个，此时的火灾事故照明电源是从专用干线分配电箱进行切换，如图 6-11 所示。

对于分散布置的小型建筑物内供人员疏散用的疏散照明装置，由于容量较小，一般采用小型内装灯具、蓄电池、充电器和继电器的组装单元。正常电源电压也驱动一个继电器以使应急单元上的灯具通电，一旦正常电源停电，继电器就从内装的蓄电池得电，其原理方框图如图 6-12 所示。

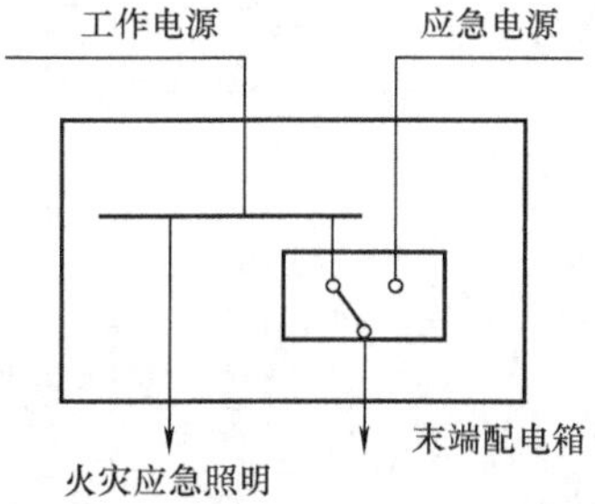

图 6-11　火灾应急照明供电

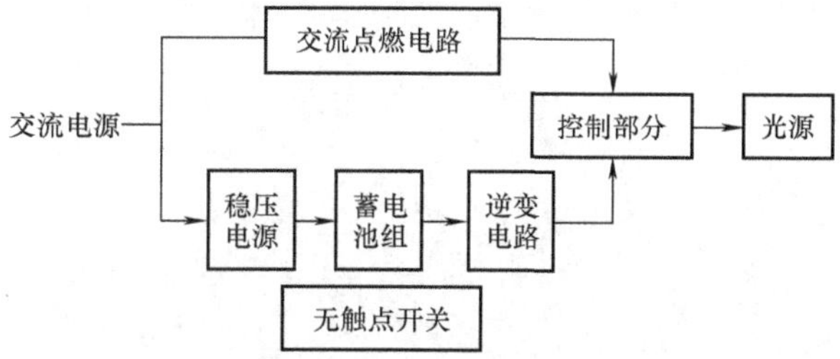

图 6-12　应急灯原理图

当交流电源正常供电时，一路点燃灯管，另一路驱动稳压电源工作，并以小电流给镍镉蓄电池组连续充电。当交流电源因故停电时，无触点开关自动接通逆变电路，将直流变成高频高压交流电；同时，控制部分把原来的电路切断，而将直流点燃电路接通，转入应急照明，直流供电不小于45min。当应急照明达到所需时间后，无触点开关自动切断逆变电路，蓄电池组不再放电。一旦交流电恢复，灯具自动投入交流电路，恢复正常点燃，同时，蓄电池组又继续重新充电。应急白炽灯的直流供电与自控系统都与上述过程相同，只是没有逆变部分。持续供电时间大于20min，电压不低于正常电压的85%，故能满足消防照明对电压的要求。

这种小型内装式应急照明灯，蓄电池多为镍镉电池，或小型密封蓄电池。优点是可靠、灵活、安装方便。缺点是费用高、检查维护不便。

练　习　题

1. 什么是智能消防联动控制系统？
2. 消防联动控制的控制方式有哪些？
3. 请描述报警系统与消防联动系统的关系。
4. 智能化消防联动控制系统的主要组成部分是哪些？
5. 简述自动喷水灭火系统的联动控制原理。
6. 简述管网气体灭火系统应具有的控制、显示功能。
7. 简述火灾应急广播的设置范围和技术要求。

第七章　建筑消防系统设计计算

建筑物的消防设计包括报警设备、灭火设备、防火排烟设备、通信设备、避难设备、与火灾有关的必要设施、避难设施及其他相关设备等。其中绝大部分与电气专业有关，因此可以说在建筑消防设计中，电气专业占有重要位置。

建筑消防设计必须遵循国家的有关方针、政策和“预防为主，防消结合”的消防工作原则，针对保护对象特点，做到安全可靠、技术先进、经济合理、使用方便。作为设计人员，必须依照与电气专业有关的规范进行设计。

第一节　建筑灭火系统设计

一、消防系统设计说明

该建筑为某商住楼共35层，地下3层，地上32层，建筑高度99.800m，市政给水管供水压力为0.30MPa。根据GB 50045—1995《高层民用建筑设计防火规范》(2005年版)，建筑高度不超过100m的一类高层建筑及其裙房，除游泳池、溜冰场、建筑面积小于5.00m^{2}的卫生间、普通住宅、设集中空调的住宅的户内用房和不宜用水扑救的部位外，均应设自动喷水灭火系统。因此，本建筑需要设置消火栓灭火系统和自动喷水灭火系统。高层建筑的室内消防给水系统与生活给水系统分开设置，室内消火栓给水系统与自动喷水灭火系统分开设置。同时根据建筑内部各部位的使用功能，相应配置磷酸铵盐手提式贮压式干粉灭火器，以配合消防给水灭火系统。

(一) 消火栓系统

1. 消防用水量

根据该商住楼的性质和《高层民用建筑设计防火规范》可知，本建筑为一类建筑，火灾延续时间为3h，室内消火栓的消防用水量为40L/s，室外消防用水量为30L/s，室内每根竖管最小流量15L/s，每支水枪最小流量5L/s，自动喷淋用水量为20L/s。按规范要求，当消火栓灭火系统栓口压力大于0.8MPa时，应分区供水或在消火栓处设减压措施，依据GB 50015—2003《建筑给水排水设计规范》(2010年版)和本设计建筑高度，将消防系统分为两个区：低区为地下三层到15层，高区为16层到32层。

依据本建筑性质和规模，按照规定，在同一时间内只可能一处着火，故没必要分设高区、低区消防泵，两个消防分区共用水泵，水泵扬程按满足高区最不利消火栓出水压力计，高、低区之间设有减压阀，以保证低区消火栓口压力不至过大，影响其正常使用。当消火栓栓口的出水压力大于0.5MPa时，消火栓处设置减压装置，采用减压孔板用以减少消火栓前的剩余水压。当建筑高度不超过100m时，最不利点消火栓静水压力应不低于0.07MPa，否则系统中应设增压设备。本建筑不能满足最低消火栓压力要求，在地下三层设置2台水泵(1用1备)和1个气压罐联合增压。因此本建筑采用水泵-消防水箱-地下室增压给水设备联合供水的临时高压消火栓给水系统。

2. 室内消火栓系统

消火栓系统由消防泵、消防管网、减压孔板、消火栓和水泵接合器组成。

(1) 消火栓给水系统。本设计选用消火栓口径 65mm，配喷嘴直径 19mm 水枪，DN65×25m 麻织水龙带。充实水柱为 12m，水枪喷嘴流量 5.0L/s。最不利情况下同一立管同时出水二股水柱，消防立管为 DN100。在屋顶设有试验消火栓。采用临时高压消防给水系统，按防火规范要求，室内消火栓口出口压力大于 $50mH_2O$ 时，要进行减压。本设计低区地下室 3 层～8 层和高区 16 层～25 层利用减压孔板进行减压。

(2) 消火栓管网布置。

① 消火栓管道采用热浸镀锌钢管，连接采用螺纹接头及沟槽式机械接头。室内的消火栓管网均连成环状，确保整栋楼的消防管网供水管为两根，供水量为 40L/s。

② 高层建筑消防立管的布置，应保证同层相邻两个消火栓的水枪的充实水柱同时到达被保护范围内的任何部位，每根消防立管的直径应按通过的流量经计算确定，但不应小于 100mm。消火栓立管采用 DN100。

③ 屋顶设有消防水箱，屋顶水箱储存 10min 的用水量，火灾初期（主泵启动前）消防用水由屋顶水箱（$18m^3$）供给。另为保证顶层的消火栓静水压不小于 $7mH_2O$，在地下室三层设一套全自动隔膜式消防稳压装置，稳压装置由压力控制器自动控制启停。本设计在地下室设消防水池，容积为 $480m^3$。室内消防泵选用 BTS－Ⅱ－144－160 型 3 台（两用一备）。水泵的控制由消火栓箱内的消防报警按钮启动。

3. 室外消火栓系统

室外消火栓给水系统围绕商住楼环形布置，因市政给水管网压力充足，由市政给水管网供水。消火栓的布置，根据规定，消火栓位置距路边不宜大于 2m，距建筑物外墙不宜小于 5m，但不宜大于 40m。水泵接合器距建筑物外墙不宜小于 5m，其 15m 到 40m 范围内应设室外消火栓，以便配合使用。在室外每隔 120m 设置 1 个地上式室外消火栓，每个室外消火栓出水量按 20L/s 计算。

（二）自动喷淋灭火系统

自动喷水灭火系统由洒水泵、洒水管网、报警装置、水流指示器、喷头和水泵接合器组成。本工程采用独立的喷淋灭火系统，危险等级为中危险Ⅱ级，选用闭式湿式喷水灭火系统，玻璃球喷头，本建筑最高环境温度为 27℃，所以选用；公称压力动作温度为 57℃；地下室、一层～五层都设有喷淋系统，喷头为矩形布置，距离不小于 0.5m，不大于 1.8m，原则上不跨越防火分区。发生火灾时 1h 出水量由贮水池供给，10min 水量由水箱供给，整个系统由泵房内专用喷淋泵增压，喷淋泵选用 BTS－Ⅱ－108－60 型，系统与室外水泵接合器连接。

管道均采用热浸镀锌钢管，设置的吊架和支架位置以不妨碍喷头为原则，吊架距离喷头的距离应大于 0.3m，距末端喷头应小于 0.7m。原则上不跨越防火分区。装置喷头的场所，应注意防止腐蚀气体的侵蚀，不得受到外力碰击，定期清除尘土。

（三）灭火器

根据规范本建筑火灾危险等级为中危险Ⅱ级，属 A 类火灾；每具灭火器最小配置灭火级别 5A；配置基准 $U=15m^2/A$；因设有消火栓和自动喷水灭火系统，取修正系数 $K=0.3$。地下室三层保护面积为 $S\approx2500m^2$，灭火级别 $Q=0.3\times2500/15\approx50A$，10 个设置点，每个

点 $Q=50/10=5\mathrm{A}$；地下一层、二层保护面积分别为 $S\approx5300\mathrm{m}^2$，灭火级别 $Q=0.3\times5300/15=106\mathrm{A}$，21 个设置点，每个点 $Q=106/21\approx5.0\mathrm{A}$；每点选用 3kg 充装量磷酸铵盐手提式贮压式干粉灭火器 2 具，5A/具。每点实际灭火级别 $Q=5\mathrm{A}\times2=10\mathrm{A}$。配电间及电梯机房、厨房等增设 3kg 充装量磷酸铵盐手提式贮压式干粉灭火器 2 具。

灭火器置于消火栓箱内，每个消火栓箱内放置两个灭火器。

二、消防系统设计计算

（一）消火栓系统设计计算

1. 消火栓间距

（1）消火栓的选定。根据设计规范：高层建筑每股消防水量不应小于 5L/s，选用 DN65 口径消火栓，19mm 喷嘴水枪，直径为 65mm 长度为 25m 麻织水龙带，水枪充实水柱为 12m，同时配置消防卷盘。消防卷盘是装在消防竖管上带小水枪及消防胶管卷盘的灭火设备，当发生火灾时，消防队员未到达前，由非专职消防人员用水枪灭火，以防止火灾蔓延。消防箱内有手动报警器，击碎玻璃后，有声光信号报警至消防控制中心，并启动该区消防水泵。

（2）水枪充实水柱长度。

$$H_m=\frac{H_1-H_2}{\sin\alpha} \tag{7-1}$$

式中　H_m——水枪充实水柱长度，m；

H_1——建筑层高，本建筑为 3.0m；

H_2——水枪喷嘴离地面高度（m），取 1.1m；

α——水枪的上倾角，一般为 45°。

则

$$H_m=\frac{3.0-1.1}{\sin45^\circ}=2.69\mathrm{m}$$

（3）消火栓保护半径。

$$R=0.8L_d+L_s \tag{7-2}$$

式中　R——消火栓保护半径，m；

L_d——水带长度，$L_d=25\mathrm{m}$，折减系数取 80%；

L_s——水枪充实水柱在平面上的投影长度（m），对于层高不高于 3.5m 的民用建筑取 3m。

则

$$R=25\times80\%+3=23\mathrm{m}$$

（4）消火栓布置间距。根据《高层民用建筑设计防火规范》规定，消火栓间距不应大于 30m，裙楼不应大于 50m。本设计拟采用消火栓双排布置，室内灭火点有两股水柱同时到达，则消火栓间距为

$$S=1.4R\times\frac{1}{2}=1.4\times23\times\frac{1}{2}=16.1\mathrm{m}<30\mathrm{m}，满足要求。$$

消防电梯的前室也须设消火栓，按此间距地下一层共布置消火栓 26 个消火栓，地下二层共布置了 15 个消火栓，地下三层布置了 9 个消火栓。

2. 消防管道水力计算

（1）最不利点水枪的实际喷射压力和水量。最不利消火栓的水枪造成充实水柱时所需压力为

$$H_q=\frac{\alpha_f H_m}{1-\varphi\alpha_f H_m} \tag{7-3}$$

式中 α_f——试验系数，为 $\alpha_f=1.19+80(0.01H_m)^4=1.19+80(0.01\times12)^4=1.21$；

φ——与消防水枪喷嘴直径 d 有关的系数，为

$$\varphi=0.25/[d+(0.1d)^3]=0.25/[19+(0.1\times19)^3]=0.0097$$

则 $$H_q=\frac{\alpha_f H_m}{1-\varphi\alpha_f H_m}=\frac{1.21\times12}{1-0.0097\times1.21\times12}=16.9\text{m}=169\text{kPa}$$

水枪喷射流量为：$q_{xh}=\sqrt{BH_q}=\sqrt{1.577\times16.9}=5.16\text{L/s}>5.0\text{L/s}$。

(2) 水龙带水头损失。

$$H_d=A_z\times L_d\times q_{xh}^2 \tag{7-4}$$

式中 H_d———水带水头损失，mH_2O；

L_d——水带长度 25m；

A_z——水带阻力系数，查规范得 $A_z=0.00430$；

q_{xh}——水枪射流量，L/s。

则 $$H_d=A_z\times L_d\times q_{xh}^2=0.004\ 30\times25\times5.16^2=2.86mH_2O$$

所以消火栓口所需压力为

$$H_{xh}=H_q+H_d+H_k \tag{7-5}$$

式中 H_{xh}——消火栓栓口水压，kPa；

H_q——水枪喷嘴处压力，kPa；

H_k——火栓栓口水头损失，按 20kPa 计算。

则 $$H_{xh}=H_q+H_d+H_k=16.9+2.86+2.0=21.76mH_2O=217.6\text{kPa}$$

(3) 消防给水管确定。根据 GB 50016—2006《建筑设计防火规范》规定消防立管考虑 2 股水柱作用，消防立管流量：

$Q=5.2\times2=10.4\text{L/s}$，消火栓立管采用 DN100 的钢管，$V=2.07\text{m/s}$，$i=1.25\text{kPa/m}$。环状管考虑发生火灾时能同时供应 4 股水柱，则消防流量 $Q=5.2\times4=20.8\text{L/s}$，采用 DN100 的钢管，$V=2.18\text{m/s}$，$i=0.103\text{kPa/m}$。

(4) 消防给水管水力计算。按照最不利点消防立管和消火栓流量分配要求，最不利消防立管即：X_1 出水枪数为 2 支；相邻消防立管即 X_2，出水枪数为 2 支。

$$H_{xh0}=H_d+H_q+H_k=21.76mH_2O=217.6\text{kPa}$$

1 点水压为

$$H_{xh1}=H_{xh1}+\Delta H+H=21.76+0.5+0.0119=22.27mH_2O=222.7\text{kPa}$$

式中 ΔH——0 点、1 点的消火栓间距；

H——0~1 管道的压力损失，$0.0119mH_2O$。

1 点水枪射流量为

$$q_{xh1}=\sqrt{\frac{H_{xh1}}{\frac{1}{B}+AL_d}}=\sqrt{\frac{22.27}{\frac{1}{1.577}+0.0043\times25}}=5.5\text{L/s}$$

由于本建筑较高，按规范规定“消火栓处的静水压大于0.8 MPa要采取分区给水”，所以本设计消防要分区给水，低区为地下三层～15层，高区为16～32层。

下面进行消防栓给水系统水力计算时，按图7-1（见书末插页）以枝状管路计算，配水管水力计算结果见表7-1。

表7-1 高区消火栓系统配管水力计算表

计算管段	设计秒流量 $q/(L\cdot s^{-1})$	管长 L/m	管径 DN/mm	流速 $V/(m\cdot s^{-1})$	单阻 $i/(kPa\cdot m^{-1})$	水头损失 iL/kPa
a～b	5.2	1.5	100	0.60	0.079	0.119
b～c	5.2+5.5=10.7	3	100	1.24	0.311	0.933
c～d	10.7	92	100	1.24	0.311	28.612
d～e	21.4	20	150	1.90	0.459	9.18
e～f	21.4	60	150	1.90	0.459	27.54
$\sum hy_1=66.384kPa$						

（5）消防水泵的选定。

高区管路总水头损失 $H_{W1}=1.2\sum h_{y1}=1.2\times 66.38=79.66kPa$

消防水泵扬程 $H_{x1}=H_1+H_{xh}+H_{w1}$

$=(96.8+1.1+11.6)+21.76+7.966$

$=139.23\ m$

消防水泵流量为20L/s。

选用BTS-Ⅱ-144-160型变频恒压消防泵，主泵选用100DL×7型3台，$Q_b=40L/s$，$H_b=140m$，$N=55kW$（两用一备）。

依据本建筑性质和规模，按照规定，在同一时间内只可能一处着火，故没必要分设高区、低区消防泵，两个消防分区共用水泵，水泵扬程按满足高区最不利消火栓出水压力计，高、低区之间设有减压阀，以保证低区消火栓口压力不至过大，影响其正常使用。当消火栓栓口的出水压力大于0.5MPa时，消火栓处设置减压装置，采用减压孔板用以减少消火栓前的剩余水压。

（6）消火栓减压。当消防车水泵工作时，消火栓的水压超过50m时宜采用减压措施。表7-2和表7-3分别为高区和低区水泵工作时消火栓处的动水压力及过剩压力。

表7-2 高区水泵工作时消火栓处的动水压力及过剩压力

消火栓编号	32层	31层	30层	29层	28层	27层	26层	25层
动水压力/m	21.76	25.69	29.63	33.56	37.49	41.43	45.36	49.29
过剩压力/m	0	3.93	7.87	9.91	11.8	19.67	23.6	27.53

消火栓编号	24层	23层	22层	21层	20层	19层	18层	17层	16层
动水压力/m	53.22	57.15	61.08	65.01	68.94	72.87	76.80	80.73	84.66
过剩压力/m	31.46	35.39	39.32	43.25	47.18	51.11	55.04	58.97	62.9

表 7-3 低区水泵工作时消火栓处的动水压力及过剩压力

消火栓编号	15层	14层	13层	12层	11层	10层	9层	8层
动水压力/m	21.76	25.69	29.63	33.56	37.49	41.43	45.36	49.29
过剩压力/m	0	3.93	7.87	9.91	11.8	19.67	23.6	27.53

消火栓编号	7层	6层	5层	4层	3层	2层	1层	−1层	−2层	−3层
动水压力/m	53.22	57.15	61.08	65.01	68.94	72.87	76.80	80.73	84.66	88.59
过剩压力/m	31.46	35.39	39.32	43.25	47.18	51.11	55.04	58.97	62.9	66.83

按理说，最好各层消火栓设置为同孔径的孔板，以消耗表 7-2 和表 7-3 中指出的过剩压力，使各层消火栓都保持 5L/s 的消防流量和 21.76m 水压力。但在实际工程中，一般消火栓处的动水压力超过 50m 时才做减压措施。本设计在低区地下三层～8 层和高区 16 层～25 层的消火栓设减压措施。低区第 8 层和上区第 25 层的过剩压力为 27.53m，此压力由孔板消耗。

消火栓支管直径为 DN65mm 时，选用各层的孔板结果见表 7-4、表 7-5。

表 7-4 消火栓给水系统减压孔板（低区）一览表

楼层	−3F	−2F	−1F	1F	2F	3F	4F	5F	6F	7F	8F
减压孔板孔径/mm	20	20	20	20	20	22	22	22	24	24	24

表 7-5 消火栓给水系统减压孔板（高区）一览表

楼层	16F	17F	18F	19F	20F	21F	22F	23F	24F	25F
减压孔板孔径/mm	22	20	20	20	22	22	22	24	24	24

（7）试验消火栓。

在屋顶上设置两个试验消火栓，试验时只需一股或二股水柱工作，流量减少，水泵扬程提高，完全能满足屋顶试验消火栓有 12m 以上的充实水柱，不再校核计算。

（8）水泵接合器的选定。本设计室内消防流量为 40L/s，而一个 DN100 的水泵接合器的负荷流量为 10～15L/s，所以选用 3 个 DN100 的地面式水泵接合器。

（9）消防储水池确定。按《建筑设计防火规范》规定。高层建筑火灾延续时间为 3h，自动喷淋灭火设备火灾延续时间为 1h。

（10）消防储水池容积。取消防储水池为 480m^3，储水池尺寸选用长×宽×高＝15m×11m×3m＝500m^3＞450m^3，相关数据见表 7-6。

表 7-6 消防储水池容积

消防用水名称	用水量标准/(L·s^{-1})	供水时间/h	一次灭火用水量/m^3
室外消防用水	30	2	216
室内消防用水	40	2	288
自动喷淋用水	26.6	1	96
合计			450

(11) 高位消防水箱确定。高层建筑消防储水容积按存储 10min 的室内消防水量，如果室内消防用水量超过 25L/s，但计算所需消防存储容积超过 $18m^3$ 时可采用 $18m^3$。

消防储水容积按下式计算

$$V_x = \frac{q_{xh} T_x \times 60}{1000} \tag{7-6}$$

式中 V_x——水箱消防储水容积，m^3；

q_{xh}——水箱室内消防用水量，L/s；

T_x——消防储水时间，min。

则　消防储水容积 $V_x = \frac{(40+26.6)\times 10\times 60}{1000} = 40m^3 > 18m^3$，取 $18m^3$。

根据《给水排水标准图集》S1 选用标准方形冲压钢板给水箱，尺寸为 4000mm×2500mm×2000mm。

3. 屋顶水箱设置高度

水箱的有效水深为 1800mm。水箱底部与水箱间地面净空为 1.0m，则水箱底部标高为：99.80＋1.0＝100.80m，水箱顶部标高为：100.80＋2.00＝102.80m，最高水位标高为 102.60m，溢流水位为 102.55m。消防最低水位标高为：100.8＋0.1＝100.9m。

4. 局部增压设施

由于水箱高度已定，则需校核水箱高度是否满足最不利消火栓所需压力。不利点消火栓静水压力为：(102.6－97.9)mH_2O＝4.7mH_2O，消防水箱至最不利点消火栓水箱水头损失为按 2mH_2O 计算，按 GB 50045—1995《高层民用建筑设计防火规范》(2005 年版) 规定：当建筑高度不超过 100m 时，最不利点消火栓静水压力应不低于 0.07MPa，否则系统中应设增压设备。现低于 0.07MPa，故需要设置气压给水设备增压设施，气压水罐其调节水量为 2 支水枪 30s 的用水量，即

$$V_s = 5.16\times 2\times 30 = 309.6L$$

$$V_0 = \beta\frac{V_s}{1-\alpha} = 1.05\times\frac{0.3096}{1-0.7} = 1.08m^3$$

式中 V_0——气压罐总容积，m^3；

β——水罐容积附加系数，隔膜式气罐为 1.05；

α——气压罐内最小压力与最大压力的比值，采用 0.7；

V_s——调节容积。

选择气压罐给水设备 ϕ800×2000。

由于气压罐和稳压泵放置在地下三层，所以稳压泵的扬程同消防主泵的扬程，H＝140H_2O，流量：Q＝5L/s。选用 40GDL6－12×14 型增压泵 2 台，1 用 1 备，其参数为：Q＝$18m^3/h$，扬程 H＝140H_2O，电机功率 5.5kW。

(二) 自动喷淋系统设计计算

1. 设计基本数据

根据 GB 50084—2001《自动喷水灭火系统设计规范》(2005 年版) 规定：该建筑火灾等级为中危险级Ⅱ级，故其设计喷水强度为 q_p＝8.0L/(min·m^2)，设计作用面积 A＝

$160m^2$，喷头工作压力为 0.1MPa，最不利点喷头压力 $p=0.05$MPa。闭式喷头动作温度除厨房为 93℃外，其余为 57℃。采用吊顶式玻璃喷头。喷头采用 2.80m×2.40m 长方形布置，距墙不小于 0.5m，不大于 1.8m。

2. 水力计算

本建筑自喷系统由 4 根立管进行供水。地下三层～地下二层由 ZL-1 供水，地下一层～地下一层夹层由 ZL-2 供水，地上一层～地上二层由 ZL-3 供水，地上三层～地上四层由 ZL-4 供水。以地下三层～地下二层的 ZL-1 自喷系统为例进行水力计算，采用作用面积保护法进行设计计算。

(1) 喷头的出水量按下式计算：

$$q = K\sqrt{10P} \tag{7-7}$$

式中 q——喷头出水量，L/min；

K——喷头流量系数，$K=80$；

P——喷头出口处压力，MPa。

$$q=K\sqrt{10P}=80\sqrt{10\times0.1}=80\text{L/min}=1.33\text{L/s}$$

各层压力均按 0.10MPa 考虑，则出水量为 1.33L/s。

(2) 理论流量按下式计算：

$$Q_L = Q_P A \tag{7-8}$$

式中 Q_L——理论流量，L/s；

Q_P——设计喷水强度，$Q_p=8.0/60=0.133\text{L/(s}\cdot\text{m}^2)$；

A——作用面积，$A=160m^2$。

$$Q_L = 0.133\times160 = 21.33\text{L/s}$$

(3) 作用面积内的设计秒流量。

$$Q_S = n\cdot q = 22\times1.33 = 29.26\text{L/s}$$

式中：n 为 22 个喷头数。

比较 Q_S 与 Q_L，相差 1.38 倍，符合要求。

(4) 作用面积内平均喷水强度。

$Q_p=1.33\times22\times60/(15.32\times8.65)=13.24\text{L/s}>8.00\text{L/(min}\cdot\text{m}^2)$，满足规范的要求。

(5) 作用面积形状按下式确定。

$$L_{min} = 1.2\sqrt{A} \tag{7-9}$$

式中 L_{min}——作用面积长边的最小长度，m；

A——作用面积，$A=160m^2$。

$$L_{min} = 1.2\times\sqrt{160} = 15.18\text{m}$$

作用面积短边 $B=A/L=160/15.18=10.54$m。矩形长边平行最不利喷头的配水支管，短边垂直于该配水支管。

以 ZL-1 自喷系统为例进行水力计算，喷头布置如图 7-2 所示，管径初步按喷头个数而定，沿程水头损失 $H=ALQ^2$，流速 $V=K_cQ$，下面进行水力计算，相关数据见表 7-7。

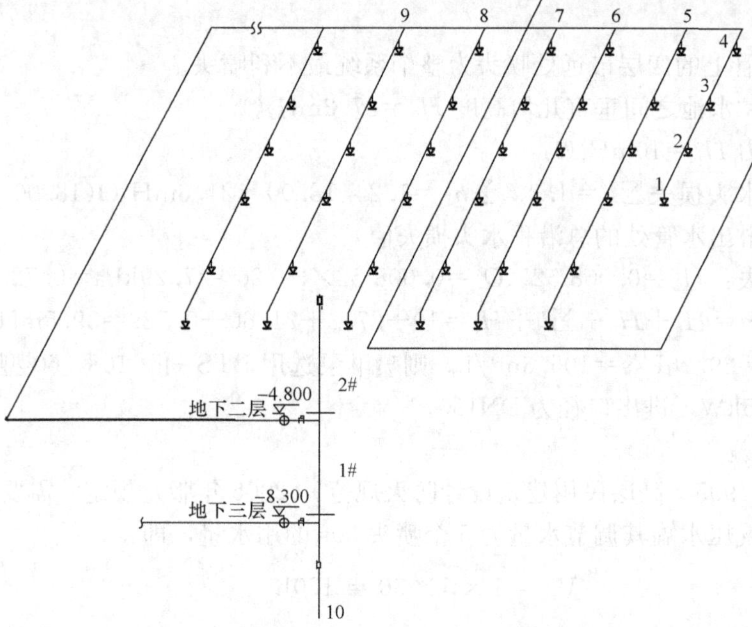

图 7-2　ZL-1 自喷系统计算草图

表 7-7　　地下三层～地下二层的 ZL-1 喷淋系统水力计算

管段	管径 DN/mm	喷头个数	流量 $Q/(L \cdot s^{-1})$	Q^2	管道比阻值 A	管长 L/m	沿程水头损失 h_y/m	流速 $V/(m \cdot s^{-1})$
1～2	25	1	1.33	1.77	0.4367	2.9	2.24	2.50
2～3	32	2	2.66	7.08	0.093 86	2.8	1.86	2.79
3～4	32	3	3.99	15.92	0.093 86	2.6	3.88	4.19
4～5	50	4	5.32	28.30	0.011 08	3.0	0.94	4.26
5～6	70	10	13.30	176.89	0.002 893	1.4	0.72	3.76
6～7	80	16	21.28	452.87	0.001 168	2.4	1.27	4.34
7～8	100	22	29.26	856.15	0.000 267 4	1.8	1.80	3.36
8～9	100	28	29.26	856.15	0.000 267 4	13.30	3.04	3.36
9～10	150	529	29.26	856.15	0.000 033 95	135	3.92	3.36
$\sum h_y=19.67$m								

注　因为只计算最不利面积的喷头，计算到 7～8 管段时已达到实际流量，所以往下的流量不再累加，只算水头损失累加值。

表中　A——管道比阻值，根据公称管径确定。本设计采用给水钢管。

h_y——沿程水头损失，$h_y=ALQ^2$。

V——流速，按规定喷淋系统的流速不大于 5m/s。

同理可计算其他地下一层～地下一层夹层的 ZL－2、地上一层～地上二层的 ZL－3，地上三层～地上四层的 ZL－4 管道的管径和水头损失。

3. 水泵选择

由于 ZL－4 立管上的四层最远处喷头为整个系统最不利喷头。

最不利喷头与贮水池之间垂直几何高度 $H_0=27.2\text{mH}_2\text{O}$

最不利喷头压力 $H_p=10\text{mH}_2\text{O}$

最不利管沿程水头损失 $\sum h=1.2\times\sum h_1=1.2\times18.00=21.6\text{mH}_2\text{O}$（18.00 mH_2O 为四层最不利喷头至喷淋出水管处的总沿程水头损失值）

报警阀压力损失：$H_b=0.00852\times Q^2=0.00852\times29.26^2=7.29\text{kPa}=0.729\text{mH}_2\text{O}$

喷淋泵扬程：$H=H_p+H_0+\sum h+H_b=10+27.2+21.60+0.729=59.5\text{mH}_2\text{O}$

设计流量为 $Q=29.26\text{L/s}=105.3\text{m}^3/\text{h}$，则喷淋泵选用 BTS－Ⅱ－108－60 型 3 台（两用一备）。配套功率 15kW，进出口径为 DN150。

4. 局部增压设施

按 GB 50045—1995《高层民用建筑设计防火规范》（2005 年版）规定：需要设置气压给水设备增压设施，气压水罐其调节水量为 5 个喷头 30s 的用水量，即

$$V_s=1\times5\times30=150\text{L}$$

$$V_0=\beta\frac{V_s}{1-\alpha}=1.05\times\frac{0.15}{1-0.7}=0.53\text{m}^3$$

式中 V_0——气压罐总容积，m^3；

β——水罐容积附加系数，隔膜式气罐为 1.05；

α——气压罐内最小压力与最大压力的比值，采用 0.7；

V_s——调节容积。

选择气压罐给水设备 $\phi800\times2000$。

由于气压罐和稳压泵放置在地下三层，所以稳压泵的扬程同喷淋主泵的扬程，$H=59.5\text{H}_2\text{O}$，流量 $Q=5\text{L/s}$，选用 40GDL6－12×5 型增压泵 2 台，1 用 1 备，其参数为：$Q=1\text{L/s}$，扬程 $H=60\text{H}_2\text{O}$，电机功率 4.0kW。

第二节 防、排烟系统设计

一、防排烟系统设计说明

该建筑是某建筑地下一层，主要用作停车场用，另有变压房和一小自行车库；根据停车位置设计，停车数量在 101～250 辆之间，属于Ⅲ类停车场；建筑面积约 5600m^2，分为 2 个防火分区，其中第一防火分区面积 3496m^2，第二防火分区面积 2070m^2。

根据 GB 50067—1997《汽车库、修车库、停车场设计防火规范》，设计原则如下。

（1）面积超过 2000m^2 的地下汽车库应设置机械排烟系统。机械排烟系统可与人防、卫生等排气、通风系统合用。

地下汽车库一旦发生火灾，会产生大量的烟气，而且有些烟气含有一定的毒性，如果不能迅速排出室外，极易造成人员伤亡事故，也给消防员进入地下室扑救带来困难。根据国

内 20 多座地下汽车库的调查，一些规模较大的汽车库都设有独立的排烟系统，而一些中、小型汽车库，一般均与地下车库内的通风系统组合设置。平时作为排风排气使用，一旦发生火灾时，转换为排烟使用。当采用排烟、排风组合系统时，其风机应采用离心风机或耐高温的轴流风机，确保风机能在 280℃时连续工作 30min，并具有在超过 280℃时风机能自行停止的技术措施。排风风管的材料应为不燃烧材料制作。由于排气口要求设置在建筑的下部，而排烟口应设置在上部，因此各自的风口应上、下分开设置，确保火灾时能及时进行排烟。

（2）设有机械排烟系统的汽车库，其每个防烟分区的建筑面积不宜超 $2000m^2$，且防烟分区不应跨越防火分区。防烟分区可采用挡烟垂壁、隔墙或从顶棚下突出不小于 0.5m 的梁划分。

本条规定了防烟分区的建筑面积。防烟分区太小，增设了平面内的排烟系统的数量，不易控制；防烟分区面积太大，风机增大，风管加宽，不利于设计。规范修订组召集了上海华东设计院、上海市建筑设计院的部分专家进行了研讨，结合具体工程，按层高为 3m，换气次数为 6 次/$(h \cdot m^3)$ 计算，$2000m^2$ 的排烟量为 36 $000m^3$ 是比较合适的，符合实际情况。

（3）每个防烟分区应设置排烟口，排烟口宜设在顶棚或靠近顶棚的墙面上；排烟口距该防烟分区内最远点的水平距离不应超过 30m。

地下汽车库发生火灾时产生的烟气，开始绝大多数积聚在车库的上部，将排烟口设在车库的顶棚或靠近顶棚的墙面上，排烟效果更好。排烟口与防烟分区最远地点的距离是关系到排烟效果的重要问题，排烟口与最远排烟地点太远了，就会直接影响排烟速度，太近了要多设排烟管道，不经济。

（4）排烟风机的排烟量应按换气次数不小于 6 次/h 计算确定。地下汽车库汽车发生火灾，可燃物较少，发烟量不大，且人员较少，基本无人停留，设置排烟系统，其目的一方面是为了人员疏散，另一方面便于扑救火灾。鉴于地下车库的特点，经专家们研讨，认为 6 次/h 的换气次数的排烟量是基本符合汽车库火灾的实际情况和需要的。可参照美国 NFRA88A 有关规定，其要求汽车库的排烟量也是 6 次/h，因此规范修订组将风机的排烟量定为 6 次/h。

（5）排烟风机可采用离心风机或排烟轴流风机，并应在排烟支管上设有烟气温度超过 280℃时能自动关闭的排烟防火阀。排烟风机应保证 280℃时能连续工作 30min。排烟防火阀应联锁关闭相应的排烟风机。

据测试，一般可燃物发生燃烧时火场中心温度高达 800～1000℃。火灾现场的烟气温度也是很高的，特别是地下汽车库火灾时产生的高温散发条件较差，温度比地上建筑要高，排烟风机能否在较高温度下正常工作，是直接关系到火场排烟很重要的技术问题。排烟风机一般设在屋顶上或机房内，与排烟地点有相当一段距离，延期经过一段时间方能扩散到风机，温度也要比火场中心温度低很多。根据国外有关资料介绍，排烟风机能在 280℃时连续工作 30min，就能满足要求，本条的规定与《高层民用建筑设计防火规范》、《人民防空工程设计防火规范》的有关规定是一致的。

排烟风机、排烟防火阀、排烟管道、排烟口，是一个排烟系统的主要组成部分，它们缺一不可，排烟防火阀关闭后，光是排烟风机启动也不能排烟，并可能造成设备损坏，所以，它们之间一定要做到互相联锁，目前国内的技术已经完全实现了这一点，而且都能做到手动和自动两用。

此外，还要求排烟口平时宜处于关闭状态，发生火灾时能做到自动和手动都能打开。目前，国内多数是采用自动和手动控制的，并与消防控制中心联动起来，一旦遇有火灾需要排烟时，由控制中心指令打开排烟阀或排烟风机进行排烟。因此凡设置消防控制室的车库排烟系统应用联动控制的排烟口或排烟风机。

(6) 机械排烟管道风速，采用金属管道时不应大于 20m/s；采用内表面光滑的非金属材料风道时，不应大于 15m/s。排烟口的风速不宜超过 10m/s。

本条规定了排烟管道内最大允许的风速的数据，金属管道内壁比较光滑，风速允许大一些。混凝土等非金属管道内壁比较粗糙，风速要求小一些，内壁光滑、风速阻力要小，内壁粗糙阻力要大一些，在风机、排烟口等相同条件下，阻力越大，排烟效果越差，阻力越小排烟效果越好。这些数据的规定，都是与《高层民用建筑设计防火规范》的有关规定一致的。

(7) 汽车库内无直接通向室外的汽车疏散出口的防火分区，当设置机械排烟系统时，应同时设置进风系统，且送风量不宜小于排烟量的 50%。

根据空气流动的原理，需要排除某一区域的空气，同时也需要有另一部分的空气补充。地下车库由于防火分区的防火墙分隔和楼层的楼板分隔，使有的防火分区内无法直接通向室外的汽车疏散出口，也就无自然进风条件，对这些区域，因是周边处于封闭的条件，如排烟时没有同时进行补风，烟是排不出去的。因此，本条规定应在这些区域内的防烟分区增设进风系统，进风量不宜小于排烟量的 50%，在设计中，应尽量做到送风口在下，排烟口在上，这样能使火灾发生时产生的浓烟和热气顺利排除。

二、排烟系统设计计算

(一) 排烟量的计算

根据设计规范：地下汽车库，机械排烟量应按换气次数不小于 6 次/h 计算确定。本地下室属中小型地下室，因此排风，排烟共用一套系统。

(1) 排风量。

$$Q_{pf} = A \cdot h \cdot n \tag{7-10}$$

式中 Q_{pf}——所需排风量，m^3；

A——建筑面积，m^2；

h——建筑层高，m；层高低于 3m 时按实际层高计算，当层高高于 3m 时，按 3m 计算；

n——换气次数，按换气次数不小于 6 次/h 计算确定。

(2) 排烟量。

$$Q_{py} = A \cdot h \cdot n \tag{7-11}$$

式中 Q_{pf}——所需排风量，m^3；

A——建筑面积，m；

h——建筑层高，m；

n——换气次数，按换气次数不小于 6 次/h 计算确定。

（二）计算实例

本例中的地下停车场分为两个防火分区，其中第一防火分区面积 3496m²，第二防火分区面积 2070m²。设计时，根据地下停车场风井的位置和建筑特点，将第一防火分区分为 2 个排烟系统，第二防火分区单设一个排烟系统，第二防火分区排烟系统图见图 7－3。

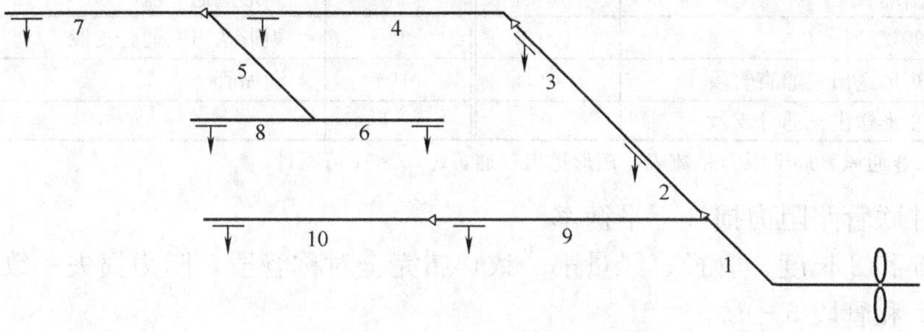

图 7－3　第二防火分区排烟系统图

1. 排烟系统

(1) 计算通风、排烟量。

第二防火分区面积 2070m²，因此排风量为

$$Q_{pf1} = A \cdot h \cdot n = 2070 \times 6 \times 3 = 37\ 260 m^3/h$$

排烟量

$$Q_{py1} = A \cdot h \cdot n = 2070 \times 6 \times 4.8 = 59\ 616 m^3/h$$

(2) 计算风管尺寸和阻力损失。

注意满足前面提过的每个防烟分区应设置排烟口，排烟口宜设在顶棚或靠近顶棚的墙面上；排烟口距该防烟分区内最远点的水平距离不应超过 30m；机械排烟管道风速，采用金属管道时不应大于 20m/s；采用内表面光滑的非金属材料风道时，不应大于 15m/s；排烟口的风速不宜超过 10m/s 的原则。

1) 确定 1—6 为最不利环路。

排烟系统管道水力计算见表 7－8，各管段局部阻力系数统计见表 7－9。

表 7－8　　排烟系统管道水力计算表

管段	风量/（m³·h⁻¹）	长度/m	风管尺寸/（mm×mm）	风速/（m·s⁻¹）	比摩阻/（Pa·m⁻¹）	局部阻力系数/ξ	阻力损失/Pa
1	59 616	12	1600×500	20.5	4.64	0	55.68
2	40 000	14.5	1250×500	17.78	3.78	0	54.81
3	31 000	13	1250×400	17.22	4.25	0.1	70.07
4	22 000	21	1250×400	12.22	1.98	0.13	56.75
5	2500	13.5	500×160	8.68	3.3	0.304	56.0
6	700	6	200×160	6.07	2.48	0	14.88
7	9500	10	800×320	10.31	2.2	0.1	27.31
8	700	6	200×160	6.07	2.48	0	14.88
9	19 000	12.6	800×400	16.49	4.01	0	50.53
10	9500	14	630×320	13.09	3.44	0.1	56.72

表 7-9 各管段局部阻力系数统计表

管段	局部阻力名称、数量	ξ	管段	局部阻力名称、数量	ξ
1	矩形送出三通直管段	0	6	矩形三通分流	0.304
2	风管变高	0	7	矩形送出三通分支段	0
3	渐缩管	0.1	8	矩形三通分流	0.304
4	90°弯头	0.13	9	矩形送出三通分支段	0
	矩形送出三通直管段	0	10	渐缩管	0.1
5	矩形送出三通分支段	0			

注 根据《工业通风》局部阻力系数表，矩形送出三通，$v_2/v_1<1$ 可不计。

2）检查并联管路阻力损失不平衡率。

① 管段 6 和 8 长度、管径、风量都一致，属完全对称管段，阻力损失一致。

② 管段 7 和管段 5—6。

不平衡率为

$$\frac{\Delta P_{5-6}-\Delta_{P7}}{\Delta P_{5-6}}=\frac{70.88-27.31}{70.88}=61.5\%>15\%$$

若调整管段 7，将使 7 管段风速大于 4 管段，影响矩形送出三通的局部阻力系数发生变化，因此管段 7 尺寸不与调节，用阀门调节。

③ 管段 2—6 和管段 9—10。

不平衡率为

$$\frac{\Delta P_{2-6}-\Delta P_{9-10}}{\Delta P_{2-6}}=\frac{237.64-107.25}{70.88}=54.8\%>15\%$$

继续调整风管尺寸可能导致风速超过规范要求，因此不做调整，在管段 9—10 上加设阀门调节。

3）计算系统总阻力。

$$P=\sum(P_{1-6})=293.3\text{Pa}$$

4）选择风机。

风机风量 $Q_{py1}=K_L\times Q_{py}=1.1\times 59\,616=65\,577\text{m}^3/\text{h}$

风机风压 $P_{py1}=K_f\times P_{py}=1.15\times 293.3=337.3\text{Pa}$

2. 系统-阻力计算

相关数据见表 7-10。

表 7-10 用作通风时系统 1 阻力计算

管段	风量/($m^3\cdot h^{-1}$)	长度/m	风管尺寸/(mm×mm)	风速/($m\cdot s^{-1}$)	比摩阻/($Pa\cdot m^{-1}$)	局部阻力系数/ξ	阻力损失/Pa
1	37 260	12	1600×500	12.94	1.68	0	20.16
2	25 260	14.5	1250×500	11.23	1.4	0	20.30
3	19 600	13	1250×400	10.88	1.6	0.1	26.72
4	13 900	21	1000×400	9.65	1.38	0.13	35.03
5	1580	13.5	500×160	5.55	1.48	0.304	24.66
6	440	6	200×160	3.84	1.07	0	6.42
7	6000	10	800×320	6.51	0.88	0.1	10.92
8	440	6	200×160	3.84	1.07	0	6.42
9	12 000	12.6	800×400	10.42	1.72	0	21.67
10	6000	14	630×320	8.27	1.49	0.1	24.28

最不利管段总阻力损失

$$P=\sum(P_{1-6})=133.3\text{Pa}$$

通风时所需风量为 $Q_{pf1}=K_L\times Q_{pf}=1.1\times 37\ 260=40\ 986\text{m}^3/\text{h}$

所需风压为 $P_{pf1}=K_f\times P_{pf}=1.15\times 133.3=153.3\text{Pa}$

选择 HTF－F1－Ⅱ No.13 型风机，高转速 960r/min，风量 76 112m³/h，风压 463Pa，低转速时高转速 720r/min，风量 48 657m³/h，风压 371Pa；高转速时可满足排烟要求，低转速时可满足通风要求。

3. 第一防火分区排烟量计算

同理计算第一防火分区所需的风量风压，将第一防火分区分为 2 个系统，系统图见图 7－4。

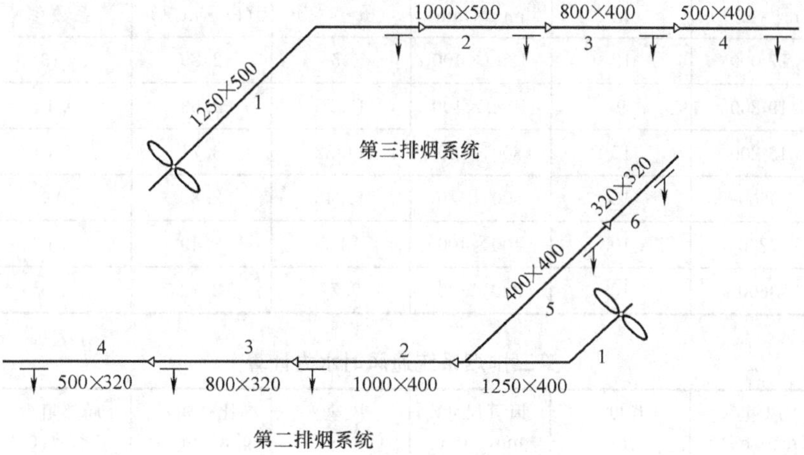

图 7－4　第一防火分区排烟系统图

第二排烟系统排烟时所需风量风压，以及做通风用的所需风量风压，数据见表 7－11、表 7－12。

表 7－11　　**第二排烟系统排烟时水力计算**

管段	风量/($\text{m}^3\cdot\text{h}^{-1}$)	长度/m	风管尺寸/(mm×mm)	风速/($\text{m}\cdot\text{s}^{-1}$)	比摩阻/($\text{Pa}\cdot\text{m}^{-1}$)	局部阻力系数/ξ	阻力损失/Pa
1	36 000	21	1250×500	16	2.62	0.23	84.5
2	27 000	15	1000×500	15	2.58	0.1	49.9
3	18 000	15	800×400	15.63	3.62	0.1	66.5
4	9000	15	500×400	12.5	2.99	0	44.9

表 7－12　　**第二排烟系统通风时水力计算**

管段	风量/($\text{m}^3\cdot\text{h}^{-1}$)	长度/m	风管尺寸/(mm×mm)	风速/($\text{m}\cdot\text{s}^{-1}$)	比摩阻/($\text{Pa}\cdot\text{m}^{-1}$)	局部阻力系数/ξ	阻力损失/Pa
1	22 500	21	1250×500	10	1.13	0.23	35.2
2	16 875	15	1000×500	9.38	1.09	0.1	20.7
3	11 250	15	800×400	9.77	1.53	0.1	27.7
4	5625	15	500×400	7.81	1.27	0	19.1

第二排烟系统排烟时所需，风机风量 $Q_{py2}=K_L\times Q_{py}=1.1\times36\ 000=39\ 600m^3/h$

风机风压 $Q_{pf2}=K_f\times P_{pf}=1.15\times245.8=282.7Pa$

第二排烟系统排烟时所需，风机风量 $Q_{pf2}=K_L\times Q_{pf}=1.1\times22\ 500=24750m^3/h$

风机风压 $P_{pf2}=K_f\times P_{pf2}=1.15\times102.8=118.2Pa$

选择 HTF－F1－Ⅱ No. 10 型风机，高转速 960r/min，风量 46 015m³/h，风压 496Pa，低转速时高转速 720r/min，风量 28 587m³/h，风压 337Pa。

第三排烟系统排烟时所需风量风压，以及做通风用时所需风量风压数据见表 7－13、表 7－14。

表 7－13　第三排烟系统排烟时水力计算

管段	风量/($m^3\cdot h^{-1}$)	长度/m	风管尺寸/mm×mm	风速/($m\cdot s^{-1}$)	比摩阻/($Pa\cdot m^{-1}$)	局部阻力系数/ξ	阻力损失/Pa
1	27 000	12	1250×400	15	2.89	0.13	49.3
2	19 800	9	1000×400	13.75	2.63	0.1	33.1
3	13 200	15	800×320	14.32	3.71	0.1	65.9
4	6600	15	500×320	11.46	2.87	0	43.1
5	7200	10	400×400	12.5	3.49	0.1	42.7
6	3600	10	320×320	9.77	2.82	0	28.2

表 7－14　第三排烟系统通风时水力计算

管段	风量/($m^3\cdot h^{-1}$)	长度/m	风管尺寸/mm×mm	风速/($m\cdot s^{-1}$)	比摩阻/($Pa\cdot m^{-1}$)	局部阻力系数/ξ	阻力损失/Pa
1	16 875	12	1250×400	9.38	1.22	0.13	20.4
2	12 375	9	1000×400	8.59	1.12	0.1	13.8
3	8250	15	800×320	8.95	1.57	0.1	27.6
4	4125	15	500×320	7.16	1.27	0	19.1
5	4500	10	400×400	7.81	1.44	0.1	17.4
6	2250	10	320×320	6.1	1.2	0	12

第三排烟系统排烟时所需，风机风量 $Q_{py3}=K_L\times Q_{py}=1.1\times27\ 000=29\ 700m^3/h$

风机风压 $P_{py3}=K_f\times P_{py}=1.15\times191.8=220.6Pa$

第三排烟系统通风时所需，风机风量 $Q_{pf3}=K_L\times Q_{pf}=1.1\times16\ 875=18\ 562.5m^3/h$

风机风压 $P_{pf3}=K_f\times Q_{pf}=1.15\times80.7=92.8Pa$

选择 HTF－F1－Ⅱ No. 8 型风机，高转速 1450r/min，风量 32 345m³/h，风压 579Pa，低转速时高转速 960r/min，风量 21 418m³/h，风压 290Pa。

第三节　智能化消防联动控制系统设计

消防联动控制系统是在火灾自动报警系统中，接受火灾报警控制器发出的火灾报警信号，按预设逻辑完成各项消防功能的控制系统。通常由消防联动控制器、模块、气体灭火控制器、消防电气控制装置、消防设备应急电源、消防应急广播设备、消防电话、传输设备、消防控制室图形显示装置、消防电动装置、消火栓按钮等全部或部分设备组成。

一、消防联动控制系统设备

1. 消防联动控制系统通用要求

消防联动控制系统各类设备的主要部件应采用符合国家有关标准的定型产品。

(1) 指示灯。以颜色标识，红色指示火灾报警、设备动作反馈、启动和延时等；黄色指示故障、屏蔽、回路自检等；绿色表示主电源和备用电源工作。指示灯应标注功能。在5～500lx环境光条件下，在正前方22.5°视角范围内，指示灯应在3m处清晰可见。采用闪动方式的指示灯每次点亮时间不应小于0.25s，其启动信号指示灯闪动频率不应小于1Hz，故障指示灯闪动频率不应小于0.2Hz。用一个指示灯同时显示故障、屏蔽和自检三项功能时，故障指示灯应为闪亮，屏蔽和自检指示灯应为常亮。

(2) 字母（符）—数字显示器。在5～500lx环境条件下，显示字符应在正前方22.5°视角内，0.8m处可读。

(3) 音响器件。在正常工作条件下，音响器件在其正前方1m处的声压级应大于65dB，小于115dB。在85%额定工作电压供电条件下应能发出声响。

2. 消防联动控制器

(1) 消防联动控制器能为其连接的部件供电，直流工作电压应符合GB 156—2003规定，可优先采用直流24V。

(2) 消防联动控制器主电源采用220V，50Hz交流电源，电源线输入端设接线端子。

(3) 消防联动控制器按设定的逻辑直接或间接控制其连接的各类受控消防设备（以下称受控设备），并设独立的启动总指示灯；只要有受控设备启动信号发出，该启动总指示灯应点亮。

(4) 消防联动控制器在接收到火灾报警后，应在3s内发出启动信号；发出启动信号后，应有光指示，指示启动设备名称和部位，记录启动时间和启动设备总数。光指示应保持至消防联动控制器复位。

(5) 消防联动控制器应能接收连接的消火栓按钮、水流指示器、报警阀、气体灭火系统启动按钮等触发器件发出的报警（动作）信号，显示其所在的部位，发出报警（动作）声、光信号，声信号应能手动消除，光信号应保持至消防联动控制器复位。

(6) 消防联动控制器应能以手动和自动两种方式完成控制功能，并指示状态，控制状态应不受复位操作的影响。

3. 消防电气控制装置

(1) 消防电气控制装置应具有手动和自动控制方式，并能接收来自消防联动控制器的联动控制信号，在自动工作状态下，执行预定的动作，控制受控设备进入预定的工作状态。

(2) 配接启动器件的消防电气控制装置应能接收启动器件的动作信号，并在3s内将启动器件的动作信号发送给消防联动控制器。处于自动状态的消防电气控制装置在接到启动器件的动作后，应执行预定的动作，控制受控设备进入预定的工作状态。

(3) 如果受控设备为一用一备相互切换设备，在用的受控设备发生故障时，消防电气控制装置应能在 3s 内自动切换至备用设备，同时发出相应的指示信号。

4. 消防设备应急电源

(1) 消防设备应急电源能按标称的输出特性为消防设备供电。能接收联动信号的消防设备应急电源，应能在接收到联动信号后按预先设定的联动功能供电。

(2) 电源输出回路的应急输出电流大于标称额定电流的 120%（或制造商允许的工作极限条件）时，应能发出声光、光故障报警信号，大于标称额定电流的 150%（或制造商允许的工作极限条件）时，应能自动停止输出，且能在过流情况解除后恢复到正常工作状态。

(3) 具有手动控制电源输出功能的消防设备应急电源，应能通过手动启动或停止消防设备应急电源的输出。具有自动控制电源输出功能的消防设备应急电源，应能在接收相应控制信号启动和停止消防设备应急电源。

(4) 应急输出的转换时间不应大于 5s。

5. 消防应急广播设备

(1) 消防应急广播设备具有中文功能标注，采用中文显示信息。

(2) 消防应急广播设备应设绿色工作状态指示灯。红色应急广播状态指示灯，当设备进行应急广播时，该指示灯应点亮。消防应急广播设备应能同时向一个或多个指定区域广播信息，广播语音应清晰，距扬声器正前方 3m 处，应急广播声压级不应小于 65dB，且不应大于 115dB。

(3) 当有启动信号输入时，消防应急广播设备立即停止非应急广播功能，进入应急广播状态。分别设置手动和自动控制功能，且手动操作优先：启动或停止应急广播；选择广播分区。

6. 消防专用电话

(1) 消防专用电话网络应为独立的消防通信系统。

(2) 消防控制室应设置消防专用电话总机且宜选择共电式电话总机或对讲通信电话设备。

(3) 电话分机或电话塞孔的设置应符合下列要求。

下列部位应设置消防专用电话分机：

① 消防水泵房、备用发电机房、配变电室、主要通风和空调机房、排烟机房、消防电梯机房及其他与消防联动控制有关的且经常有人值班的机房；

② 灭火控制系统操作装置处或控制室；

③ 企业消防站消防值班室总调度室。

设有手动火灾报警按钮消火栓按钮等处宜设置电话塞孔。电话塞孔在墙上安装时其底边距地面高度宜为 1.3～1.5m。

(4) 消防控制室消防值班室或企业消防站等处应设置可直接报警的外线电话。

7. 传输设备

(1) 传输设备应能接收来自火灾报警控制器的火灾报警信息，并发出火灾报警光信号。

(2) 传输设备应能在 10s 内将来自火灾报警控制器的监管报警信息传送给监控中心。

(3) 传输设备在处理和传输故障报警信息时，故障报警状态指示灯应闪亮，在得到控制中心的正确接收确认后，该指示灯应常亮并保持直至该状态被确认或接收并处理新的屏蔽信息。当信息传送失败时应发出声、光信号。

(4) 传输设备设有手动报警按钮，当手动报警按钮动作时，应发出指示手动报警状态的光信号，并在10s内将手动报警信号传送给监控中心。

8. 消防控制室图形显示装置通用要求

(1) 消防控制图形显示装置采用中文标注和中文页面；接通电源后直接进入操作界面，期间任何中断均不能影响操作界面的弹出和运行；界面关闭时电源应自动关闭，期间任何中断均不能影响界面和电源的关闭。采用红色指示报警联动，黄色指示，绿色指示正常。

(2) 消防控制图形显示装置能查询并显示监视区域中监视对象系统内各个消防设备（设施）的物理位置及其对应的实时状态信息，并能在发出查询信号后15s内显示信息。

9. 消防电动装置

消防电动装置应能接收制造商规定的启动信号，并在3s内执行驱动。具有手动和自动控制功能的消防电动装置应有手动或自动控制状态光指示。消防电动装置在自动状态下，手动插入操作优先。

10. 消火栓按钮

(1) 消火栓按钮的工作电压应采用不大于36V的安全电压。

(2) 消火栓按钮应具有向消火栓水泵控制器或消防联动控制器发送启动控制信号，并接收水泵启动回答信号的功能。

(3) 消火栓按钮应设红色启动确认灯，消火栓按钮启动零件动作后，启动确认灯应点亮，并保持至状态复位。设绿色回答确认灯，水泵启动并给出回答信号后，回答确认灯点亮，并保持至水泵停止工作。

二、消防联动控制系统设计思路

1. 消防系统的组成

消防系统主要由两大部分组成：一部分为感应机构，即火灾自动报警系统；另一部分为执行机构，即灭火及联动控制系统。

火灾自动报警系统由探测器、手动报警按钮、报警器和警报器等构成，以完成检测火情并及时报警之用。

灭火系统的灭火方式分为液体灭火和气体灭火两种，常用的为液体灭火方式。如目前国内经常使用的消火栓灭火系统和自动喷水灭火系统。无论哪种灭火方式，其作用都是当接到火警信号后应执行灭火任务。

联动系统有火灾事故照明及疏散指示标志、消防专用通信系统及防排烟设施等，均是为火灾下人员较好地疏散、减少伤亡所设。

综上所述，消防系统的主要功能是：自动捕捉火灾探测区域内火灾发生时的烟雾或热气，从而发出声、光报警并控制自动灭火系统，同时联动其他设备的输出接点，控制事故照明及疏散标记、事故广播及通信、消防给水和防排烟设施，以实现监测、报警和灭火的自动化。

2. 消防系统的分类

消防系统的类型，按报警和消防方式可分为两种：

(1) 自动报警，人工消防；

(2) 自动报警，自动消防。

3. 消防系统的工作原理

火灾自动报警系统的工作原理如图 7-5 所示。安装在保护区的探测器不断地向所监视的现场发出巡测信号，监视现场的烟雾浓度、温度等，并不断反馈给报警控制器，控制器将接收的信号与内存的正常设定值比较、判断确定火灾。当火灾发生时，发出声光报警，显示烟雾浓度，显示火灾区域或楼层房号的地址编码，并打印报警时间、地址等。同时向火灾现场发出警铃报警，在火灾发生楼层的上下相邻层或火灾区域的相邻区域也同时发出报警信号，以显示火灾区域。各应急疏散指示灯亮，指明疏散方向。

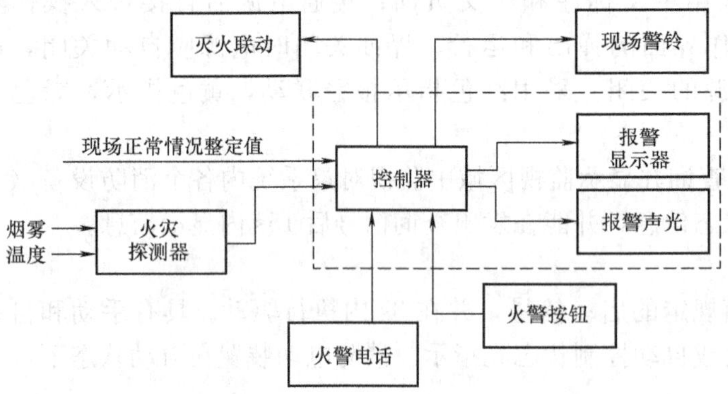

图 7-5 火灾自动报警系统原理框图

4. 消防器件的介绍

(1) 探测器。

一般说来，物质燃烧前往往是先产生烟雾，接着周围温度渐渐升高，同时产生一些可见光和不可见光。而物质由开始燃烧到火势渐大酿成火灾总是有个过程的。探测器的功能就是“捕捉”、“观察”物质刚刚开始燃烧时产生的“信号”。它把捕捉到的火灾信号转变为电信号，立即提供给报警控制器。由于场所的不同，燃烧物的不同，燃烧时产生的信号也不同。同样，在不同的场合需要不同的探测器。

火灾探测器的种类很多，主要有感温式火灾探测器、感烟式火灾探测器、光电式火灾探测器、可燃气体探测器。

探测器种类的选择应根据探测区域内的环境条件、火灾特点、房间高度、安装场所的气流状况等，选用其所适宜类型的探测器或几种探测器的组合。

1) 根据火灾特点、环境条件及安装场所确定探测器的类型。

感烟探测器作为前期、早期报警是非常有效的。对火灾初期有阴燃阶段，产生大量的烟和少量的热，很少或没有火焰辐射的场所，应选择感烟探测器。

对于有强烈的火焰辐射而仅有少量烟和热产生的火灾，应选用光电探测器，但不宜在火焰出现前有浓烟扩散的场所及探测器的镜头易被污染、遮挡以及受电焊、X 射线等影响的场所中使用。

感温型探测器作为火灾形成早期（早期、中期）报警非常有效。因其工作稳定，不受非火灾烟雾气尘等干扰。凡无法应用感烟探测器、允许产生一定的物质损失、非爆炸性的场合都可采用感温型探测器。特别适用于经常存在大量粉尘、烟雾、水蒸气的场所及相对湿度经常高于 95%的房间，但不宜用于有可能产生阴燃火的场所。

2) 根据房间高度选择探测器。对不同高度的房间点型火灾探测器的选择见表 7-15。

表 7-15　探测器相关数据

房间高度/m	感烟探测器	感温探测器			火焰探测器
		Ⅰ级	Ⅱ级	Ⅲ级	
$12<h\leqslant20$	不适合	不适合	不适合	不适合	不适合
$8<h\leqslant12$	适合	不适合	不适合	不适合	适合
$6<h\leqslant8$	适合	适合	不适合	不适合	适合
$4<h\leqslant6$	适合	适合	适合	不适合	适合
$h\leqslant4$	适合	适合	适合	适合	适合

(2) 手动报警按钮。手动报警按钮，亦称手动报警开关。

1) 手动报警按钮的作用。

火灾自动报警系统应有自动和手动两种触发装置。各种类型的火灾探测器是自动触发装置，而手动火灾报警按钮是手动触发装置。它具有在应急情况下人工手动通报火警或确认火灾的功能。

当人们发现火灾后，可通过装于走廊、楼梯口等处的手动报警开关进行人工报警。手动报警按钮的紧急程度比探测器报警要高，一般不需要确认。所以，手动按钮要求更可靠、更确切，处理火灾要求更快。

2) 手动报警按钮的设置。

从安装的数量上看，规范要求报警区域内每个防火分区应至少设置一个手动报警按钮。从一个防火分区内的任何位置到最近的一个手动报警按钮的步行距离不应大于 30m。应设置在明显和便于操作的部位，即设置在建筑物的大厅、过厅、主要公共活动场所出入口，餐厅、多功能厅等处的主要出入口，值班人员工作场所，主要通道门厅等经常有人通过的地方，安装在墙上距地（楼）面高度 1.5m 处明显和便于操作的部位。

(3) 消火栓按钮。

消火栓报警开关是安装于消火栓内的。当发生火灾使用消火栓灭火时，手动操作消火栓报警开关，可以向消防控制中心发出报警信号，同时启动有关消防设备。其线制为：报警功能二总线，由二进制拨码开关设置地址码；直接启泵功能四线制，包括启泵和点亮启泵指示灯各两根线。

(4) 短路隔离器。

短路隔离器，亦称总线隔离器。

短路隔离器的作用：短路隔离器用在传输总线上，对各分支线作短路时的隔离作用。它能自动使短路部分两端呈高阻态或开路状态，使之不损坏控制器，也不影响总线上其他部件的正常工作，当这部分短路故障消除时，能自动恢复这部分回路的正常工作，这种装置叫短路隔离器。

短路隔离器的适用场所：一条总线的各防火分区；一条总线的不同楼层；总线的其他分支处；下接部件（手段开关、模块）接地址号个数小于等于 30 个；下接探测器个数小于等于 40 个；下接中继器不超过 1 个。

(5) 区域显示器。

区域显示器的作用及适用范围：区域显示器显示来自报警器的火警及故障信息，适用于各防火监视分区或楼层。

区域显示器的功能及特点：

① 具有声报警功能。当火警或故障送入时，将发出两种不同的声报警（火警为变调音响，故障为长音响）。

② 具有控制输出功能。具备一对无源触电，其在火警信号存在时吸合，可用来控制一些警报器类的设备。

③ 具有计时钟功能。在正常监视状态下，显示当前时间。

④ 采用壁式结构，体积小，安装方便。

三、消防联动控制系统设计实例

该综合楼为框架结构，层高为 4.2m。地下车库面积为 1014.9m^2，底层面积为 859.6m^2，二层的层面积为 833.1m^2，三层的层面积为 816.3m^2，四层至 18 层的层面积为 718.2m^2，19 层的层面积为 725.1m^2，机房层的层面积为 740.0m^2，总面积为 15762m^2；一共有 20 层，其中负一层为地下车库，一层用于营业，二层至 19 层用于办公，顶楼为电梯机房。根据 GB 50045—1995《高层民用建筑设计防火规范》（2005 年版）第 3.0.1 条规定可知，该综合楼为一类建筑，防火等级为一级。

1. 消防控制室

根据 GB 50116—2008《火灾自动报警系统设计规范》第 6.1，6.2，6.3 条规定，对消防控制室作如下设置：消防控制室设置在底层，面积约为 5.8m^2，其门是向疏散方向开启，且入口处设置有明显标志。消防控制室内无与其无关的电气线路及管路穿过，其周围无电磁场干扰较强及其他影响消防控制设备工作的设备用房。

2. 系统设计

本系统采用 JB-R21-SG（1020/2 系统）联动型火灾报警控制器，集火灾报警和联动控制于一体，通过在每层设置感烟、感温探测器，手动报警按钮（带电话插口）及消火栓按钮达到火灾报警的目的，然后通过设置在每层的消防广播扬声器通报火灾情况，并通过疏散指示灯和应急照明灯指示人员疏散，同时通过联动控制设备关断非消防电源，使电梯迫降，并且根据火情启动有关的排烟设备和灭火设备，达到灭火的目的。

本设计的报警设备主要有：感烟探测器、感温探测器、手动报警按钮、消火栓按钮（带电话插口）、警铃等；警报装置主要有：消防广播，警铃；排烟送风装置主要有：排烟防火阀、加压送风机；灭火装置主要有：消火栓灭火系统、自动喷水灭火系统。

3. 火灾自动报警系统

（1）由防火分区划分报警区域。根据 GB 50045—1995《高层民用建筑设计防火规范》（2005 年版）第 5.1 条规定，由于设置了自动灭火系统，每个防火分区允许的最大建筑面积为 2000m^2，而该综合楼的层面积约为 1000m^2，所以将该综合楼每层划分为一个防火分区。根据 GB 50116—2008《火灾自动报警系统设计规范》第 4.1.1 条规定，可将该综合楼的每层划分为一个报警区域。

（2）火灾探测区域的划分。将报警区域按探测火灾的部位划分的单元称为探测区域。探测区域可以是一只探测器所保护的区域，也可以是几只探测器共同保护的区域，但一个探测区域在控制器上只能占有一个报警部位号。

根据 GB 50116—2008《火灾自动报警系统设计规范》第 4.2 条规定，探测区域应按独立房（套）间划分。一个探测区域的面积不宜超过500m²；从主要入口能看清其内部，且面积不超过1000m²的房间，也可划为一个探测区域。

敞开或封闭楼梯间，防烟楼梯间前室、消防电梯前室、消防电梯与防烟楼梯间合用的前室，走道、坡道、管道井、电缆隧道，建筑物闷顶、夹层等均单独划分探测区域。

结合以上规定和实际情况，将该综合楼的每个房间、楼梯间及其前室，每条走道均设为一个探测区域。

(3) 探测器的布置及其连线方式。根据《火灾自动报警系统设计规范》第8.1条规定，探测器的布置如下。

感烟探测器、感温探测器的保护面积、保护半径与其他参量的相互关系见表7-16。

该综合楼的底层高度均为4.5m，其余各层高度为3.6m，小于6m，房顶坡度均为0。

表7-16　**探测器相关参数**

火灾探测器的种类	地面面积 S/m^2	房间高度 h/m	探测器的保护面积 A 和保护半径 R					
			房顶坡度 ϕ					
			$\phi\leqslant15°$		$15°<\phi\leqslant30°$		$\phi>30°$	
			A/m^2	R/m	A/m^2	R/m	A/m^2	R/m
感烟探测器	$S\leqslant80$	$h\leqslant12$	80	6.7	80	7.2	80	8.0
	$S>80$	$6<h\leqslant12$	80	6.7	100	8.0	120	9.9
		$h\leqslant6$	60	5.8	80	7.2	100	9.0
感温探测器	$S\leqslant30$	$h\leqslant8$	30	4.4	30	4.9	30	5.5
	$S>30$	$h\leqslant8$	20	3.6	30	4.9	40	6.3

注　A——探测器的保护面积，m²；

根据《火灾自动报警系统设计规范》第8.1.4条规定，一个探测区域内所需设置的探测器数量，不应小于下式的计算值：

$$N\geqslant S/(K\times A)$$

式中　N——探测器数量（只），N应取整数；

S——该探测区域面积，m²；

A——探测器的保护面积，m²；

K——修正系数，该综合楼为一级保护对象，宜取0.8～0.9，在这里取0.9。

以下是对该综合楼平面中探测器的具体布置。

1）底层

① 营业大厅面积为262.2m²，在该营业大厅中的探测器选为感烟探测器，$A=60m^2$，其保护半径$R=5.8m$，所以营业大厅中探测器的数量为

N0101≥262.2/(0.9×60)≈4.86，取5个。

5个探测器布置如图7-7所示，$a=7.2m$，$b=7.3m$，查图7-6中D5曲线可知b的极限值为8.4m，大于7.3m，因此布置合理。

墙角距最近的探测器的距离为5.1m，小于其保护半径5.8m，也合理，因此N011=5个；

② 营业间面积为161.3m²，在该营业间中的探测器选为感烟探测器，$A=60m^2$，其保护半径$R=5.8m$，所以营业间中探测器的数量为

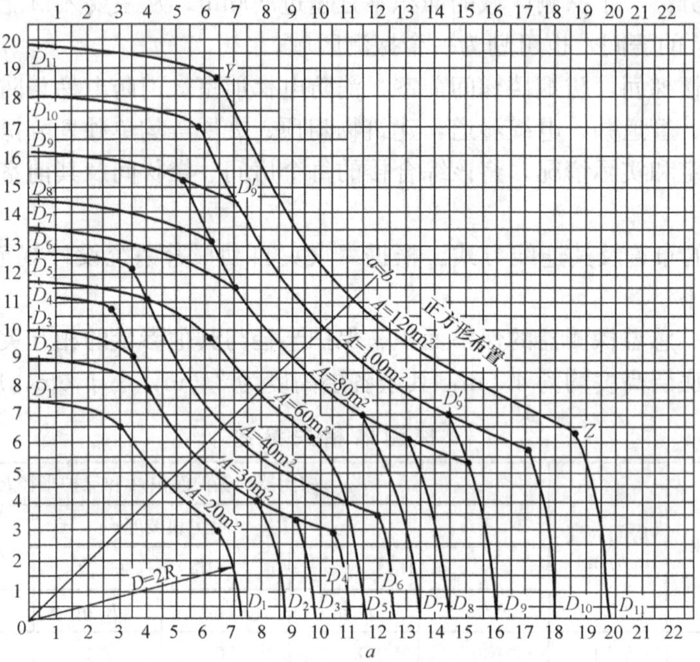

图 7-6 探测器安装间距的极限曲线

注：a、b—探测器的安装间距，m；

D1～D11（含 D9′）—在不同保护面积 A 和保护半径 R 下确定探测器安装间距 a、b 的极限曲线；

Y、Z—极限曲线的端点（在 Y 和 Z 两点的曲线范围内，保护面积可得到充分利用）。探测器安装间距的极限曲线见图 7-6。

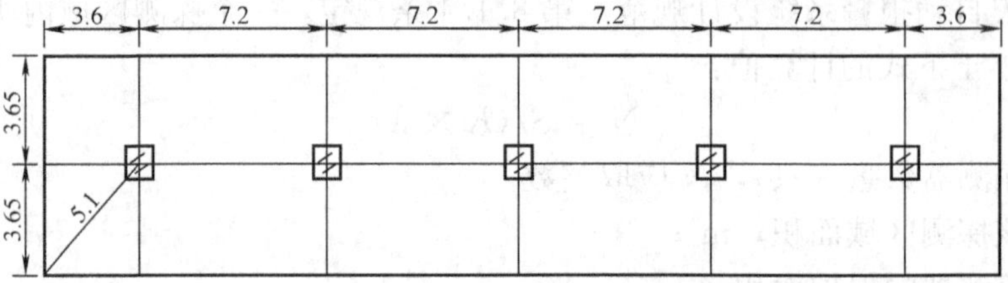

图 7-7 营业大厅平面图

N0102≥161.3/(0.9×60)≈3，取 4 个。

4 个探测器布置如下图，a=8.6m，b=4.7m，查图 7-8 中 D5 曲线可知 b 的极限值为 6.9m，大于 4.7m，因此布置合理。

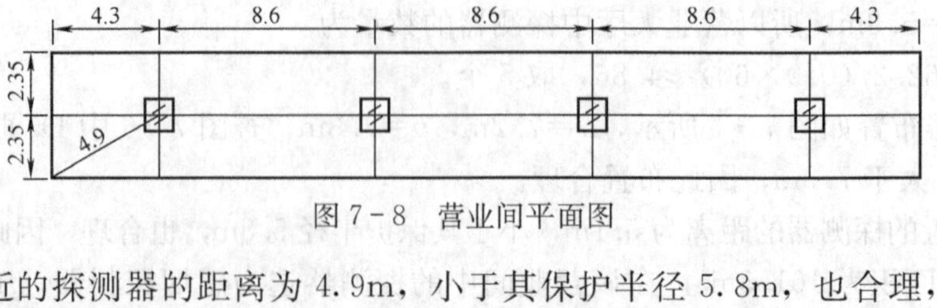

图 7-8 营业间平面图

墙角距最近的探测器的距离为 4.9m，小于其保护半径 5.8m，也合理，因此 N012=4 个。

③ 门左侧厅中的探测器选为感烟探测器，$A=80m^2$，其保护半径 $R=6.7m$，面积为 $30.4m^2<A$，其对角线长为 $10.4m<2R$，因此 N0103=1 个。

④ 门右侧厅同门左侧厅，因此 N0104=1 个。

⑤ 门厅中的探测器选为感烟探测器，$A=80m^2$，其保护半径 $R=6.7m$，面积为 $35.6m^2<A$，墙角距探测器的最远距离为 $5.7m<6.7m$，因此 N0105=1 个。

⑥ 侯梯厅探测器选为感烟探测器，$A=80m^2$，其保护半径 $R=6.7m$，面积为 $25.0m^2<A$，墙角距探测器的最远距离为 $3.6m<6.7m$，因此 N0106=1 个。

⑦ 楼梯间探测器选为感烟探测器，$A=80m^2$，其保护半径 $R=6.7m$，面积为 $10.0m^2<A$，拐角距探测器的最远距离为 $4.5m<6.7m$，因此 N0107=1 个。

⑧ 消防控制室探测器选为感烟探测器，$A=80m^2$，其保护半径 $R=6.7m$，面积为 $5.8m^2<A$，其对角线长为 $3.5m<2R$，因此 N0108=1 个。

⑨ 弱电间探测器选为感烟探测器，$A=80m^2$，其保护半径 $R=6.7m$，面积为 $4.0m^2<A$，其对角线长为 $3.0m<2R$，因此 N0109=1 个。

⑩ 强电间探测器选为感烟探测器，$A=80m^2$，其保护半径 $R=6.7m$，面积为 $4.0m^2<A$，其对角线长为 $3.0m<2R$，因此 N0110=1 个。

⑪ 办公探测器选为感烟探测器，$A=80m^2$，其保护半径 $R=6.7m$，面积为 $26.0m^2<A$，其对角线长为 $7.4m<2R$，因此 N0111=1 个。

⑫ 空调机房探测器选为感烟探测器，$A=80m^2$，其保护半径 $R=6.7m$，面积为 $16.9m^2<A$，其对角线长为 $6.7m<2R$，因此 N0112=1 个。

⑬ 走道探测器选为感烟探测器，$A=80m^2$，其保护半径 $R=6.7m$，面积为 $8.0m^2<A$，墙角距探测器的最远距离为 $2.7m<6.7m$，因此 N0113=1 个。

底层所采用的探测器中感烟探测器数量 N01=N0101+N0102+N0103+N0104+N0105+N0106+N0107+N0108+N0109+N0110+N0111+N0112+N0113=5+4+1+1+1+1+1+1+1+1+1+1+1=20 个，感温探测器数量 N01′=0 个。

2）二层

① 办公 1 探测器选为感烟探测器，$A=80m^2$，其保护半径 $R=6.7m$，阳台面积为 $27.7m^2<A$，墙角距探测器的最远距离为 $4.8m<6.7m$，故只需设一个探测器；办公室面积为 $65.5m^2$，所以办公室中探测器的数量为 $65.5m^2/(0.9\times80)\approx0.9$ 取 2 个，墙角距探测器的最远距离为 $4.2m<6.7m$，因此 N0201=1+2=3 个，探测器布置如图 7-9 所示。

② 办公 2 面积为 $113.7m^2$，在该办公室中的探测器选为感烟探测器，$A=60m^2$，其保护半径 $R=5.8m$，所以办公室中探测器的数量为

N0202≥113.7/(0.9×60)≈2.1，取 3 个。

3 个探测器布置如图 7-10 所示，$a=8.8m$，$b=4.3m$，查图 7-8 中 D5 曲线可知 b 的极限值为 6.7m，大于 4.3m，因此布置合理。

墙角距最近的探测器的距离为 4.9m，小于其保护半径 5.8m，也合理，因此 N0202=3 个。

③ 办公 3 同办公 2，因此 N0203=3 个。

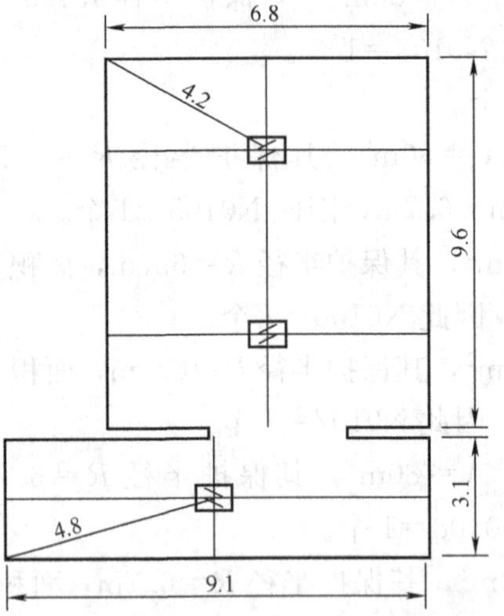

图 7-9　二层办公 1 平面图

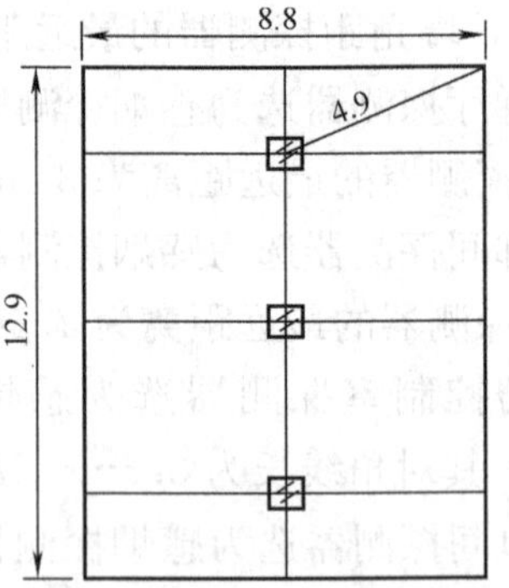

图 7-10　二层办公 2 平面图

④ 办公 4 同办公 1，因子 N0204=3 个。

⑤ 办公 5 探测器选为感烟探测器，$A=80m^2$，其保护半径 $R=6.7m$，面积为 $42.4m^2<A$，其对角线长为 $9.3m<2R$，因此 N0205=1 个。

⑥ 办公 6 探测器选为感烟探测器，$A=80m^2$，其保护半径 $R=6.7m$，面积为 $54.9m^2<A$，其对角线长为 $10.9m<2R$，因此 N0206=1 个。

⑦ 走道长 36.3m，宽 $2.2m<3m$，采用 4 个感烟探测器，探测器间距为 $9.1m<15m$（GB 50116—2008《火灾自动报警系统设计规范》第 8.1.6 条规定，在宽度小于 3m 的内走道顶棚上设置探测器时，宜居中布置。感温探测器的安装间距不应超过 10m；感烟探测器的安装间距不应超过 15m；探测器至端墙的距离，不应大于探测器安装间距的一半），因此 N0207=3。

⑧ 右楼梯间前室探测器选为感烟探测器，$A=80m^2$，其保护半径 $R=6.7m$，面积为 $4.7m^2<A$，拐角距探测器的最远距离为 $1.6m<6.7m$，因此 N0208=1 个。

⑨ 候梯厅探测器选为感烟探测器，$A=80m^2$，其保护半径 $R=6.7m$，面积为 $17.3m^2<A$，拐角距探测器的最远距离为 $3.1m<6.7m$，因此 N0209=1 个。

⑩ 左楼梯间前室探测器选为感烟探测器，$A=80m^2$，其保护半径 $R=6.7m$，面积为 $5.0m^2<A$，拐角距探测器的最远距离为 $1.7m<6.7m$，因此 N0210=1 个。

⑪ 办公 5 右边走道探测器选为感烟探测器，$A=80m^2$，其保护半径 $R=6.7m$，面积为 $7.9m^2<A$，拐角距探测器的最远距离为 $3.2m<6.7m$，因此 N0211=1 个。

⑫ 弱电间同底层，因此 N0212=1 个。

⑬ 强电间同底层，因此 N0213=1 个。

二层所采用的探测器中感烟探测器数量 N02=N0201+N0202+N0203+N0204+N0205+N0206+N0207+N0208+N0209+N0210+N0211+N0212+N0213=3+3+3+3+1+1+3+1+1+1+1+1+1=23 个，感温探测器数量 N02′=0 个。

3）三层

① 办公 1 探测器选为感烟探测器，$A=60m^2$，其保护半径 $R=5.8m$，面积为 $86.9m^2$，

所以办公室中探测器的数量为 86.9/(0.9×60)≈1.6 取 2 个，墙角距探测器的最远距离为 5.1m<5.8m，因此 N0301=2 个，探测器布置如图 7-11 所示。

② 办公 2 面积为 94.8m²，在该办公室中的探测器选为感烟探测器，$A=60m^2$，其保护半径 $R=5.8m$，所以办公室中探测器的数量为 N0202≥94.8/(0.9×60)≈1.76，取 2 个，墙角距探测器的最远距离为 5.7m<5.8m，因此 N0302=2 个，探测器布置如图 7-12 所示。

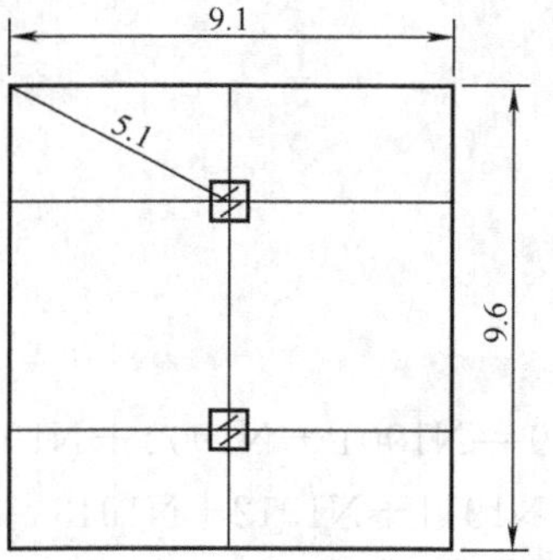

图 7-11　二层办公 1 平面图

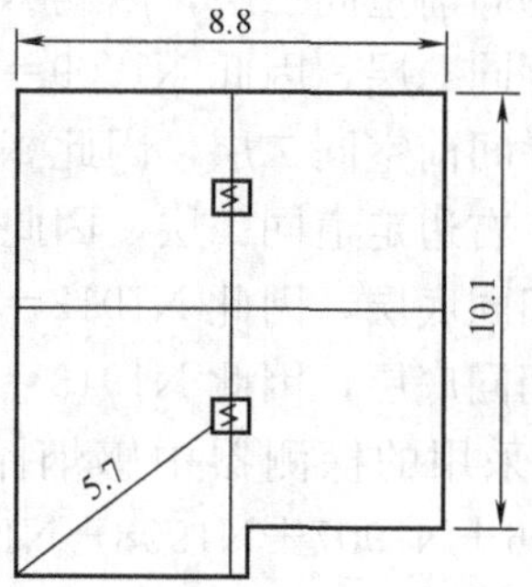

图 7-12　二层办公 2 平面图

③ 办公 3 同办公 2，因此 N0303=2 个。

④ 办公 4 同办公 1，因此 N0304=2 个。

⑤ 办公 5 同二层，因此 N0305=1 个。

⑥ 办公 6 同二层，因此 N0306=1 个。

⑦ 走道同二层，因此 N0307=3 个。

⑧ 右楼梯间前室探测器选为感烟探测器，$A=80m^2$，其保护半径 $R=6.7m$，面积为 6.2m²<A，拐角距探测器的最远距离为 1.8m<6.7m，因此 N0208=1 个。

⑨ 候梯厅同二层，因此 N0309=1 个。

⑩ 左楼梯间前室同二层，因此 N0310=1 个。

⑪ 办公 5 右边走道同二层，因此 N0311=1 个。

⑫ 弱电间同底层，因此 N0312=1 个。

⑬ 强电间同底层，因此 N0313=1 个。

三层所采用的探测器中感烟探测器数量 N03=N0301+N0302+N0303+N0304+N0305+N0306+N0307+N0308+N0309+N0310+N0311+N0312+N0313=2+2+2+2+1+1+3+1+1+1+1+1+1=19 个，感温探测器数量 N03′=0 个。

4）四～十八层

同三层，因此四～十八层所采用的探测器中感烟探测器数量 N04+N05+…+N18=19×15=285 个，感温探测器数量 N04′+N05′+…+N18′=0 个。

5）十九层

① 办公 1 同三层，因此 N1901=2 个。

② 办公 2 面积为 99.6m²，在该办公室中的探测器选为感烟探测器，$A=60m^2$，其保护半径 $R=5.8m$，所以办公室中探测器的数量为 N1902≥99.6/(0.9×60)≈1.84 取 2 个，墙角距探测器的最远距离为 5.2m<5.8m，因此 N1902=2 个，探测器布置如

图 7-13 所示。

③ 办公 3 同办公 2，因此 N1903=2 个。

④ 办公 4 同三层，因此 N1904=2 个。

⑤ 办公 5 同二层，因此 N1905=1 个。

⑥ 办公 6 同二层，因此 N1906=1 个。

⑦ 走道同二层，因此 N1907=3 个。

⑧ 右楼梯间前室同三层，因此 N1908=1 个。

⑨ 候梯厅同二层，因此 N1909=1 个。

⑩ 左楼梯间前室同二层，因此 N1910=1 个。

⑪ 办公 5 右边走道同二层，因此 N1911=1 个。

⑫ 弱电间同底层，因此 N1912=1 个。

⑬ 强电间同底层，因此 N1913=1 个。

十九层所采用的探测器中感烟探测器数量 N19=N1901+N1902+N1903+N1904+N1905+N1906+N1907+N1908+N1909+N1910+N1911+N1912+N1913=2+2+2+2+1+1+3+1+1+1+1+1+1=19 个，感温探测器数量 N19′=0 个。

6）机房层

① 右楼梯间前室同三层，因此 N2001=1 个。

② 电梯前厅同二层候梯厅，因此 N2002=1 个。

③ 左楼梯间前室同二层，因此 N2003=1 个。

④ 电梯后厅探测器选为感烟探测器，$A=80m^2$，其保护半径 $R=6.7m$，面积为 $23.2m^2<A$，拐角距探测器的最远距离为 4.8m<6.7m，因此 N2004=1 个；电梯后厅平面布置如图 7-14 所示。

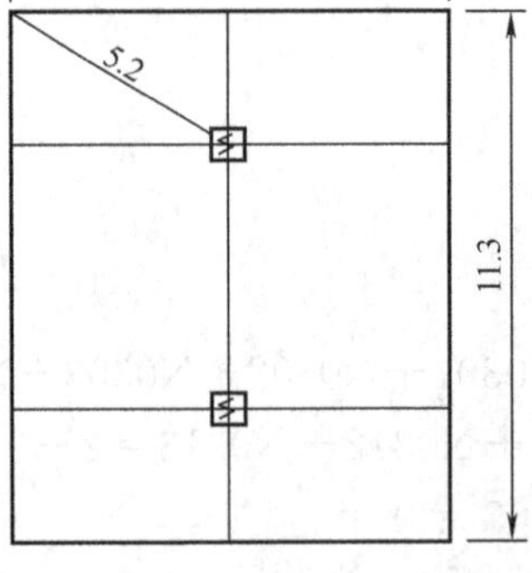

图 7-13　十九层办公 2 平面图

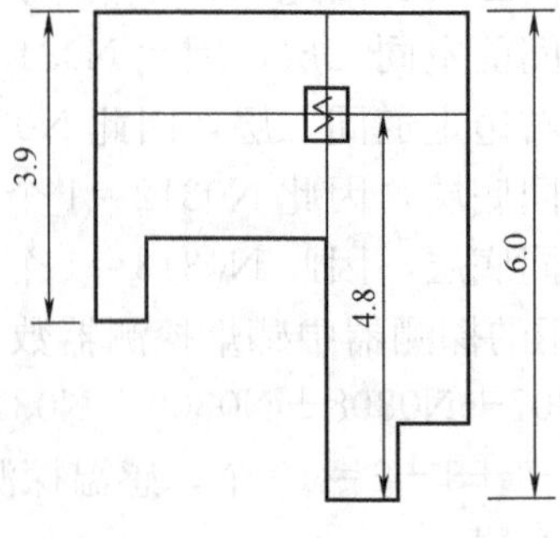

图 7-14　电梯后厅平面图

⑤ 弱电间同底层，因此 N2005=1 个。

⑥ 强电间同底层，因此 N2006=1 个。

⑦ 走道长 17.8m，宽 2.2m<3m，采用 2 个感烟探测器，探测器间距为 10.9m<15m，因此 N2007=2 个；2 个探测器布置如图 7-15 所示。

⑧ 左间。面积为 $101.0m^2$，探测器选为感烟探测器，$A=60m^2$，其保护半径 $R=5.8m$，所以探测器的数量为 $N2008\geqslant101.0/(0.9\times60)\approx1.87$，取 2 个，墙角距探测器的最远距离

图 7-15　走道平面图

为 5.2m<5.8m，因此 N2008=2 个，探测器布置如图 7-16 所示。

⑨ 右间同左间，因此 N2009=2 个。

机房层所采用的探测器中感烟探测器数量 N20＝N2001＋N2002＋N2003＋N2004＋N2005＋N2006＋N2007＋N2008＋N2009 ＝1＋1＋1＋1＋1＋1＋2＋2＋2＝12 个，感温探测器数量 N19′＝0 个。

7）地下车库

① 低压配电房面积为 52.9m^2，在该配电房中的探测器选为感烟探测器和感温探测器的组合，感烟探测器 A＝80m^2，其保护半径 R＝6.7m，所以配电房中感烟探测器的数量为 N0001≥52.9/(0.9×80)≈0.73 取 1 个，因此 N0001＝1 个；由于是配电房，所以在感烟探测器的两端各加一个感温探测器，因此感温探测器数量为 N0001′＝2 个，探测器布置如图 7-17 所示。

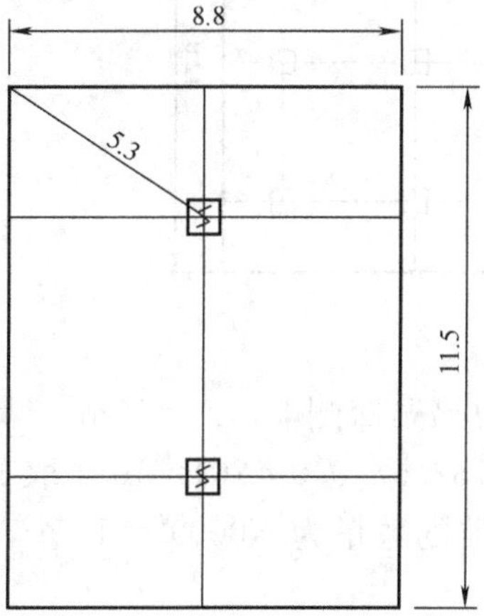

图 7-16　左间平面图

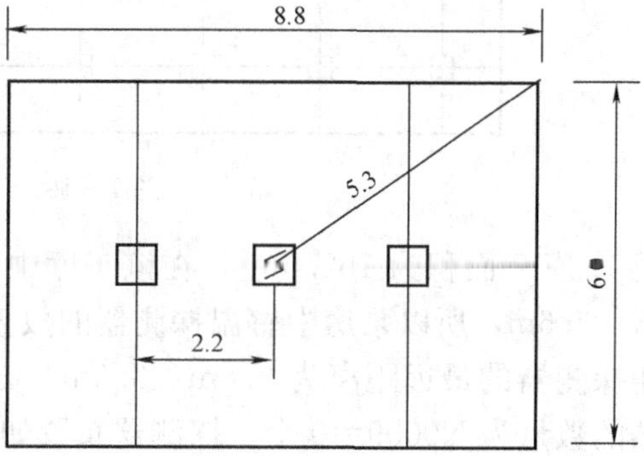

图 7-17　低压配电房平面图

② 变压器室同低压配电房，因此 N0002＝1 个；N0002′＝2 个。

③ 走道探测器选为感烟探测器，A＝80m^2，其保护半径 R＝6.7m，面积为 11.1m^2<A，拐角距探测器的最远距离为 3.6m<6.7m，因此 N0003＝1 个。

④ 候梯厅探测器选为感烟探测器，A＝80m^2，其保护半径 R＝6.7m，面积为 15.6m^2<A，拐角距探测器的最远距离为 3.5m<6.7m，因此 N0004＝1 个。

⑤ 滤毒室探测器选为感烟探测器，A＝80m^2，其保护半径 R＝6.7m，面积为 12.6m^2<A，拐角距探测器的最远距离为 2.6m<6.7m，因此 N0005＝1 个。

⑥ 高压配电房面积为 59.3m^2，在该配电房中的探测器选为感烟探测器和感温探测器的组合，感烟探测器 A＝80m^2，其保护半径 R＝6.7m，所以配电房中感烟探测器的数量为

N0006≥59.3/(0.9×80)≈0.82 取 1 个，因此 N0006=1 个；由于是配电房，再布置一个感温探测器，因此感温探测器数量为 N0006′=2 个，探测器布置如图 7－18 所示。

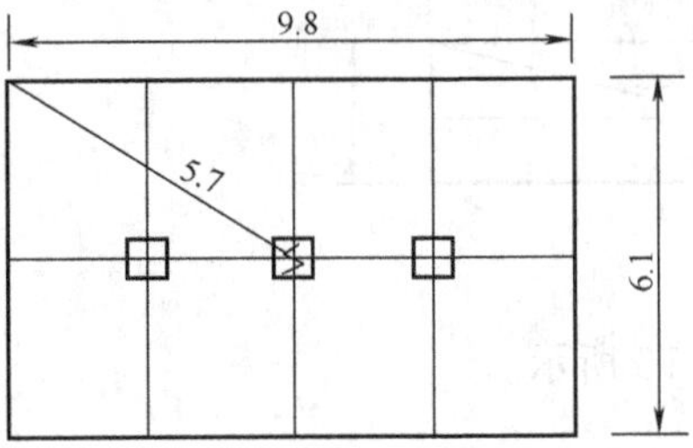

图 7－18　高压配电房平面图

⑦ 泵房面积为 57.9m^2，在该泵房中的探测器选为感温探测器，A=20m^2，其保护半径 R=3.6m，所以泵房中感温探测器的数量为 N0007≥57.9/(0.9×20)≈3.2 取 4 个，拐角距探测器的最远距离为 2.8m<3.6m，因此感温探测器的数量为 N0007′=4 个，感烟探测器的数量为 N0007=0 个。

⑧ 车库 1 面积为 402.6m^2，在该车库中的探测器选为感温探测器，A=20m^2，其保护半径 R=3.6m，所以泵房中感温探测器的数量为 N0008≥402.6/(0.9×20)≈22.4 取 24 个，拐角距探测器的最远距离为 2.9m<3.6m，因此感温探测器的数量为 N0008′=24 个，感烟探测器的数量为 N0008=0 个，探测器布置如图 7－19 所示。

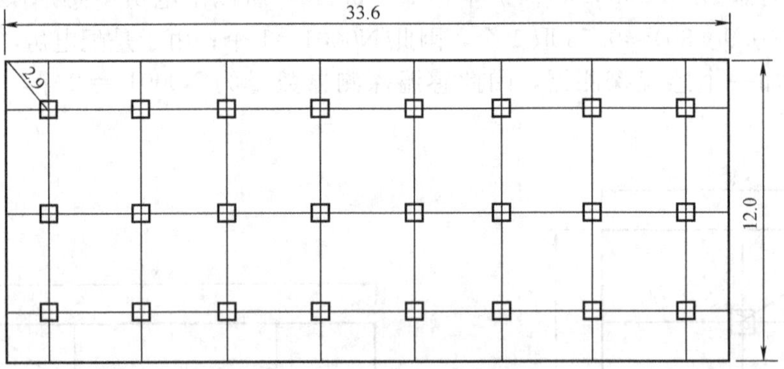

图 7－19　车库 1 平面图

⑨ 车库 2 面积为 182.5m^2，在该车库中的探测器选为感温探测器，A=20m^2，其保护半径 R=3.6m，所以泵房中感温探测器的数量为 N0009≥182.5/(0.9×20)≈10.1 取 12 个，拐角距探测器的最远距离为 2.8m<3.6m，因此感温探测器的数量为 N0009′=12 个，感烟探测器的数量为 N0009=0 个，探测器布置如图 7－20 所示。

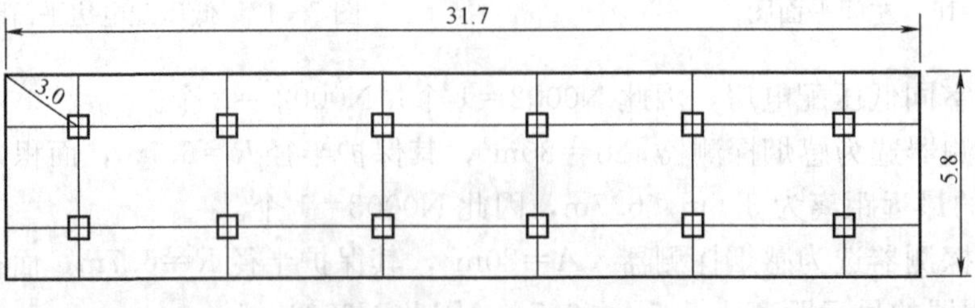

图 7－20　车库 2 平面图

⑩ 洗消间前室探测器选为感烟探测器，A=80m^2，其保护半径 R=6.7m，面积为 8.3m^2<A，拐角距探测器的最远距离为 2.2m<6.7m，因此 N0010=1 个。

⑪ 洗消间探测器选为感烟探测器，A=80m^2，其保护半径 R=6.7m，面积为 12.8m^2<

A，拐角距探测器的最远距离为2.5m<6.7m，因此N0011=1个。

地下车库所采用的探测器中感烟探测器数量为N00=N0001+N0002+N0003+N0004+N0005+N0006+N0007+N0008+N0009+N0010+N0011=1+1+1+1+1+1+0+0+0+1+1=8个，感温探测器数量N00′=N0001′+N0002′+N0003′+N0004′+N0005′+N0006′+N0007′+N0008′+N0009′+N0010′+N0011′=2+2+0+0+0+2+4+24+12+0+0=46个。

总计：感烟探测器：N00+N01+N02+N03+（N04+N05+…+N18）+N19+N20=8+20+23+19+285+19+12=386。

感温探测器：N00′+N01′++N02′+N03′+（N04′+N05′+…+N18′）+N19′+N20′=46+0+0+0+0+0=46。

本系统中采用的是二总线制，树枝形接线，如图7-21所示（G线为公共地线，P线则完成供电、选址、自检、获取信息等）。

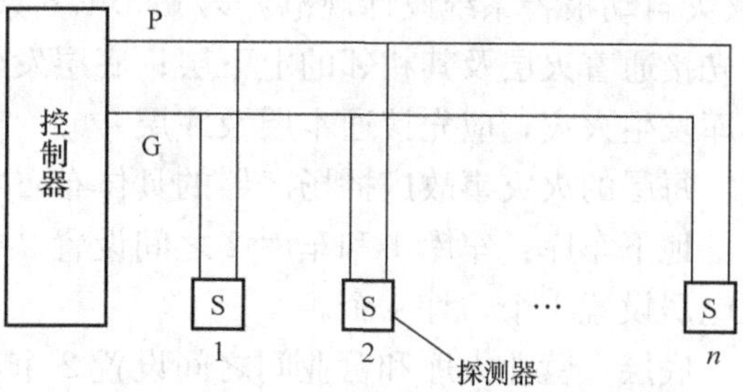

图7-21　树枝形接线（二总线制）

（4）手动报警按钮。

《火灾自动报警系统设计规范》第8.3条规定，每个防火分区应至少设置一个手动火灾报警按钮。从一个防火分区内的任何位置到最邻近的一个手动火灾报警按钮的距离，不应大于30m。手动火灾报警按钮宜设置在公共活动场所的出入口处；手动火灾报警按钮应设置在明显的和便于操作的部位。当安装在墙上时，其底边距地高度宜为1.3～1.5m，且应有明显的标志。

本系统中选用FMB11Z-2手动报警按钮，为二总线制，由二进制拨码开关设置地址码，带电话插孔。

在该综合楼中对手动报警按钮的具体布置如下。

地下车库：在车库入口处设置1个，泵房入口处设置1个，候梯厅处设置1个，计3个。

底层：在营业大厅入口处设置1个，营业间右侧入口处设置1个，值班台设置1个，候梯厅设置1个，计4个。

二层：在走道两端各设置1个，3个楼梯附近各设置1个，计5个。

三～19层：在走道两端各设置1个，2个楼梯附近各设置1个，计4个。

机房层：在走道两端各设置1个，计2个。

总计：3+4+5+4×17+2=82个

（5）消火栓按钮。

线制：报警功能二总线，由二进制拨码开关设置地址码，直接启泵功能四线制，包括启泵和点亮启泵指示灯各两根线。

在该综合楼中对消火栓按钮的具体布置如下。

地下车库：车库1和车库2各设置设置2个，计4个。

底层：营业大厅、营业间各设置2个，候梯厅设置1个，计5个。

二层～机房层：在走道两端各设置1个，候梯厅设置1个，计3个。

总计：4＋5＋3×19＝66 个

4. 消防联动控制系统

（1）火灾事故广播。

火灾发生后，为了便于组织人员的安全疏散和通知有关救灾的事项，对本综合楼设置火灾事故广播（火灾紧急广播）系统。根据《火灾自动报警系统设计规范》第 5.4.2.1 条规定，民用建筑内扬声器应设置在走道和大厅等公共场所，每个扬声器的额定功率不应小于 3W，其数量应能保证从一个防火分区的任何部位到最近一个扬声器的距离不大于 25m。走道内最后一个扬声器至走道末端的距离不应大于 12.5m。

当发生火灾时，为了便于疏散和减少不必要的混乱，火灾事故广播发出警报不能采用整个大楼火灾事故广播系统全部启动的方式，仅向着火的楼层及其有关的楼层进行广播。根据《火灾自动报警系统设计规范》第 6.3.1.6 条规定作如下设置：二层及以上的楼房发生火灾，应先接通着火层及其相邻的上下层；底层发生火灾，应先接通本层、二层及地下车库；地下车库发生火灾，应先接通本层及底层。

每层的火灾事故广播扬声器的具体布置如下。

地下车库：车库 1 和车库 2 之间设置 2 个，间距为 22.3m；低压配电房设置 1 个，高压配电房设置 1 个，计 4 个。

底层：营业大厅和营业间之间设置 2 个，间距为 20.5m，门厅设置 1 个，计 3 个。

二～十九层：走道长 17.8m，设 1 个，计 2 个。

机房层：走道长 24.6m，设 1 个。

总计：3W 的扬声器 4＋3＋2×18＋1＝44 个

总功率为：3×44＝132W

其扩音机的容量需大于 132W。

（2）消防专用电话系统。

消防控制室设置对内联系、对外报警的电话是我国目前阶段的主要的消防通信手段。

根据《火灾自动报警系统设计规范》第 5.6 条规定，消防专用电话网络应为独立的消防通信系统，也就是说不能利用一般电话线路代替消防专用电话线路，应独立布线。消防专用电话总机与电话分机或塞孔之间呼叫方式是直通的，中间没有交换或转接程序。

根据《火灾自动报警系统设计规范》第 5.6.3.2 条规定，设有手动火灾报警按钮、消火栓按钮等处宜设置电话塞孔。电话塞孔在墙上安装时，其底边距地面高度宜为 1.3～1.5m。

该综合楼消防系统中的设置是在消防控制室设置一台“119”专用电话分机，每个手动报警按钮都自带电话插口。

（3）应急照明。根据《高层民用建筑设计防火规范》第 9.2.6 条规定，应急照明和疏散指示标志可采用蓄电池作备用电源，且连续供电时间不应少于 20min。

1）应急照明。应急照明在正常电源断电后，其电源转换时间应小于 15s。

应急照明灯自带蓄电池，并采用三线式配线，以使蓄电池经常处于充电状态。

由于应急照明在实际设计和施工中，一般都被纳入照明系统中，因此在这里不作具体设计、布置。

2）疏散指示标志。疏散指示灯平时处于点亮状态，每10～20m步行距离及转角处需装一个，其安装高度应在1m以下；在通往楼梯口或通向室外的出口设置出口标志灯，并采用绿色标志，安装在门口上部。安全出口标志灯宜安装在疏散门口的上方，在首层的疏散楼梯应安装于楼梯口的里侧上方。安全出口标志距地高度宜不低于2 m。疏散走道上的安全出口标志灯可明装，而厅室内宜采用暗装。疏散指示灯应的设置应不影响正常通行，其周围不应存放有容易混同以及遮挡疏散标志灯的其他标志牌等。

由于疏散指示标志在实际设计和施工中，一般都被纳入照明系统中，因此在这里不作具体设计、布置。

(4) 防、排烟系统。火灾时产生的烟的主要成分是CO，易使人窒息；烟气遮挡人的视线，使人在疏散时难以辨别方向。而本设计采用的是高层建筑，其本身会产生“烟囱效应”，如不及时排除，很快就会垂直扩散到各处。因此，防排烟系统必不可少，当发生火灾后，应立即使其投入使用，将烟气迅速排出。

《高层民用建筑设计防火规范》的规定如下。

无直接自然通风，且长度超过20m的内走道或有直接自然通风，但长度超过60m的内走道以及面积超过100m^{2}且经常有人停留的无窗房间，或对外开窗但面积超过200m^{2}的房间均需设置机械排烟设施。

排烟防火阀设在风管上，平时处于关闭状态。当火警发生后，它可以以感烟信号联动，控制主机发出信号或手动使其瞬间开启，进行排烟，任何一处排烟阀开启时，会立即连锁启动排烟机。在排烟机前的排烟吸入口处，装有排烟防火阀。当排烟风机启动时，此阀门同时打开进行排烟，当排烟温度高达280℃时，装设在阀口的温度熔断器动作，再将阀门自动关闭，同时也连锁关闭风机。本设计中，任意一层楼着火，着火层和其上一层的排烟阀开启。

送风口设置如下：

地下车库和底层设置1个，二～十九层个设置2个，计36个送风口。

排烟口设置如下：

地下车库设置5个，计5个送风口。

排烟防火阀设置如下：

地下车库设置7个，计7个排烟防火阀。

排烟机设置如下：

地下车库设置3个，屋顶设置2个，计5个排烟机。

加压送风机设置如下：

屋顶设置3个，计3个加压送风机。

(5) 灭火系统。

① 自动喷淋系统。

② 室内消火栓灭火系统。消火栓由蓄水池、加压送水装置（水泵）及室内消火栓等主要设备构成，这些设备的电气控制包括水池的水位控制、消防用水和加压水泵的启动。水位控制应能显示出水位的变化情况和高、低水位报警及控制水泵的开停。室内消火栓系统由水枪、水龙带、消火栓、消防管道等组成。为保证喷水枪在灭火时具有足够的水压，需要采用加压装置。常用的加压设备有两种：消防水泵和气压给水装置。该处采用消防水泵加压。在

每个消火栓内设置消防按钮，灭火时用小锤击碎按钮上的玻璃小窗，按钮不受压而复位，从而通过控制电路启动消防水泵，水压增高后，灭火水管有水，用水枪喷水灭火。

5. 设计说明

（1）系统构成。消防联动控制系统由消防系统的感应机构，即探测器、手动报警按钮、消火栓按钮等报警系统，和其执行机构，即自动喷淋系统、消火栓灭火系统、防排烟系统等灭火系统和各种联动控制系统构成。

（2）安装调试注意事项。

① 根据《火灾自动报警系统设计规范》第 5.4.2.1 条规定，每个扬声器的额定功率不应小于 3 W，其数量应能保证从一个防火分区的任何部位到最近一个扬声器的距离不大于 25m。走道内最后一个扬声器至走道末端的距离不应大于 12.5m。

② 根据《火灾自动报警系统设计规范》第 5.6.3.2 条规定，设有手动火灾报警按钮、消火栓按钮等处宜设置电话塞孔。电话塞孔在墙上安装时，其底边距地面高度宜为 1.3～1.5m。

③ 根据《火灾自动报警系统设计规范》第 6.2.5 条规定，在值班人员经常工作的一面，设备面盘至墙的距离不应小于 3m；设备面盘后的维修距离不宜小于 1m；集中火灾报警控制器或火灾报警控制器安装在墙上时，其底边距地面高度宜为 1.3～1.5m，其靠近门轴的侧面距墙不应小于 0.5m，正面操作距离不应小于 1.2m。

④ 根据《火灾自动报警系统设计规范》第 8.1 条规定，探测区域内的每个房间至少应设置一只火灾探测器；探测器至墙壁、梁边的水平距离，不应小于 0.5m；探测器周围 0.5m 内，不应有遮挡物；探测器至空调送风口边的水平距离不应小于 1.5m，并宜接近回风口安装，探测器至多孔送风顶棚孔口的水平距离不应小于 0.5m；在电梯井、升降机井设置探测器时，其位置宜在井道上方的机房顶棚上。

⑤ 根据《火灾自动报警系统设计规范》第 8.3 条规定，每个防火分区应至少设置一个手动火灾报警按钮，从一个防火分区内的任何位置到最邻近的一个手动火灾报警按钮的距离，不应大于 30m，手动火灾报警按钮宜设置在公共活动场所的出入口处；手动火灾报警按钮应设置在明显的和便于操作的部位，当安装在墙上时，其底边距地高度宜为 1.3～1.5m，且应有明显的标志。

（3）系统供电和接地。

火灾自动报警系统设有主电源和直流备用电源。

火灾自动报警系统的主电源采用消防电源，直流备用电源采用火灾报警控制器专用蓄电池。当直流电源采用消防系统集中设置的蓄电池时，火灾报警控制器采用单独的供电回路，并能保证消防系统处于最大负荷状态下不影响报警控制器的正常工作。

火灾自动报警系统中的 CRT 显示器、消防通信设备、火灾广播等的交流电源，采用 UPS 装置供电。

火灾自动报警系统接地装置采用专用接地装置，接地电阻值大于 4Ω。同时火灾自动报警系统设专用接地干线，并在消防控制室设置专用接地板，专用接地干线从消防控制室专用接地板引至接地体。专用接地干线采用铜芯绝缘导线，其线芯截面积小于 $25mm^2$，穿硬质塑料管埋设至接地体。由消防控制室接地板引至各消防电子设备的专用接地线选用铜芯绝缘导线，其线芯截面积大于 $4mm^2$。

第四节　消防系统设计常见问题分析

一、建筑灭火系统设计常见问题分析

对于建筑的消防供水，规范中提到了市政管网供水、消防水池和屋顶水箱这些供水措施。但何为两路供水？消防水泵该如何设置？屋顶水箱的作用是什么？在实际工作中，设计人员往往对这几点容易概念模糊，从而导致建设单位在建设初期消防投入不够或者消防投入的浪费。

1. 消防两路供水的概念模糊

《建筑设计防火规范》中第 8.6.1 条明确指出了需要设置消防水池的情况：当生产、生活用水量达到最大时，市政给水管道、进水管或天然水源不能满足室内外消防用水量或市政给水管道为枝状或只有一条进水管，且室内外消防用水量之和超过 25L/s 时。在这里规范所要求的消防水池就是代替了一路市政供水。其实，当市政给水管道为环状且能提供两条进水管时，对于室内外消防用水量超过 25L/s 的建筑，就可以不设置消防水池。当然对于这两根进水管，规范没有明确的提出要求，但应参照《建筑设计防火规范》第 8.6.5 条中对消防水泵两路出水管的要求实施。一是两根进水管相对独立，要求两根进水管应由市政供水管网的不同管段接入，而不是在市政供水管的同一管段接两根进水管就行了。二是两根进水管的供水能力应当一致，任何一根进水管都能满足室内外消防灭火用水总量的要求，当其中一路供水出现问题时，另外一路供水也能满足灭火的需要。而在实际工作中，往往有人忽视了这一点，错误地将两根进水管的供水能力相叠加，这会造成一旦有一路进水管出现了故障，整个建筑的消火栓供水就出现了不足。

2. 对消防水池要求的模糊

在《建筑设计防火规范》第 8.6.2 条中对消防水池的容量、保护半径和设置位置等方面提出了要求，尤其是对消防水池容量的设计更明确指出：当室外给水管网能保证室外消防用水量时，消防水池的有效容量应满足在火灾延续时间内室内消防用水量的要求。当室外给水管网不能保证室外消防用水量时，消防水池的有效容量应满足在火灾延续时间内室内消防用水量与室外消防用水量不足部分之的要求。

有些工程的消防用水与生产、生活合用水池以防止水质变坏，但未采取确保消防用水不作他用的技术措施，不符合《建筑设计防火规范》第 8.3.4 条和《高层民用建筑设计防火规范》第 7.3.4 条规定。合用水池应有确保消防用水的技术措施。较大容量水池无分格措施，大容量消防水池所对应的建筑危险性或重要性比较大，无法确保建筑物在消防水池清洗期间的安全。《建筑设计防火规范》规定消防水池超过 1000m^3 和《高层民用建筑设计防火规范》规定超过 500m^3 时，应分成两个能独立使用的消防水池。

3. 对消防水泵要求的模糊

当一个建筑用水泵向厂区的室内外消火栓管网加压供水时，应充分考虑到两个方面的问题：一是水泵的供电是否能够达到消防供电的要求，是否采用了专用的供电回路。为保证消防水泵能在火灾情况下的正常运行，《建筑设计防火规范》在第 8.6.9 条中对消防水泵的供电和控制方式提出了要求：①消防水泵应保证在火警后 30s 内开始工作，并在火场断电时仍能正常运转；②消防水泵与动力机械应直接连接。二是水泵的选型能否满足消防灭火的需

要。当室内消火栓管路与室外消火栓的管路分开设置，此时消防水泵仅是供室内消火栓用水时，其选型就仅需要满足室内消火栓的供水。而当室内消火栓管网在室外部分与室外消火栓的管路未分开设置时，消防水泵就要同时负担室内和室外消防供水。如果在选泵时未考虑到这一点，在消防队灭火时，就会出现经消防水泵加压的水都被消防车从外部管网吸走，造成室内消火栓无水可用的情况。这两个问题中只要有一个没有在设置消防水泵时考虑周全，就会造成室内或室外消火栓供水出现不足的情况。另外，有些工程设计人员未经认真计算，选择的消防水泵流量偏小，不能满足室内消防用水量的要求；或扬程偏大，对管网工作不利，也不经济。有些工程一组消防水泵只有一根吸水管，当有问题时，整个系统瘫痪。《建筑设计防火规范》第 8.8.2 条和《高层民用建筑设计防火规范》第 7.5.4 条规定一组消防水泵的吸水管应不少于两条，当其中一条损坏时，其余的吸水管应能通过全部用水量。有些工程一组消防水泵只有一根出水管，就会降低消防系统的可靠性；许多工程水泵出水管上无压力表、无试验放水阀、无泄压阀，在检查消防泵时，使消防泵的出水直接进入管网，使消防管网受超压和水锤的影响；不符合《建筑设计防火规范》第 8.8.3 条和《高层民用建筑设计防火规范》第 7.5.4 条及《喷规》第 10.2.4 条规定。

4. 对于屋顶消防水箱的概念不清

在项目审核中，有些设计人员过分夸大了消防水箱的作用，认为“如果消防水箱能满足最不利点消火栓的压力要求，就可以不设置消防水池和消防水泵”，其实在《建筑设计防火规范》第 8.4.4 条中规定：只有设置临时高压给水系统的建筑物，应设消防水箱或气压水罐、水塔。并且规范对于屋顶水箱的设置位置和容量也提出了相应的要求：一是应在建筑物的最高部位设置重力自流的消防水箱；二是室内消防水箱（包括气压水罐、水塔、分区给水系统的分区水箱），应储存 10min 的消防用水量。当室内消防用水量不超过 25L/s，经计算水箱消防储水量超过 $12m^3$ 时，仍可采用 $12m^3$；当室内消防用水量超过 25L/s，经计算水箱消防储水量超过 $18m^3$，仍可采用 $18m^3$。由此可见，消防水箱与气压罐等设备仅是临时高压给水系统的一个稳压设备，其容量只需要保证 10min 的消防用水量，在整个系统中发挥的作用与消防水池也是完全不相同的。同时《高层民用建筑设计防火规范》第 7.4.7 条要求高位消防水箱的设置高度应保证最不利消火栓静水压力不低于 0.07MPa（超过 100m 为 0.15MPa）和《高层民用建筑设计防火规范》第 10.3.1 条要求消防水箱应满足系统最不利点处喷头的最低工作压力和喷水强度。有些工程未设置增压设施，造成系统最不利层灭火压力不足。

5. 对于水泵接合器概念不清

对于水泵接合器的安装位置。有的工程水泵接合器设在玻璃幕墙下，在火灾状态下，下落的玻璃将会威胁水泵接合器使用的安全。许多工程在水泵结合器周围 15～40m 内无室外消火栓或消防水池的取水口。按《建筑设计防火规范》第 8.6.1 条和《高层民用建筑设计防火规范》第 7.4.5 条规定，水泵结合器应按室内消防用水量确定，每个水泵接合器按 10～15L/s 计算，消火栓、喷淋应分别计算。有些工程合用消防水泵，但水泵接合器宜分开设置，消防给水为竖向分区供水时，高区和低区应分别设置水泵结合器，并设置明显标志。

6. 对末端试验装置概念不清

对于末端试水装置安装位置，有的工程不是按规范要求设置在最不利点，例如为了照顾排水而将末端试水装置设在并不在末端的厕所内；有的将末端试水装置安放在走廊、房间的吊顶内，试水极不方便。末端试水装置开启水流量必须相当于该防火分区内最不利点处的喷头流量。有些工程末端试水装置用DN25的球阀代替，其通径是25mm，比一只公称通径为15mm（实际孔径约为11mm）的喷头要大得多。其开启后的水流量远远大于一只标准喷头的排水量。末端试验装置包括试水阀、压力表以及试水接头组成，许多工程设计未设计末端试验装置的施工图，或末端试验装置组件不全。

二、防排烟系统设计常见问题分析

高层建筑一旦发生火灾事故将造成极大的损失，资料显示，火灾事故中，大部分的人员伤亡是因烟气中毒，不能安全疏散所致。因此防排烟系统在建筑消防安全中的正确设计，是逃生人员进行安全疏散，消防人员展开灭火救援的前提与保障。因此，科学地进行防排烟设计、施工、管理尤为重要。部分设计、施工人员对国家规范标准理解不够透彻、全面，导致在疏散走道、疏散楼梯间、避难间等人员疏散场所的防烟设计、施工上存在一些缺陷，因此这里谈谈当前高层建筑防排烟系统中存在的一些问题。

1. 自然排烟设施达不到排烟目的

自然排烟是一种经济、简单、易操作、维护管理方便的排烟方式，但由于部分工程在设计、施工过程中不按规范要求进行，往往导致工程完工后，自然排烟设施不具备排烟作用，分析其原因主要有以下几个方面。

一是自然排烟窗的设置位置不当。从自然排烟效果考虑，排烟窗应尽量靠近墙的上部设置，目前有相当数量的自然排烟窗不是设置在墙的上部，而是下部，距顶板、吊顶的距离较大，不利于自然排烟。

二是自然排烟窗的开窗面积达不到规范要求。国家标准《高层民用建筑设计防火规范》对采用自然排烟部位的开窗面积均有明确规定，但由于部分设计人员未按规范要求进行认真计算，或将固定窗的面积计算在排烟窗面积之内，导致部分工程排烟窗面积达不到规范要求，直接影响排烟效果。

三是自然排烟窗的结构形式不合理。有的把排烟窗做成不可开启的固定窗，有的将窗的上部做成固定窗，把可开启的排烟窗设在窗的下部，严重影响排烟功能。

四是安装高度较高的排烟窗缺少便于开启的操作机构。按规范要求，排烟窗应有便于开启的装置，但有些安装高度较高，开启困难的排烟窗均未安装开启操作装置，不利火灾情况下排烟窗的开启。

2. 设置机械加压送风防烟设施部位所要求的余压值难以形成，机械排烟设施的排烟效果不明显

送风口、排烟口风量、余压值达不到规范要求的现象在工程中比较普遍，有的送风口、排烟口的风速甚至接近于零，造成这种现象的原因比较复杂，主要有以下几个方面。

(1) 风机选型不当。按规范要求，防烟楼梯间及前室、合用前室和消防电梯间前室的机械加压送风量，应由计算确定，当计算值和规范规定的值不一致时，应按两者中较大值确定，有的设计直接按规范给定的值确定，往往导致选用的风机风量、风压偏小，不能满足要求；有的设计采用通风与机械排烟合用系统，但施工中未按设计要求选用双速风机；有的建设单位不按设计的风机型号订货，购买功率规格较小的风机，导致风机风量严重不足。

(2) 机械加压送风系统与自然排烟设施重复设置。对于建筑高度超过50m的一类公共建筑和建筑高度超过100m的居住建筑，按《高层民用建筑设计防火规范》要求，宜设置机械加压送风系统，有的工程在上述部位同时又采用了自然排烟，导致火灾情况下，机械加压送风系统与自然排烟窗同时开启，防烟楼梯间难以形成正压，达不到防烟效果。

(3) 合用正压送风系统未设计压差调节装置。按规范要求，机械加压送风的防烟楼梯间和合用前室，宜分别独立设置送风系统，当必须共用一个系统时，应在通向合用前室的支风管上设置压差自动调节装置。目前很多设计的合用正压送风系统没有设计压差调节装置，无法形成楼梯间的余压值高于前室。

(4) 防烟分区不按规范要求设置挡烟设施。有相当一部分工程，尤其是大型商场设置机械排烟的部位未按规范要求在吊顶下设置挡烟垂壁，有的地下室虽然采用建筑的梁作挡烟设施，但排烟系统的排烟口未按规范要求设在顶棚或靠近顶棚的墙面上，而是设在梁的下面。

(5) 送风口设置不符合要求。有的竖向防排烟系统的送风口采用固定百叶窗式常开风口，风口规格尺寸基本一致，造成各层送风口的风量风速严重不平衡，离风机较远的送风口的风量不足，甚至末端的送风口的风速、风量接近于零。

(6) 风管竖井施工质量差，漏风严重。有相当多的工程因通风竖井不抹灰、管道连接不严实，常闭风口关闭不严密，漏风十分严重，导致送风口、排烟口的风速、风量达不到规范要求，有的施工单位甚至取消了竖井连接吊顶风口的风管，利用吊顶闷顶空间代替风管，也往往造成风管风口风速接近于零。

同时有的将排烟系统的风机排烟口设在室内，致使火灾情况下烟从室内排到室内，不仅失去了排烟作用，而且还可能造成火灾的蔓延扩大。

3. 防排烟风机的配电不符合规范要求

一是风机的供配电达不到高层民用建筑负荷级别要求。有的供电线路不是接自消防电源，而是接至楼层照明配电箱，有的设计采用单回路配电线路，有的设计未设末端电源自动切换装置，均达不到一、二级供电负荷要求的专用双回路，设末端自动切换装置的规定。

二是明敷配电线路的安装不符合要求。有的防排烟风机的配电线路穿PVC塑料管，有的穿金属管未涂刷防火涂料，不符合穿管的防火性能要求。

4. 应设机械防排烟设施的部位未按规范要求设置

(1) 带裙房的高层民用建筑防烟楼梯间及前室，消防电梯间前室或合用前室，当裙房以上部分利用可开启外窗进行自然排烟，裙房部分不具备自然排烟条件时，其前室或合用前室未按规范要求设置正压送风系统。

(2) 超过20m无自然排烟的内走道，有的设计人员因与其相连的防烟楼梯间前室有自然排烟，认为其具备自然排烟的条件，未按规范要求设置机械排烟设施。

5. 关于防火阀的正确选用

(1) 地下车库通风系统。地下车库通风系统分两种情况：一是排风排烟共用，此时风机入口阀门选用带联锁功能的防火阀（280℃）；二是平时不用，火灾排烟时使用，此时风机入口必须选用排烟防火阀（280 ℃，常闭）。有人曾建议两种情况都使用防火阀（280℃），虽然这样做功能上能达到要求，而且还可以省掉一个报警系统控制模块，但防火阀为常开阀门，如果发生火灾时因电器、机械原因防排烟系统不能运行，烟气就会从风管不断扩散到其他区域，而且防火阀对风机的保护作用也不如排烟防火阀，因此不能用防火阀代替排烟防火阀。

另外对于多个防烟分区共用一个排烟系统的情况，目前是按《汽车库、修车库、停车场设计防火规范》设计的，每个防烟分区设一个排风（烟）支管，排风与排烟合用，这样系统简单，联动阀门少，系统可靠性高，但当排风系统按上部排 1/3 风量，下部排 2/3 风量设置时，排风、排烟系统就必须分设支管（可合用风机），因为排烟口必须安装在接近顶棚的高度（下部排烟效果不好），此时必须在通风管上再接出若干排烟支管，在支管上设排烟防火阀，通风支管与主管连接处设防烟防火阀，平时打开防烟防火阀，关闭排烟防火阀，火灾时关闭防烟防火阀，打开着火区的排烟防火阀，这样做排烟效果好，但阀门较多，风管较复杂，层高较低时不好布置，需每个阀门都设一个控制、监视模块，对产品质量要求较高，否则系统可靠性无法保证。

(2) 特殊用房通风系统。特殊用房主要是指发电机房、高低压配电室等需设气体灭火装置的房间。这些房间通风系统设计的特殊性主要体现在阀门的选定上。由于气体灭火系统动作后要求通风系统能再次启动排除灭火气体及火灾产生的烟气和毒气，因此要求通风系统所接阀门要有复位功能。

(3) 加压送风及走廊排烟系统。目前这两个系统在阀门选用上已基本统一，都是选用多叶送（排）风口，主要在联动上有一些分歧。有一种观点认为不论火灾发生与否，只要手动打开送（排）风口，就能联动风机启动，理由是一旦报警系统失灵，就能联动风机启动。

6. 排烟口的尺寸和布置位置

排烟口的尺寸和布置位置在很大程度上影响排烟的效果。由于烟气层浮在房间的上部，因此排烟口应设在顶棚平面上或离顶棚较近的高度。过低会吸入室内下部的空气，使排烟量减少。排烟口的流速不宜过大，否则会卷吸大量的空气，降低排烟的效果，排烟口的流速不宜大于 10m/s，对于大面积的房间，可分散布置多个排烟口。排烟口离房间最远点的水平距离不大于 30m，过大距离的排烟，会吸不到远处的烟气，排烟口的位置不宜太靠近疏散出口。在排烟通道中，条缝形排烟口对整个排烟口都是有效的，而矩形排烟口则不容易排掉通道两侧的烟气。通常排烟口的最小面积一般不小于 0.04m^2。在设置排烟口的时候，注意应使排烟方向与人员疏散方向相反。

由于施工人员对排烟口的作用不理解，认为与送风口没什么两样，造成排烟阀经常被很规矩地安装在墙面的正中位置。其实排烟口的设计、安装是有明确要求的，如排烟口应设在顶棚上或靠近顶棚的墙面上，且与附近安全出口沿走道方向相邻边缘之间的最小水平距离不应小于 1.5m，设在顶棚上的排烟口，距可燃构件或可燃物的距离不应小于 1.0m。

三、消防联动控制系统设计常见问题分析

智能化消防联动控制系统设计的目的在于高效、可靠地检测到火灾早期的信息，从而有效地预报和控制火灾事故的发生和发展。例如一个可靠的火灾自动报警系统能为建筑物在火灾初期早期预报，争取到充分的时间，为组织人员安全疏散和对火灾进行初期灭火，控制火势，直到将其扑灭，提供重要的技术手段。但是火灾自动报警系统在设计、设备选择及施工等方面，会使火灾自动报警系统留下误报、漏报的隐患。下面就智能化消防联动控制系统误报和漏报问题进行分析，并提出相应的措施。

火灾自动报警系统由大量元件组成，系统运行也十分复杂。导致系统失效的原因很多。按故障发生的初始原因，大致可以分为如下3类。第一类是硬件故障。由于硬件的老化，质量缺陷和其他不确定因素造成元件和线路故障，也称随机故障。评估硬件系统可靠性主要指标之一是故障出现的平均间隔时间（MTBF）。第二类是系统失误。由于系统的设计、配置和应用不当而导致系统的失效，包括由外围设备及工作环境的原因而引发的故障。例如：设计上未达到安全控制的技术要求；由于软件系统的设计、生产缺陷及安装不当出现的失误；环境（高温、高湿、高压气象条件等）条件引发的故障；软件自身错误引起的故障；传感器产生错误信号和界面设计缺陷等。第三类是管理缺陷。由于管理者决策失误和操作人员操作不当导致的系统失效。包括：系统维护不当；错误改动系统程序；输入数据不全或有误；输入信号的叠加错误和意外事件（自然灾害、计算机病毒入侵和人为破坏等紧急情况）等，这些管理缺陷都可能导致系统失效，甚至崩溃。

选用既有较高灵敏度又有较强抗干扰能力的高性能传感元件是改善火灾自动报警系统可靠性的重要途径。而对系统设计进行改进和优化也是非常重要的措施，如采用多传感元件系统，能从根本上提高火灾自动报警系统可靠性。而在系统设计过程中，可以采取以下相关措施，以有效地减少火灾自动报警系统的误报、漏报率。

（1）根据火灾特点和使用环境条件选择火灾探测器。火灾探测器的选用从以下几个方面综合确定。

1）根据火灾形成与发展特点选用火灾探测器。

① 火灾初期有阴燃阶段（如棉、麻织物火灾，木器火灾等），产生大量的烟和少量的热，很少或没有火焰辐射时，一般应选用感烟火灾探测器，探测器的感烟方式和灵敏度级别应根据具体使用场所确定。离子感烟和光电感烟探测器的适用场所是根据离子和光电感烟方式的特点确定的，对于易使离子感烟探测器放射源产生腐蚀并改变其工作特性，或使感烟探测器在短期内被严重污染的场所，感烟探测器不适用。

② 火灾发展迅速，有强烈的火焰辐射和少量的烟热时，应选用火焰光（即光辐射式）探测器。常用紫外式或紫外与红外复合式，一般为点型结构，其有效性取决于探测器的光学灵敏度（用4.5cm焰高的标准烛光距探测器0.5m或1.0m时，探测器有额定输出值）、视锥角（即视野，通常为70°～120°）响应时间（<1s）和安装定位。

③ 火灾形成阶段将迅速增长烟量，产生较大的热量，或同时产生大量的烟雾和火焰辐射时，应选用感温、感烟、光辐射探测器或将它们组合使用。感温探测器一般应考虑其定温、差温和差定温方式选择，而且其使用环境条件要求不高，一般在感烟探测器不能使用的场所均可使用。感烟和感温探测器都可使用的场所多选用感烟式，在有联动控制是要求时则采用感烟与感温组合式或复合式。此外，点型电子感温探测器受油雾等污染会影响其外露热敏元件的特性，因此对环境污染应有所考虑。感温探测器的主要适用场所：相对湿度经常高于95%以上，有大量粉尘、水雾滞留，可能发生无烟火灾的场所。对可能产生阴燃火或需要早期报警以避免重大损失的场所，各种感温探测器均不可使用；正常温度在0℃以下的场所，不宜用点型定温探测器，可用差温或差定温探测器；正常情况下温度变化较大的场所，不宜用差温探测器，可用定温探测器。

④ 火灾探测报警与消防设备（尤其是灭火设备）有联动要求时，必须以可靠为前提，在获得双报警信号后，或者再加上延时报警判断后，才能产生联动控制信号。一般重要性

强、火灾危险性大的场所，多采用感烟、感温和光辐射式探测器的同类型或不同类型组合来产生双报警信号。同类型组合一般指同一探测器具有两级灵敏度输出，不同类型组合包括复合式探测器或探测器的组合使用。

2）根据房间高度选用火灾探测器。为了保证在整个探测器防护面积范围内有相应的灵敏度，即确保探测器的有效性。一般感烟探测器的安装高度 $h<12$m，随着房间高度上升，使用的感烟探测器灵敏度应相应提高；感温探测器的安装高度 $h<8$m，房间高度也与感温探测器的灵敏度有关，灵敏度高，适用于较高的房间；火焰光探测器的使用高度由其光学灵敏度范围（9～30m）确定，房间高度增加，要求火焰光探测器灵敏度提高。必须指出，房间顶棚的形状（如尖顶形、拱顶形等）和大空间不平整顶棚，应视具体情况并考虑探测器的保护面积和保护半径等确定，详见 GB 50116—2008《火灾自动报警系统设计规范》。

3）综合环境条件选用火灾探测器。火灾探测器的使用环境条件，如环境温度、气流速度、振动、空气湿度、光干扰等，对探测器的工作有效性（灵敏度等）会产生影响。一般感烟与火焰探测器的使用温度 $t<50$℃，定温探测器在 10～35℃；在 0℃以下探测器安全工作的条件是其本身不允许结冰，并且多采用感烟式或光辐射式探测器。环境的气流速度对于感温式和光辐射式探测器工作无影响，但感烟式探测器要求气流速度<5m/s。环境中有限的正常振动对于点型火灾探测器一般影响很小，但对分离式光电感烟探测器影响较大，要求定期调校。环境空气湿度<95%时，一般不影响火灾探测器的工作，但当有雾化烟雾或凝露存在时，对感烟式和光辐射式探测器的灵敏度有影响。环境中存在烟、灰及类似的气溶胶时，直接影响感烟探测器的使用，但对感温和光辐射式探测器，如避免湿灰尘，则使用不受限制。环境中的光干扰对感烟和感温探测器的使用无影响，对光辐射式探测器则无论如何都将影响其工作可靠性。

（2）手动火灾报警按钮的选择。为进一步提高系统可靠性和报替的准确性，火灾自动报替系统应有自动和手动两种触发装置。手动报警按钮是火灾自动报警系统准确发送火灾报警信号的一种有力的手段。它是通过二总线以人工报警方式传输火警信号，是可靠性最高的火灾报警装置。为防止恶作剧，蓄意报警，应加强管理，在报警按钮上标出警告字样等措施，严防误报。

（3）消防联动控制设备的选择。消防水泵、防烟、排烟风机等重要消防电控装置的启、停控制，若采用总线编码模块控制时，还应能在消防控制室手动直接控制。为防止误报，通常以手动直接控制为主；一旦火灾自动报警系统失灵，也不应影响它们启动，保障了系统的可靠性。

（4）火灾探测器和手动火灾报警按钮的设置应严格遵守《火灾自动报警系统设计规范》的要求。

第八章 消防设备的安装调试及维护

第一节 通用消防工程施工准备

(1) 建筑工程的消防设计图纸的设计，必须由有相应的设计资格证书的设计单位设计。由建设单位将图纸和资料送公安消防监督机构审核，经审核批准后方可施工。

(2) 从事消防设施施工的单位，应当具有相应的资质等级，其资质等级由公安消防机构会同有关部门共同审定，发给消防工程施工企业资质证书。

(3) 建筑工程施工现场的消防安全由施工单位负责。施工单位开工前必须向公安消防机构申报，经公安消防机构核发施工现场消防安全许可证后方可施工。

(4) 施工单位必须按照已批准的消防设计图纸施工，不得擅自改动。

(5) 安装的消防产品、机电产品和材料要符合下列条件。

① 北京市的消防厂家，应具有国家颁发的生产许可证。外地或外国在本市销售的消防产品，要具有有效期内的进京销售审验证书。选用时要审明证书中所列产品是否与所需产品相符。

② 固定灭火系统和耐火构件及耐火涂料应有有效的国家质量检测中心的检测合格报告。

③ 消防电子产品要具有有效的国家消防电子产品质量检测合格报告。

④ 选用的高低压柜及各类箱屏必须采用机械部和电力部认可的定点厂生产的产品；进口的电气产品必须有国家商检局检定合格证明，具有合格证，设备上有铭牌。

(6) 施工管理人员，如施工员、质检员、材料员等应做到持证上岗。特殊工种，如电工、焊工等也应做到持证上岗。

(7) 工程施工中应接受公安消防监督机构和质量监督机关等上级单位的检查指导，以确保工程质量。

(8) 施工中应严格按已批准的设计图纸施工，认真执行有关的消防设计规范、施工验收规范、施工工艺及有关的图集、厂方资料等施工要求。

(9) 施工工程记录和资料的收集整理与填写，应做到与工程同步，工程竣工验收交付使用时应交给建设单位一套完整的工程资料，并按合同要求，绘制竣工图。

(10) 消防工程安装调试全部完成后，施工单位应先进行自验，合格后再请建设单位（监理）、设计单位进行竣工验收，办理竣工验收单。

(11) 建设单位或施工单位应委托有资格的建筑消防设施检测单位进行技术测试，并提交技术测试报告。

(12) 建设单位应向公安消防监督机构提交验收申请，送交有关资料，请公安消防监督机构进行消防工程验收，经检验合格后发给消防设施验收合格证，才准许使用，否则，验收不合格或未经验收均不准使用。

第二节　消防给水设备的安装调试及维护简介

1. 工艺流程

消防给水设备安装工艺流程见图 8-1。

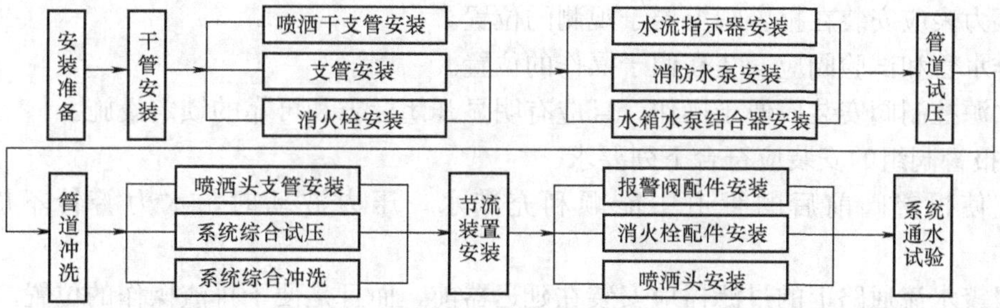

图 8-1　消防给水设备安装工艺流程

2. 设备要求

(1) 自动喷水灭火系统报警阀、水流指示器、运传式蝶阀、水泵结合器等主要组件的规格号应符合设计要求，配件齐全，表面光洁、无裂纹，启闭灵活，有出厂合格证。

(2) 喷洒头的规格、类型、动作温度应符合设计要求，丝扣完整，感温包无破碎松动、易熔片无脱落和松动，有产品出厂合格证。

(3) 消火栓箱体的规格类型应符合设计要求，箱体表面平整、光洁。金属箱体方正，无锈蚀、无划伤。栓阀外观无裂纹、启闭灵活、关闭严密、密封填料完好，有产品出厂合格证。

3. 质量要求

在消防管道验收前，应对消防管道及其他设备部件进行检查，对不符合设计和验收要求的必须返工整改。

(1) 喷头安装。

① 喷头安装应在系统试压、冲洗合格后进行。

② 喷头安装时宜采用专用的弯头、三通。

③ 喷头安装时，不得对喷头进行拆装、改动，并严禁给喷头附加任何装饰性涂层。

④ 喷头安装应使用专用扳手，严格利用喷头的框架施拧；喷头的框架、溅水盘产生变形或和原件损伤时，应采用规格、型号相同的喷头更换。

⑤ 当喷头的公称直径小于 10mm 时，应在配水干管或配水管上安装过滤器。

⑥ 安装在易受机械损伤处的喷头，应加设喷头防护罩。

⑦ 喷头安装时，溅水管与吊顶、门、窗、洞口或墙面的距离应符合设计要求。

⑧ 当通风管道宽度大于 1.2 时，喷头应安装在其腹面以下部位。

⑨ 当喷头安装在不到顶的隔断附近时，喷头与隔断的水平距离和最小垂直距离应符合表 8-1 的规定。

表 8-1　喷头与隔断的水平距离和最小垂直距离

水平距离/mm	150	225	330	375	450	600	750	>900
最小垂直距离/mm	75	100	150	200	236	313	336	450

(2) 报警阀组安装。报警阀组的安装应先安装水源控制阀、报警阀，然后应再进行报警阀辅助管道的连接。水源控制阀、报警阀与配水干管的连接，应使水流方向一致。报警阀组安装的位置应符合设计要求；当设计无要求时，报警阀应安装在便于操作的明显位置，距室内地面高度宜为1.2m；两侧与墙的距离不应小于0.5m，正面与墙的距离不小于1.2m。安装报警阀组件的安装应符合下列要求：

① 压力表应安装在报警阀上便于观测的位置。

② 排水管和试验阀应安装在便于操作的位置。

③ 水源控制阀安装应便于操作，且应有明显开闭标志和可靠的锁定设施。

湿式报警阀组的安装应符合下列要求。

① 应使报警阀前后的管道中能顺利充满水；压力波动时，水力警铃不应发生误报警。

② 报警水流通路上的过滤器应安装在延迟器前，而且是便于排渣操作的位置。

③ 水力警铃应安装在公共通道或值班室附近的外墙上，且应安装检修、测试用的阀门。水力警铃和报警的连接应采用镀锌钢管，当镀锌钢管的公称直径为15mm时，其长度不应大于6m；当镀锌钢管的公称直径为20mm时，其长度不应大于20m，而且安装后的水力警铃启动压力不应小于0.05MPa。

(3) 水流指示器的安装。

① 水流指示器的安装应在管道试压和冲洗合格后进行，水流指示器的规格、型号应符合设计要求。

② 水流指示器应竖直安装在水平管道上侧，其动作方向应和水流方向一致；安装后的水流指示器桨片、膜片应动作灵活，不应与管壁发生碰擦。

(4) 消防水泵接合器安装。消防水泵接合器的组装应按接口、本体、联接管、止回阀、安全阀、放空管、控制阀的顺序进行。止回阀的安装方向应使消防用水能从消防水泵接合器进入系统。

消防水泵接合器的安装应符合下列规定：

① 应安装在便于消防车接近的人行道或非机动车行驶的地段。

② 地下消防水泵接合器应采用铸有“消防水泵接合器”标志的铸铁井盖，并在附近设置指示其位置的固定标志。

③ 地上消防水泵接合器应设置与消火栓区别的固定标志。

④ 墙壁消防水泵接合器的安装应符合设计要求。设计无要求时，其安装高度宜为1.1m；与墙上的门、窗、孔、洞的净距离不应小于2.0m，且不应安装在玻璃幕墙下方。

⑤ 地下消防水泵接合器的安装，应使进水口与井盖底面的距离不大于0.4m，且不应小于井盖的半径。

(5) 箱式消火栓的安装应栓口朝外，阀门距离地面、箱壁的尺寸符合施工规范规定，水龙带与消火栓和快速接头的绑扎紧密，并卷折挂在持盘和支架上。

(6) 消防水系统调试。

1) 一般规定。

① 系统调试应在系统施工完成后进行。

② 系统调试应具备下列条件：

a. 消防水池、消防水箱已储备设计要求的水量；

b. 系统供电正常；

c. 消防气压给水设备的水位、气压符合设计要求；

d. 湿式喷水灭水系统管网内充满水，阀门均无泄漏；

e. 与系统配套的火灾自动报警系统处于工作状态。

2）调试内容和要求。

① 系统调试应包括下列内容：

a. 水源测试；

b. 消防水泵调试；

c. 稳压泵调试；

d. 报警阀调试；

e. 排水装置调试；

f. 联动试验。

② 水源测试应符合下列要求：

a. 按设计要求核实消防水箱的容积、设置高度及消防储水不作他用的技术措施；

b. 按设计要求核实消防水泵接合器的数量和供水能力，并通过移动式消防水泵做试验进行验证。

③ 消防水泵调试应符合下列要求：

a. 以自动或手动方式启动消防水泵时，消防水泵应在 5min 内投入正常进行。

b. 以备用电源切换时，消防水泵应在 1.5min 内投入正常进行。

c. 稳压泵调试时，模拟设计启动条件，稳压泵应立即启动；当达到系统设计压力时，稳压泵应自动停止进行。

④ 报警阀调试应符合下列要求：湿式报警阀调试时，在其试水装置处放水，报警阀应及时动作；水力警铃应发出报警信号，水流指示器应输出报警电信号，压力开关应接通电路报警，并应启动消防水泵。

⑤ 排水装置调试应符合下列要求：

a. 开启排水装置的主排水阀，应按系统最大设计灭火水量做排水试验，并使压力达到稳定；

b. 试验过程中，从系统排出的水应全部从室内排水系统排走。

⑥ 联动试验应符合下列要求：

a. 采用专用测试仪表或其他方式，对火灾自动报警系统的各种测控器的输入模拟火灾信号，火灾自动报警控制器发出声光报警信号并启动自动喷水灭火系统；

b. 启动一只喷头或以 0.94～1.5L/s 的流量从末端试水装置处放水，水流指示器、压力开关、水力警铃和消防水泵等应及时动作并发现相应的信号；

c. 临时高压给水系统，通过启动消防水泵，测量系统最不利点试水装置的流量、压力应符合设计要求；

d. 当采用市政管网给水系统时，应按高压给水系统或临时高压给水系统的要求进行试验，流量、压力应符合设计要求。

第三节 室内消火栓系统管道安装调试及维护

一、施工准备

1. 主要材料

(1) 消火栓系统管材应根据设计要求选用，一般采用碳素钢管或无缝钢管，管材不得有弯曲、锈蚀、重皮及凹凸不平等现象。

(2) 消火栓箱体的规格类型应符合设计要求，箱体表面平整、光洁。金属箱体无锈蚀，划伤，箱门开启灵活。箱体方正，箱内配件齐全。栓阀外形规矩，无裂纹，启闭灵活，关闭严密，密封填料完好，有产品出厂合格证。

2. 主要机具

套丝机、砂轮锯、台钻、电锤、手砂轮、手电钻、电焊机、电动试压泵等机械。套丝板、管钳、台钳、压力钳、链钳、手锤、钢锯、扳手、射钉枪、倒链、电气焊等工具。

3. 作业条件

(1) 施工图纸及有关技术文件应齐全，现场水、电、气应满足连续施工要求，系统设备材料能保证正常施工。

(2) 管道及箱体安装所需要的基准线应测定并标明。预留、预埋已随结构施工完成。

二、操作工艺

1. 工艺流程

室内消火栓系统管道安装工艺流程如图 8-2 所示。

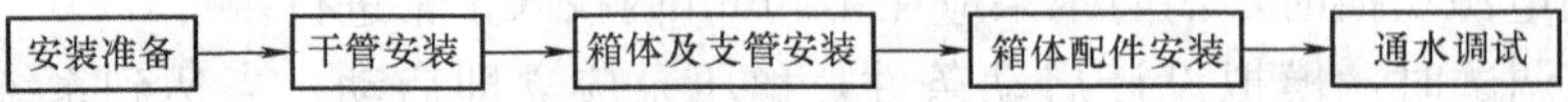

图 8-2 室内消火栓系统管道安装工艺流程

2. 安装准备

(1) 认真熟悉图纸，结合现场情况复核管道的坐标、标高是否位置得当，如有问题，及时与设计人员研究解决，办理洽商手续。

(2) 检查预留及预埋是否正确，临时剔凿应与设计工建协调好。

(3) 检查设备材料是否符合设计要求和质量标准。

(4) 安排合理的施工顺序、避免工种交叉作业干扰，影响施工。

3. 干管安装与调试

(1) 消火栓系统干管安装应根据设计要求使用管材，按压力要求选用碳素钢管或无缝钢管。

(2) 管道在焊接前应清除接口处的浮锈、污垢及油脂。

(3) 当壁厚≤4mm，直径≤50mm 时应采用气焊；当壁厚≥4.5mm，直径大于 70mm 时采用电焊。

(4) 不同管径的管道焊接，连接时如两管径相差不超过小管径的 15%，可将大管端部缩口与小管对焊。如果两管相差超过小管径 15%，应采用变径管件焊接。

(5) 管道对口焊缝上不得开口焊接支管，焊口不得安装在支吊架位置上。

(6) 管道穿墙处不得有接口，管道穿过伸缩缝处应有防冻措施。

(7) 碳素钢管开口焊接时要错开焊缝，并使焊缝朝向易观察和维修的方向。

(8) 管道焊接时先点焊三点以上，然后检查预留口位置、方向、变径等无误后，找直找正再焊接，紧固卡件，拆掉临时固定件。

4. 箱体及支管安装

(1) 消火栓箱体要符合设计要求（其材质有木、铁和铝合金等），栓阀有单出口和双出口双控等。产品均应有消防部门的制造许可证及合格证方可使用。

(2) 消火栓支管要以栓阀的坐标，标高定位甩口，核定后再稳固消火栓箱，箱体找正稳固后再把栓阀安装好，栓阀侧装在箱内时应在箱门开启的一侧，箱门开启应灵活。

(3) 消火栓箱体安装在轻体隔墙上应有加固措施。

(4) 消火栓管道安装完按设计指定压力进行水压试验。如设计无要求一般工作压力在1.0MPa以下，试验压力为1.4MPa。工作压力为1MPa以上，试压压力为工作压力加0.4MPa，稳压30min，无渗漏为合格。为配合装修，试压可分段进行。

(5) 消火栓系统管道试压完可连续作冲洗工作，冲洗时管内水流量应满足设计要求，进出水口水质一致时方可结束。

5. 箱体配件安装

应在交工前进行。消防水龙带应折好放在挂架上或卷实、盘紧放在箱内；消防水枪要竖放在箱体内侧，自救式水枪和软管应放在挂卡上或放在箱底部。消防水龙带与水枪，快速接头的连接，一般用14号铅丝绑扎两道，每道不少于两圈，使用卡箍时，在里侧加一道铅丝。设有电控按钮时，应注意与电器专业配合施工。

6. 通水调试

(1) 通水调试前消防设备包括水泵、结合器、节流装置等应安装完，其中水泵做完单机调试工作。

(2) 系统通水达到工作压力，选系统最不利点消火栓做试验，通过水泵结合器及消防水泵加压，消防栓喷放压力均应满足设计要求。

第四节　室内自动喷水灭火系统安装

一、施工准备

(1) 接到施工任务后，认真熟悉图纸及施工现场，发现有影响施工的设计问题时，及时与有关人员研究，办理洽商手续。按照工程特点确定施工方法，配备相应的劳动力、设备、材料、机具等，同时配备配套的生活、生产临时设施。

(2) 设备、材料：

① 自动喷水灭火系统主要设备材料的选用应符合《消防工程安装的通用要求》的有关内容。

② 主要设备：喷淋泵、水泵结合器、报警阀及组件、信号控制阀、水流指示器、喷洒头、气压给水装置、稳压泵等。其中，喷洒头、报警阀、压力开关、水流指示器等主要系统组件应有国家消防产品质量监督检验中心检测报告。

③ 一般常用材料：管材及连接件、型钢、焊条、氧气、乙炔、厚漆、麻、聚四氟乙烯带、膨胀螺栓、密封垫、螺栓、螺母、机油、防腐漆、稀料、小线、铅丝、电池等。

(3) 主要机具：套丝机、砂轮锯、台钻、电锤、手砂轮、手电钻、电焊机、电动试压泵等机械；套丝板、管钳、压力钳、链钳、手锤、钢锯、扳手、射钉枪、倒链、电气焊等工具；钢卷尺、平尺、角尺、游标卡尺、线坠、水平尺等量具。

(4) 作业条件：

① 施工图纸及有关技术文件应齐全：现场水电气应满足连续施工要求，系统设备材料应能保证正常施工。

② 须留预埋应随结构完成；管道安装所需要的基准线应测定并标明加吊顶标高、地面标高、内隔墙位置线等。设备安装前，基础应检验合格。喷洒头及支管安装应配合吊顶装修进行。

二、操作工艺

1. 工艺流程

室内自动喷水灭火系统安装流程如图 8-3 所示。

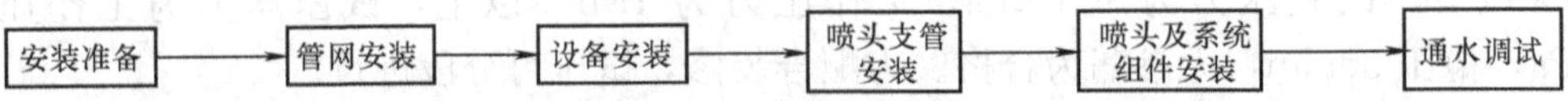

图 8-3 室内自动喷水灭火系统安装

2. 安装准备

(1) 熟悉图纸并对照现场复核管路、设备位置、标高是否有交叉成排列不当，及时与设计人员研究解决，办理洽商手续。检查预埋或预留洞是否正确，需临时剔凿应与设计土建协商好。

(2) 安装前进场设备材料检验。进场设备材料规格、型号应满足设计要求：外观整洁，无缺损、变形及锈蚀；镀锌或涂漆均匀无脱落：法兰密封面应完整光洁，无毛刺及径向沟槽；丝扣完好无损伤；水泵盘车应灵活无阻滞及异常声响；设备配件应齐全；报警阀逐个渗漏试验，阀门、喷头抽样强度、严密性试验结果应满足施工验收规范规定。

3. 管网安装

(1) 自动喷水灭火系统管材应根据设计要求选用，一般采用镀锌钢管及管件，当管子公称直径不大于 100mm 时，应采用螺纹连接；当管子公称直径大于 100mm 时，可采用法兰连接和焊接，焊口内外表面场做好防腐。

(2) 管道安装前应校直管子并清除内部杂物，停止安装时已安装的管道敞口应封堵好。如需在镀锌管上开孔焊接应提前预制，必要时管道两端采用法兰活接，焊接后做完清理防腐再安装。严禁在已安装好的镀锌管道上开孔施焊。

(3) 管道穿过伸缩缝时应设置柔性短管，管道水平安装宜设 0.002～0.005 的坡度，坡向泄水装置。

(4) 自动喷水灭火系统管道支吊架选材及做法应满足施工图册要求，支吊架最大间距符合表 8-2 中规定。

表 8-2 **支吊架最大间距表**

公称直径/mm	25	32	40	50	70	80	100	125	150	200	250	300
最大间距/m	3.5	4	4.5	5	6	6	6.5	7	8	9.5	11	12

(5) 干管安装。

① 喷洒干管用法兰连接，每根配管长度不宜超过 6m，直管段可把几根连接在一起使用

倒链安装，但不宜过长。也可调直后编号依顺序安装，吊装时应先吊起管道一端，待稳定后再吊起另一端。

② 管道连接紧固法兰时，检查法兰端面是否干净。采用 3～5mm 的橡胶垫片。法兰螺栓的规格应符合规定。紧固螺栓应先紧固最不利点，然后依次对称紧固。法兰接口应安装在易拆装的位置。

③ 水平安装管道的卡架一般以吊架为主，每段干管应设 1 个防晃支架。当管道改变方向时，应增设防晃支架。

④ 立管暗装在竖井内时，在管井内预埋铁件上安装卡架固定，安装位置距地面或楼面距离宜为 1.5～1.8m，层高超过 5m 时应增设支架。

(6) 支管安装。

① 管道的分支预留口在吊装前应先预制好。丝接的采用三通定位预留口。焊接可在干管上开口，焊上熟铁管箍。所有预留口均加好临时堵板。

② 当管道变径时，宜采用异径接头。在管道弯头处不得采用补心。当需要采用补心时，三通上可用 1 个，四通上不应超过 2 个。

③ 配水支管上每一直管段，相邻两喷头之间的管段设置的吊架均不宜少于 1 个，当喷头之间距离小于 1.8m 时可隔段设置，但吊架的间距不宜大于 3.6m。每一配水支管宜设一个防晃支架。管道支吊架的安装位置不应妨碍喷头的喷水效果。

(7) 水压试验。

① 喷洒管道水压试验可分层分段进行，上水时最高点要有排气装置，高低点各装一块压力表，上满水后检查管路有无泄漏，如有法兰、阀门等部位泄漏，应在加压前紧固，升压后再出现泄漏时做好标记，卸压后处理。必要时泄水处理。

② 水压试验压力应根据工作压力确定。当系统工作压力不大于 1MPa 时，试验压力采用 1.4MPa；当系统工作压力大于 1MPa 时，试验压力采用工作压力再加 0.4MPa。试压时稳压 30min，目测管网应无泄漏和变形，且压力降不大于 0.05MPa。试压合格后及时办理验收手续。

③ 冬季试水压，环境温度不得低于 5℃，若低于 5℃应采取防冻措施。

(8) 冲洗。

① 喷洒管道试压完可连续做冲洗工作。冲洗时应确保管内有足够的水流量。排水管道应与排水系统可靠连接，其排放应畅通和安全。管网冲洗时应连续进行，当出口处水的颜色、透明度与入水口的颜色基本一致时方可结束。管网冲洗的水流方向应与灭火时管网的水流方向一致。冲洗合格后应将管内的水排除干净并及时办理验收手续。

② 当现场不能满足上水流量及排水条件时，应结合现场情况与设计协商解决。

4. 设备安装

(1) 水泵安装。

① 水泵的规格型号应符合设计要求，水泵应采用自灌式吸水，水泵基础按设计图纸施工，吸水管水平管段上不应有气囊和漏气现象，与消防水池刚性连接时应加减振器。加压泵可不设减振装置，但恒压泵应加减振装置，进出水口加防噪声设施，水泵出口宜加缓闭式逆止阀。

② 水泵配管安装应在水泵定位找平正，稳固后进行。水泵设备不得承受管道的重量。

安装顺序为逆止阀。阀门依次与水泵紧牢，与水泵相接配管的一片法兰先与阀门法兰紧牢，用线坠找直找正，量出配管尺寸，配管先点焊在这片法兰上，再把法兰松开取下焊接，冷却后再与阀门连接好，最后再焊与配管相接的另一法兰。

③ 配管法兰应与水泵、阀门的法兰相符，阀门安装手轮方向应便于操作，标高一致，配管排列整齐。

（2）高位水箱安装。

高位水箱应在结构封顶前就位，并应做满水试验。消防用水与其他用水共用水箱时应确保消防用水不被它用，留有10min的消防总用水量。与生活水合用时，应使水经常处于流动状态，防止水质变坏。消防出水管应加单向阀。所有水箱管口均应预制加工，如果现场开口焊接应在水箱上焊加强板。

（3）报警阀安装。

安装报警阀时应先安装水源控制阀、报警阀，然后根据设备说明书再进行辅助管道及附件安装。水源控制阀、报警阀与配水干管的连接，应使水流方向一致。报警阀组安装的位置应符合设计要求。当设计无要求时，报警阀组应安装在便于操作的明显位置，距室内地面高度宜为1.2m；两侧与墙的距离不宜小于0.5m，正面与墙距离不宜小于1.2m。安装报警阀组的室内地面应有排水设施。

（4）水泵结合器安装。

水泵结合器规格应根据设计选定，有三种类型：墙壁型、地上型、地下型。其安装位置宜有明显标志，阀门位置应便于操作，结合器附近不应有障碍物。安全阀按系统工作压力定压，结合器应装有泄水阀。

5. 喷洒头支管安装

（1）喷洒头支管安装指吊顶型喷洒头的末端一段支管，这段管不能与分支干管同时顺序完成，要与吊顶装修同步进行。吊顶龙骨装完，根据吊顶材料厚度定出喷洒头的预留口标高，按吊顶装修图确定喷洒头的坐标，使支管预留口做到位置准确。支管管径一律为25mm，末端用25mm×15mm的异径管箍口，拉线安装。支管末端的弯头处100mm以内应加卡件固定，防止喷头与吊顶接触不牢，上下错动。支管装完，预留口用丝堵拧紧。

（2）向上喷的喷洒头有条件的可与支管同时安装好。其他管道安装完后不易操作的位置也应先安装好向上喷的喷洒头。

（3）喷洒系统试压：封吊顶前进行系统试压，为了不影响吊顶装修进度，可分层分段进行。试压合格后将压力降至工作压力做严密性试验，稳压24h不渗不漏为合格。

6. 系统组件及喷洒头安装

（1）水流指示器安装。

一般安装在每层或某区域的分支干管上。水流指示器前后应保持有5倍安装管径长度的直管段，安装时应水平立装，注意水流方向与指示的箭头方向保持一致，安装后的水流指示器浆片，膜片应动作灵活，不应与管壁发生碰擦。

（2）报警阀配件安装。

报警阀配件一般包括压力表、压力开关、延时器、过滤器、水力警铃、泄水管等。应严格按照说明书或安装图册进行安装。水力警铃应安装在公共通道或值班室附近的外墙上，且应安装检修测试用的阀门。水力警铃与报警阀的连接应采用镀锌钢管，当公称直径为15mm

时，长度不应大于6m；当公称直径为20mm时，其长度不应大于20m。安装后的水力警铃启动压力不应小于0.5MPa。

(3) 喷洒头安装。

喷洒头一般在吊顶板装完后进行安装，安装时应采用专用扳手。安装在易受机械损伤处的喷头，应加设防护罩。喷洒头丝扣填料应采用聚四氟乙烯带。

(4) 节流装置安装。

节流装置应安装在公称直径不小于50mm的水平管段上；减压孔板应安装在管道内水流转弯处下游一侧的直管上，且与转弯处的距离不应小于管子公称直径的2倍。

7. 通水调试

(1) 喷洒系统安装完进行整体通水，使系统达到正常的工作压力准备调试。

(2) 通过末端装置放水，当管网压力下降到设定值时，稳压泵应启动，停止放水，当管网压力恢复到正常值时，稳压泵应停止运行。当末端装置以0.94～1.5L/s的流量放水时，稳压泵应自锁。水流指示器、压力开关、水力警铃和消防水泵等应及时动作并发出相应信号。

第五节 火灾自动报警系统安装调试及维护

一、施工准备

接到施工任务后，首先应对图纸进行会审，同时熟悉结构图、建筑图、装修图及其他专业的有关图纸，找到影响施工的设计问题组织设计交底，解决设计施工方面存在的问题，办理好技术变更洽商，确定施工方法和配备相应的劳动力、设备、材料、机具等，同时配备配套的生活、生产临时设施。

1. 主要设备材料

(1) 一般火灾自动报警系统的主要设备材料选用应符合《消防工程安装的通用要求》的有关要求。

(2) 主要设备：区域火灾报警控制器、集中报警控制设备、消防中心控制设备、图像显示与打印操作设备、消防备用电源、火灾探测器（感烟、感温、燃气等）、手动火灾报警按钮、声光显示报警器、各类模块（中继器）、各种联动控制及信号反馈设备、消防通信设备（如消防电话）、消防广播设备。

(3) 一般常用的材料：

管材、型钢、线槽、电线、电缆、金属软管、防火涂料、异型塑料管、阻燃塑料管、接线盒、管箍、螺母、护口、管卡子、焊条、氧气、乙炔、钢丝、铅丝、防锈漆、膨胀螺栓、胀塞、成套螺丝、焊油、焊锡、电池、机油、锯条、记号笔、绑带等。

2. 主要机具

套丝机、套丝板、液压煨弯器、手动煨弯器、电焊机、气焊工具、台钻、手电钻、砂轮锯、电锤、开孔器、压线钳子、射钉枪、钢锯、手锤、活扳手、水平尺、直尺、角尺、钢卷尺、线坠、电烙铁、电炉子、锡锅、扁锉、圆锉、压力案子、压力钳子、电工工具、高凳、工具袋、工具箱、万能表、兆欧表、试铃、对讲电话、步话机、试烟器、手提电吹风机等。

3. 劳动力配备

根据工程工期要求，合理安排施工进度和劳动力计划，做到保工期、保质量、保安全，配备的施工员、电工、焊工等应持证上岗。

编写施工方案和技术交底，组织施工人员根据工程特点进行交底和培训，使每个操作者应熟知技术、质量、安全消防的要求。

应按设计要求，在施工现场配备使用的规程规范、图册、工艺要求、质量记录、表格及各种有关文件。

二、施工工艺

1. 工艺流程

火灾自动报警系统安装维护及调试如图 8-4 所示。

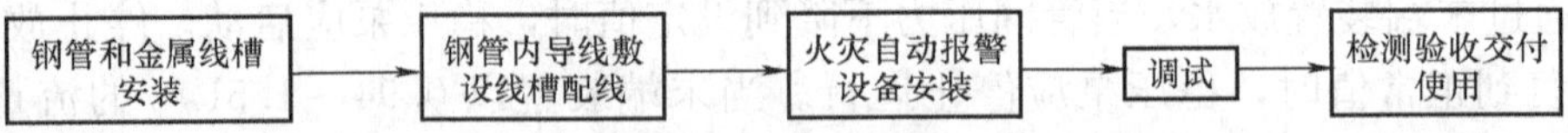

图 8-4 火灾自动报警系统安装维护及调试

2. 火灾自动报警设备安装要求

（1）进厂火灾自动报警设备应根据设计图纸的要求，对型号、数量、规格、品种、外观等进行检查，并提供给国家消防电子产品质量监督检测中心有效的检测检验合格的报告，及其他有关安装接线要求的资料，同时与提供设备的单位办理进厂设备检查手续。

（2）典型火灾探测器、气体火灾探测器、红外光束火灾探测器的安装要求：

1）感烟、感温探测器的保护面积和保护半径应符合要求，见表 8-3。

表 8-3 感烟、感温探测器的保护面积和保护半径

火灾探测器的种类	地面面积 S/m^2	房间高度 h/m	探测器的保护面积 A 和保护半径 R					
			层顶坡度 θ					
			$\theta\leqslant15°$		$15°<\theta\leqslant30°$		$\theta>30°$	
			A/m^2	R/m	A/m^2	R/m	A/m^2	R/m
感烟探测器	$S\leqslant80$	$h\leqslant12$	80	6.7	80	7.2	80	8.0
	$S>80$	$6<h\leqslant12$	80	6.7	100	8.0	120	9.9
		$h\leqslant6$	60	5.8	80	7.2	100	9.0
感温探测器	$S\leqslant30$	$h\leqslant8$	30	4.4	30	4.9	30	5.5
	$S>30$	$h\leqslant8$	20	3.6	30	4.9	40	6.3

2）感烟感温探测器的安装间距不应超过相关规定。

3）一个探测器区内需设置的探测器数量应按下式计算：

$$N=\frac{S}{K\cdot A} \tag{8-1}$$

式中 N——一个探测区域内所需设置的探测器数量，只，并取整数；

S——一个探测区域的面积，m^2；

A——一个探测器的保护面积，m^2；

K——修正系数，重点保护建筑取 0.7～0.9，其余取 1.0。

4）在顶棚区设置感烟、感温探测器时，梁的高度对探测器安装数量会产生影响。

① 梁突出顶棚高度小于200mm的顶棚上设置感烟、感温探测器时，可不考虑对探测器保护面积的影响。

② 当梁突出顶棚的高度超过600mm时，被梁隔断的每个梁间区域应至少设置一只探测器。

③ 当被梁隔断区域面积超过一只探测器的保护面积时，应视为一个探测区域，计算探测器的设置数量。

5）当房屋顶部有热屏障时，感烟探测器下表面至顶棚距离应符合表8-4的规定。锯齿型屋顶和坡度大于15°的人字形屋顶，应在每个屋脊处设置一排探测器。

表8-4　感烟探测器下表面距顶棚（或屋顶）的距离

探测器的安装高度 h/m	感烟探测器下表面距顶棚（或屋顶）的距离 d/mm					
	顶棚（或屋顶）坡度 θ					
	$\theta \leqslant 15°$		$15° < \theta \leqslant 30°$		$\theta > 30°$	
	最小	最大	最小	最大	最小	最大
$h \leqslant 6$	30	200	200	300	300	500
$6 < h \leqslant 8$	70	250	250	400	400	600
$8 < h \leqslant 10$	100	300	300	500	500	700
$10 < h \leqslant 12$	150	350	350	600	600	800

6）探测器宜水平安装，如必须倾斜安装时，倾斜角不应大于45°。

7）房间被书架、设备或隔断等分隔，其顶部至顶棚或梁的距离小于房间净高的5%时，则每个被隔开的部分应设置探测器。

8）探测器周围0.5m内，不应有遮挡物，探测器至墙壁、梁边的水平距离不应小于0.5m。

9）探测器全空调送风口边的水平距离不应小于1.5m，至多孔送风顶棚孔口的水平距离不应小于0.5m（是指在距离探测器中心半径为0.5m范围内的孔洞用非燃烧材料填实，或采取类似的挡风措施）。

10）在宽度小于3m的走道顶棚上设置探测器时，宜从中布置。感温探测器的安装间距不应超过10m，感烟探测器安装间距不应超过15m，探测器至端墙的距离不应大于探测器安装间距的一半。

11）在电梯井、升降机井设置探测器时其位置宜在井道上方的机房顶棚上。

12）下列场所可不设火灾探测器：

① 厕所、浴室等潮湿场所；

② 不能有效探测火灾的场所；

③ 不便于使用、维修的场所。

13）可燃气体探测器应安装在气体容易泄漏出来、气体容易流经的场所，以及气体容易滞留的场所，安装位置应根据被测气体的密度，安装现场气流方向、温度等各种条件来确定。

① 密度大、比空气重的气体，如液化石油气应安装在下部，一般距地0.3m，且距气灶小于4mm的适当位置。

② 人工煤气密度小且比空气轻，可燃气体探测器应安装在上方，距气灶小于8m的排气口旁处的顶棚上。如没有排气口应安装在靠近煤气灶梁的一侧。

③ 其他种类可燃气体，可按厂家提供的并经国家检测合格的产品技术条件来确定其探测器的安装位置。

14）红外光束探测器的安装位置，应保证有充足的视场，发出的光束应与顶棚保持平行，远离强磁场，避免阳光直射，底座应牢固地安装在墙上。

15）其他类型的火灾探测器的安装要求，应按设计和厂家提供的技术资料进行安装。

16）探测器的底座应固定可靠，在吊顶上安装时应先把盒子固定在主龙骨上或在顶棚上生根作支架，其连接导线必须可靠压接或焊接，当采用焊接时不得使用带腐蚀性的助焊剂，外接导线应有0.15m的余量，入端处应有明显标志。

17）探测器确认灯应面向便于人员观察的主要入口方向。

18）探测器底座的穿线孔宜封堵，安装时应采取保护措施（如装上防护罩）。

19）探测器的接线应按设计和厂家要求接线，但“+”线应为红色，“一”线应为蓝色，其余线根据不同用途采用其他颜色区分，但同一工程中相同的导线颜色应一致。

20）探测器的头在即将调试时方可安装，安装前应妥善保管，并应采取防尘、防潮、防腐蚀等措施。

（3）手动火灾报警按钮的安装。

1）报警区内的每个防火分区应至少设置一个手动报警按钮，从一个防火分区内的任何位置到最近一个手动火灾报警按钮的步行距离不应大于30m。

2）手动火灾报警按钮应安装在明显和便于操作的墙上，距地高度1.5m，安装牢固并不应倾斜。

3）手动火灾报警按钮外接导线应留有0.1m的余量，且在端部应有明显标志。

（4）端子箱和模块箱安装。

1）端子箱和模块箱一般设置在专用的竖井内，应根据设计要求的高度用金属膨胀螺栓固定在墙壁上明装，且安装时应端正牢固，不得倾斜。

2）用对线器进行对线编号，然后将导线留有一定的余量，把控制中心引来的干线和火灾报警器及其他的控制线路分别绑扎成束，分别设在端子板两侧，左侧为控制中心引来的干线，右侧为火灾报警探测器和其他设备引来的控制线路。

3）压线前应对导线的绝缘进行遥测，合格后再按设计和厂家要求压线。

4）模块箱内的模块按厂家和设计要求安装配线，合理布置，且安装应牢固端正，并有用途标志和线号。

（5）火灾报警控制器安装。火灾报警控制器（以下简称控制器）接收火灾探测器和火灾报警按钮的火灾信号及其他报警信号，发出声、光报警，指示火灾发生的部位，按照预先编制的逻辑，发出控制信号，联动各种灭火控制设备，迅速有效地扑灭火灾。为保证设备的功能必须做到精心施工，确保安装质量。火灾报警器一般应设置在消防中心、消防值班室、警卫室及其他规定有人值班的房间或场所。控制器的显示操作面板应避开阳光直射，房间内无高温、高湿、尘土、腐蚀性气体；不受振动、冲击等影响。

3. 调试要求

（1）火灾自动报警系统调试，应在建筑内部装修和系统施工结束后进行。

（2）调试前施工人员应向调试人员提交竣工图、设计变更记录、施工记录（包括隐蔽工程验收记录）、检验记录（包括绝缘电阻、接地电阻测试记录）、竣工报告。

（3）调试负责人必须由有资格的专业技术人员担任。一般由生产厂工程师或生产厂委托的经过训练的人员担任。其资格审查由公安消防监督机构负责。

（4）调试前应按下列要求进行检查：

1）按设计要求查验设备规格、型号、备品、备件等。

2）按《火灾自动报警系统施工及验收规范》的要求检查系统的施工质量。对属于施工中出现的问题，应会同有关单位协商解决，并有文字记录。

3）检查检验系统线路的配线、接线、线路电阻、绝缘电阻、接地电阻、终端电阻、线号、接地、线的颜色等是否符合设计和规范要求，发现错线、开路、短路等达不到要求的应及时处理，排除故障。

（5）火灾报警系统应先分别对探测器、消防控制设备等逐个进行单机通电检查试验。单机检查试验合格后进行系统调试，报警控制器通电接入系统做火灾报警自检功能、消声、复位功能、故障报警功能、火灾优先功能、报警记忆功能、电源自动转换和备用电源的自动充电功能、备用电源的欠压和过压报警功能等功能检查。

（6）按设计要求分别用主电源和备用电源供电，逐个逐项检查试验火灾报警系统的各种控制功能和联动功能，其控制功能和联动功能应正常。

（7）检查主电源：火灾自动报警系统的主电源和备用电源，其容量应符合有关国家标准要求，备用电源连续充放电三次应正常，主电源、备用电源转换应正常。

（8）系统控制功能调试后应用专用的加烟加温等试验器，应分别对各类探测器逐个试验，动作无误后可投入运行。

（9）对于其他报警设备也要逐个试验无误后投入运行。

（10）按系统调试程序进行系统功能自检。系统调试完全正常后，应连续无故障运行120h，写出调试开通报告，进行验收工作。

第六节 室内气体消防灭火系统安装

一、施工准备

（1）接到任务后，认真熟悉施工图纸，对照装修图并结合施工现场检查管路及喷嘴位置是否相吻合。如存在问题，应及时与设计协商解决并办理洽商手续。根据工程特点确定施工方法，配备所需各项资源。

（2）设备材料。

① 消防气体灭火系统主要设备材料的选用应符合《消防工程安装的通用要求》的有关要求。

② 主要设备：灭火剂储存容器及系统组件包括单向阀、容器阀、选择阀、阀驱动装置和喷嘴等。这些系统组件均应由国家质量监督检测中心检测合格。系统中采用的不能复验的产品如安全膜片等，应具有生产厂出具的同批产品检验报告。

③ 一般常用材料：管材及连接件、型钢、焊条、氮气、氧气、乙炔、聚四氟乙烯胶带、膨胀螺栓、螺栓、螺母、密封垫、机油、防腐漆、稀料、小线、铅丝、电池等。

(3) 主要机具：锯管机、套管机、台钻、手电钻、射钉枪、电焊机、空气压缩机、专用弯管机、步话机、管钳、压力案子、手锯、手锤、调管专用支架、钢锯、锉刀、板牙、扳手、活扳手、改锥、榔头、錾子、钢卷尺、平尺、角尺、游标卡尺、水平尺、线坠、白绸或白纸、石笔、粉笔、铅笔等。

(4) 作业条件：

① 预留预埋应配合结构施工进行。

② 管网安装所需基准线应测定并标明。吊顶内管道应在封吊顶前完成。

③ 设备安装应在设备间完成粗装修后进行。

二、操作工艺

1. 工艺流程

火灾自动报警系统安装维护及调试流程如图 8-5 所示。

图 8-5 火灾自动报警系统安装维护及调试流程

2. 安装准备

(1) 熟悉图纸并对照现场复核管路走向，发现问题及时与设计研究解决。检查预留预埋是否正确，临时剔凿应与设计、土建协调好。

(2) 进场设备材料检验：设备材料规格、型号应满足设计要求，外观整洁，无缺损、变形及锈蚀，镀锌或涂漆均匀无脱落，接口螺纹和法兰密封面完好无损伤；充压药剂钢瓶压力表指针应在指定范围内。选择阀、单向阀、高压软管、集流管逐个水压试验和气压严密性试验结果，应满足施工规范规定。

3. 管网安装

(1) 气体灭火系统管材应根据设计要求或贮存压力选用，一般采用冷拔冷轧精密无缝钢管并内外镀锌。当公称直径不大于 80mm 时，宜采用螺纹连接；当公称直径大于 80mm 的管道，宜采用法兰连接。丝扣及法兰连接件应满足试验压力要求并内外镀锌。对镀锌层有腐蚀的环境可采用不锈钢或钢管等。

(2) 管道安装前应进行调直并清理内部杂物。采用法兰连接时，被焊接损坏的镀锌层要做好防腐处理。丝扣连接时，丝扣填料应采用聚乙烯四氟胶带。切割的管口应用锉刀打净毛刺。

(3) 气体灭火管道必须固定牢靠。公称直径大于或等于 50mm 的主干管道，垂直和水平方向至少应各安装一个防晃支架。当穿过建筑物楼层时，每层应设一个防晃支架。当水平管道改变方向时，应增设防晃支架。管道支吊架安装最大间距应符合表 8-5 规定。

表 8-5 管道支吊架安装最大间距

公称直径/mm	15	20	25	32	40	50	65	80	100	150
最大间距/m	1.5	1.8	2.1	2.4	2.7	3.4	3.5	3.7	4.3	5.2

(4) 干管安装时，出瓶室的一段管应先安装好，找准尺寸后固定牢靠，管与管之间的距离应严格按照施工图纸确定，确保设备安装尺寸，然后再顺序安装其他管道。所有管道的安

装尺寸应与设计图纸一致，严禁任意改变管道方向和长度。

(5) 卤代烷1301和二氧化碳系统管道的三通接头的分流出口应水平安装。

(6) 吊顶型喷头支管安装前，应按照图纸在现场确定出喷头位置，有条件的可以配合吊顶装修进行，但封吊顶板前应完成系统压力、严密性试验。喷头支管应加固定支架，支架与喷嘴间的管道长度不应大于500mm。

(7) 管网安装完应进行强度试验，如采用水压试验，试验压力为工作压力的1.5倍。如采用气压试验，试验压力为工作压力的1.2倍。在试验压力下稳压5min，无明显渗漏，目测管道无变形为合格。高压二氧化碳灭火系统管道的水压强度试验压力应为15MPa。

(8) 强度试验后，管网应进行吹扫。吹扫时管道末端应保证20m/s的流速，采用白布进行检查，直至无铁锈、尘土、水渍及其他脏物出现为合格。

(9) 管网试压、吹扫后应进行气压严密性试验，试验压力采用工作压力，稳压3min，压降不大于10%为合格。

(10) 在管网容积不大、工作压力不高时，强度试验、吹扫及严密性试验宜采用氮气进行。

4. 设备安装

(1) 药剂钢瓶安装：钢瓶运输时应采取保护措施，防止碰撞、擦伤。安装时压力表观察面及产品标牌应朝外。钢瓶应排列整齐，间距符合设计要求。钢瓶重量用楼板承担，其固定一般是先在墙面上固定一根槽钢，再用抱卡将钢瓶与槽钢卡在一起。抱卡的高度应在钢瓶2/3左右并尽量避开标牌。当槽钢在墙面上不能固定时，也可做成框架在地面上生根。

(2) 集流管安装：药剂钢瓶一般通过弯管接头、高压软管和单向阀与集流管相接。集流管宜采用焊接方法制作，焊接前每个开口均应采用机械加工方法制造，焊接后镀锌处理。当储存压力不大于4.0MPa，管径不大于80mm时，也可采用丝扣连接方法。集流管应至少设两个固定支架固定牢靠。末端应设安全泄压阀。

(3) 选择阀安装：选择阀安装在集流管的排气口，当安装高度超过1.7m时应采取便于操作的措施。选择阀采用螺纹连接时应增加一个法兰活接口。选择阀安装高度应一致。

(4) 阀驱动装置的安装。

1) 阀驱动装置的作用是在保护区域发生火灾时启开药剂钢瓶容器阀和火灾区域的选择阀。驱动方式有电磁驱动、气动驱动和机械手动驱动等。控制方式分自动、手动和应急制动。

2) 电磁驱动装置的电气连接线应沿固定灭火剂贮存容器的支、框架或墙面固定。

3) 拉索式手动驱动装置包括：保护箱、拉线盒、拉线手柄、钢丝绳和手动阀。钢丝绳应设套管并内外防腐。拉索转弯处采用专用导向滑轮。套管及保护盒应固定牢靠。

4) 安装以物体重力为驱动力的机械驱动装置时，应保证重物在下落行程中无阻挡，其行程应超过阀开启所需行程25mm。

5) 气动驱动装置由氮气瓶、铜管和压力启动阀等组成。氮气瓶安装与药剂钢瓶安装基本相同，铜管采用扩口器扩口，用螺母等接头零件连接。铜管安装应横平竖直、固定支架间距及平行管道固定夹间距均不宜超过0.6m，安装后应进行气压严密性试验，试验压力不应低于氮气瓶内的贮存压力，稳压5min，不掉压为合格。

(5) 压力开关安装：压力开关的作用是在系统工作时受压动作从而反馈工作状态信号，

一般在集流管的末端锥丝安装，或在管接头连接件上锥丝安装。

（6）喷嘴安装：喷嘴开孔规格与开孔朝向必须满足设计要求，安装时应采用专用扳手。

5. 系统调试

（1）气体灭火系统安装完应按防护区总数（不足10个按10个计）的10%进行模拟喷气试验。喷气的区域应做好防护措施。试验结果应满足设计要求。

（2）卤代烷灭火气体应采用氮气进行模拟试喷，氮气瓶充装压力不应低于药剂钢瓶储存压力，且容器结构、型号、规格应相同，数量不少于药剂瓶的20%，且不得少于1个。

（3）二氧化碳灭火系统应采用二氧化碳灭火剂进行模拟喷气试验，试验采用的容器数应为防护区实际使用药剂储存容器总数的10%，且不得少于1个。

练 习 题

1. 室外消防给水管道的布置应符合哪些要求？
2. 室外消火栓的布置应符合哪些要求？
3. 消防设备调试的核心内容有哪些？
4. 设置自动喷水灭火系统报警阀组应注意哪些问题？
5. 设置闭式自动喷水灭火设备需要哪些条件？

参 考 文 献

[1] 张树平. 建筑防火设计. 北京：中国建筑工业出版社，2008.
[2] 梁延东. 建筑消防系统，北京：中国建筑工业出版社，2008.
[3] 濮容生. 消防工程. 北京：中国电力出版社，2007.
[4] 周义德，吴杲. 建筑防火消防工程. 郑州：黄河水利出版社，2008.
[5] 郑瑞文. 消防安全技术. 北京：化学工业出版社，2004.
[6] 张英. 新编建筑给水排水工程. 北京：中国建筑工业出版社，2004.
[7] 张凤娥. 消防应用技术. 北京：中国石化出版社，2006.
[8] 徐鹤生. 消防系统工程. 北京：高等教育出版社，2004.
[9] 韦节廷. 建筑设备工程. 北京：中国电力出版社，2004.
[10] 王增长. 建筑给水排水工程. 5 版. 北京：中国建筑工业出版社，2005.
[11] 王茹. 土木工程防灾减灾学. 北京：中国建材工业出版社，2008.
[12] 王可崇. 建筑设备自动化系统. 北京：人民交通出版社，2003.
[13] 孙一坚. 简明通风设计手册. 北京：中国建筑工业出版社，1997.
[14] 孙萍. 建筑消防与安防. 北京：人民交通出版社，2007.
[15] 孙景芝. 电气消防. 北京：中国建筑工业出版社，2006.
[16] 李引擎. 建筑防火工程. 北京：化学工业出版社，2004.
[17] 李亚锋. 建筑给水排水工程. 北京：机械工业出版社，2006.
[18] 李亚峰. 建筑消防技术与设计. 北京：化学工业出版社，2003.
[19] 李亚峰，蒋白懿，刘强，等. 建筑消防工程实用手册. 北京：化学工业出版社，2008.
[20] 李天荣. 建筑消防设备工程，重庆：重庆大学出版社，2007.
[21] 蒋永琨. 高层建筑防火设计手册. 北京：中国建筑工业出版社，2000.
[22] 龚延风，陈卫. 建筑消防技术. 北京：科学出版社，2002.
[23] 高明远. 建筑设备工程. 3 版. 北京：中国建筑工业出版社，2005.
[24] 樊建军. 建筑给水排水及消防工程. 北京：中国建筑工业出版社，2005.
[25] 陈亚俊. 暖通空调. 北京：中国建筑工业出版社，2002.
[26] 刘艳军. 建筑火灾烟气危害及其控制措施. 中国安全生产科学技术，2008（4）.
[27] 低倍数泡沫灭火系统设计规范（GB 50151—92）2000 年版. 北京：中国计划出版社，2000.
[28] 高层民用建筑设计防火规范（GB 50045—2005）2005 年版. 北京：中国计划出版社，2005.
[29] 建筑设计防火规范（GB 50016—2006）2006 年版. 北京：中国计划出版社，2006.
[30] 建筑给水排水设计规范（GB 50015—2003）2010 年版. 北京：中国计划出版社，2010.
[31] 自动喷水灭火系统施工及验收规范（GB 50261—2005）. 北京：中国计划出版社，2005.
[32] 消防联动控制系统（GB 16806—2006）. 北京：中国标准出版社，2006.
[33] 人民防空工程设计防火规范（GB 50098—2009）. 北京：中国计划出版社，2009.
[34] 汽车库、修车库、停车场设计防火规范（GB 50067—1997）. 北京：中国计划出版社，2000.
[35] 建筑设计防火规范（GB 50016—2006）. 北京：中国计划出版社，2006.
[36] 建筑设备安装通用图集—给水工程（91SB 3—1）2005 年版. 北京：中国标准设计研究院，2005.
[37] 建筑设备安装分项工程施工工艺标准（SDHB—SGBZ—07）. 北京：中国建筑工业出版社，2007.

［38］ 火灾自动报警系统施工及验收规范（GB 50166—2007）. 北京：中国计划出版社，2007.
［39］ 火灾自动报警系统设计规范（GB 50116—2008）. 北京：中国计划出版社，2008.
［40］ 火灾分类（GB/T 4968—2008）. 北京：中国标准出版社，2009.
［41］ 高层民用建筑设计防火规范（GB 50045—95）2005 年版. 北京：中国计划出版社，2005.
［42］ 干粉灭火剂（GB 4061—2004）. 北京：中国标准出版社，2005
［43］ 自动喷水灭火系统设计规范（GB 50084—2001）2005 年版. 北京：中国计划出版社，2005.

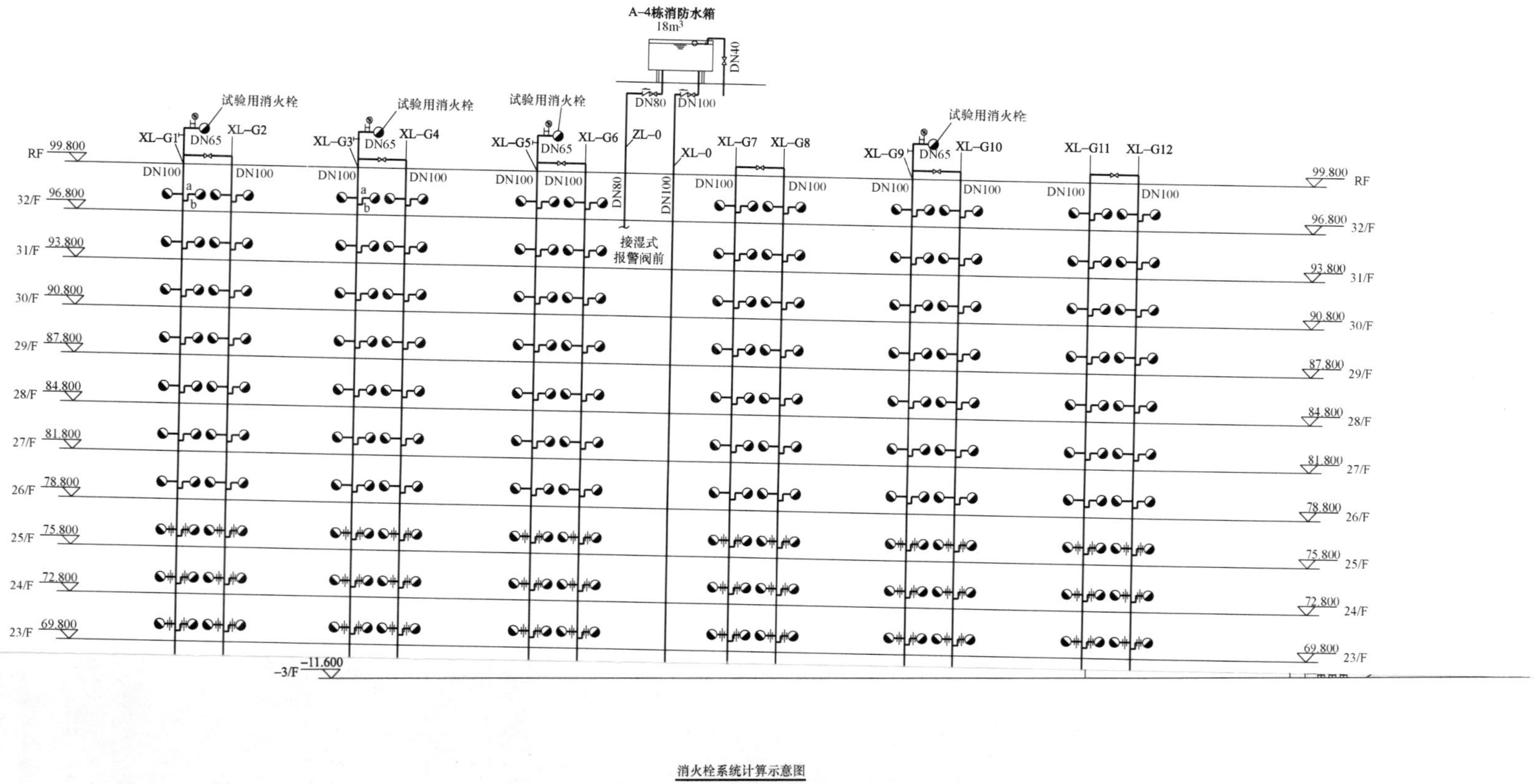

图 7-1　高压消火栓系统计算示意图